4판

소방 전기회로

이종호 지음

도서출판 동화기술

머리말

전기는 사람들의 생활형태를 변화시키고 과학기술의 발전을 이끌고 있다. 전기의 발전은 관련 응용분야의 발전을 가속화시키면서 다양한 형태로 활용되고 있다. 하지만, 산업사회의 발전과 함께 주변 환경을 다변화시키면서 복잡하고 불규칙한 형태의 전기 재해가 발생되고, 그 위험요인도 증가하고 있다.

전기에 대한 막연한 지식은 전기를 더욱 어렵게 느끼고 관심과 흥미를 떨어뜨리지만, 일상생활에서는 없어서는 안 되는 존재이다. 특히, 소방, 건축 등 공학 분야의 전공자는 타학문과 접목시켜 활용하는 경우가 많아지고 있기 때문에 전기에 대한 전반적인 이해와 기본 이론에 대한 습득이 필요하다.

본 교재는 소방, 건축, 기계 등과 관련된 전기전공자의 현장 역할을 적합하게 수행할 수 있도록 전기에 대한 기초지식 및 이론과 그 활용성에 중점을 두고 있으며, 비전공자들도 알아야 하는 전기의 기본적인 내용을 다루어 쉽게 습득하는 것을 목표로 하고 있다. 광범위한 분야에서 기초적인 이론체계를 확립할 수 있도록 구성하였지만 미흡한 부분도 많이 있을 것으로 생각되지만, 추후 지속적인 수정과 보완을 해 나갈 것을 약속드리며 아낌없는 의견을 바랍니다.

끝으로 본 교재 집필에 많은 참고자료가 되었던 여러 저서의 저자분들과 본 교재 출간에 수고해 주신 도서출판 동화기술 관계자 여러분들께 감사를 드립니다.

저자 씀

목 차

CHAPTER 01 전기 · 11

CHAPTER 02 직류 회로 · 51

CHAPTER 04 정자계 • 107

CHAPTER 05 교류 회로 해석 • 143

CHAPTER 08 시퀀스 · 311

CHAPTER 09 전기계측 · 343

CHAPTER 10

전기설비 • 365

부록 • 401

찾아보기 • 422

Chapter 1

전기

1. 전기의 발견
2. 전기의 원천
3. 전류와 전압
4. 소자의 특성
5. 전력과 전력량
6. 키르히호프 법칙
7. 전기분해
8. 전지

1. 전기의 발견

기원전 600년경에 그리스인들이 장식품으로 사용하던 호박琥珀[1])을 철학자 탈레스(Thales)가 천(헝겊)에 문지를 때 가벼운 종이나 털 등을 끌어당기는 전기적인 현상을 발견하면서 비롯되었다. 탈레스는 호박을 전자(electron; 그리스어 *ηλεκτρον*)라고 불렀다. 16세기 말 영국의 과학자 윌리엄 길버트(W. Gilbert)는 자석을 통해 호박이 지니는 전기력과 자석의 전기력의 차이에 대한 실험을 하여 마찰 전기에는 양(+)과 음(−)의 두 종류가 있으며, 지구는 하나의 커다란 자석이라는 것을 발견하였는데 이때 마찰전기를 'Electrica'라고 하였다. 그 후 1646년에 영국의 토마스 브라운(Thomas Browne)이 전기(electricity)라는 말을 쓰면서 현재까지 사용되고 있다.

1752년 미국의 벤자민 프랭클린(B. Franklin)은 연을 이용하여 번개가 전기적 성질을 갖고 있는 현상임을 증명하여 피뢰침을 발명하였다. 그 후에 프랑스의 물리학자 뒤페(Du Fay)는 전하의 양陽과 음陰을 구별하였고 1785년 토목공학자인 프랑스의 쿨롱(C. A. Coulomb)은 양과 음의 전하 사이에 작용하는 힘에 관하여 쿨롱의 법칙을 발견하였고, 1800년 이탈리아의 볼타(A. Volta)는 구리와 아연의 두 개의 금속사이에 소금물로 적신 헝겊을 이용하여 전지를 발명하였다.

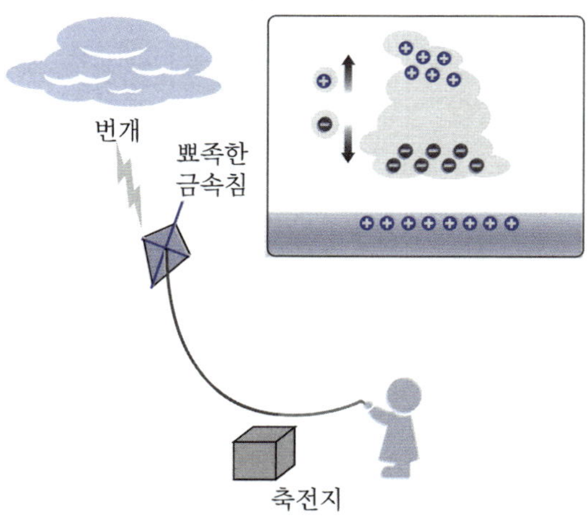

그림 1.1 낙뢰

1) 천연수지의 하나로 소나무과의 호박소나무의 수지가 석탄화를 받아 가압 건조 및 변형되어 화석이 된 것이다. 주로 땅속에 존재하며 세공물이나 도료로 사용된다($C_{40}H_{64}O_4$).

19세기에는 전류와 자기에 관한 연구가 이루어졌는데, 1820년에 덴마크의 외르스테드(H. C. Oersted)는 전류가 통하는 철사 부근에서는 자석이 남북방향을 지향하지 않는 사실로부터 전류의 영향을 받는 전류의 자기 작용을 이론화시켰다. 독일의 옴(G. S. Ohm)은 1827년에 금속선을 흐르는 전류에 대하여 실험하고 전류의 강도는 전압에 비례하고 전기 저항은 도선의 길이에 비례하며 그 단면적에 역비례 한다는 옴의 법칙을 발표하였다. 1831년 영국의 줄(J. R. Joule)은 전류가 흐를 때 열이 발생한다는 줄의 법칙을 발견하였으며, 영국의 패러데이(M. Faraday)는 발전기와 변압기의 기본 원리가 되는 전자유도현상을 발견하였다.

19세기 중반에 독일의 키르히호프(G. R. Kirchhoff)는 전기회로 해석을 위한 키르히호프의 법칙을 발견하였고, 1864년 영국의 맥스웰(J. C. Maxwell)은 전자파에 관한 맥스웰 방정식을 세워서 전자파의 존재를 예언하고, 1887년에 독일의 헤르츠(H. R. Hertz)에 의하여 실험적으로 전자파가 발견되었다. 그 후로 1890년에 영국의 톰슨(J. J. Thomson)에 의하여 전자가 발견되는 등 수 많은 과학자들에 의해 발전되어 왔다.

2. 전기의 원천

전기는 양과 음의 두 종류가 있다. 마찰전기(triboelectricity)는 호박, 에보나이트, 유리, 수정, 유황 등을 다른 물질과 문지르면 발생하게 되는데 이러한 마찰전기는 두 물체 사이에서 발생한 마찰 에너지(열, 온도 상승)에 의해 한 쪽 물체의 전자가 다른 물체로 이동함으로써 발생한다. 이 때 전자의 이동 방향은 두 물체의 상대적인 성질에 따라 결정된다. 예를 들어 유리막대는 비단으로 마찰하면 양전하로 대전되지만 모피毛皮로 마찰하면 음전하로 대전된다. 즉 모피, 유리, 비단의 순으로 양전하로 대전되기 쉽다. 이와 같이 마찰에 의한 대전의 양·음에 관하여 차례대로 늘어놓은 것을 대전서열帶電序列이라고 한다. 예를 들면, 모피 → 유리 → 운모雲母 → 비단 → 면포綿布 → 목재 → 플라스틱 → 금속 → 황 → 에보나이트 순으로, 앞쪽일수록 양으로 대전되기 쉽고 뒤쪽으로 갈수록 음으로 대전되기 쉽다(그림 3.2 참조).

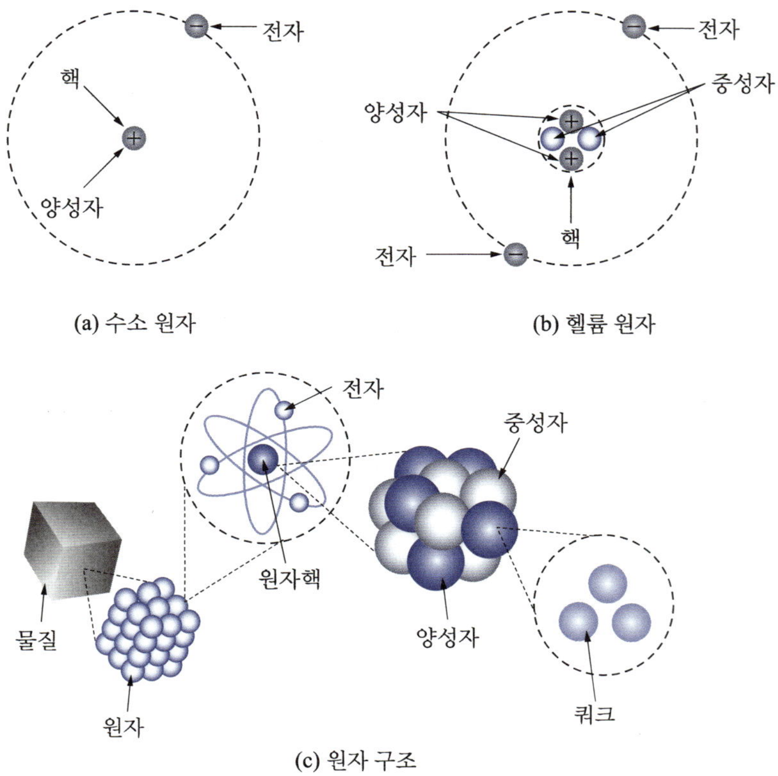

그림 1.2 원자 구조

모든 물질은 분자로 구성되어 있고 분자는 원자의 집합체로 구성되어 있다. 물질을 작게 쪼개고 또 쪼개는 과정을 반복하여 더 이상 쪼갤 수 없는 입자를 원자(atom)라고 한다. 원자 중심에는 (+)전기를 가진 원자핵(atomic nucleus)과 그 주위 궤도를 회전(공전)하는 (−)전기를 가진 한 개 또는 여러 개의 전자(electron)로 구성되어 있고, 원자핵 내에는 전자와 같은 수의 양(+)의 전기를 가진 양성자(proton)와 전기를 띠지 않지만 질량은 양성자와 같은 중성자(neutron)로 구성되어 있다. 원소를 구분하기 위해 정한 원자번호는 그 원자의 양성자 수와 같고, 양성자 수는 전자 수와 같다. 그림 1.2는 수소, 헬륨 원자의 전자 구조를 간단히 나타낸 원자 모델이며, 이들 전자와 양성자의 성질은 다음과 같다. 1개의 전자와 양성자가 가지는 전기량의 절대값은 1.60219×10^{-19} [C]이고 전자의 질량은 9.107×10^{-31} [kg], 양성자의 질량은 1.673×10^{-27} [kg]으로 전자보다 약 1,840배가 무겁다. 또한 양성자는 양(+)전기, 전자는 음(−)전기를 가지고 있으며, 같은 종류의 전하는 반발하고, 다른 종류의 전하는 서로 흡인한다.

표 1.1 물질 구조

원자 입자		전하량	질량
원자핵	양성자	$+1.602\times10^{-19}$[C]	1.673×10^{-27}[kg]
	중성자	0	1.673×10^{-27}[kg]
전자(−)		-1.602×10^{-19}[C]	9.107×10^{-31}[kg]

물질이 전기를 띠게 되는 현상을 대전(electrification)이라 하고 대전된 물체를 대전체(electrified body)라고 한다. 이와 같이 대전현상에 의해서 물체가 가지는 전기 또는 전기량을 전하(electric charge)라고 한다. 즉, 양성자나 전자와 같이 전기를 띠고 있는 입자를 전하(charge)라고 하는 데 양(+)의 전기를 갖는 양성자를 양전하, 음(−)의 전기를 갖는 전하를 음전하로 구분하고 있다. 보통 상태의 원자는 양성자의 전하량과 전자의 전하량이 같기 때문에 전기적으로 중성이고 전기적인 성질을 나타내지 않는다. 또한 전하가 갖고 있는 전기의 양을 전하량이라 하는 데 기호는 Q(q), MKS 단위는 쿨롱(coulomb)[C]를 사용한다. 전하량 최소 기본단위는 전자 1개의 전기량 1.602×10^{-19}[C]이므로 총 전하량 $Q=ne$가 된다. 여기서 n은 전자의 수, e는 전자 1개 전하량이다.

원자의 구성입자 중 양성자는 원자핵의 힘에 의해 결합되어 있기 때문에 외부로 이동할 수 없고, 전자는 원자핵과 비교적 약하게 결합되어 있다. 원자핵 주위를 돌고 있는 전자 중에서 가장 바깥쪽 궤도를 돌고 있는 전자를 최외각 전자[2)]라고 하며, 이들 전자는 외부로부터 열, 빛, 마찰 등의 에너지가 주어지면 에너지를 흡수하여 원자핵의 결합력으로부터 쉽게 이탈하게 된다. 이렇게 물질 안에서 자유로이 움직일 수 있는 전자를 자유전자(free electron)라고 한다. 자유전자는 양성자와는 다르게 쉽게 이동하는 성질이 있어 전기 발생에 밀접한 관계가 있다. 대부분 금속의 경우에 해당된다.

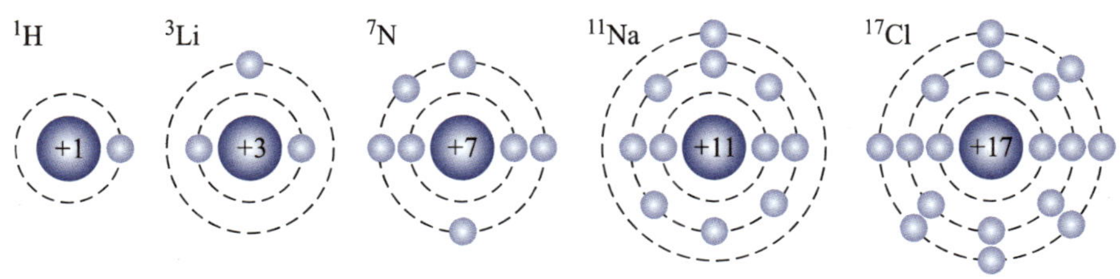

그림 1.3 원자 구조의 모형

2) 원자를 구성하는 전자 중 가장 바깥쪽의 전자각에 있는 궤도전자로서 최외각 전자각에 수용할 수 있는 최대 전자수는 $2n^2$개다. 여기서, n은 주 양자수이다.

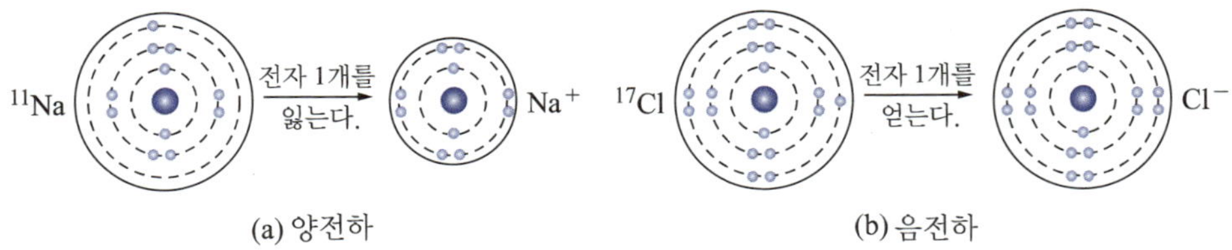

그림 1.4 전하의 발생

정상상태에서의 물체는 전기적으로 중성[3]상태이며 어떤 원인으로 전자가 물질 밖으로 나가면, 즉 전자를 잃은 원자(양이온)는 상대적으로 양성자가 많아지므로 물질은 양전하를 띠게 되고(그림 1.4(a)), 외부에서 전자가 물질로 들어오면, 즉 전자를 얻은 원자(음이온)는 전자가 많아지므로 물질은 음전하로 전기가 발생(그림 1.4(b))하게 된다.

3. 전류와 전압

3.1 전류

그림 1.5와 같이 건전지, 전구, 스위치를 전선으로 접속한 후 스위치를 닫으면 전구에 불이 켜지게 된다. 이것은 건전지의 양(+)극에서 흘러나온 전류가 전선을 통하여 전구를 거쳐서 건전지의 음(−)극으로 돌아오기 때문이다. 이와 같이 전류가 흐르는 통로를 전기회로(electric circuit) 또는 간단히 회로(circuit)라고 부른다.

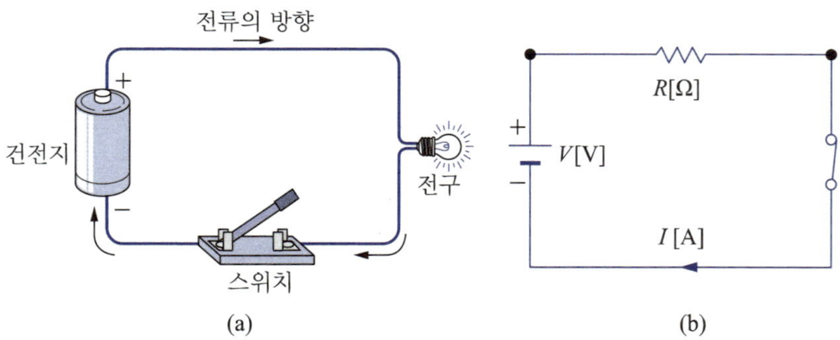

그림 1.5 전기회로 실체도와 회로도

3) 같은 수의 전자와 양자를 갖고 있는 상태를 말한다.

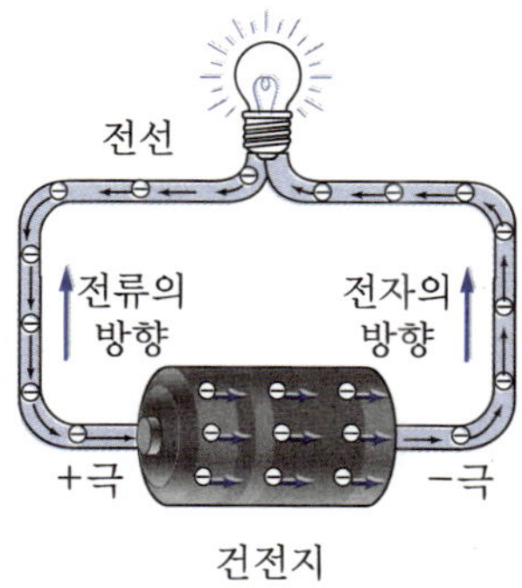

(a) 전자와 전류의 방향

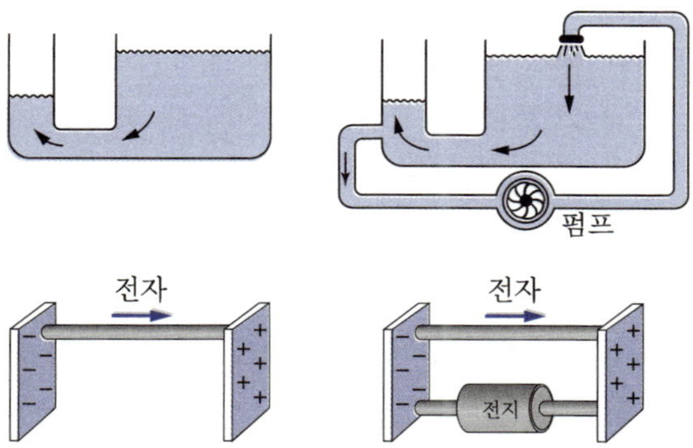

(b) 물의 흐름과 전류

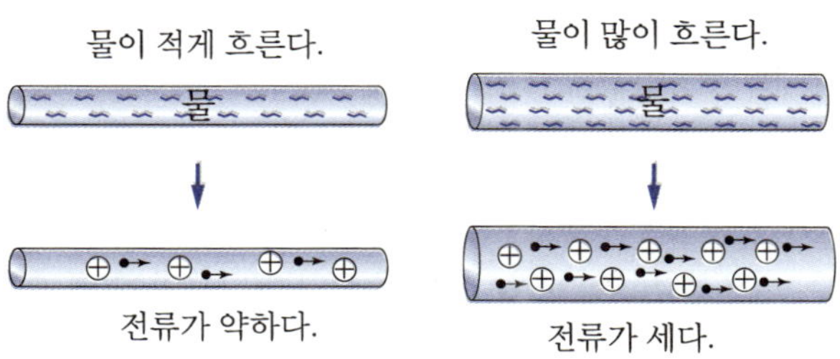

(c) 물의 흐름과 전류의 세기 비교

그림 1.6 전류의 이해

전기회로도(circuit diagram)는 실체도 대신에 전기 심벌을 사용하여 간단히 나타낸 것이다. 여기서 회로에서 건전지와 같이 전류를 흐르게 하는 원동력을 전원(electric source)이라고 하며, 전구와 같이 전원에서 전류를 공급받아 전기가 소비되는 것을 부하(load)라고 한다.

도체에서 전기적인 현상은 자유전자의 이동에 의해 일어나지만, 도체 내에서는 무질서하게 움직이므로 전기적으로 중성이면서 전기적인 현상도 발생되지 않는다. 즉, 도체에 전기에너지를 가하면 전자는 일정한 방향으로 이동하게 되는 데 이러한 전하의 이동을 전류(electric current)라고 한다.

전기회로의 전원에 의해 전자는 전지의 (−)극에서 (+)극으로 이동하므로 전류의 방향도 전자의 방향과 같을 것으로 생각되지만 전자가 발견되기 전인 19C 초에는 정(+)전하가 이동하는 것으로 잘못 해석하여 전류의 방향((+)극 → (−)극)을 결정하였기 때문에 현재까지도 관례적으로 전류의 방향을 (+)에서 (−)로 사용되고 있다. 즉, 그림 1.6(a)에서와 같이 서로 반대되는 전류 방향과 전자 방향을 지금까지 사용하고 있다. 그림 1.6(b)에서 물이 흐를 때 세게 흐르기도 하고 약하게 흐르기도 하듯이 전류도 세게 흐를 때와 약하게 흐를 경우가 있는 데 이것을 전류의 세기라고 하고 1초 동안에 전선의 단면을 얼마만큼의 전하가 통과하는 지를 전기량으로 나타낸다.

전류의 크기는 전류의 이동방향에 수직인 도체 단면을 단위 시간(1초)에 통과하는 전하량으로 정의한다. 즉, 1초 동안에 1[C]의 전하가 이동했을 때의 전류의 크기는 1[A]가 된다. 이 때 통과한 전자의 수는 6.25×10^{18}개이다. 전류의 단위는 암페어(Ampere)라 하고, [A]로 표시한다.

도체 단면을 t[s] 시간 동안 Q[C]의 전하가 도체를 이동했을 때 흐르는 전류 I는 다음과 같다.

$$I = \frac{Q}{t}\ [\mathrm{A}] \tag{1.1}$$

만일 도체 단면을 통과하는 전하가 시간에 따른 변화율이 일정하지 않을 경우에는 순간마다 전류가 달라지므로, 미소 시간 dt 동안에 통과한 전하량을 dq[C]라고 하면 이때 흐른 전류 I는 다음과 같다.

$$i = \frac{dq}{dt}\ [\mathrm{A}] \tag{1.2}$$

또한 전하량의 크기 q는 식 (1.2)의 전류 i에 관한 미분형을 변환하여 식 (1.3)의 적분형으로 구할 수 있다.

$$q = \int i\,dt\ [\mathrm{C}] \tag{1.3}$$

예제문제 3.1 전류

1-1 10[A]의 전류가 3분간 도체에 흘렸을 때 도선을 지나는 전기량[C]은?

풀이 $Q = I \times t = 10 \times 3 \times 60[\text{s}] = 1{,}800[\text{C}]$

1-2 $i = 2t^2 + 8t$[A]로 표시되는 전류가 도선에 3[sec] 동안 흘렀을 경우 통과한 전체 전기량[C]은?

풀이 $Q = \int_0^t i\,dt = \int_0^3 (2t^2 + 8t)\,dt = \left[\frac{2}{3}t^3 + 4t^2\right]_0^3 = 54[\text{C}]$

1-3 전선에 3[A]의 전류가 9초 동안 흐르면 몇 개의 전자가 이동하는가?

풀이 $Q = N \times e$에서 $N = \frac{Q}{e} = \frac{I \times t}{e} = \frac{3 \times 9[\text{s}]}{1.602 \times 10^{-19}} = 16.8 \times 10^{19}$개

3.2 전압

도체 내의 전하를 이동시키기 위해서는 외부에서 에너지를 가해야 한다. 이동된 전하는 에너지(일)의 발생과 소비를 수반하면서 전기적 위치에너지의 변화로 나타난다.

그림 1.7(a)에서 물이 위에서 아래로 흐르면서 물레방아를 회전시키게 되는 데 그림 1.7(b)와 같이 두 개의 물통 사이에 수위차인 수압이 있으면, 물은 수조 A에서 수조 B로 흐르면서 수위차(H≒전위차) 만큼 수압이 발생되기 때문에 수차를 회전시킬 수 있다. 이 때 전류를 물의 흐름과 비슷하게 생각하면 이해하기가 쉽다. 그러나 그림 1.7(c)에서와 같이 두 개의 물통 사이에는 수위차(수압)가 없다면 물은 흐르지 않는다. 이것을 전기적인 측면에서는 전위차가 없기 때문에 전류가 흐르지 않는 것과 같다.

도선에 전류를 흘리려면, 마치 높은 곳의 물이 낮은 곳으로 흐르는 것과 같이 전기적인 높이(위치에너지)의 차이가 필요하다(그림 1.7(b)). 양(+)전하로 대전된 전하량이 다른 두 개의 대전체는 양전하들끼리 서로 반발하는 전기적 압력(전압)이 작용하고 그 크기는 대지(전기적 위치에너지=0)를 기준으로 결정되는 전기적 위치에너지에 해당한다. 이러한 두 대전체에 도선을 연결하면 전기적 압력은 두 대전체의 전기적 위치에너지 차(전위차)가 발생하여 전위가 높은(전하량이 큰) 곳에서 낮은(전하량이 적은) 곳으로 이동하게 된다.

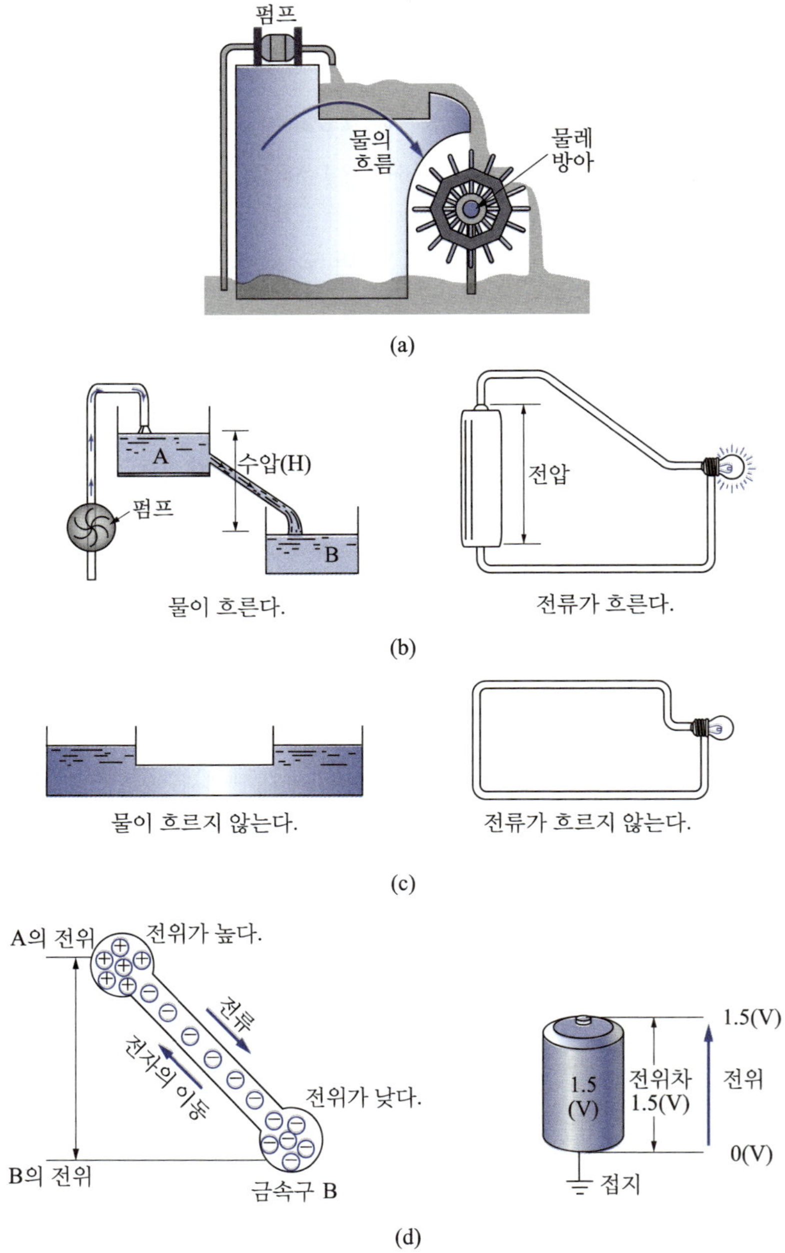

그림 1.7 수압과 전압의 이해

그림 1.7(d)와 같이 건전지의 양(+)극과 음(−)극 사이의 전기적인 높이의 차이를 전위차(electric potential difference) 또는 전압(voltage)이라고 한다. 여기서, 전류(전하의 이동)가 흐르기 위해서는 전위차(전압)가 형성되어야 하며, 회로에 전류가 흐르게 되면 이동하는 전하는 에너지를 얻거나(발생) 또는 잃게(소비) 되어 전위차가 발생한다.

전위차 1[V]는 단위 전하 1[C]이 도선의 두 점 사이를 이동할 때 얻거나 잃은 에너지 1[J]로 정의되며, 단위는 볼트(volt) [V]를 사용한다. 따라서 Q[C]의 전하가 전위차(전압) V인 두 점 사이의 도체를 이동하여 한 일 W[J]는 식 (1.4)와 같다.

$$V = \frac{W}{Q}\,[\mathrm{V}] \tag{1.4}$$

만일 전하량의 크기가 일정하지 않을 때 수반되는 미소 에너지가 $dw[\mathrm{J}]$라고 하면, 이때 전위차 v는 다음과 같다.

$$\begin{aligned} v &= \frac{dw}{dq}[\mathrm{V}] \\ &\left(w = \int v\,dq[\mathrm{J}]\right) \end{aligned} \tag{1.5}$$

물을 계속 순환시키는 펌프가 필요하듯 전하가 이동하여 전류를 지속적으로 흐르게 하는 전위차를 만드는 원동력이 필요하다. 즉, 건전지 및 축전지, 발전기 등과 같이 전위차를 생기게 하는 힘을 기전력(electromotive force, e.m.f)이라 하고, 기호는 e로 표시하며 단위는 [V]를 사용한다. 기전력을 가지고 전기에너지를 공급하는 것을 전원이라고 하고, 전원으로부터 전력을 공급받는 전열기, 전등, 전동기 등은 전원에 연결되어 전류가 지나가면서 외부로 일을 하는 즉, 전기에너지를 소비하여 다른 에너지로 변환하는 것을 부하(load)라고 하며, 일반적으로 저항을 가진다. 또한 전동기와 같은 동력원으로부터 동력을 얻는 발전기, 펌프, 팬 등은 동력원에 대한 부하이다.

전원은 정전하를 전위가 낮은 점에서 높은 점으로 이동(전하에 에너지 공급)시켜 회로에 전류를 흘릴 수 있게 된다. 즉, 전하가 이동할 때 에너지를 얻는 경우에는 전압 상승(voltage rise)이 일어난다. 또한 전하가 부하 사이의 고전위(+, 전류의 유입 쪽)에서 저전위(−, 전류의 유출 쪽)로 이동하면서 부하에 일을 하고 에너지를 잃게 되는 경우에는 전압 강하(voltage drop)가 발생하게 된다.

전기의 발생

전기 발생 에너지는 마찰, 압력, 열, 빛, 화학, 자기 작용 등이 있다.

(1) 마찰 : 2개의 다른 물질을 서로 마찰시킬 때, 전자가 한 물질의 궤도에서 벗어나 다른 물질로 옮겨가게 된다. 이때, 전자를 얻은 물질은 음(−)전기가 발생(예, 유조차 접지)

(2) 압력 : 수정, 로셸염[4] 등의 결정체는 외부에서 압력이 가해질 때 전기가 발생 (예, 마이크로폰)

(3) 열 : 2개의 다른 금속을 접합시키고 한 접합점을 가열하면 전기 발생(열전쌍)

(4) 빛 : 감광선 물질에 빛을 비출 때 자유전자가 발생(예, 조도계)

(5) 화학작용 : 전지의 양(+)극 , 음(−)극, 전해액 사이의 화학 작용에 의하여 음(−)극에서 외부 회로로 전자가 공급되어 전기가 발생(1차 전지, 2차 전지)

(6) 자기작용 : 어떤 도체가 운동하여 자기력선을 끊은 결과 도체에 전기가 발생(예, 발전기)

예제문제 3.2 전압

1-4 5[C]의 전하를 20[cm] 이동시키는데 200[J]의 일을 하였다. 이 두 점간의 전위차[V]는?

풀이 $V = \frac{W}{Q} = \frac{200}{5} = 40[\text{V}]$

3.3 저항

원자들은 정지해 있지 않고 항상 진동하므로 자유전자가 도체 내를 이동하는 경우에는 이들 원자들의 진동에 의하여 방해를 받게 된다. 방해를 받는 정도는 전자 수, 원자 구조, 도체의 형상, 또는 온도 등에 따라 변화한다. 이와 같이 도체 내의 전류의 흐름을 방해하는 성질을 저항이라고 한다.

전기회로에서 부하인 전구의 용량(watt)을 다른 것으로 바꾸면 전구의 용량마다 전류의 흐름을 방해하는 크기가 달라지기 때문에 회로에 흐르는 전류의 크기 또한 바뀌게 되어 전구의 밝기가 변하게 된다(그림 1.6(a)). 이와 같이 구리, 은, 알루미늄 등의 도체에 전류가 흐르는 것을 방해하는 작용을 전기 저항(electrical resistance) 또는 저항(resistance)이라고 한다. 저항의 기호는 R, 단위는 옴(ohm)[Ω]으로 나타낸다. 즉 1[Ω]이란 1[V]의 전압을 가하였을 때 1[A]의 전류가 회로에 흐를 때의 저항값을 말한다.

4) 주석산 칼리 소다($NaKC_4H_4O_6 \cdot 4H_2O$)로 압력변화에 대한 감도는 좋지만 열에 약하고 조해성 있다.

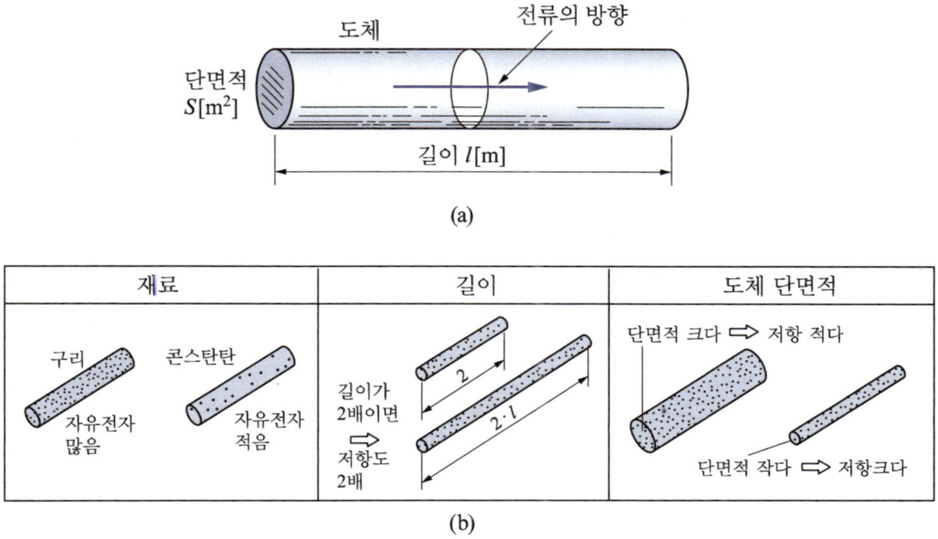

그림 1.8 도체의 저항

일반적으로 도체의 저항은 형상, 재질 및 주위 온도 등에 따라 달라지는데, 그림 1.8과 같이 도체의 길이가 l [m]이고, 단면적이 A [m^2]일 때 도체의 저항 R[Ω]은 식 (1.6)으로 나타낸다.

$$R = \rho \frac{l}{A} [\Omega] \tag{1.6}$$

여기서, 저항은 도체의 길이에 비례하고 단면적에 반비례한다. 비례 상수 ρ는 저항률(resistivity) 또는 고유 저항(specific resistance)이라고 하며, 단위는 [Ω m]를 사용하며 재료의 종류에 따라 정해지는 고유의 상수로서 표 1.2에 나타낸다. 고유저항은 온도 293[K]에서 길이 1[m], 단면적 1[mm^2]인 도선의 저항을 기본으로 하며 단위는 [Ω · mm^2/m]이다. 또한 저항률의 단위는 M.K.S 단위계로 [Ω m]이고, 단위 환산 관계에서 1[Ω m] = 10^2[Ω cm]가 성립한다. 은, 구리, 백금, 수은, 알루미늄, 철, 식염수 등 고유저항이 10^{-4}[Ω m] 이하인 물질을 도체, 유리, 고무, 공기, 페놀수지, PVC, 목재 등 10^6[Ω m] 이상인 물체를 부도체, 그리고 규소, 게르마늄, 탄소, 셀렌, 아산화동 등 10^{-4}에서 10^6[Ω m]인 물질을 반도체라고 한다.

표 1.2 금속의 고유저항 및 도전율

금속	도전율(%)	저항율(μΩ · ㎝)	표준1에 대한 저항률의 비
은	106	1.62	0.94
표준연동(구리)	100	1.7241	1.00
금	71.8	2.4	1.39
알루미늄	62.7	2.72	1.60
텅스텐	31.3	5.5	3.19
아연	29.2	5.9	3.42
니켈	23.8	7.24	4.20
철(순철)	17.6	9.8	5.68
철(강철)	17.2	10～20	5.80～11.6
백금	16.3	10.6	6.15
주석	15.1	11.4	6.61
연	8.21	21	12.20
니크롬	1.58	109	63.20
황동	24.6～34.5	5～7	2.90～4.06
청동	9.58～13.3	13～18	7.54～10.4

전선의 경우 고유저항 보다는 전류가 잘 흐르는 정도를 나타내는 도전율(conductivity)로 나타내는 것이 편리하다. 기호는 σ로 나타내며 저항률의 역수로 표현한다. 그리고 도체의 도전성을 비교하기 위하여 표준 연동의 도전율을 100%로 하여 나타낸 것을 %도전율(percentage conductivity)이라고 하며 표 1.2에 나타내고 있다.

$$\rho = \frac{1}{\sigma}[\Omega\,\mathrm{m}] \qquad \therefore \sigma = \frac{1}{\rho}[\mho/\mathrm{m}] \tag{1.7}$$

예제문제 3.3 저항

1-5 길이가 l인 도선을 길이가 nl인 도선으로 만들었을 경우 전기저항은 처음 저항의 몇 배가 되는가? 단, 체적은 일정하다.

풀이 체적은 일정하므로 길이를 n배 하면 단면적은 $\dfrac{A}{n}$배로 감소한다.

$R = \rho\dfrac{l}{A} = \rho\dfrac{nl}{\dfrac{A}{n}} = n^2\rho\dfrac{l}{A} = n^2R$이 되므로 n^2배가 된다.

1-6 길이가 1[m]이고 직경이 2[mm]인 구리전선의 저항[Ω]은? 단, 동선의 고유저항은 $\frac{1}{58}\times 10^{-6}[\Omega\text{m}]$이다.

풀이 $R=\rho\frac{l}{A}=\frac{1}{58}\times 10^{-6}[\Omega\text{m}]\times\frac{1[\text{m}]}{\pi\left(\frac{2}{2}\times 10^{-3}\right)^2[\text{m}^2]}\fallingdotseq 5.5\times 10^{-3}[\Omega]$

3.4 저항의 온도계수

전기 저항에 영향을 주는 요소는 전하를 운반하는 입자의 밀도와 전하를 운반하는 입자들의 유동성이 있다. 전자나 이온, 정공과 같이 전하를 운반하는 입자의 밀도가 크면 클수록 전류가 잘 흐를 수 있어 전기 저항이 감소한다. 일반적으로 도체는 전하 운반 입자의 밀도가 큰 물질이고, 부도체는 전하 운반 입자들의 밀도가 작은 물질이다

도체(conductor)에 존재하는 자유전자에 열에너지가 작용하면 입자(particles)의 자유 운동을 증가시키므로 전자의 유동을 어렵게 만든다. 즉, 금속은 온도가 증가하면 원자의 진동이 격렬해져 전자가 이동할 때, 원자와의 접촉이 많아져 자유전자 운동이 방해를 받는다. 그 결과 도체는 온도가 증가함에 따라 저항도 증가하는 양(+)의 온도계수를 가지고 있다. 반도체(semiconductors)는 온도가 증가함에 따라 열에너지가 자유 캐리어를 증가시키므로 온도의 증가에 따라 저항이 감소한다. 즉, 반도체는 자유전자가 적은 물질로 온도 증가는 원자핵의 핵력을 감소시켜 전자의 에너지가 증가하고 전자의 이동이 더욱 활발해진다. 결과적으로 반도체는 부(−)의 온도계수를 가지고 있다. 부도체(절연체[絕緣體], insulators)는 입자의 이동이 거의 없을 뿐만 아니라 자유전자의 활동이 거의 없는 물질로서 부(−)의 온도계수를 가지고 있다.

자유전자가 많은 물질인 금속은 온도 증가가 원자의 접촉을 심화시켜 전자운동이 방해가 되어 저항이 증가하고, 반도체는 온도증가가 전자의 에너지 증가로 이동이 더욱 쉬워져 저항이 감소한다. 따라서 온도 변화에 의한 저항의 변화를 비율로 나타낸 것을 저항의 온도계수[溫度係數](temperature coefficient)라고 하며, 기호는 로마자 소문자 α로 나타낸다. 또한, 단위는 온도의 역수인 [Ω/℃]로 표시하며, t_1에서의 온도계수는 식 (1.8)과 같으며, 여러 가지 금속의 온도계수를 표 1.3에 나타내고 있다. 온도계수는 온도에 따라 변하기 때문에 엄밀히 말하면 저항과 온도 사이에는 선형적인 관계가 성립하지 않는다.

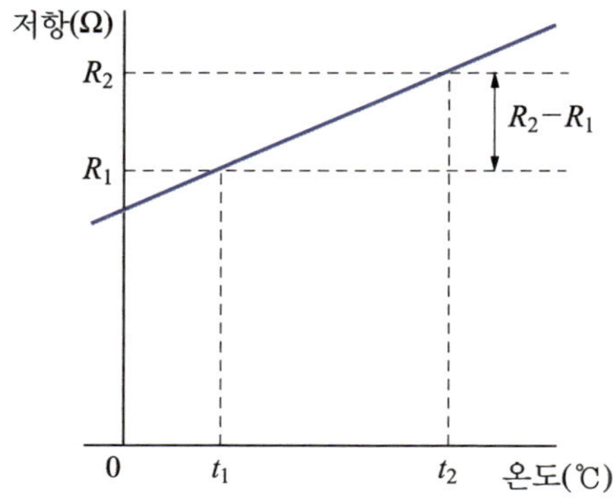

그림 1.9 저항의 온도계수

$$R_2 = R_1[1 + \alpha_{t1}(t_2 - t_1)] \tag{1.8}$$

여기서, t_1은 상승 전의 온도, t_2는 상승 후의 온도, R_1은 t_1에서의 도체 저항, R_2는 t_2에서의 도체 저항, 그리고 α_{t1}은 t_1에서의 온도계수이다(금속의 고유저항, %전도율, 온도계수(온도 : 20[℃])).

표 1.3 금속의 온도계수

금속	온도계수(Ω/℃)
백금	0.0030
금	0.0034
아연	0.0037
은	0.0038
구리, 알루미늄	0.0039
텅스텐	0.0045
주석	0.0042
니켈	0.0059
철	0.0050

예제문제 3.4 저항의 온도계수

1-7 전동 드릴의 권선저항이 사용 전에 1.06[Ω]이었으나 운전 후 1.17[Ω]이 되었다. 운전 중 권선의 온도[℃]는? 단, 주위온도는 20[℃], 권선의 온도계수는 0.0041[1/℃]이다.

풀이 $R_2 = R_1[1+\alpha_{t_1}(t_2-t_1)]$에서

$$t_2 = t_1 + \frac{R_2 - R_1}{R_1 \alpha_{t_1}} = 20 + \frac{1.17 - 1.06}{0.0041 \times 1.06} \fallingdotseq 45.3[℃]$$

3.5 옴의 법칙

전기 회로에서 전압의 단위는 볼트(volt), 전류의 단위는 암페어(ampere), 저항의 단위는 옴(ohm)을 사용한다. 이들의 관계를 나타내기 위하여 그림 1.10과 같이 저항값이 $R[\Omega]$인 전구에 전압이 V[V]인 전지를 연결하였을 때, 회로에 흐르는 전류 I[A]는 다음과 같이 나타낸다.

$$I = \frac{V}{R}[\mathrm{A}] \tag{1.9}$$

즉, 회로에 흐르는 전류는 회로에 가한 전압에 비례하고 저항에 반비례하는 관계를 옴의 법칙(Ohm's law)이라고 한다(그림 1.11).

저항 R값의 역수를 취한 것을 컨덕턴스(conductance)라 하여 G로 나타내며, 컨덕턴스의 단위는 모(mho)로서 [℧]로 쓰거나, 지멘스(siemens)로서 [S]로 사용한다.

$$G = \frac{1}{R}[℧] \tag{1.10}$$

이는 일정한 전압을 가하였을 때 회로에 흐르는 전류가 컨덕턴스 G에 비례하여 식 (1.10)이 되므로 G가 클수록 회로에 전류가 흐르기 쉽다는 것을 의미한다.

$$I = \frac{V}{R} = GV[\mathrm{A}] \tag{1.11}$$

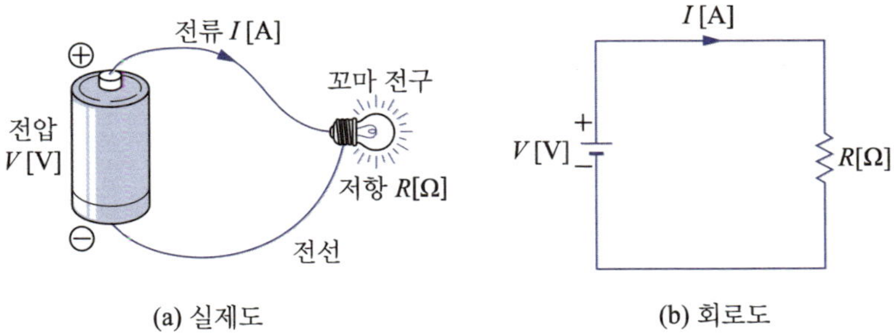

그림 1.10 옴의 법칙

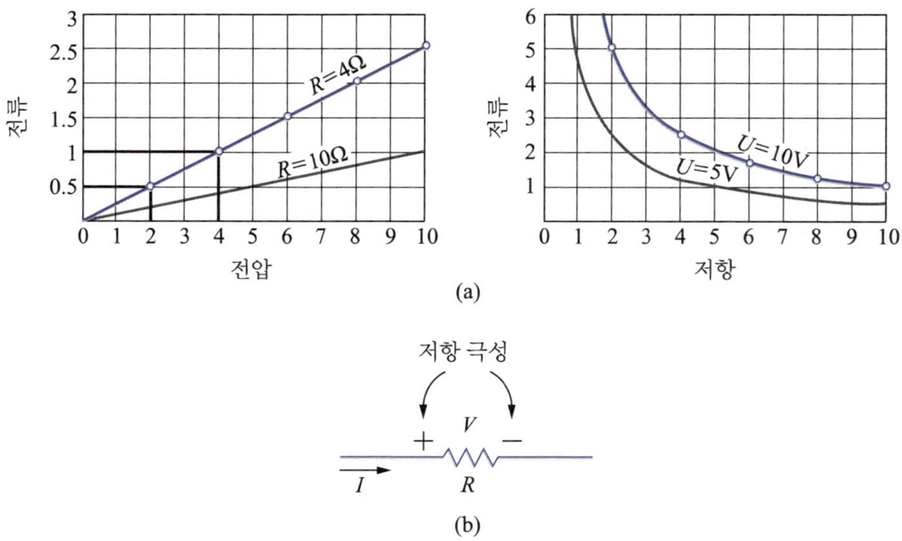

그림 1.11 전압과 전류의 관계

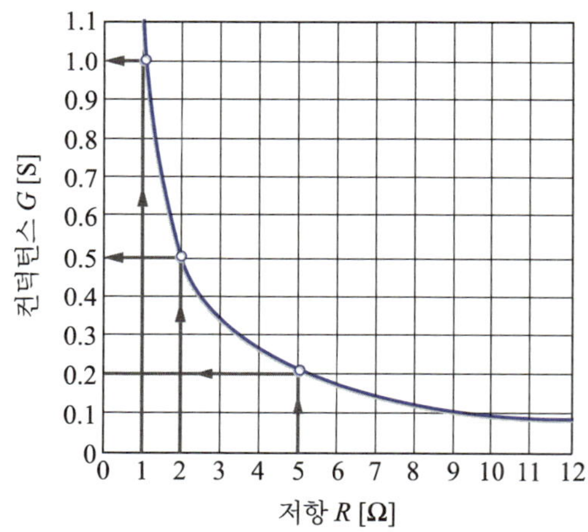

그림 1.12 저항과 컨덕턴스의 관계

예제문제 **3.5 옴의 법칙**

1-8 30[V] 전원 전압에 의해 2[A]의 전류가 흐를 때 이 회로의 저항[Ω]은?

풀이 $R = \frac{V}{I} = \frac{30}{2} = 15[\Omega]$

1-9 일정 전압의 직류 전원에 저항을 연결하고 전류를 흘릴 때, 이 전류를 20[%] 증가시키기 위해서 저항을 몇 배로 해야 하는가?

풀이 $I=\dfrac{V}{R}$ [A]에서 $R'=\dfrac{V}{1.2I}=\dfrac{1}{1.2}R=0.83R$

4. 소자의 특성

회로를 구성하는 소자(element)에는 발전기, 축전지 등의 전원(전류원, 전압원)과 같이 회로에 전기에너지를 공급하는 기능을 하는 능동소자(active element)가 있으며, 저항, 인덕터, 콘덴서, 트랜스, 릴레이 등 전원으로부터 공급받은 에너지를 소비·축적·방출하는 수동소자(passive element)가 있다. 수동소자는 증폭, 정류 등의 능동적 기능을 하지 않는다.

4.1 기준방향

(1) 능동소자

그림 1.13은 대표적인 능동소자인 전원의 기호 및 전압과 전류의 기준방향(또는 정방향)을 나타낸 것이다. 그림 1.13(a), 1.13(b)와 같이 전압원에 대한 전류의 기준방향은 전류가 전원을 지날 때 전압 상승이 되는 방향, 즉 전원의 (−)극에서 (+)극 방향으로 전류의 정방향을 취한다. 그림 1.13(c)와 같이 전류원에 대한 전압의 정방향은 전류원의 전후에 있어서 전압 상승이 일어나도록 전압의 극성을 표시한다. 특히 그림 1.13(b)와 1.13(c)의 전압과 전류의 크기와 방향이 시간에 따라 변화하는 정현파 교류 전압원 $v(t)$와 전류원 $i(t)$의 기준방향은 간편한 직류 회로와 같은 방법으로 교류 회로의 어느 특정한 순간을 가정하여 임의로 정한다.

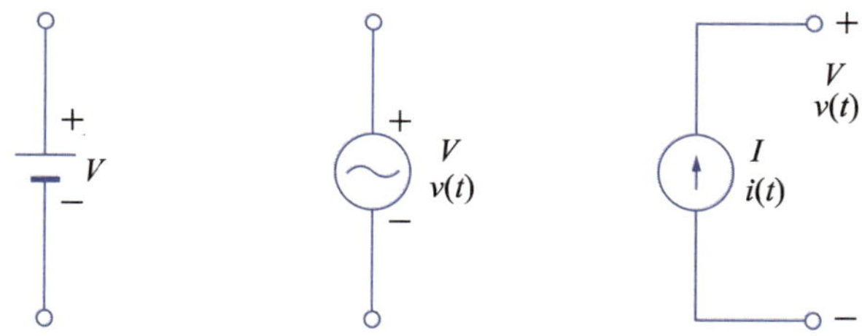

그림 1.13 능동소자의 기호

(2) 수동소자

수동소자에 전류가 흐르면 소자 자체는 전기에너지의 소비나 변환 등이 발생하기 때문에 전류의 흐름과 같은 방향으로 소자 전후에서 전압 강하가 일어난다. 즉, 그림 1.14와 같이 소자를 지나기 전의 전류의 유입 측은 고전위(+), 소자를 지난 후의 전류의 유출 측은 저전위(−)로 취하여 전류방향에 대한 수동소자의 양단 전압인 전압 강하의 방향을 정방향으로 한다.

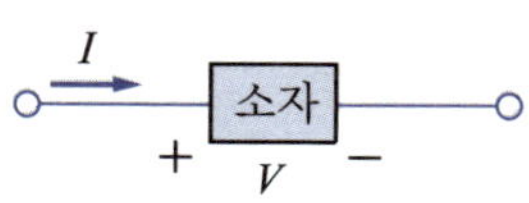

그림 1.14 수동소자

4.2 능동소자

능동소자인 전원은 전압 전원(전압원)과 전류 전원(전류원)이 있으며, 전압 전원에는 직류 전압원(DC, direct current)(예, 건전지 등)과 교류 전압원(AC, alternating current)(예, 가정용 및 산업용 정현파 교류 등)이 있다.

그림 1.15(a), (c)와 같이 전압원은 부하(부하전류 I)에 관계없이 단자전압 V가 항상 일정한 전압, 즉 기전력 E와 동일한 전압($E = V$)을 공급해 주는 것을 목적으로 하는 소자이다. 이를 정전압원(constant voltage source) 또는 이상 전압원(ideal voltage source)이라 한다. 이상적인 전압원은 단자에 흐르는 전류에 무관하게 그 단자에 걸린 규정된 전압을 유지하는 회로소자로서 외부 회로에 의해 어떤 영향도 받지 않고 그

값이 독립적으로 정해지며, 흐르는 전류의 크기 및 방향이 전혀 제한을 받지 않는다.

두 단자 a, b에 부하 R을 접속하면 전류는 전지의 (+)극 → 부하 R → (−)극으로 흐르지만, 전지 내부에서는 (−)극 → 전해질 → (+)극을 향하여 흐른다. 이 때 전지 내부에서 전류의 흐름을 방해하는 전지 자체의 저항이 발생하는 데 이러한 전지 내부의 자체 저항을 내부저항 R_0이라 한다. 즉, 실제적인 전압원은 그림 1.15(b), (c)와 같이 부하(부하전류 I)에 따라 내부저항 R_0에 의한 전압 강하가 발생하여 두 단자 a, b 사이의 단자전압 V는 기전력 E보다 작게 된다. 여기서, 기전력은 부하를 연결하지 않은 회로의 두 단자 a, b 사이의 전압을 의미한다.

전압원 회로는 그림 1.15(b)와 같이 전원에 내부저항이 직렬접속된 형태의 등가 회로[5)]로 표현해야 하며, 내부저항을 고려한 부하의 단자전압은 식 (1.12)로 나타낸다. 이것은 그림 1.15(c)의 실제 전압원의 전압전류 관계의 그래프로 설명되며, 직선의 기울기가 내부저항의 크기이다. 따라서 단자전압 $V(=IR)$는 전지의 기전력 E보다 내부저항에 의한 전압 강하$(=IR_0)$만큼 작아지게 된다$(E > V)$.

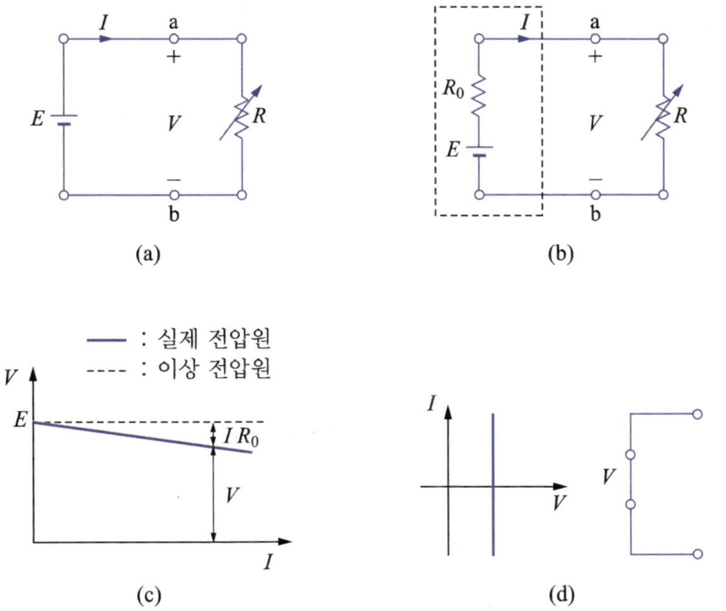

그림 1.15 전압원 회로

5) 어떤 조건하에서 근사적으로 같은 특성을 가지는 것으로 생각되는 전기회로로서 모든 점에서 등가인 회로는 존재하지 않으며 선형회로로 나타내는 경우가 대부분이다.

$$E = I(R + R_0)$$

$$E - IR_0 - V = 0 \tag{1.12}$$

$$\therefore\ V = E - IR_0$$

이상적인 전압원은 정전압($V = E$)이고 식 (1.12)로부터 내부저항이 없는 것($R_0 = 0$)을 의미한다. 실제 전압원에서 전원의 내부저항이 부하저항에 비하여 무시($R \gg R_0$)될 수 있을 정도로 작다면, 이때의 전원도 이상적인 전압원으로 생각하고 해석할 수 있다. 정전압원은 그림 1.15(d)와 같이 부하 저항이 변하여도 일정한 부하 전압을 공급하는 전원으로 부하저항이 변할 때 부하 전압은 일정하고 단지 부하 전류만 바뀐다.

전류원은 부하(단자전압 V)에 관계없이 항상 전류원과 동일한 전류를 공급해 주는 것을 목적으로 하는 소자이며, 이를 정전류원(constant current source) 또는 이상 전류원(ideal current source)이라 한다. 이상적인 전류원은 단자에 걸린 전압에 무관하게 그 단자를 통해 규정된 전류를 유지하는 회로 소자로서 외부 회로에 의해 어떤 영향도 받지 않고 그 값이 독립적으로 정해지며, 그 양단 전압의 크기 및 방향이 전혀 제한을 받지 않는다. 이상적인 전류원은 실제적인 전압원(그림 1.15(a))으로부터 얻을 수 있다. 실제 전압원의 내부저항 R_0이 매우 크고 부하저항 R이 작다면($R_0 \gg R$) 부하전류는 부하저항에 관계없이 전류원과 거의 일정한 전류($I = I_0$)가 흐르게 된다. 따라서 실제 전압원으로부터 이상 전류원으로 등가 대치할 수 있다.

$$I = \frac{E}{R_0 + R} \simeq \frac{E}{R_0} = I_0 \tag{1.13}$$

전압원처럼 전류원도 내부저항 R_0을 고려해야 하며, 내부저항의 크기에 관계없이 부하에 일정한 전류(정전류)를 공급하려면 그림 1.16(b)와 같이 내부저항을 전류원과 병렬로 접속되어야 한다.

따라서, 실제 전류원의 전원전류는 내부저항과 부하저항으로 나뉘게 되므로 부하전류는 전원 전류보다 항상 작게 공급($I < I_0$)하게 된다. 또한 실제 전류원에서 내부저항 R_0가 무한대(∞)일 때 이상 전류원으로 등가 대치할 수 있다. 즉, 전압원은 내부저항(임피던스)이 0인 일정 전압을 공급하는 전원이고, 전류원은 내부저항(임피던스)이 무한대(∞)인 일정 전류를 공급하는 전원을 말한다. 정전류원은 그림 1.16(d)와 같이 부하 저항이 변하여도 일정한 부하 전류를 공급하는 전원으로 부하저항이 변할 때 부하 전류는 일정하고 단지 부하 전압만 바뀐다.

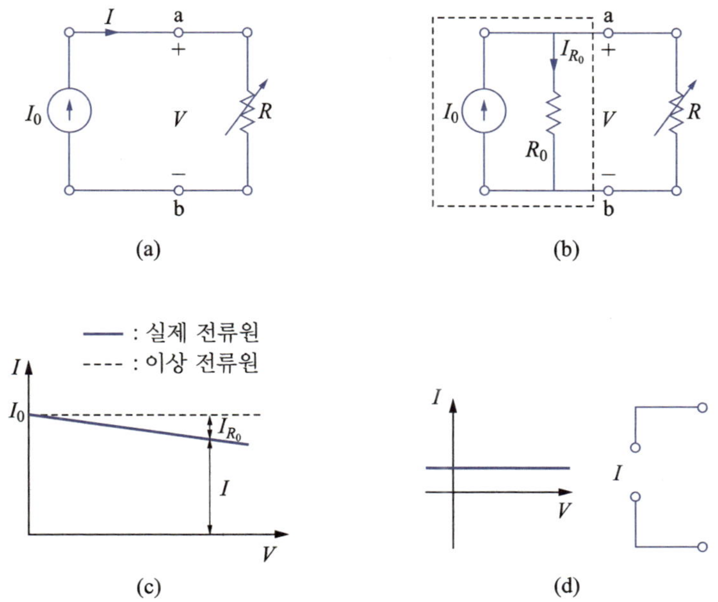

그림 1.16 전류원 회로

표 1.4 이상 전압원과 이상 전류원의 내부저항

전원	내부저항	성질
이상 전압원 (정전압원)	$R_0=0$ (단락상태)	부하의 단자전압=전압원의 기전력($V=E$)
이상 전류원 (정전류원)	$R_0=\infty$ (개방상태)	부하의 단자전류=전류원의 전류($I=I_0$)

예제문제 4.2 능동소자

1-10 어떤 전지의 외부회로 저항은 5[Ω]이고 전류는 8[A]가 흐른다. 외부회로에 5[Ω] 대신 15[Ω]의 저항을 접속하면 전류는 4[A]로 떨어진다. 전지의 기전력[V]은?

풀이 $E=I(R+R_0)$이므로 $E=8\times(5+R_0)=4\times(15+R_0)$

따라서, $R_0=5[\Omega]$이므로 $E=8\times(5+5)=80[\mathrm{V}]$

1-11 어떤 회로에 3[A]의 전류가 흐를 때 단자전압이 1.2[V], 2[A]의 전류가 흐를 때 단자전압이 1.4[V]라고 한다. 이 전지의 내부저항[Ω]과 기전력[V]은?

풀이 $E=I(R+R_0)$에서 전지의 전압 $V=E-IR_0$을 이용하여

$$1.2=E-3R_0$$
$$1.4=E-2R_0$$

위 두 식의 연립방정식을 풀면, 내부저항 $R_0=0.2[\Omega]$, 기전력 $E=1.8[\mathrm{V}]$

4.3 수동소자

(1) 저항

저항은 전원으로부터 공급받은 전기에너지를 열로 소비하는 소자로써 회로전압을 제어하거나 전류를 제한하는 역할을 한다.

(2) 커패시터

두 도체사이에 전위 V를 인가[6]할 경우 나타나는 전하량 Q는 전위에 비례한다. 이때의 비례상수를 C라고 하면 식 (1.14)의 관계가 성립되고, 이것을 도체의 커패시턴스(capacitance) 또는 정전용량(electrostatic capacity)이라고 한다.

$$Q=CV \tag{1.14}$$

커패시턴스는 전압 V를 주었을 때 전하량 Q를 축적하는 능력을 나타내는 것으로 단위는 패럿(farad)[F]을 사용한다. 1[F]은 전압 1[V]를 주었을 때 축적되는 전하량이 1[C]인 용량을 의미하며, 이 단위 1[F]은 매우 큰 단위로 실용 단위로 [μF] 또는 [pF] 등을 주로 사용한다.

$$1[\mu\mathrm{F}]=10^{-6}[\mathrm{F}], \qquad 1[\mathrm{pF}]=10^{-6}[\mu\mathrm{F}]=10^{-12}[\mathrm{F}]$$

커패시터는 콘덴서(condenser)라고도 하며, 평행 평판의 도체 전극 사이에 유전체[7]를 삽입한 구조이고 도체 전극에 전하를 축적시킬 수 있는 소자, 즉 전기에너지를 정전에너지로 변환하여 축적시킬 수 있다. 커패시터가 있는 회로에 전압을 인가하였을 때,

6) 인가[印加]전압(applied voltage)은 전기 회로의 단자 사이에 공급되는 직류・교류의 공급 전압 또는 전위 전압을 말한다.

7) 콘덴서의 전기용량을 증가시키기 위해 사용되는 유전체에는 운모(마이카 콘덴서), 파라핀(종이 콘덴서), 산화알루미늄(전해 콘덴서), 산화티탄자기(자기 콘덴서) 등이 있다.

전압과 전류의 관계식은 다음과 같이 미분형으로 나타낼 수 있다.

$$i = \frac{dq}{dt} = \frac{d(Cv)}{dt} = C\frac{dv}{dt} \tag{1.15}$$

식 (1.15)를 변환하면 커패시터 양단 전압 v는 적분형인 식 (1.16)으로 나타낼 수 있다.

$$v = \frac{1}{C}\int i\,dt \tag{1.16}$$

(3) 인덕터(코일)

도선에 전류가 흐르면 그 주위에 자기장(magnetic field)이 형성된다. 자기력선의 다발을 자속(magnetic flux)이라고 하며 단위는 웨버(weber) [Wb]를 사용한다. 코일[8]에 전류가 흐르면 폐회로를 관통하는 자속이 발생하는데, 권선 1회의 코일에서 발생하는 자속[9]을 ϕ[Wb]라 하면 권선[10]수가 N인 전체 코일을 관통하는 쇄교[11]자속수 Φ[Wb·T]는 $N\times\phi$가 되고, 전류 I에 비례한다.

$$\Phi \propto i \qquad \therefore\ \Phi = Li\,(N\phi = Li) \tag{1.17}$$

여기서 비례상수 L을 코일의 자기 인덕턴스(self inductance) 또는 인덕턴스라고 한다. 코일의 권선수, 길이, 단면적 및 주위의 매질 등에 따라 결정되는 고유의 정수인 인덕턴스의 단위는 헨리(Henry, [H])이다. 코일은 전기에너지를 열로 소비하는 저항과 다르게 일시적으로 전자에너지로 변환하여 자계 속에 축적 또는 방출시키는 소자로 인덕터(inductor)라고도 한다.

패러데이의 전자유도법칙[12]과 렌츠의 법칙[13]에 의하여 유도 기전력은 코일에 관통하는 쇄교자속의 시간적인 변화에 비례하고, 쇄교자속의 변화를 방해하는 방향으로 발생하므로 유도 기전력 e는 식 (1.18)과 같다.

8) 전도성이 좋은 선재를 절연성 재료로 피복하여 통형 또는 나사선형으로 감은 것을 말한다. 전류의 에너지를 자속이라는 자기 에너지로 변환하는 역할을 지니고 있다.

9) 자계에서 어떤 면적을 지나가는 자기력선의 총수를 말하며 단위는 웨버(weber) [Wb]이다.

10) 권선[捲線]은 구리선 등에 절연물질을 코팅한 것으로 전자기기 내부에 코일 형태로 감겨져 전기에너지를 기계에너지로 변환시키는 선이다

11) 쇄교[鎖交](interlinkage)는 자력선 등이 코일과 교차하는 것을 말한다.

12) 유도기전력의 크기는 코일 속을 지나는 자속의 시간적 변화율과 코일의 감은 횟수에 비례한다는 법칙이다.

13) 유도기전력과 유도전류는 코일 면을 통과하는 자기장(자속)의 변화를 상쇄하려는 방향으로 발생한다는 법칙이다.

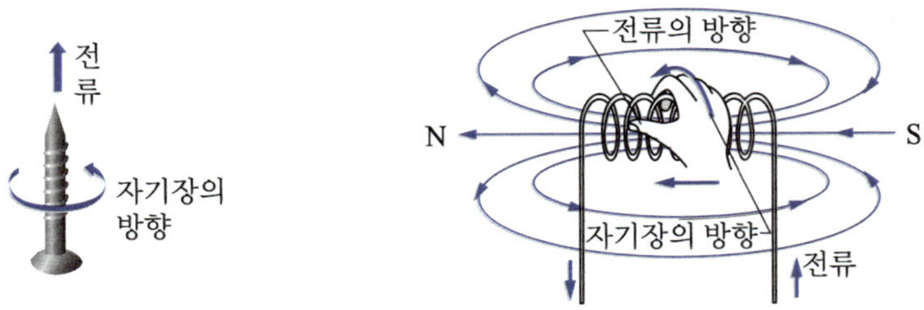

그림 1.17 자기장과 자기력선

$$e = -\frac{d\Phi}{dt} = -N\frac{d\phi}{dt} \tag{1.18}$$

코일에 가해진 전압 v는 기전력 e와 크기는 같고 방향이 반대이므로 식 (1.19)와 같이 나타낼 수 있으며, 식 (1.17)을 식 (1.19)에 대입하여 인덕턴스 L로 표현하면 식 (1.20)으로 나타낼 수 있다.

$$v = -e = \frac{d\Phi}{dt} = N\frac{d\phi}{dt} \tag{1.19}$$

$$v = \frac{d(Li)}{dt} = L\frac{di}{dt} \tag{1.20}$$

인덕턴스 1[H]는 전류가 매초 1[A]의 비율로 변화할 때 1[V]의 기전력이 유도되는 코일(인덕터)이다.

5. 전력과 전력량

5.1 줄의 법칙

줄열은 도체를 지나는 자유전자가 도체 내의 원자 등과 비탄성 충돌을 일으킬 때 발생되는 열에너지가 외부로 방출된 것이며, 이때의 충돌 현상이 바로 도체에서의 전류 흐름을 방해하는 저항으로 작용하게 된다.

전열기 등에 전압을 인가하여 전류를 흘리면 열이 발생하는데, 이를 전류의 발열 작용이라고 하며, 이때 발생되는 열량 H는 전류 I의 제곱과 저항 R의 크기 및 전류가 흐른 시간의 곱에 비례하는 데 이를 줄의 법칙(Joule's law)이라 하며, 이 때 발생되는 열을 줄열(Joule heat)이라고 한다.

$$H = I^2Rt[\text{J}] \qquad (1.21)$$

줄의 법칙에서 에너지를 열량(calorie)으로 표시하면 1[J]=0.24[cal](1[cal]≒4.2[J])이므로 다음 식과 같다.

$$H = 0.24I^2Rt\ [\text{cal}] \qquad (1.22)$$

일반적으로 전구, 난로, 밥솥, 다리미, 전기로, 전기 용접기 등에 널리 이용되고 있으며, 전열기의 용량계산식은 다음과 같다.

$$P = \frac{Cm\theta}{860\eta t}\ [\text{kW}] \qquad (1.23)$$

여기서, C는 비열(물 : 1[kcal/kg℃]), m은 피열물의 질량[kg] 또는 [ℓ], θ는 온도차[℃], η는 효율, t는 소요시간[h]이다.

단위 환산

- 1[W]=1[J/sec], 1[J]=1[W・sec]
- 1[J]=0.24[cal], 1[W]=1[J/sec]=0.24[J/sec]
- 1[W・h]=1,000[W]×1[hr]=3,600[W・sec]=3,600[J]≒860[cal]
- 1[BTU[14]]=252[cal[15]]
- 1[HP]=746[W]
- 1[Wh]=3,600[J]

예제문제 5.1 줄의 법칙

1-12 10[℃] 물 1[kg]을 열효율 70[%], 600[W]의 온수기를 10분간 사용하면 수온[℃]은?

풀이 $0.24Pt\eta = Cm(\theta_2 - \theta_1)$에서

14) 1[BTU]는 물 1[lb]를 1[℉] 높이는 데 필요한 열량이다.

15) 1[cal]는 물 1[g]을 1[℃] 높이는 데 필요한 열량이다.

$0.24 \times 600 \times 10 \times 60[\text{sec}] \times 0.7 = 1 \times 1000 \times (\theta_2 - 10)$이므로

따라서 $\theta_2 = 70.5[℃]$

5.2 전력

저항회로에 전류가 흐르면 저항 양단에서 발생된 전압 강하는 단위전하가 한 일이므로 전하 Q가 한 일 W는 QV가 된다. 저항에 t시간 동안 전하를 이동시킬 때 전하가 단위시간에 하는 전기적인 일을 전력(electric power)이라고 한다. 기호는 P, 단위는 와트(watt) [W]를 사용한다. 또한 전기 회로의 저항 $R[\Omega]$에 전류 I[A]가 흐를 때 전기 에너지가 열에너지로 변환될 때 단위 시간당 I^2R[J]의 열량이 발생된다. 이 I^2R은 이 회로에서 전류가 단위시간에 하는 일의 양이므로 전력이라고 할 수 있다.

$$P = \frac{W}{t} = \frac{QV}{t} = VI[\text{J/s}]$$
$$P = I^2R = VI = \frac{V^2}{R}\ [\text{W}] \tag{1.24}$$

예제문제 5.2 전력

1-13 저항값이 일정한 저항에 가해지는 전압을 3배하면 소비전력은?

풀이 $P' = \frac{V'^2}{R} = \frac{(3V)^2}{R} = 9 \times \frac{V^2}{R} = 9P$이므로 9배가 커진다.

1-14 100[V], 60[W]의 전구에 50[V]를 가했을 때의 전류[A]는?

풀이 $P = \frac{V^2}{R}$에서 $R = \frac{V^2}{P} = \frac{100^2}{60} \fallingdotseq 167[\Omega]$

따라서 $I = \frac{V}{R} = \frac{50}{167} \fallingdotseq 0.3[\text{A}]$

5.3 전력량

회로에 전류가 흐르는 시간 동안 하는 일(또는 에너지)의 양을 전력량(electric energy)이라고 한다. 즉 P[W]의 전력을 t[sec] 동안 사용했을 때의 사용된 전력량 W는 다음과 같다.

$$\begin{aligned} W &= Pt[\mathrm{Ws}] \\ &= VIt = I^2Rt = \frac{V^2}{R}t[\mathrm{J}] \end{aligned} \tag{1.25}$$

예제문제 5.3 전력량

1-15 60[W] 전등 2개를 매일 5시간씩 점등하고, 600[W] 전열기 1개를 매일 2시간씩 사용할 경우 한 달 소비전력량[kWh]은?

풀이 $W = Pt = \{(60[\mathrm{W}] \times 2) \times 5[\mathrm{hr}] + (600[\mathrm{W}] \times 1) \times 2[\mathrm{hr}]\} \times 30\text{일} = 54{,}000[\mathrm{Wh}]$

6. 키르히호프 법칙

여러 개의 저항과 전원을 포함하는 전기회로의 해석은 옴의 법칙보다는 키르히호프의 법칙을 사용하면 쉽게 해석할 수 있다.

6.1 전류법칙

키르히호프의 전류 법칙(Kirchhoff's current law, K.C.L)은 키르히호프의 제1법칙이라고도 하며, '회로 내의 임의의 한 점으로 흘러 들어오고 흘러 나간 전류의 합은 항상 0이다'로 정의된다. 이에 대한 일반식은 식 (1.26)과 같다.

$$\sum_{k=1}^{n} I_k = 0 \tag{1.26}$$

이 법칙의 물리적인 의미는 회로 내의 임의의 한 점에서는 전하가 소멸될 수도 없고 생성될 수도 없음을 뜻하므로 전하(전기량) 보존 법칙이라고도 한다. 그림 1.18과 같은 회로의 접속점(node) 0에서 볼 때, 접속점에 흘러 들어오는 전류(유입전류, +)는 I_1, I_3, I_4이고, 접속점에서 흘러 나가는 전류(유출전류, −)를 I_2, I_5라고 하면 식 (1.27)과 같이 나타낼 수 있다.

$$I_1 + I_3 + I_4 = I_2 + I_5 \tag{1.27}$$

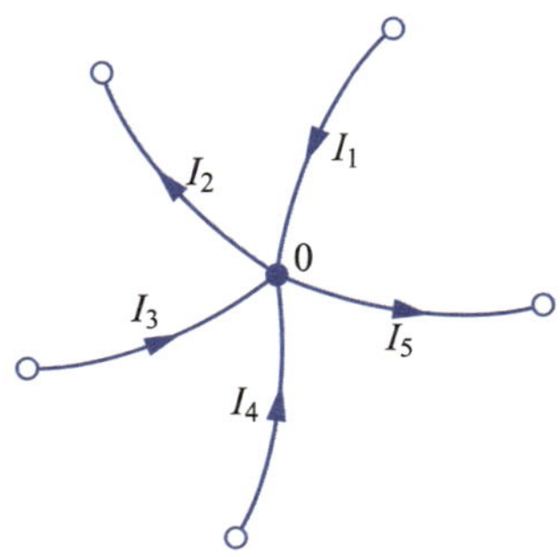

그림 1.18 키르히호프의 전류법칙

예제문제 6.1 전류법칙

1-16 다음과 같은 회로에서 전류를 계산하시오.

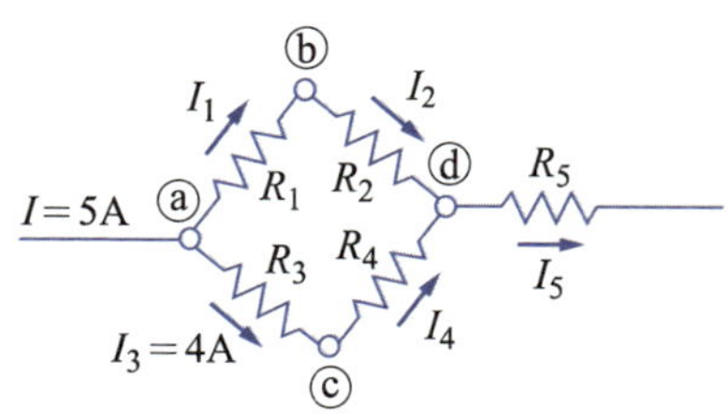

풀이 ⓐ $I = I_1 + I_3$이므로 $5 = I_1 + 4$에서 $I_1 = 1[A]$

ⓑ $I_1 = I_2 = 1[A]$

ⓒ $I_3 = I_4 = 4[\mathrm{A}]$

ⓓ $I_2 + I_4 = I_5$에서 $1 + 4 = I_5$이므로 $I_5 = 5[\mathrm{A}]$

6.2 전압법칙

키르히호프의 전압 법칙(Kirchhoff's current law, K.V.L)은 키르히호프의 제2법칙이라고도 하며, '임의의 폐회로에서 기전력의 합은 그 폐회로 내의 전류와 저항의 곱인 전압 강하의 합과 같다'로 정의할 수 있다. 기전력의 부호는 능동소자의 정방향이면 (+), 반대방향이면 (−)를 취한다. 일반식은 다음과 같이 나타낼 수 있다.

$$\sum_{k=1}^{m} V_k = \sum_{k=0}^{n} I_k R_k \tag{1.28}$$

전압 상승 및 전압 강하는 전하가 에너지를 얻고 잃음을 뜻하며, 폐회로를 따라 움직이는 전하는 얻는 만큼의 에너지를 잃게 되는 것으로 에너지 보존 법칙이라고도 한다. 여기서, 폐회로는 전류가 흘러 다시 되돌아갈 수 있는 닫힌 회로(closed circuit)이다.

그림 1.19에서 폐회로에서 시계 방향으로 순환하도록 가정하고 수동소자의 전압 상승을 정(+), 전압 강하를 부(−)로 하여 총합을 취하면 식 (1.29)와 같이 된다.

$$-V_1 + V_2 + V_3 + V_4 = 0 \tag{1.29}$$

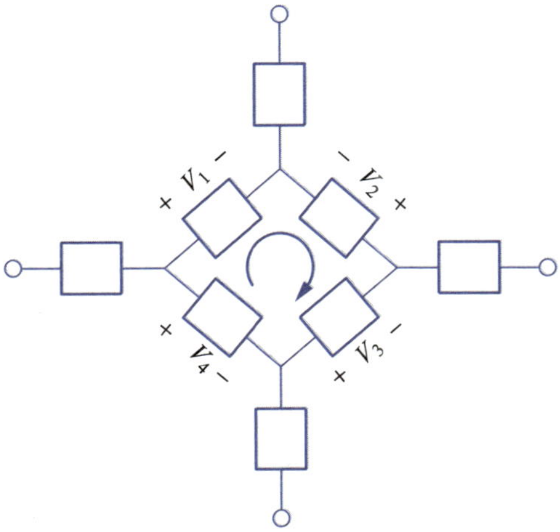

그림 1.19 키르히호프의 전압법칙

만일, 키르히호프의 전압법칙에 의하여 회로 해석을 한 결과 전류의 값이 (−)가 되면 원래 식을 세운 전류의 방향과 반대로 전류가 흐른다는 것을 의미한다.

그림 1.20에서 좌측 폐회로 전류 I의 방향을 시계 방향으로 취하여 키르히호프의 제 2법칙을 적용하면, $V_1 = I_3R_3 + I_1R_1$이 되고, 우측 폐회로 전류 I의 방향을 반시계 방향으로 적용하면 $V_2 = I_3R_3 + I_2R_2$과 같이 되어 I_1, I_2, I_3를 구할 수 있다.

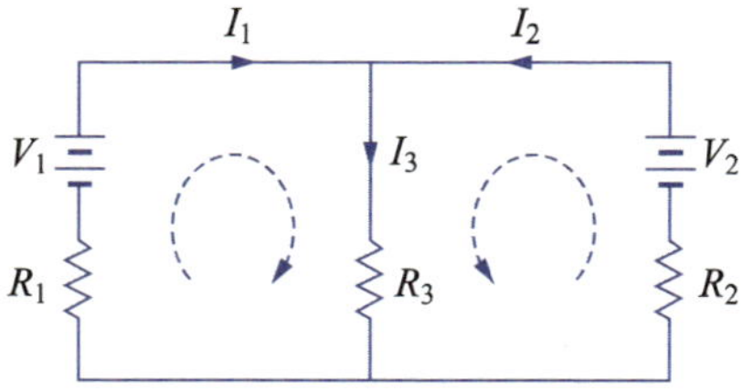

그림 1.20 전압법칙 예

예제문제 6.2 전압법칙

1-17 다음과 같은 회로에서 저항 R_1과 R_3를 구하시오.

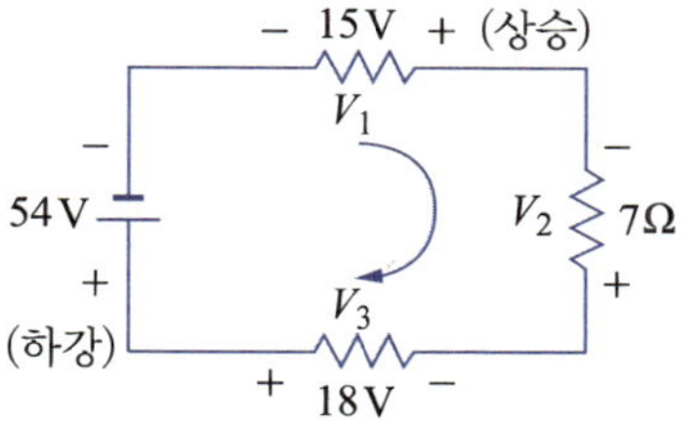

풀이 우선 KVL에 의하여 $V_1 + V_2 + V_3 = E$이므로 $V_2 = 54 - (15 + 18) = 21[\text{V}]$이다.

전체 전류 $I = \dfrac{V_2}{R_2} = \dfrac{21}{7} = 3[\text{A}]$이므로

따라서, $R_1 = \dfrac{V_1}{I} = \dfrac{15}{3} = 5[\Omega]$

$$R_3 = \frac{V_3}{I} = \frac{18}{3} = 6[\Omega]$$

1-18 다음과 같은 회로에서 20[Ω]의 저항에 흐르는 전류[A]는?

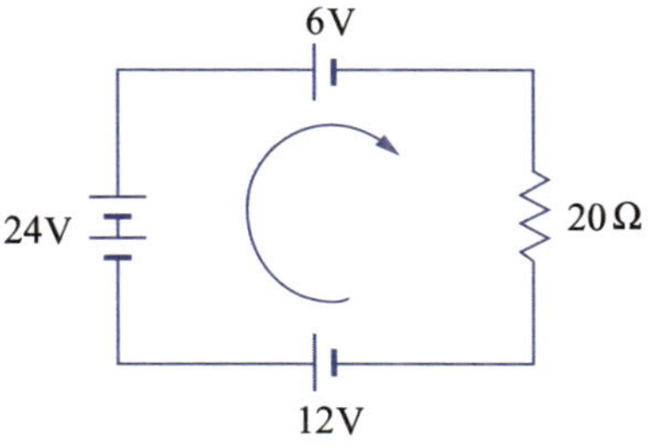

풀이 KVL에 의하여 $\sum V = \sum IR$이므로 $\sum V = 12 + 24 - 6 = 30[\text{V}]$

(6[V] 극성에 주의!)

$$I = \frac{\sum V}{R} = \frac{24 - 6 + 12}{20} = 1.5[\text{A}]$$

7. 전기분해

고체 상태에서 전기를 잘 통하는 물질을 도체, 전기를 잘 통하지 않는 물질을 부도체라고 한다. 또 고체 상태에서는 전기를 잘 통하지 않지만 물에 녹아 수용액이 된 상태에서 전기를 잘 통하는 물질을 전해질, 고체뿐만 아니라 물에 녹아 수용액이 된 상태에서도 전기를 잘 통하지 않는 물질을 비전해질이라 한다. 여기서 전해질의 수용액을 전해액이라고 한다.

- **전해질(electrolyte)** : 물에 녹아 수용액 상태에서 전류가 잘 흐르는 물질로 염산, 황산, 수산화나트륨, 염화나트륨 등이 있다.
- **비전해질(non-electrolyte)** : 물에 녹아 수용액상태에서도 전류가 흐리지 않는 물질로서 설탕, 포도당, 녹말, 알코올, 증류수 등이 있다.

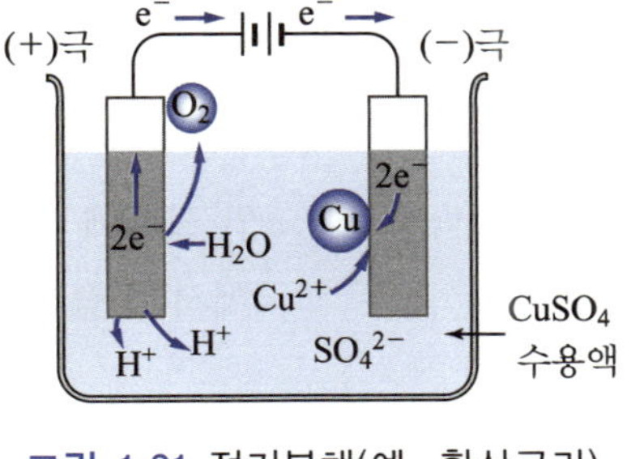

그림 1.21 전기분해(예, 황산구리)

전해질은 고체상태에서는 양이온과 음이온이 강하게 결합하여 전하를 띤 입자가 존재하지 않지만, 수용액 상태에서는 양이온과 음이온으로 나뉘어져 전하를 띤 입자가 생성되기 때문에 전류를 흐를 수 있게 한다.

비전해질은 수용액 속에서 분자 상태로 있지만, 전해질은 수용액 속에서 모두 또는 일부분이 양이온과 음이온으로 분리된 상태로 존재한다. 이와 같이 전해질이 양이온과 음이온으로 분리되는 것을 전리(electrolytic dissociation) 또는 이온화(ionization)라고 한다.

전해질의 종류와 전해액의 농도에 따라 전류의 세기(도전율)는 다르게 나타난다. 같은 농도의 전해액이라도 수용액에서 전하를 띤 입자의 생성이 많은 물질(염화나트륨, 염산 및 황산 등)인 강전해질은 전류가 많이 흐르지만, 전하를 띤 입자의 생성이 적은 물질(아세트산, 탄산 등)인 약전해질은 전류가 적게 흐른다. 전해액의 농도가 진할수록 전하를 띤 입자의 수가 많아지기 때문에 전류의 세기는 증가한다. 그러나 농도가 어느 정도 이상이 되면 전하를 띤 입자끼리 정전기적 인력이 작용하기 때문에 더 이상 전류의 세기는 증가하지 않고 일정하게 된다.

외부로부터 공급되는 전원에 의한 전류를 이용해서 비자발적으로 산화・환원의 전극 반응을 일으켜 전기에너지를 화학에너지로 변환하는 것을 전기분해(electrolysis)라고 한다. 그림 1.21과 같이 전해액에 전류를 흘려주면 양이온은 음극(cathode)으로, 음이온은 양극(anode)으로 이동하여 전자를 얻거나 잃어 중성이 되면서 두 전극에서 새로운 물질이 석출된다. 두 전극에서의 반응은 다음과 같다.

- **양극 반응** : 음이온이 전자를 잃고 중성의 물질을 석출
- **음극 반응** : 양이온이 전자를 얻고 중성의 물질을 석출

전기분해시 이동하는 전하량과 전극에서 석출 또는 소모되는 물질의 양 사이에는 다음의 두 법칙이 성립하며, 이 법칙을 전기분해에 관한 패러데이의 법칙이라고 한다.

- 전기분해에 의해 석출/소모되는 물질의 양을 전기량에 비례한다.
- 동일한 전기량에 의한 석출량은 그 물질의 화학당량(원자량/원자가)에 비례한다.

전기분해에 의하여 화학당량이 e인 물질에 I[A]의 전류가 t초 동안 Q[C]의 전기량이 흘러서 전기분해하는 경우 전극에서 석출되는 석출량 W[g]는 다음과 같다.

$$W = keIt = keQ\,[\mathrm{g}] \tag{1.30}$$

여기서, 정수 $K = ke$라고 놓으면 이것은 1[C]의 전기량이 이동할 때 석출되는 양을 의미하는데 이것을 전기 화학당량이라고 한다.

$$W = KQ[\mathrm{g}] \tag{1.31}$$

전기도금(electroplating)은 전기분해를 공업적으로 응용한 것이고, 석출되는 금속으로 다른 종류의 금속 표면을 피막 형태로 전착[16]하여 금속 표면의 장식, 내식성과 내마모성을 목적으로 하는 표면처리를 의미한다. 그림 1.22와 같이 전원의 음극에 도금되는 물체, 양극에 도금하고자 하는 금속을 접속하고 전해액은 도금하고자 하는 금속이온을 함유한 수용액을 사용한다.

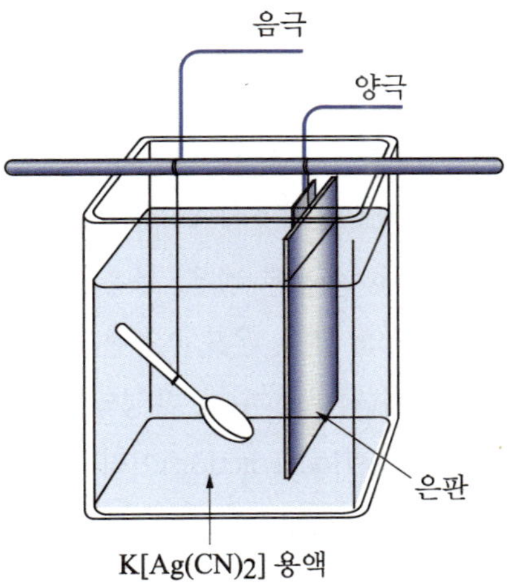

그림 1.22 전기도금

8. 전지

화학변화에 의해서 생기는 에너지를 전기에너지로 변환시키는 장치를 전지(battery)라고 하며, 전지에서 얻어지는 전류는 직류이다. 전지에는 1차 전지(primary cell)와 2

16) 전기분해에 의해 전극 상에 물질을 형성하는 과정으로 주로 금속이온의 방전에 의한 금속전착이 있으며 유기물의 전착, 화합물의 전착 등이 있다.

차 전지(secondary cell)가 있다. 1차 전지는 방전 후에 다시 전지에 전류를 공급하여도 이전의 상태로 되돌아가지(충전되지) 않는 일반적인 건전지로 망간 전지, 알칼리 망간 전지, 리튬 1차 전지, 수은 전지 등이 있다. 2차 전지는 재충전이 가능한 전지를 말하며 니켈-수소 전지, 니켈-카드뮴 전지, 리튬-이온 전지, 리튬-폴리머 전지 등이 있다.

전지에 전류가 흐르게 되면 양극의 표면에 수소가스가 발생하게 되고, 이것이 전류의 흐름을 방해하여 전지의 기전력을 저하시킨다. 이를 분극작용(polarization)이라고 한다. 발생된 수소가스를 제거하는 할 경우에는 감극제[17]를 사용한다. 또한 전지를 사용하지 않고 그대로 방치해두면 조금씩 자연히 방전을 일으키는 현상을 자기방전(self discharge)이라 한다. 자기방전은 전해액의 비중이 높을수록, 주위의 온도와 습도가 높을수록 방전량이 크고, 사용기간 및 환경에 따라 다르다. 전지를 방전상태에서 장시간 방치하면 극판이 부도체성의 황산납($PbSO_4$)으로 결정체가 되고 유백색의 황산염이 침착되면서 가스가 발생되어 수명이 단축되는 현상을 설페이션(sulfation)이라고 한다. 주로 전지의 기전력이 감소하는 특성이 있다. 그 원인은 과방전한 경우, 장기간 방전 상태로 방치한 경우, 전해액의 비중이 너무 낮을 경우, 전해액의 부족으로 극판이 노출된 경우, 전해액에 불순물이 혼입된 경우, 불충분한 충전을 반복한 경우에 발생된다. 전해질 용액의 조성, 이물질의 침입, 온도・압력의 변화 등으로 용액이 불균일 상태로 되면 내부에 국부적인 전위차(국부전지)가 발생되고 순환전류가 흘러 전지 내에서 자기방전을 하는 현상을 국부작용(local action)이라고 한다.

1차 전지인 망간전지(manganese battery)는 그림 1.23과 같이 양극(이온화 경향이 작은 금속, 환원반응)에 탄소 막대를 사용하고, 음극(이온화 경향이 큰 금속, 산화반응)에는 용기를 겸한 아연원통을 사용한다. 전해액은 염화암모늄 용액(HN_4Cl+H_2O)을 녹말과 섞어 반죽한 상태로 사용하거나 종이에 적셔 사용한다. 감극제로 사용되는 이산화망간(MnO_2)은 양극에서 발생된 수소 기체(H_2)가 수소 이온(H^+)으로 환원되어 기전력을 떨어뜨리는 것을 방지하기 위해 사용한다. 소용량이고 장시간 사용이 가능하며 저장성이 좋은 특징이 있다.

17) 극의 표면에는 전류가 생성되어 수소기체에 의한 분극작용이 발생된다. 이 분극작용은 기전력을 저하시키므로, 양극을 수소와 결합하기 쉬운 산화물로 씌워 수소를 물로 만드는데 이처럼 분극작용을 감소시키는 물질을 말한다.

$$
\begin{aligned}
&\textbf{(+)극}:\ 2NH_4 + 2e^- \rightarrow 2NH_3 + H_2 \\
&\qquad H_2 + 2MnO_2 \rightarrow 2Mn_2O_3 + H_2O \\
&\textbf{(−)극}:\ Zn \rightarrow Zn^{2+} + 2e^- \\
&\qquad Zn^{2+} + 4NH_3 \rightarrow [Zn(NH_3)_4]^{2+}
\end{aligned}
\tag{1.32}
$$

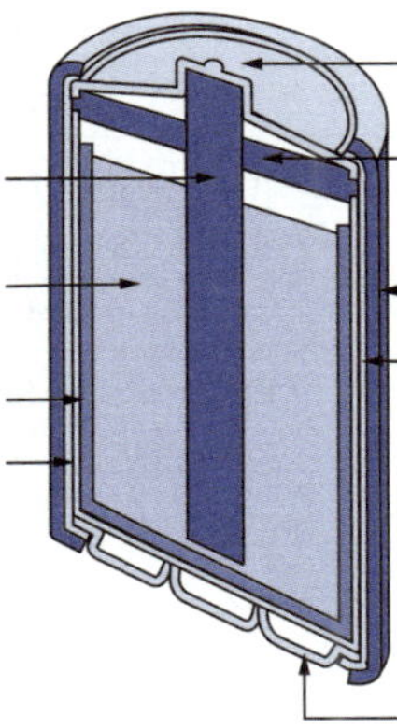

그림 1.23 망간전지의 구조

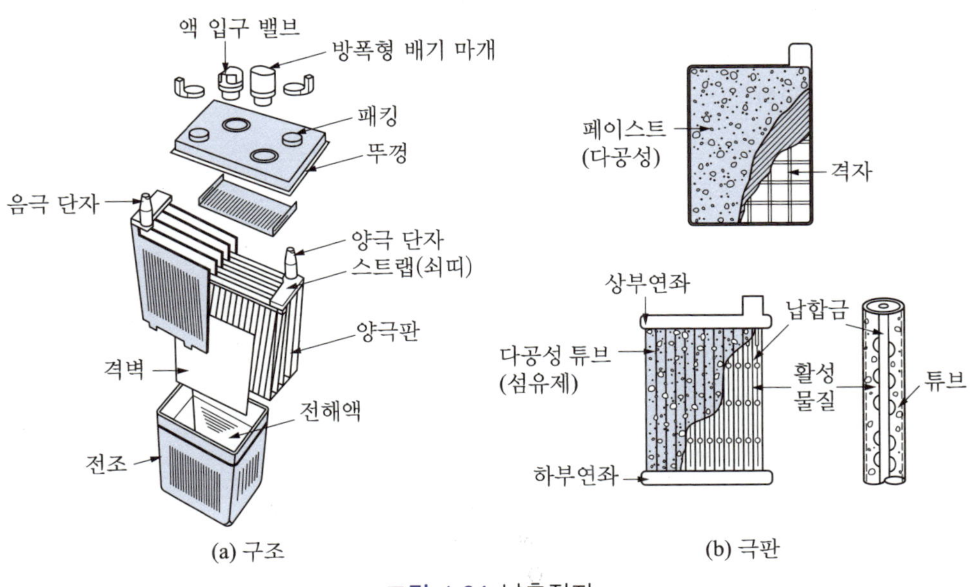

그림 1.24 납축전지

표 1.5 납축전지와 알칼리축전지의 비교

구분		납축전지	알칼리축전지
기전력[V]		2.05～2.08	1.32
공칭전압[V] 및 용량[Ah]		2.0 / 10Ah	1.2 / 5Ah
셀수		52～55개	80～85개
전기적 강도		과충전, 과방전에 약하다.	과충전, 과방전에 강하다.
기계적 강도		약하다.	강하다.
충전시간		길다.	짧다.
온도특성		떨어진다.	우수하다.
수명		10～20년	30년 이상
가격		싸다.	비싸다.
용도		장시간, 일정전류 부하에 적당	단시간, 대전류 부하에 적당
종류		클래드식(CS), 페이스트식(HS)	소결식, 포켓식
자기방전		보통	적다.
화학반응	충전	PbO_2 + $2H_2SO_4$ + Pb (양극) (전해액) (음극)	$2Ni(OH)_3$ + $2H_2O$ + Cd (양극) (전해액: KOH) (음극)
	방전	$PbSO_4$ + $2H_2O$ + $PbSO_4$	$2Ni(OH)_2$ + $Cd(OH)_2$
기타		• 부식가스 발생 • 전해액의 비중으로 충·방전을 알 수 있음 • 적은 충·방전 전압차	• 부식가스 없음 • 저온 특성 • 보존이 용이 • 고효율 방전특성

2차 전지인 납축전지(lead storage battery)는 그림 1.24와 같이 양극으로 이산화납(PbO_2), 음극으로 납(Pb)이 사용되며 전해액으로는 비중이 1.24～1.26의 묽은 황산이 사용된다.

	충전		방전
양극	$PbO_2 + 4H^+ + SO_4^{2-} + 2e^-$	$\longleftrightarrow$ 충·방전	$PbSO_4 + 2H_2O$
음극	$Pb + SO_4^{2-}$	$\longleftrightarrow$ 충·방전	$PbSO_4 + 2e^-$

양극판에서의 가스발생 반응

$$H_2O \rightarrow 2H^+ + 1/2\, O_2 \uparrow + 2e^-$$

음극판에서의 가스흡수 반응

$$Pb + 1/2\, O_2 \rightarrow PbO$$
$$PbO + H_2SO_4 \rightarrow PbSO_4 + H_2O$$
$$PbSO_4 + 2H^+ + 2e^- \rightarrow Pb + H_2SO_4$$

$$\underset{(+)}{PbO_2} + 2H_2SO_4 + \underset{(-)}{Pb} \leftrightarrow \underset{(+)}{PbSO_4} + 2H_2O + \underset{(-)}{PbSO_4} \quad (1.33)$$

또한 알칼리 축전지는 수산화니켈과 흑연을 양극으로 카드뮴과 철을 음극으로 사용되며, 전해액으로는 비중이 1.2～1.245의 수산화칼륨을 사용한다.

$$\underset{(+)}{2Ni(OH)_3} + 2H_2O + \underset{(-)}{Cd} \leftrightarrow \underset{(+)}{2Ni(OH)_2} + \underset{(-)}{Cd(OH)_2} \quad (1.34)$$

축전지 용량의 단위는 암페어-시간(ampere-hours, [Ah]) 등으로 그 용량을 나타내는데, 일정한 전류 I로 방전하여 전지의 단자전압이 방전 종지전압[18]까지 감소하는 데 소요되는 시간 t[h]를 방전시간율이라고 하면 방전전류와 시간율의 곱으로 전지의 용량을 산정한다. 예를 들어 200[Ah]의 용량을 가지는 축전지는 이론적으로 200시간 동안 1[A], 100시간 동안 2[A], 50시간 동안 4[A] 등을 다음과 같은 식에 의해 사용할 수 있다.

$$\text{전지 용량}[Ah] = \text{방전전류} \times \text{시간율} \quad (1.35)$$

$$\text{수명} = \frac{\text{용량}[Ah]}{\text{시간}[A]} \quad (1.36)$$

축전지 충전방식은 다음과 같다.

- 보통충전은 필요할 때마다 표준시간율(Ah)로 충전을 하는 방식이다.
- 급속충전은 비교적 짧은 시간에 충전전류의 2～3배의 전류로 충전하는 방식이다.
- 부동충전은 충전장치를 축전지와 부하에 병렬로 접속하여 축전지의 자기방전을 보충함과 동시에 상용부하에 대한 전원공급을 충전기가 부담하고, 충전기가 부담하기 어려운 일시적인 대전류는 축전기가 부담하도록 하는 방식이다. 정전 시에는 축전지에서 전류를 공급하는 것으로 가장 많이 사용되고 있다.
- 균등충전은 전지를 장시간 사용하는 경우에는 각 전해조에 전위차가 발생하고, 이러한 전위차를 보정하기 위하여 1～3개월마다 10～12시간 동안 1회 충전하여 각 전해조의 전위를 균일화하기 위한 방식이다.

18) 축전지의 단자 전압이 0으로 되기까지 방전시키지 않고, 어느 한도의 전압까지 강하하면 방전을 멈추게 하는 전압을 말한다.

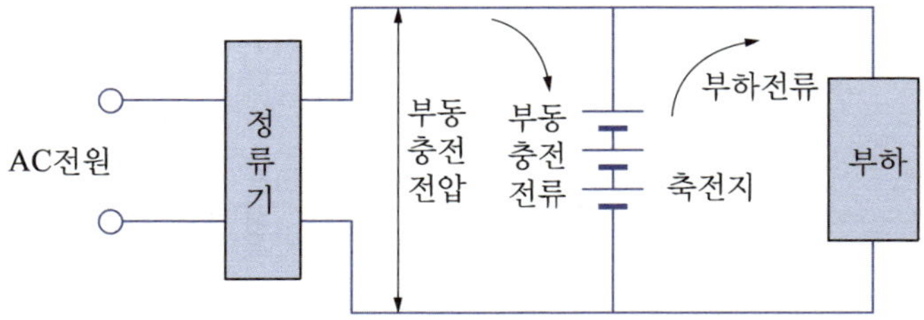

그림 1.25 부동충전 회로

- 세류충전(trickle charge)은 전지를 장기간 보존하게 되면 축전지의 단속적인 미량의 방전 및 자기방전에 의해 용량이 감소하게 되는데, 이를 보상하기 위하여 8[Ah] 방전전류의 0.5~5[%] 정도의 일정한 전류로 충전을 계속하는 방식이다. 즉 자기방전량만 항상 충전하는 방식이다.
- 전자동충전은 일정한 전압을 인가하여 충전하는 정전압 충전은 초기에 대전류가 흐르기 때문에 일정전류 이상은 흐르지 않도록 자동전류제한장치를 부착하여 충전하는 방식으로 정전류와 정전압 기능이 있고, 충전이 끝나면 자동으로 균등충전으로 변환한다.

Chapter 2

직류 회로

1. 저항의 접속
2. 휘스톤 브리지
3. 폐로 해석
4. 전원의 변환
5. 중첩의 원리
6. 테브낭과 노튼의 정리
7. 밀만의 정리 및 가역정리
8. 배율기와 분류기
9. 전지
10. 열전 현상

1. 저항의 접속

1.1 저항의 직렬접속

직류 전원이 연결된 전기 회로를 직류 회로라고 하는 데 직류 전원은 건전지나 직류 전원장치 등에 의해 공급되며 전원이 공급될 때 전류의 방향이 바뀌지 않는 특성이 있다. 이러한 직류 회로에 저항을 일렬로 접속하는 것을 직렬접속(series connection)이라 하고, 이 저항들과 전원이 모두 직렬로 접속되어 있는 회로를 직렬 회로(series circuit)라고 한다. 이러한 직렬 회로에서의 전체 저항을 합성저항(combined resistance) 또는 등가저항(equivalent resistance)이라고 한다.

저항 R_1, R_2, R_3를 직렬로 접속하고 전압 V를 인가하면 회로에 흐르는 전체 전류 I는 각 저항에 일정한 같은 전류가 흐른다. 각 저항에 걸리는 단자 전압을 V_1, V_2, V_3라고 하면 옴의 법칙에 의해 $V_1 = IR_1$, $V_2 = IR_2$, $V_3 = IR_3$가 된다. 따라서 각 저항에 걸리는 전압은 전체 전압과 같다. 따라서 합성저항 R은 각 저항의 합과 같다.

$$\begin{aligned} V &= V_1 + V_2 + V_3 = I(R_1 + R_2 + R_3) = IR \\ \therefore\ R &= R_1 + R_2 + R_3\,[\Omega] \end{aligned} \tag{2.1}$$

이상은 3개의 저항의 직렬접속된 경우의 합성저항이지만, 만일 R_1, R_2, R_3, $\cdots$ R_n의 n개 저항에 대한 직렬접속의 합성저항 $R[\Omega]$은 직렬로 접속한 각 저항의 전체 합이 된다. 즉,

$$R = R_1 + R_2 + R_3 + \cdots + R_n = \sum_{i=1}^{n} R_i\,[\Omega] \tag{2.2}$$

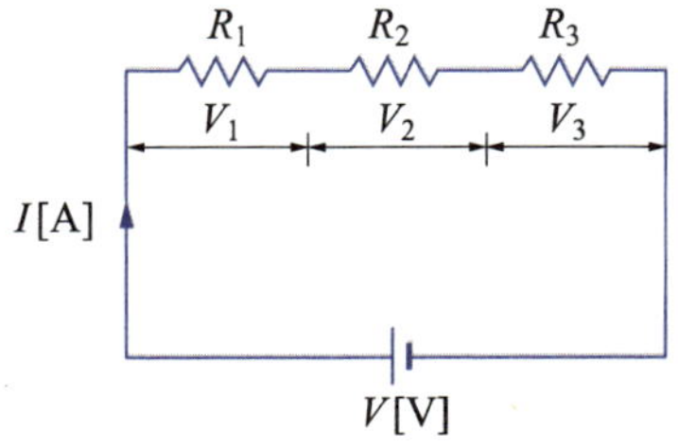

그림 2.1 저항의 직렬접속

예제문제 1.1 저항의 직렬접속

2-1 두 전원을 다음과 같은 접속했을 때 전류 I[A]는?

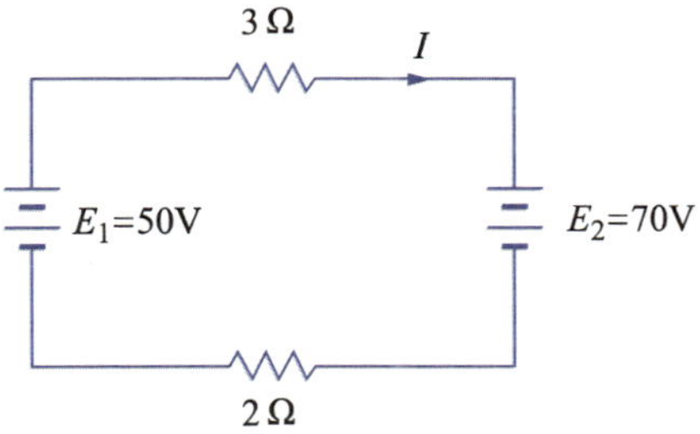

풀이 전류의 방향을 확인하고 두 전원의 전압 강하와 전압 상승을 확인한다.

$$I = \frac{E}{R} = \frac{E_1 - E_2}{R} = \frac{50-70}{2+3} = -4[\text{A}]$$

1.2 저항의 병렬접속

각 저항의 양끝을 한 개소에 접속하는 방법을 저항의 병렬접속(parallel connection)이라고 하며, 이러한 회로를 병렬 회로라고 한다. 저항 R_1, R_2, R_3를 병렬로 접속하고 전압 V를 인가하면 각 저항에 걸리는 전압은 일정하다. 각 저항에 흐르는 전류를 I_1, I_2, I_3라고 하면 옴의 법칙에 의해 $I_1 = \dfrac{V}{R_1}$, $I_2 = \dfrac{V}{R_2}$, $I_3 = \dfrac{V}{R_3}$가 된다.

따라서 전체 전류 I는 각 저항에 분류되어 흐르는 전류의 합과 같다.

$$I = I_1 + I_2 + I_3 = V\left(\frac{1}{R_1} + \frac{1}{R_2} + \frac{1}{R_3}\right) = V\frac{1}{R}$$

$$\therefore \frac{1}{R} = \frac{1}{R_1} + \frac{1}{R_2} + \frac{1}{R_3}\ [\Omega] \tag{2.3}$$

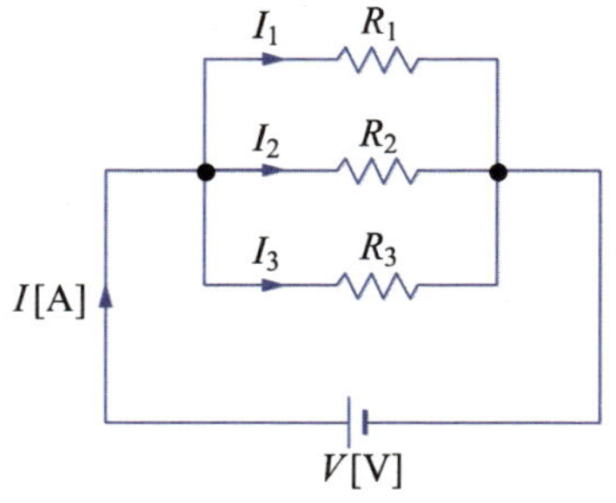

그림 2.2 저항의 병렬접속

저항의 병렬접속에 대한 합성저항 R은 각 저항의 역수에 대한 합을 구하고, 그 역수를 취하면 된다. 만일 n개의 저항 R_1, R_2, R_3, $\cdots$ R_n의 병렬접속의 합성저항 R은 다음과 같이 구할 수 있다.

$$\frac{1}{R} = \frac{1}{R_1} + \frac{1}{R_2} + \frac{1}{R_3} + \cdots + \frac{1}{R_n} = \sum_{i=1}^{n} \frac{1}{R_i} \tag{2.4}$$

그림 2.3은 여러 가지 직·병렬접속(series-parallel connection)의 예를 나타낸 것이며, 표 2.1은 직·병렬접속의 계산방법을 나타내고 있다.

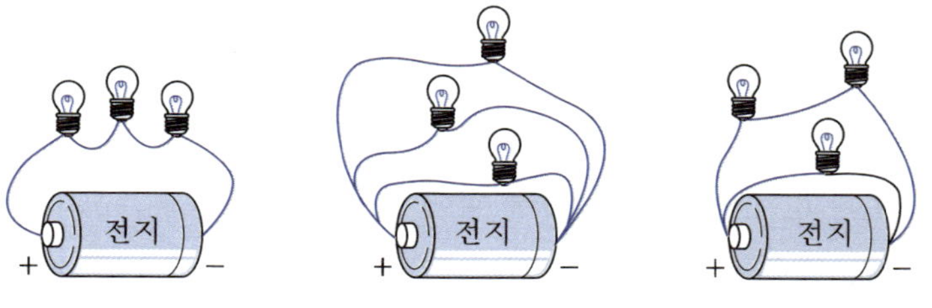

(a) 직렬접속 (b) 병렬접속 (c) 직·병렬접속

그림 2.3 저항의 직·병렬접속 예

표 2.1 저항의 직렬 및 병렬 계산

구분	직렬접속	병렬접속
저항	$R = R_1 + R_2$	$R = \dfrac{R_1 \times R_2}{R_1 + R_2}$
전압	$V = V_1 + V_2$	$V = V_1 = V_2$
전류	$I = I_1 = I_2$	$I = I_1 + I_2$

예제문제 1.2 저항의 병렬접속

2-2 다음과 같은 회로에서 a, b 단자에서 본 합성저항[Ω]은?

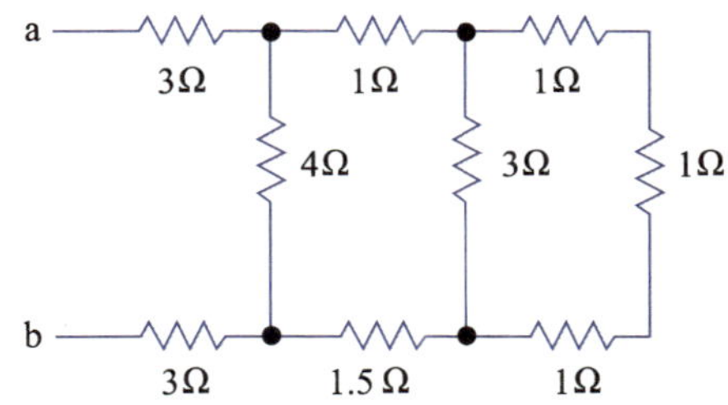

풀이 a, b 단자에서 본 합성저항은

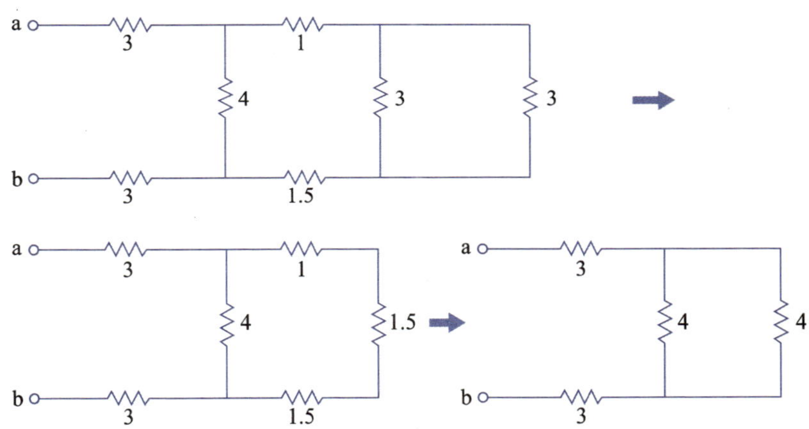

이므로 $R_0 = 6 + \dfrac{4\times4}{4+4} = 8[\Omega]$

2-3 기전력 2[V], 내부저항 0.5[Ω]의 전지 9개가 있다. 이것을 3개씩 직렬로 하여 3조 병렬접속 한 것에 부하저항 1.5[Ω]을 접속하면 부하 전류[A]는?

풀이 합성저항은 동일한 크기의 저항 R을 n개 접속하면 nR, 병렬접속하면 R/n이 된다.

먼저, 3개의 저항을 직렬로 3조 병렬접속 하였으므로 내부 합성저항

$$R_0 = \frac{0.5\times3}{3} = 0.5[\Omega]$$

여기에 부하저항까지 포함한 전체 합성저항 $R = 0.5 + 1.5 = 2[\Omega]$이 된다.

따라서, 부하 전류 $I_0 = \dfrac{V}{R_0} = \dfrac{6}{2} = 3[\text{A}]$

1.3 전압 및 전류 분배 법칙

직렬 회로의 저항 소자 양단에 걸리는 전압은 저항의 크기로 얻을 수 있으며, 회로의 직렬저항 양단의 전압 강하의 합은 인가된 전압과 동일하다. 그림 2.4(a)와 같이 두 개의 저항이 직렬로 접속된 전기회로에서 전체 전압 V일 때 각 저항에 걸리는 단자전압(전압 강하)를 구하려면 합성저항과 전체 전류를 구해야 한다.

합성저항 R과 전체 전류 I는 다음과 같다.

$$R = R_1 + R_2 \tag{2.5}$$

$$I = \frac{V}{R} = \frac{V}{R_1 + R_2} \tag{2.6}$$

따라서 각 저항 R_1, R_2에 걸리는 전압(전압 강하)은 다음과 같으며 이 관계식을 전압 분배 법칙이라고 한다.

$$\begin{aligned} V_1 &= IR_1 = \frac{R_1}{R_1 + R_2}V \\ V_2 &= IR_2 = \frac{R_2}{R_1 + R_2}V \end{aligned} \tag{2.7}$$

전류분배 법칙(current divider rule)은 병렬 회로에 전류가 어떻게 분할하는가를 나타내는 법칙이다. 동일한 두 개의 병렬 소자에 대해서는 동일한 전류가 분할하여 흐르며, 서로 다른 병렬 소자에 대해서는 저항이 작을수록 입력 전류는 커진다.
그림 2.4(b)와 같이 두 개의 저항이 병렬로 접속된 전기회로에서 전체 전류가 I일 때 각 저항에 흐르는 분류 전류를 구하려면, 먼저 합성저항 R과 각 저항에 동일하게 걸리는 단자전압 V를 구한다. 합성저항 R과 단자전압 V는 다음과 같다.

$$R = \frac{R_1 \times R_2}{R_1 + R_2} \tag{2.8}$$

$$V = I_1 R_1 = I_2 R_2 = IR \tag{2.9}$$

따라서 각 저항에 흐르는 분류 전류 I_1과 I_2는 다음과 같으며, 이 관계식을 전류분류 법칙이라고 한다.

$$I_1 = \frac{V}{R_1} = \frac{IR}{R_1} = \frac{R_2}{R_1 + R_2} I$$

$$I_2 = \frac{V}{R_2} = \frac{IR}{R_2} = \frac{R_1}{R_1 + R_2} I \qquad (2.10)$$

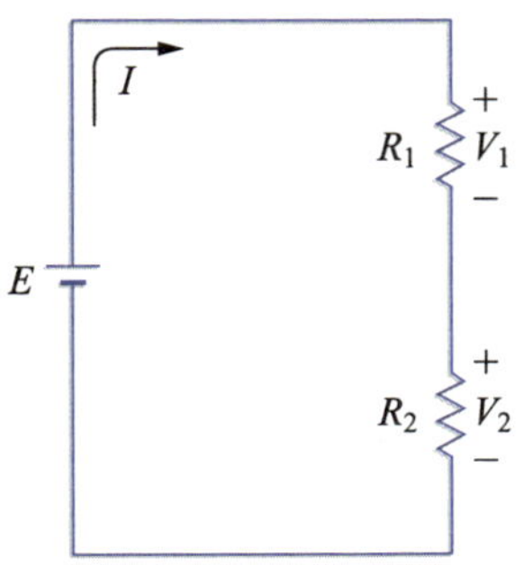

(a) 전압분배

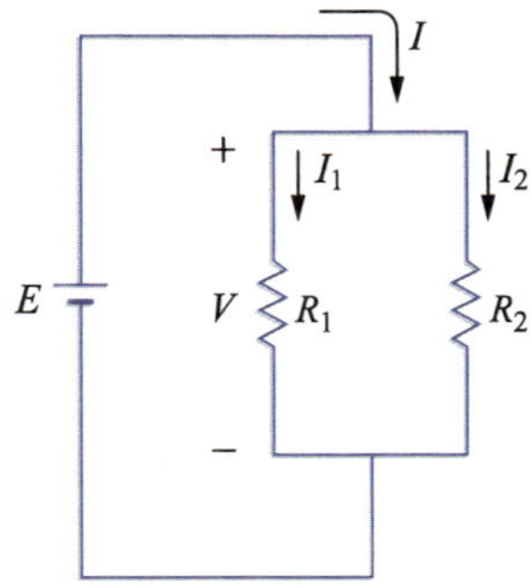

(b) 전류분배

그림 2.4 전압분배 및 전류분배 법칙

예제문제 1.3 전압 및 전류 분배 법칙

2-4 다음과 같은 회로에서 a, b 단자에 200[V]를 가하였다. 전류 I_1[A]과 I_2[A]는?

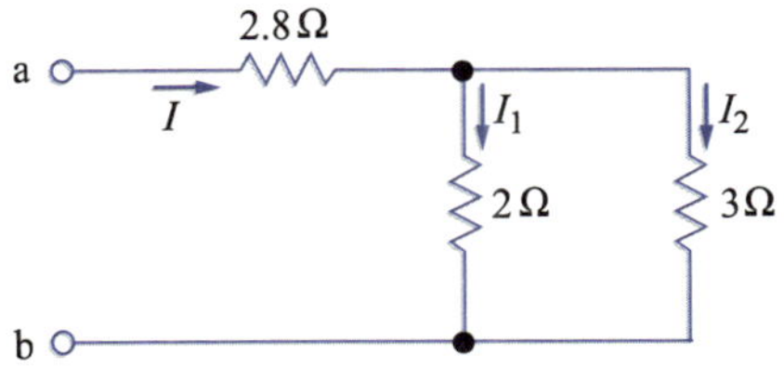

풀이 전체 저항 $R = R_{2.8\Omega} + \dfrac{R_{2\Omega} \times R_{3\Omega}}{R_{2\Omega} + R_{3\Omega}} = 2.8 + \dfrac{2 \times 3}{2+3} = 4[\Omega]$

전체 전류 $I = \dfrac{V}{R} = \dfrac{200}{4} = 50[\text{A}]$이므로

$$I_1 = I \times \frac{R_{3\Omega}}{R_{2\Omega} + R_{3\Omega}} = 50 \times \frac{3}{2+3} = 30[\text{A}]$$

$$I_2 = I \times \frac{R_{2\Omega}}{R_{2\Omega} + R_{3\Omega}} = 50 \times \frac{2}{2+3} = 20[\text{A}]$$

2. 휘스톤 브리지

저항기의 값은 아주 작은 것부터 매우 큰 것에 이르기까지 대단히 넓은 범위에 걸쳐 제조되고 있으며, 휘스톤 브리지(Wheatstone bridge)는 대략 1[Ω]에서 1[MΩ]까지의 저항을 측정할 수 있다. 지금 그림 2.5와 같은 브리지 회로에서 미지 저항 X를 접속한 다음, 스위치 SW_1, SW_2를 닫고, 저항 R을 가변시켜 점 c와 d의 전위가 같은 평형 상태가 되도록 하면 검류계 G에 흐르는 전류 I_G는 0이 된다. 이런 상태를 브리지의 평형이라고 한다.

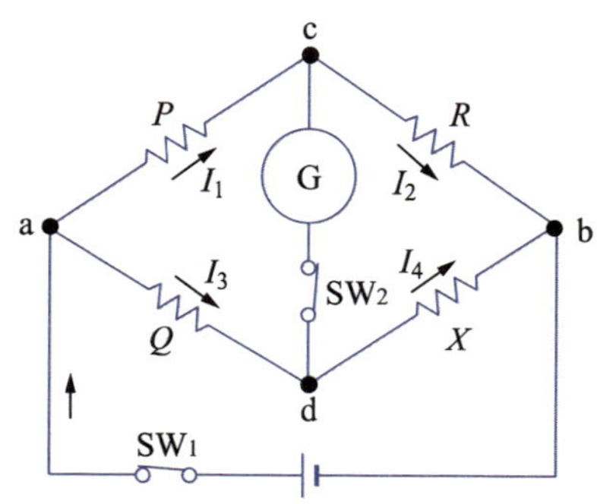

그림 2.5 휘스톤 브리지

따라서, $I_1 = I_2$, $I_3 = I_4$이 되고, 점 c와 d의 전위가 평형이 되기 위해서는 다음과 같이 되어야 한다.

$$V_{ac} = V_{ad}\,, \qquad V_{bc} = V_{bd} \tag{2.11}$$

$$\begin{aligned} I_1 P = I_3 Q \quad &\Rightarrow \quad \frac{I_1}{I_3} = \frac{Q}{P} \\ I_2 R = I_4 X \quad &\Rightarrow \quad \frac{I_2}{I_4} = \frac{X}{R} \end{aligned} \tag{2.12}$$

결국 다음 식으로 미지 저항 X[Ω] 값을 구할 수 있다.

$$X = \frac{Q}{P}R \tag{2.13}$$

이러한 원리를 이용한 것이 휘스톤 브리지인데, 평형상태($I_G = 0$)에서 저항만의 관계식으로 미지의 저항을 측정하기 때문에 회로시험기보다 더 정확한 저항값을 구할 수 있다. 특히, 검류계(galvanometer)[19]는 가동 코일형 계기로 10^{-6}[A] 정도의 매우 높은 감도까지 측정할 수 있다.

예제문제 2. 휘스톤 브리지

2-5 다음과 같은 회로에서 a, b 단자 사이의 합성저항[Ω]은?

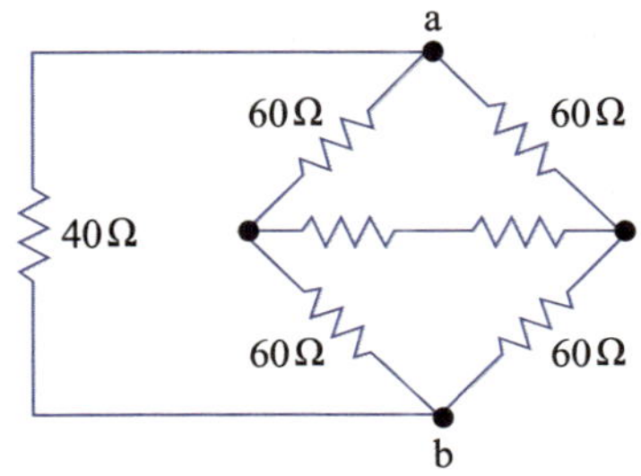

풀이 회로는 휘스톤 브리지이므로 다음과 같이 나타낼 수 있다.

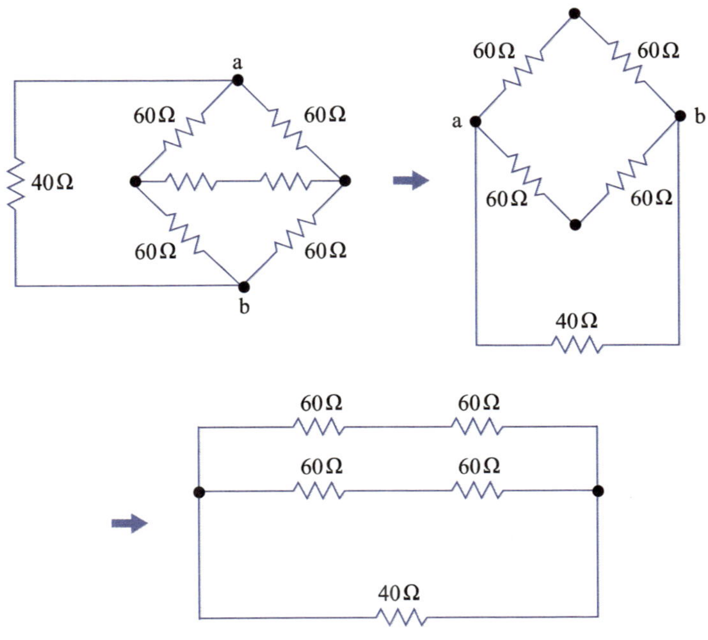

19) 전기회로의 매우 작은 전류, 전압, 전기량을 측정하는 기구를 말한다. 비교적 큰 전류의 크기를 측정할 때는 전류계를 사용한다.

따라서 합성저항 $R_{ab} = \dfrac{1}{\dfrac{1}{R_1}+\dfrac{1}{R_2}+\dfrac{1}{R_3}} = \dfrac{1}{\dfrac{1}{120}+\dfrac{1}{120}+\dfrac{1}{40}} = 24[\Omega]$

3. 폐로 해석

복잡한 회로에서 회로의 모든 부분에서의 전압과 전류를 구하려면 전압과 전류에 관한 여러 개의 회로방정식이 요구된다.

3.1 회로망

간단한 회로는 옴의 법칙만으로도 해석이 가능하지만, 여러 개의 전원과 소자 등이 복잡하게 접속된 회로인 회로망(network)의 경우 옴의 법칙만으로 해석하기가 어렵다.

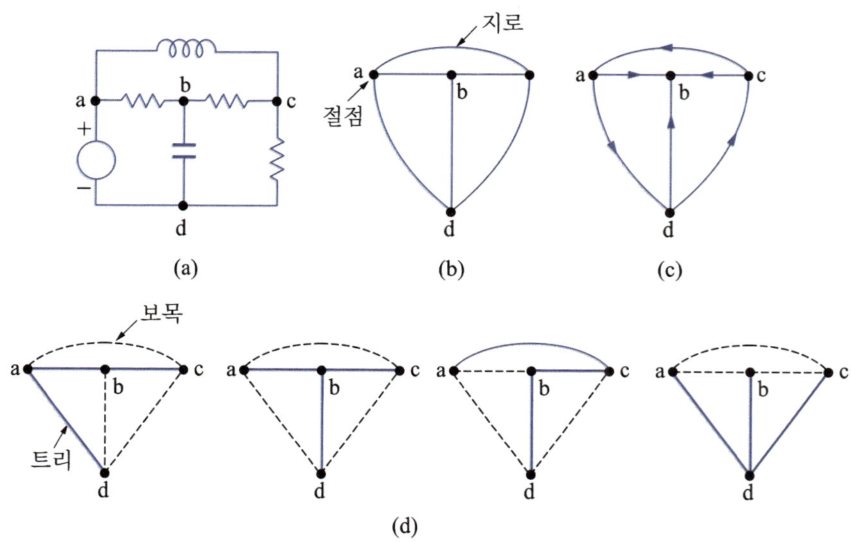

그림 2.6 회로망

회로 해석을 보다 간편하게 하기 위해서는 회로 변수(전압, 전류 등)의 선택, 방정식의 수 등 해석법의 선정이 매우 중요하다. 회로의 연결 관계를 기하학적 성질로 나타내는 위상 그래프(topological graph)는 매우 유용하게 활용되고 있다. 그림 2.6(a)의 회로에 대한 위상 그래프를 그림 2.6(b)에 나타내었으며, 그래프의 각 선에 화살표를 붙여 기준 방향을 표시한 방향성그래프(oriented graph 또는 directed graph)를 그림 2.6(c)에 나타내고 있다.

우선 회로망 해석에 기본적으로 사용되는 용어에 대한 정의와 기본개념을 알아보자.

(1) **절점**[節點] 또는 **마디**(node, vertex) : 회로망에서 2개 또는 그 이상의 소자가 연결되어 있는 점(그림 2.6(b)의 a, b, c, d점)

(2) **지로**[枝路] 또는 **가지**(branch) : 절점과 절점 사이에 연결된 회로 소자(그림 2.6(b))

(3) **폐로**[閉路](loop) : 몇 개의 지로를 통하여 일주하면서 완결되는 폐회로(closed circuit)

(4) **회로망 그래프**(network graph) : 지로가 어떤 소자를 나타내는가를 불문에 붙이고, 이것을 하나의 선분으로 대표하여 절점 사이를 연결한 그림(그림 2.6(b))

(5) **방향성 그래프**(directed graph) : 지로마다 화살표를 붙여서 전류의 방향 및 전압 강하의 방향을 표시한 그래프를 말하며, 화살표를 붙이지 않은 것은 무방향성 그래프(undirected graph)라 한다.

(6) **평면 회로망**(planar network) : 어느 지로도 교차되지 않도록 평면상에 그 회로도를 그릴 수 있는 회로망을 말하며, 그렇게 그릴 수 없는 회로를 비평면 회로망(non-planar network)이라 한다.

(7) **메시**(mesh) : 평면 회로망에서 형성되는 작은 폐회로들

(8) **트리**(tree) : 주어진 회로망 그래프에서 모든 절점을 폐로의 형성 없이 연결한 부분 그래프(sub-graph)인데, 주어진 회로망에 대하여 트리는 여러 개가 있을 수 있다. 그림 2.6(b)의 회로망에 대한 트리를 그림 2.6(c)에 실선으로 나타낸다. 그림 2.6(a)에서와 같이 트리에 속하는 가지를 트리 지로(tree branch)라고 하며, 트리 지로의 수는 절점의 총수보다 한 개 작다.

(9) **보목**(link) : 주어진 트리에 대하여 트리 지로 이외의 회로망 그래프의 모든 지로를 말하며, 그림 2.6(c)에 각 트리에 대한 링크가 점선으로 나타내고 있다. 링크의 수는 지로의 총수에서 트리 지로의 수를 뺀 만큼 된다.

(10) **능동 회로망**(active network) : 회로망 중에 전원이 포함된 회로망

(11) **수동 회로망**(passive network) : 회로망 중에 전원을 포함하지 않는 경우

⑿ **선형 소자**(linear element) : 수동소자의 전압 전류 특성이 직선으로 나타나는 소자

⒀ **비선형 소자**(nonlinear element) : 수동소자의 전압 전류 특성이 직선으로 나타나지 않는 소자

⒁ **선형 회로망**(linear network) : 선형 소자만으로 구성된 회로망

⒂ **비선형 회로망**(nonlinear network) : 비선형 소자를 포함하는 회로망

3.2 지로 해석법

회로망 내 각 지로에 흐르는 지로의 전류를 직접 계산하는 방법으로 먼저 각 지로전류 I_a, I_b, I_c를 미지수로 놓고 임의의 방향을 정한다. 그리고 폐회로 내의 순환전류(폐로전류)를 그림 2.7의 i_1, i_2처럼 임의로 기준방향을 정한다. 일반적으로 시계방향으로 취한다.

미지수가 3개이므로 3개의 방정식이 필요하다. 이를 위해서 회로 내 임의의 접속점(절점 b)에서 KCL로 전류 방정식을 작성한다.

$$I_a + I_b - I_c = 0 \tag{2.14}$$

독립된 폐로에서 KVL 전압 방정식을 수립하는 데 지로전류나 전원의 극성이 전류 방향과 일치(전압 상승)하면 (+), 반대 방향(전압 강하)이면 (−)의 전압을 취한다.

$$\begin{aligned} R_1 I_a - R_2 I_b &= E_1 - E_2 \\ R_2 I_b + R_3 I_c &= E_2 \end{aligned} \tag{2.15}$$

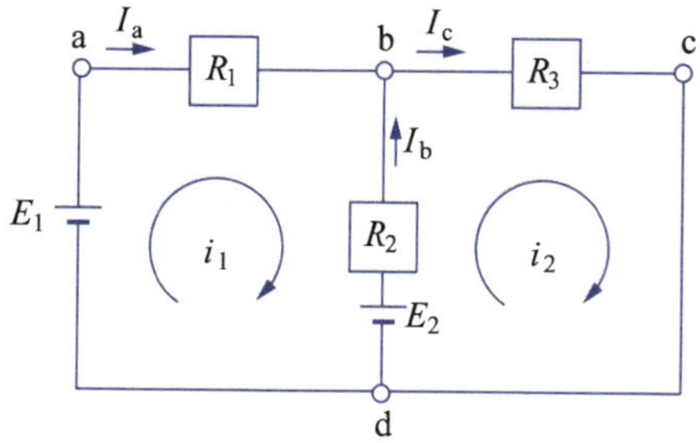

그림 2.7 폐로 해석법

이렇게 수립된 전류방정식과 전압방정식을 연립하여 전류 I_a, I_b, I_c를 계산한다. 방정식을 푼 결과 전류값이 (−)로 나왔다면 그 지로에 흐르는 실제전류의 방향이 가정한 방향과 반대가 됨을 의미한다.

예제문제 3.2 지로 해석법

2-6 다음과 같은 회로에서 각 지로전류 I_1, I_2, I_3를 구하여라.

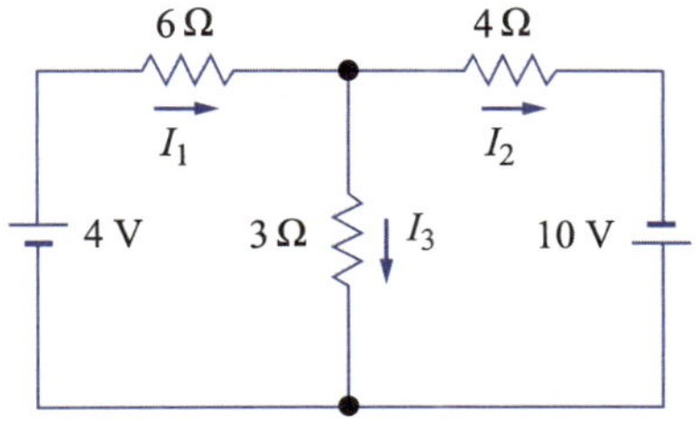

풀이 우선, KCL을 적용하면 $I_1 = I_2 + I_3$
두 개의 폐로에 대해 시계방향으로 KVL을 적용하면

$$6I_1 + 3I_3 = 4$$
$$4I_2 - 3I_3 = 10$$

위의 연립방정식을 풀면 $I_1 = \frac{29}{27}$ [A], $I_2 = \frac{51}{27}$ [A], $I_3 = -\frac{22}{27}$ [A]이 된다. 여기서 I_3의 부호가 (−)이므로 실제 방향은 가정한 방향과 반대가 된다.

3.3 폐로 해석법

지로 해석법보다 방정식의 수가 적어 보다 간편하고 편리하게 해석할 수 있다. 먼저 지로의 전류 I_a, I_b, I_c와 독립 폐회로를 순환하는 폐로전류 i_1, i_2를 가정하고, 지로전류와 폐로전류의 관계식을 구한다.

$$I_a = i_1, \qquad I_b = i_2 - i_1, \qquad I_c = i_2 \tag{2.16}$$

폐로전류 i_1, i_2를 사용하여 폐회로 내의 시계방향으로 일주하면서 KVL 전압방정식 작성한다. 지로전류나 전원의 극성이 폐로전류 방향과 일치하면 (+)로 정한다.

$$(R_1 + R_2)i_1 - R_2 i_2 = E_1 - E_2$$
$$-R_2 i_1 + (R_2 + R_3)i_2 = E_2 \qquad (2.17)$$

작성된 전압방정식인 식 (2.17)을 풀어 전류 i_1, i_2를 구한 후 식 (2.16)에 대입하면 지로전류 I_a, I_b, I_c를 구할 수 있다.

예제문제 3.3 폐로 해석법

2-7 다음과 같은 회로에서 각 폐로전류 I_1, I_2, I_3를 구하여라.

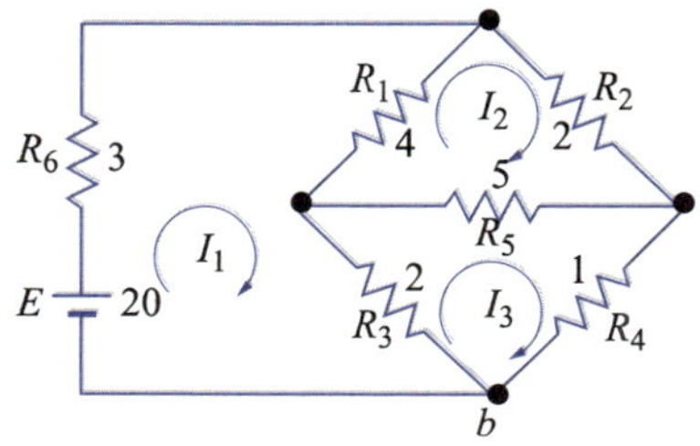

풀이 우선, 독립된 3개의 폐회로의 폐로전류의 방향을 시계방향으로 가정한다. 각 폐로에 대한 폐로 방정식은 다음과 같다.

폐로 1: $(3+4+2)I_1 - 4I_2 - 2I_3 = 20$
폐로 2: $-4I_1 + (4+5+2)I_2 - 5I_3 = 0$
폐로 3: $-2I_1 - 5I_2 + (2+5+1)I_3 = 0$

위의 방정식을 풀면 $I_1 = 4[\mathrm{A}]$, $I_2 = \dfrac{8}{3}\,[\mathrm{A}]$, $I_3 = \dfrac{8}{3}\,[\mathrm{A}]$이 된다. R_5에 흐르는 전류는 $I_2 - I_3 = 0$이 된다.

3.4 절점 해석법

회로망 내의 한 절점을 기준전위로 하고 이에 대한 다른 절점의 상대적인 전위를 구하여 각 절점간의 지로전류를 구하는 방법이다. 기준전위는 전압 전원의 저압측으로 한다. 그 이유는 기준 전위(0[V])에 따른 한 절점의 전위가 0이 되어 절점의 수가 줄기 때문이다.

회로망 내 절점 a, b의 전위를 V_a, V_b라 하고 V_b를 기준전위 0[V]로 가정하고, V_a를 미지 전위로 한다. 먼저 접속점 a에서 KCL을 적용하여 전류 방정식을 세우면 식 (2.18)과 같다.

$$I_1 + I_2 - I_3 = 0 \tag{2.18}$$

각 전류를 접속점 전압 V_a를 사용하여 표현식을 식 (2.19)와 같이 변형시킨 후 미지수인 접속점의 전압 V_a를 구하면 된다.

$$\frac{1}{R_1}(E_1 - V_a) + \frac{1}{R_2}(E_2 - V_a) - \frac{1}{R_3}V_a = 0 \tag{2.19}$$

$$(G_1 + G_2 + G_3)V_a = G_1E_1 + G_2E_2$$

$$\therefore\ V_c = \frac{G_1E_1 + G_2E_2}{G_1 + G_2 + G_3} \tag{2.20}$$

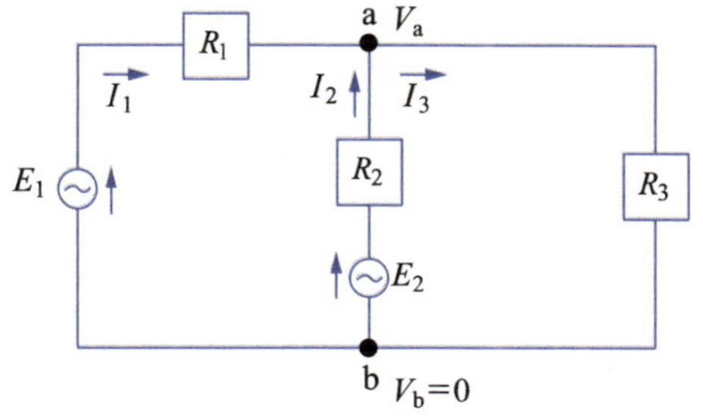

그림 2.8 절점 해석법

3.5 초절점 해석법

두 절점과 그 사이의 전압 전원을 포함하는 폐곡면을 초절점으로 해석한다. 먼저 초절점과 절점 ①에서 KCL을 이용하여 방정식을 세운다.

$$G_2(v_2 - v_1) + G_3v_2 + G_4v_3 - i_{g2} = 0 \tag{2.21}$$

$$G_1v_1 + G_2(v_1 - v_2) - i_{g1} = 0$$

초절점 내에서 $v_2 - v_3 = v_g$이므로 연립방정식을 풀어 미지수 v_1, v_2, v_3를 구한다.

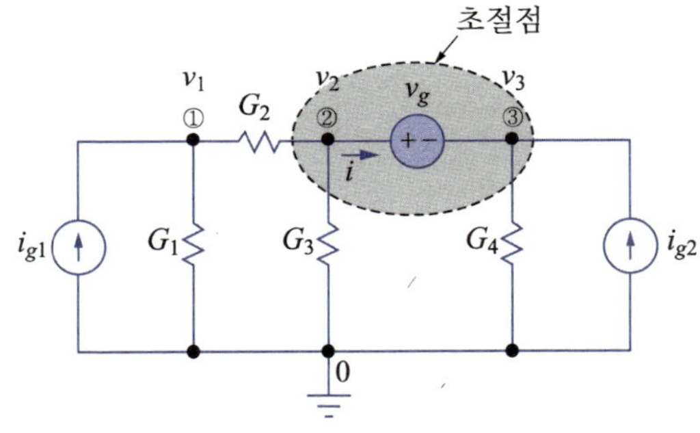

그림 2.9 초절점 해석법

4. 전원의 변환

회로 해석에 있어 전압 전원과 전류 전원이 혼재되어 나오는 경우에는 전압원을 전류원으로, 전류원을 전압원으로 등가 변환하면 간편하게 해석이 되는 경우가 많다.

그림 2.10(a)에서 전압원과 저항이 직렬로 접속되어 있고 두 단자 a, b를 단락시킬 경우에 흐르는 단락전류가 그림 2.10(b)의 전류원이 되고, 저항은 전류원에 병렬로 그대로 접속하면 된다. 이 때 전류원 방향은 전압원의 전압 상승 방향으로 한다. 전압원과 전류원 사이에는 $v_s = I_s R$의 관계가 된다.

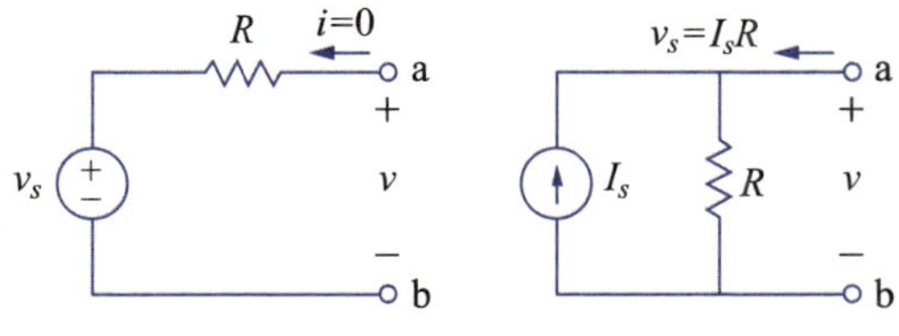

(a) 전압원 (b) 전류원

그림 2.10 전압원과 전류원의 등가변환

5. 중첩의 원리

회로망 내의 일부분에 흐르는 전류나 소자의 전압, 회로에 다수의 전원이 포함되어 있을 경우에 중첩의 원리(principle of superposition)를 적용한다. 회로망에 다수의 전원이 포함되어 있는 경우 임의의 한 지로에 흐르는 전류 또는 한 소자 양단에 걸리는 전압은 각각의 전원이 단독으로 작용하고 있는 경우의 각 지로에 흐르는 전류 또는 소자에 걸리는 전압의 총합과 같다. 단, 각 전원이 단독으로 작용한다고 것은 하나의 전원만 남겨놓고 나머지 전원을 모두 제거(전원으로서의 기능만을 없애는 것을 의미한다.)하여 도선을 단락시켜야 한다. 이러한, 전압원의 제거는 전압원을 없애고 그 자리를 이어주어 전원 양단에 존재하던 전위차를 없애는 단락(short)을 의미한다. 전류원의 제거는 전류원을 끊어 전원으로서의 기능을 없애는 개방(open)을 의미한다.

그림 2.11과 같이 전원이 2개 포함되어 있는 회로에서 중첩의 원리를 이용하여 전류 I_3을 구하여 보자. 우선 중첩의 원리 정의에 의하여 그림 2.11(b)와 같이 10[V]의 전원을 단락시키고, 회로에는 12[V]의 전원만이 존재한다고 가정하여 I_{31}을 구하면 다음과 같다.

$$I_{31} = \frac{12}{3+\frac{4\times 2}{4+2}} \times \frac{4}{4+2} = \frac{24}{13}\,[\mathrm{A}] \tag{2.22}$$

다음은 그림 2.11(c)와 같이 12[V]의 전원으로 단락시키고, 회로에는 10[V]의 전원만이 존재한다고 가정하면 다음과 같이 된다.

$$I_{32} = \frac{10}{4+\frac{3\times 2}{3+2}} \times \frac{3}{3+2} = \frac{15}{13}\,[\mathrm{A}] \tag{2.23}$$

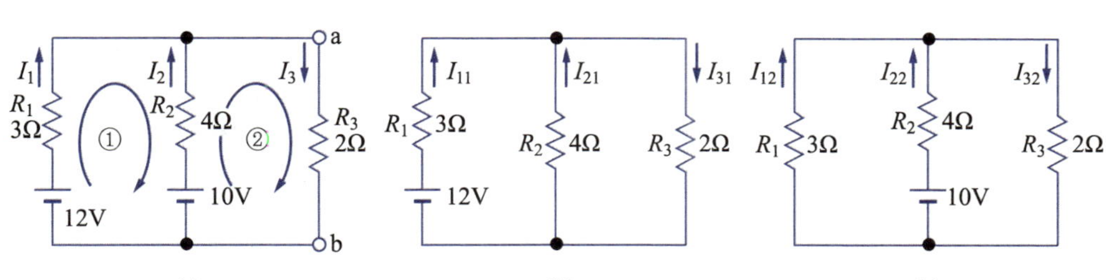

그림 2.11 중첩의 원리 예

따라서, 중첩의 원리에 의하여 I_{31}과 I_{32}가 동시에 존재한다고 가정하여 중첩시키면 I_3은 다음과 같이 된다.

$$I_3 = I_{31} + I_{32} = \frac{24}{13} + \frac{15}{13} = \frac{39}{13} = 3[\mathrm{A}] \tag{2.24}$$

이러한 결과는 키르히호프의 법칙으로 풀어도 같은 결과를 얻을 수 있으며, 중첩의 원리는 교류 회로에도 적용할 수 있다.

예제문제 5. 중첩의 원리

2-8 다음 회로의 저항 1[Ω]에 걸리는 전압[V]은?

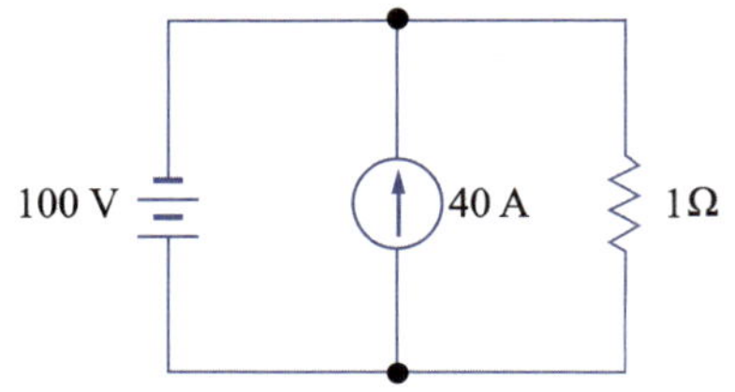

풀이 중첩의 원리에서 전압원은 단락하고 전류원은 개방하므로

- 전압원 단락 : 전류는 단락점으로 흐르고 1[Ω]의 저항에는 흐르지 않는다.
  즉, $I_1 = 0$

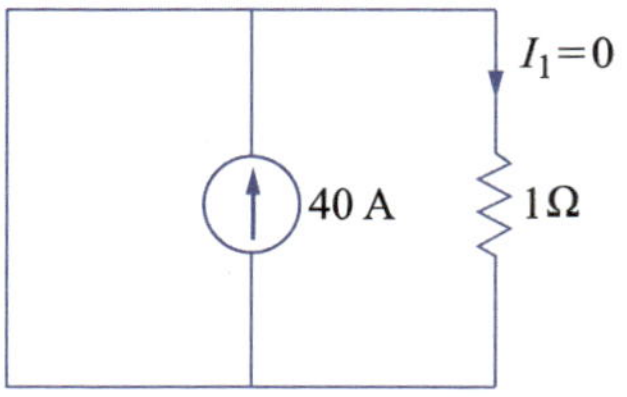

- 전류원 개방 : 직류전원 100[V]에 의한 전류 $I_2 = \dfrac{100}{1} = 100[\mathrm{A}]$가 흐른다.

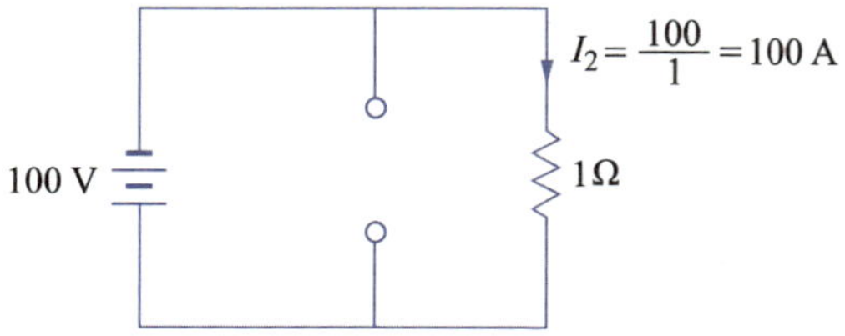

즉, 1[Ω]에 흐르는 전류 $I = I_1 + I_2 = 0 + 100 = 100[\mathrm{A}]$

따라서, $V = IR = 100 \times 1 = 100[\mathrm{V}]$

6. 테브낭과 노튼의 정리

테브낭과 노튼의 정리는 회로망 부분 해석시 요구되는 부분을 제외한 나머지 부분의 전압원이나 전류원으로 등가대치하여 간단한 회로로 변환하여 사용할 수 있다.

6.1 테브낭의 정리

회로망의 해석에 자주 사용되는 것으로 그림 2.12(a)와 같은 경우에 부하 R_L에 흐르는 전류를 구할 때 R_L을 제외한 나머지 부분인 단자 a, b좌측의 전원을 포함하는 능동 회로부는 그림 2.12(b)의 점선과 같이 등가 대치가 가능하다. 즉 능동 회로부를 하나의 등가 전압원 V_{Th}와 하나의 저항 R_{Th}가 직렬접속된 전압원 회로로 등가 대치한 것이다. 이와 같이 등가 변환에 관한 정리를 테브낭의 정리(Thevenin's theorem)라고 한다.

테브낭의 정리는 어떠한 구조를 가지는 능동 회로망도 그 임의의 두 단자 a, b의 바깥쪽에 대해서는 이것을 하나의 전압과 하나의 저항(임피던스[20])가 직렬접속된 것으로 등가 대치할 수 있다.

이때, 등가 전압원 V_{Th}의 값은 원래 회로망에서 단자 a, b를 개방했을 때의 개방 전압과 같고, 등가 저항 R_{Th}의 값은 능동 회로부 내의 모든 전원을 단락시킨 후 단자 a, b에서 회로측을 향해 본 저항과 같다.

따라서, 부하 저항 R_L에 흐르는 전류 I_L은 다음 식 (2.25)와 같이 구할 수 있다.

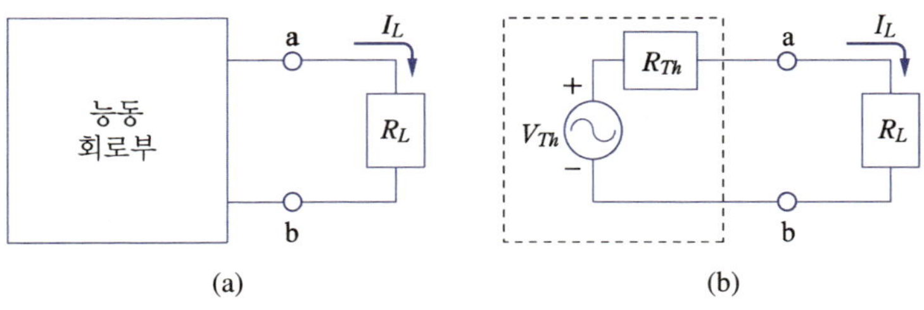

그림 2.12 테브낭의 정리

20) 교류 회로에 가해진 교류 전압과 그 회로에 흐르는 교류 전류와의 비를 말하며 단위는 [Ω]을 사용한다. 임피던스 $Z = R + jX$로 표현되며, 실수부 R를 저항, 허수부 X를 리액턴스라 한다. 또한 임피던스의 역수를 어드미턴스라 한다.

$$I_L = \frac{V_{Th}}{R_{Th} + R_L}[\mathrm{A}] \tag{2.25}$$

예제문제 6.1 테브낭의 정리

2-9 다음 회로에서 R_L에 흐르는 전류[A]는?

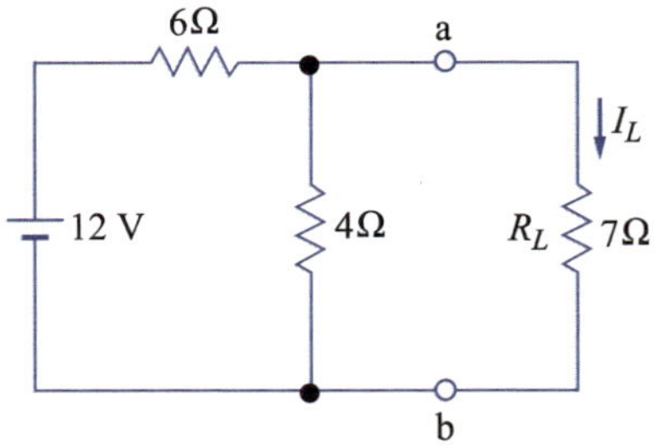

풀이 우선 테브낭 정리에 의하여 전원을 단락시킨 후 절점 a, b에서 회로측을 보는 R_{Th}를 구한다.

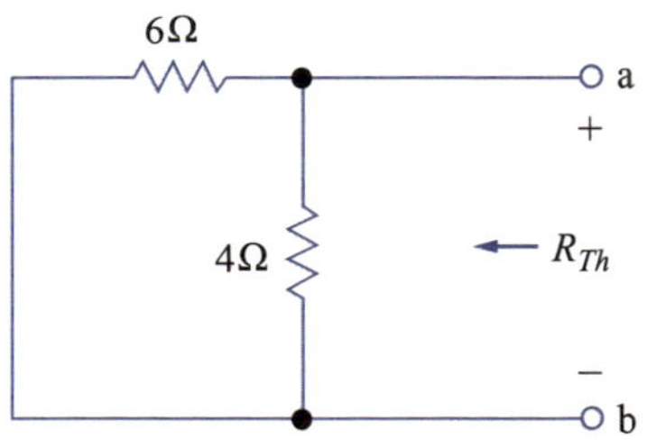

$$R_{Th} = \frac{6 \times 4}{6+4} = 2.4[\Omega]$$

그리고 절점 a, b를 개방한 개방 전압 V_{Th}를 전압 분배 법칙에 의하여 구한다.

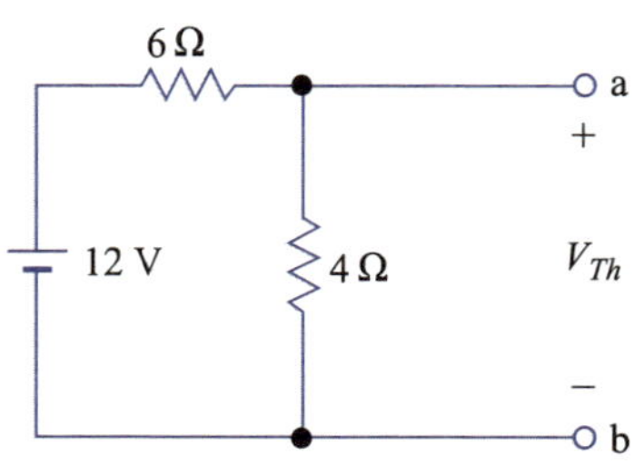

$$V_{Th} = 12 \times \frac{4}{6+4} = 4.8[\mathrm{V}]$$

위에서 구한 R_{Th}와 V_{Th}로 나타내는 등가 회로는 다음과 같다.

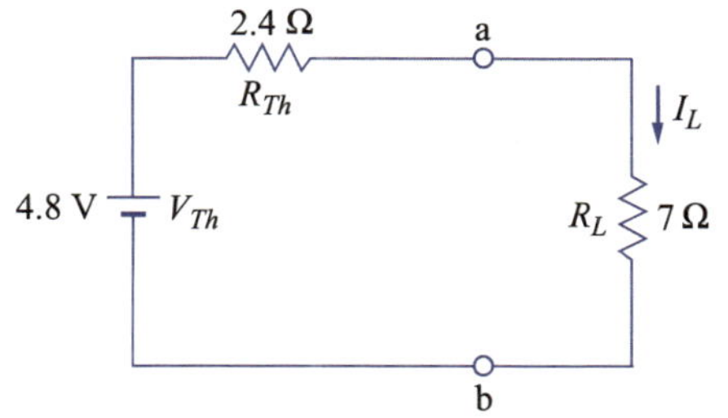

$$\text{부하저항에 흐르는 전류 } I_L = \frac{V_{Th}}{R_{Th}+R_L} = \frac{4.8}{2.4+7} = 0.51[\text{A}]$$

6.2 노튼의 정리

노튼의 정리(Norton's theorem)는 어떤 구조를 가지는 능동회로부(그림 2.13(a))도 그 임의의 두 단자 a, b 바깥쪽에 대해서는 그림 2.13(b)와 같이 이것을 등가적으로 하나의 전류원과 하나의 저항이 병렬접속된 것으로 대치할 수 있다. 등가 전류원 I_N은 원래 회로망의 단자 a, b를 단락시켰을 때 이곳을 흐르는 전류인 단락 전류와 같고, 병렬접속 등가 저항 R_N은 능동 회로부 내의 모든 전원을 제거한 다음 단자 a, b에서 회로측을 향한 저항값과 같다.

즉, 노튼의 등가 회로에서 전류원 I_N은 테브낭 등가 회로에서의 전압원 V_{Th}를 직렬 저항 R_{Th}으로 나눈 값($I_N = V_{Th}/R_{Th}$)으로, 단자 a, b를 단락했을 때의 단락 전류값과 같고, 전류원의 병렬접속 저항 R_N은 테브낭 등가 회로에서의 직렬접속 저항 R_{Th}와

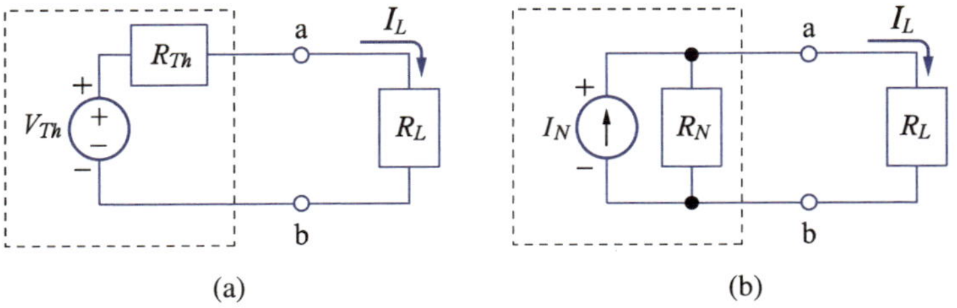

그림 2.13 노튼의 정리

같으므로 원래 회로망내의 전원을 제거한 다음 단자 a, b로부터 회로망 쪽을 바라본 저항이 된다. 따라서, 테브낭 정리와 노튼 정리의 상호 변환 공식은 다음과 같다.

$$I_L = \frac{R_N}{R_N + R_L} \cdot I_N$$

$$R_{Th} = R_N, \qquad V_{Th} = I_N R_N$$

$$R_N = R_{Th}, \qquad I_N = \frac{V_{Th}}{R_{Th}} \tag{2.26}$$

예제문제 6.2 노튼의 정리

2-10 다음 회로에서 R_L에 흐르는 전류[A]는?

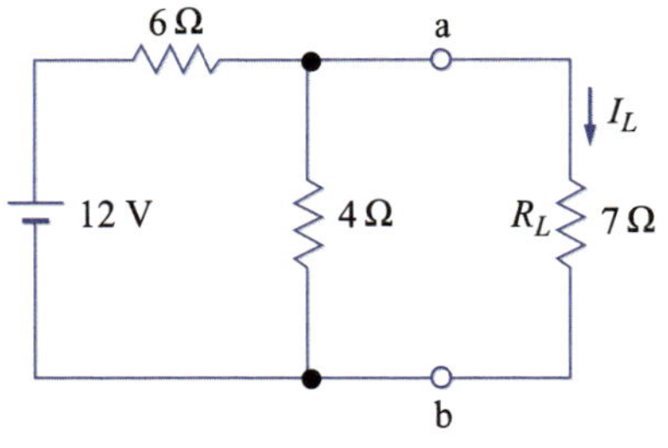

풀이 우선 노튼 정리에 의하여 전원을 단락시킨 후 절점 a, b에서 회로측을 보는 R_N을 구한다.

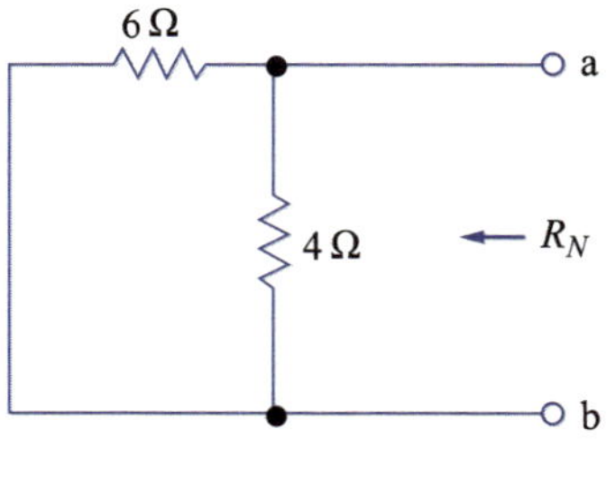

$$R_N = \frac{6 \times 4}{6+4} = 2.4[\Omega]$$

단락 전류 I_N를 구하기 위해 절점 a, b를 단락시킨다.

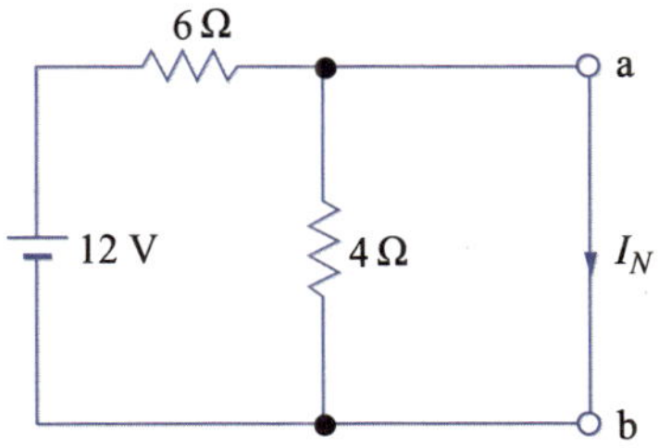

$$I_N = \frac{12}{6} = 2[\text{A}]$$

위에서 구한 R_N과 I_N으로 나타내는 등가 회로는 다음과 같다.

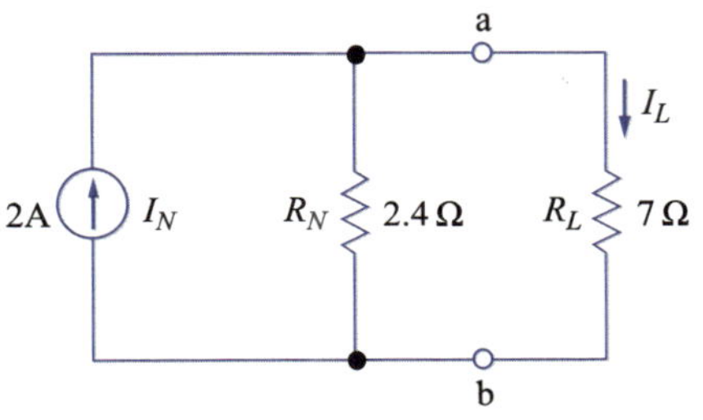

$$I_L = 2 \times \frac{2.4}{2.4+7} = 0.51[\text{A}]$$

2-11 다음 그림 (a)의 회로를 그림 (b)와 같은 등가 전압원과 직렬 저항으로 변환시키려고 한다. E_S[V]와 R_S[Ω]는?

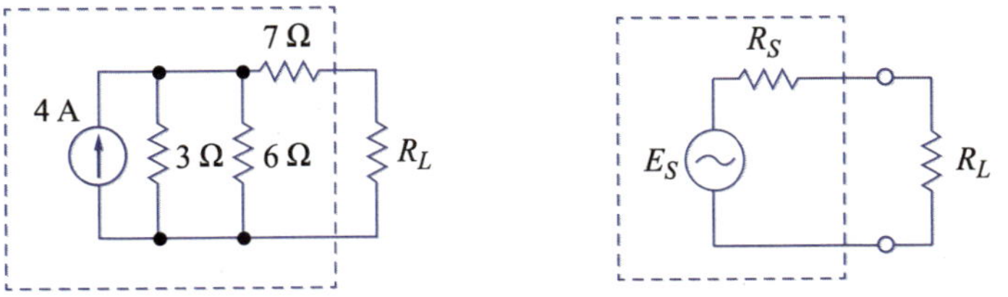

(a) (b)

풀이 테브낭 정리와 노튼 정리의 상호 변환을 고려하면 다음과 같은 등가 회로가 된다.

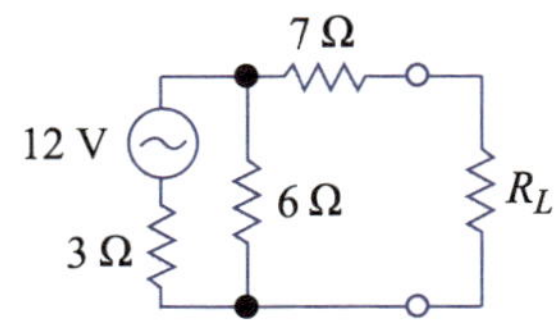

$$E_S = 12 \times \frac{6}{3+6} = 8[\text{V}]\text{이고 } R_S = 7 + \frac{3 \times 6}{3+6} = 9[\Omega]\text{이 된다.}$$

7. 밀만의 정리 및 가역정리

7.1 밀만의 정리

밀만의 정리(Millman's theorem)는 여러 개의 전원이 병렬로 접속되어 있을 때 하나의 등가 전원으로 변환시키기 위해 사용되는 방법이다. 내부저항을 갖는 다수의 전원이 병렬로 접속되어 있을 때 양 병렬접속 단자 사이의 합성 전압은 각각의 전원을 단락하였을 때 흐르는 단락전류의 총합을 각 전원의 내부 컨덕턴스의 총합으로 나눈 값과 동일하다.

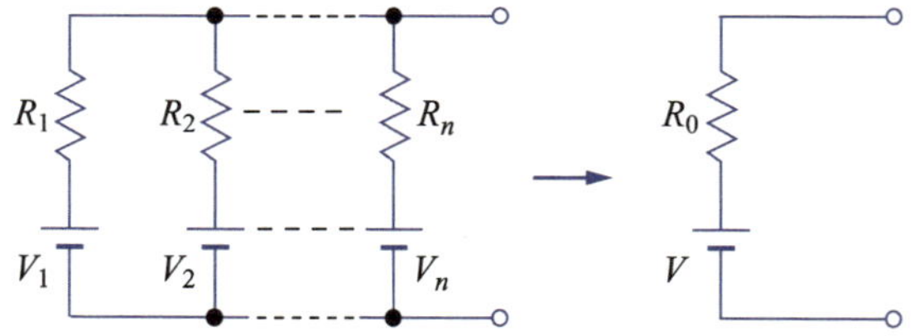

(a) 전압원

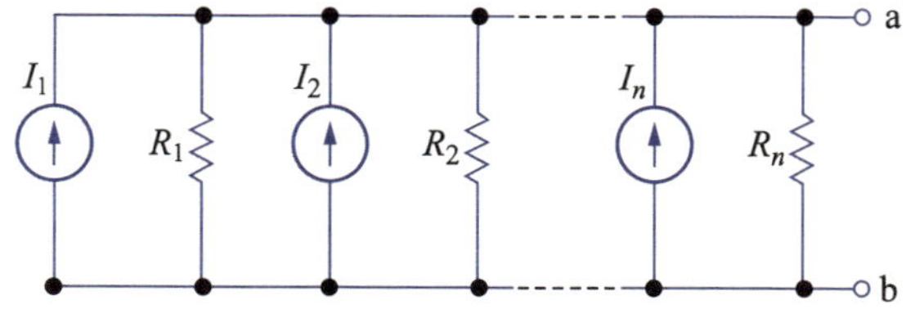

(b) 전류원

그림 2.14 밀만의 정리

그림 2.14(a)와 같은 병렬로 연결된 전압원을 그림 2.14(b)와 같이 전류원의 병렬접속으로 변환된다. 이 때 전류원과 저항이 모두 병렬접속이므로 저항을 컨덕턴스로 표현한다. 전체 전류 I와 단자 a, b 사이의 전체 컨덕턴스 G는 식 (2.27)과 같다.

$$\begin{aligned} I &= I_1 + I_2 + \cdots + I_n \\ G &= G_1 + G_2 + \cdots + G_n \end{aligned} \tag{2.27}$$

컨덕턴스와 전류원이 병렬접속된 형태로 되므로 단자간의 전압 V는 다음과 같다.

$$\begin{aligned} V = \frac{I}{G} &= \frac{I_1 + I_2 + \cdots + I_n}{G_1 + G_2 + \cdots + G_n} \\ &= \frac{\dfrac{V_1}{R_1} + \dfrac{V_2}{R_2} + \cdots + \dfrac{V_n}{R_n}}{\dfrac{1}{R_1} + \dfrac{1}{R_2} + \cdots + \dfrac{1}{R_n}} \\ &= \frac{G_1 V_1 + G_2 V_2 + \cdots + G_n V_n}{G_1 + G_2 + \cdots + G_n} \end{aligned} \tag{2.28}$$

예제문제 7.1 밀만의 정리

2-12 다음 회로의 단자 a, b에 나타나는 전압[V]은?

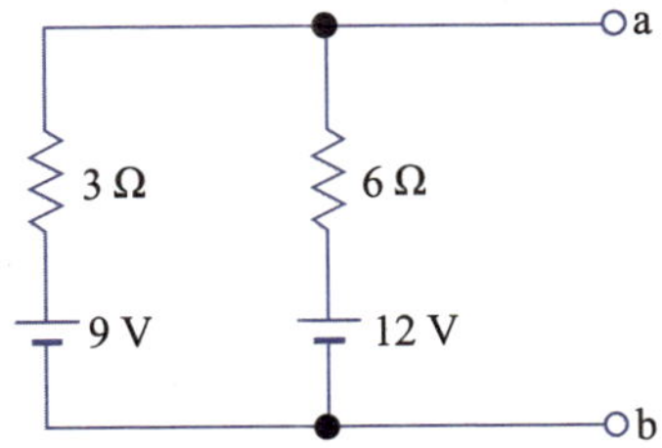

풀이 크기가 다른 전압원이 병렬로 접속되었을 때 전체 병렬 가지에 걸리는 공통 전압은 밀만의 정리를 이용하여 구한다.

$$V = \frac{G_1 V_1 + G_2 V_2 + \cdots + G_n V_n}{G_1 + G_2 + \cdots + G_n} = \frac{\dfrac{V_1}{R_1} + \dfrac{V_2}{R_2}}{\dfrac{1}{R_1} + \dfrac{1}{R_2}} = \frac{\dfrac{9}{3} + \dfrac{12}{6}}{\dfrac{1}{3} + \dfrac{1}{6}} = 10[\mathrm{V}]$$

7.2 가역정리

상반 정리(reciprocity theorem)라고도 하며, 전원 한 개를 가진 회로망 내에서 임의의 지로에 흐르는 전류는 그 지로에 전원을 이동하였을 때, 원래의 전원을 단락시킨 지로에 흐르는 전류와 같다. 회로망 내의 한 지로에 삽입된 전류 전원과 다른 지로 양단의 전압 사이에도 역시 같은 관계가 성립됨을 말해준다.

그림 (a)에서 V_1에 의한 전류를 I_2라 하고, 전압원 V_1을 단락시킨 후 그림 (b)와 같이 연결하여 흐르는 전류를 I_1이라고 할 경우 $V_1I_1 = V_2I_2$가 된다.

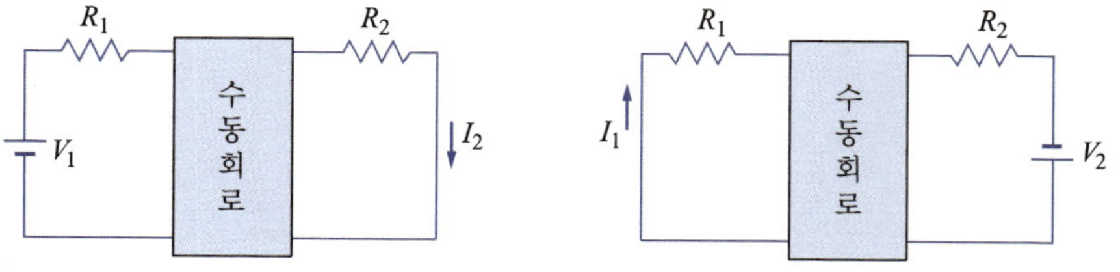

8. 배율기와 분류기

계측기 중 전압계는 내부저항이 매우 크며 부하와 병렬로 접속하여 전압을 측정하고, 전류계는 내부저항이 매우 작으며 부하와 직렬로 접속하여 전류를 측정한다. 그러나 전압계 및 전류계의 측정 범위를 초과하는 전압과 전류를 측정할 경우에는 배율기나 분류기를 사용한다.

8.1 배율기

직류 회로에서 전압계의 측정 범위를 확대하기 위하여 외부에 저항을 전압계와 직렬로 접속하는 저항을 배율기(multiplier) 저항이라고 한다. 배율기는 전압계의 내부저항을 알고 있는 상태에서 임의의 저항, 즉 배율기를 전압계에 직렬로 접속하여 전압의 분배를 이용한 장치이다.

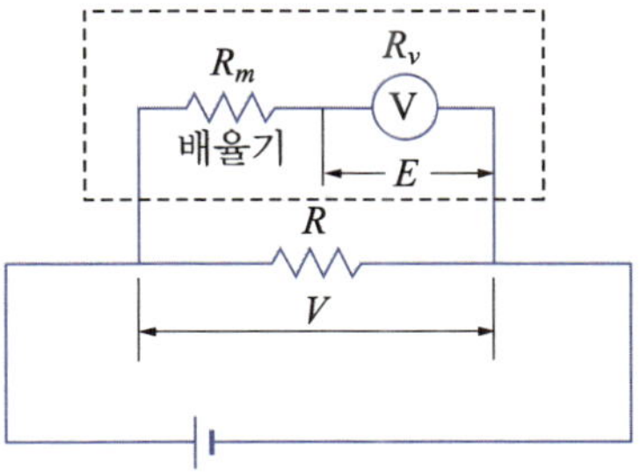

그림 2.15 배율기

그림 2.15와 같이 전압계의 내부저항 R_v, 배율기의 저항 R_m, 측정전압(부하전압) V, 전압계의 지시전압 E로 하면, 이 지시전압 E는 전압 분배 법칙에 의하여 다음과 같이 된다.

$$E = \frac{R_v}{R_v + R_m} V \tag{2.29}$$

$$\frac{V}{E} = \frac{R_v + R_m}{R_v} = 1 + \frac{R_m}{R_v} \tag{2.30}$$

$$V = \left(1 + \frac{R_m}{R_v}\right) E = mE \tag{2.31}$$

식 (2.31)에 의하여 부하전압은 전압계의 지시값 E의 m배가 되므로 m을 배율기의 배율이라고 한다.

$$m = 1 + \frac{R_m}{R_v} \tag{2.32}$$

따라서 전압계를 배율 m으로 측정 범위를 확대하기 위한 배율기의 저항 R_m의 선정은 식 (2.32)에 의하여 식 (2.33)과 같이 얻어지고 전압계의 내부저항보다 큰 것을 직렬접속해야 한다. 즉 R_v에 대해 R_m을 크게 하면 측정 범위를 확대(배율)할 수 있다. 교류 회로에서는 고전압을 측정하기 위하여 계기용 변압기(potential transformer, P. T)[21]를 통하여 측정한다.

$$\therefore\ R_m = (m-1)R_v \begin{cases} m=2(\text{배}) : R_m = R_v \\ m=3(\text{배}) : R_m = 2R_v \\ m=4(\text{배}) : R_m = 3R_v \end{cases} \tag{2.33}$$

예제문제 8.1 배율기

2-13 최대 눈금이 50[V]인 직류 전압계를 사용하여 150[V]의 전압을 측정하기 위한 배율기의 저항[Ω]은? 단, 전압계의 내부저항은 5000[Ω]이다.

풀이 배율기 배율 $m = 1 + \dfrac{R_m}{R_v}$ 에서

배율기 저항 $R_m = R_v(m-1) = 5000 \times \left(\dfrac{150}{50} - 1\right) = 10{,}000[\Omega]$

8.2 분류기

전압계에서 배율기와 마찬가지로 직류 회로에서 전류계의 측정 범위를 확대하기 위하여 저항을 전류계와 병렬로 접속하는 저항을 분류기(shunt) 저항이라고 한다. 분류기는 전류계의 내부저항을 알고 있는 상태에서 임의의 저항, 즉 분류기를 전류계에 병렬로 접속하여 전류를 분류하여 측정하는 장치이다.

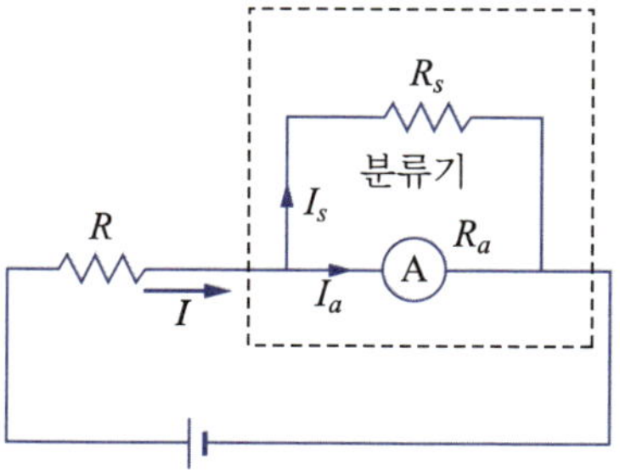

그림 2.16 분류기

21) 고전압, 대전류의 계측 등에서 계기와 전기회로 사이에 삽입하여 계측하기 쉽게 하기 위한 장치를 말하며, 전압 측정용인 계기용 변압기(PT), 전류 측정용인 계기용 변류기(CT), 대전류 회로 측정용인 계기용 변압변류기(MOF) 등이 있다.

그림 2.16과 같이 전류계의 내부저항 R_a, 분류기의 저항 R_s, 측정전류(부하전류) I $(= I_s + I_a)$, 전류계의 지시전류 I_a라고 하면, 지시전류 I_a는 전류 분배 법칙에 의하여 다음과 같이 된다.

$$I_a = \frac{R_s}{R_s + R_a} I$$

$$\frac{I}{I_a} = \frac{R_s + R_a}{R_s} = 1 + \frac{R_a}{R_s} \tag{2.34}$$

$$I = \left(1 + \frac{R_a}{R_s}\right) I_a = mI_a \tag{2.35}$$

식 (2.35)에 의하여 측정전류, 즉 부하전류는 전류계의 지시값 I_a의 m배가 되므로 m을 분류기의 배율이라고 한다.

$$m = 1 + \frac{R_a}{R_s} \tag{2.36}$$

따라서, 전류계를 배율 m으로 측정 범위를 확대하기 위한 분류기의 저항 R_s는 식 (2.36)에 의하여 식 (2.37)과 같이 얻어지고 전류계의 내부저항보다 작은 것을 병렬접속해야 한다. 즉 R_s에 대해 R_a을 작게 하면 측정 범위를 확대(배율)할 수 있다. 교류 회로에서는 대전류를 측정하기 위하여 변류기(current transformer, C.T)를 통하여 측정한다.

$$\therefore\ R_s = \frac{R_a}{m-1} \begin{cases} m = 2(\text{배}) : R_s = R_a \\ m = 3(\text{배}) : R_s = \frac{1}{2} R_a \\ m = 4(\text{배}) : R_s = \frac{1}{3} R_a \end{cases} \tag{2.37}$$

예제문제 8.2 분류기

2-14 전류계의 내부저항이 0.12[Ω], 분류기의 저항이 0.04[Ω]인 분류기를 사용하여 전류를 측정하는 경우 배율은?

풀이 분류기 배율 $m = 1 + \frac{R_a}{R_s} = 1 + \frac{0.12}{0.04} = 4$배

9. 전지

전지는 능동소자에서 설명한 내부저항을 가지고 있는 실제적인 전압원으로 등가 대치하여 해석해야 하고, 전지의 접속은 직렬접속과 병렬접속이 있다.

전지 한 개만 접속되어 있을 때 회로에 흐르는 전류 I는 식 (1.12)에서 다음과 같다.

$$I = \frac{E}{R + R_0} \tag{2.38}$$

그림 2.17(a)와 같이 전지의 직렬접속은 한 개의 전지의 (+)극에 다음 전지의 (−)극을 차례로 연결하는 방법이다. 즉, 동일한 전지 n개를 직렬접속하면 회로의 총 기전력, 내부저항 및 합성저항은 다음과 같다.

총 기전력 : $E_0 = nE$ (2.39)

합성 내부저항 : $r = nR_0$ (2.40)

전체 합성저항 : $R_T = R + nR_0$ (2.41)

따라서, 회로에 흐르는 전류 I는 다음과 같이 구해지고, 이와 같이 전지를 직렬접속하면 기전력은 n배, 전지의 용량은 전지 1개와 동일하다.

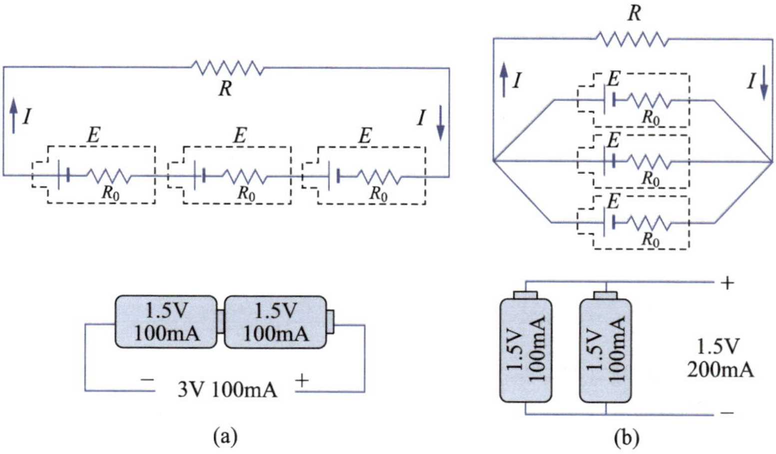

그림 2.17 전지의 직렬 및 병렬접속

$$I = \frac{nE}{R + nR_0} \tag{2.42}$$

그림 2.17(b)와 같이 전지의 병렬접속은 전지의 (+)극은 (+)극끼리, (−)극은 (−)극끼리 차례로 연결하는 방법이다. 즉, 동일한 전지 n개를 병렬접속하면 총 기전력, 내부저항, 합성저항은 다음과 같다.

총 기전력 : $E_0 = E$(불변) (2.43)

합성 내부저항 : $r = \frac{R_0}{n}$ (2.44)

전체 합성저항 : $R_T = R + \frac{R_0}{n}$ (2.45)

따라서 회로에 흐르는 전류 I는 식 (2.46)과 같이 구해지고, 이와 같이 전지를 병렬접속하면 기전력은 같고, 전지의 용량은 n배가 된다.

$$I = \frac{E}{R + \frac{R_0}{n}} \tag{2.46}$$

전구의 직렬 및 병렬 연결

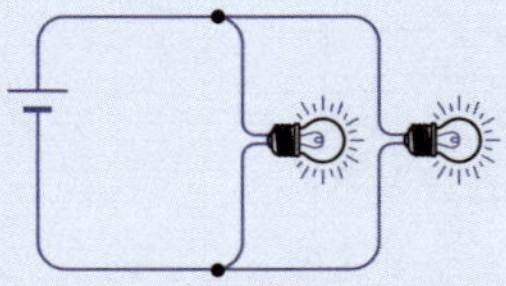

전구 하나 당 많은 전류가 흘러 전구가 밝다. 건전지는 금방 닳는다.

전구 하나 당 적은 전류가 흘러 전구가 흐리다. 건전지는 오래 간다.

예제문제 9. 전지

2-15 기전력이 3[V], 내부저항이 0.2[Ω]인 전지 6개를 직렬로 접속하여 단락시켰을 때의 전류[A]는?

풀이 직렬연결이므로 전류 $I = \frac{nE}{nr} = \frac{6 \times 3}{6 \times 0.2} = 15[\text{A}]$

10. 열전 현상

10.1 제벡 효과

서로 다른 두 금속, 즉 이종 금속 M_1, M_2를 접합하여 폐회로를 만든 후 두 접합점의 온도 T_1, T_2를 다르게 하면 이 폐회로에 열기전력이 발생하고 이에 의하여 열전류가 흐르게 된다. 이러한 현상을 제벡 효과(Seebeck effect)라 한다. 이 현상을 응용하기 위한 이종 금속을 조합한 한 쌍의 금속을 열전대(thermocouple)라 하며, 열전대는 열에너지를 전기에너지로 변환하는 소자이다.

열기전력 V는 접합점의 온도차($T_2 > T_1$)에 의하여 다음 식과 같이 된다. 여기서 a, b는 정수이며, 제벡 효과를 응용한 열전대는 용광로의 온도 측정 및 온도 제어 등에 사용된다.

$$V = a(T_2 - T_1) + \frac{b}{2}(T_2^{\,2} - T_1^{\,2}) \tag{2.47}$$

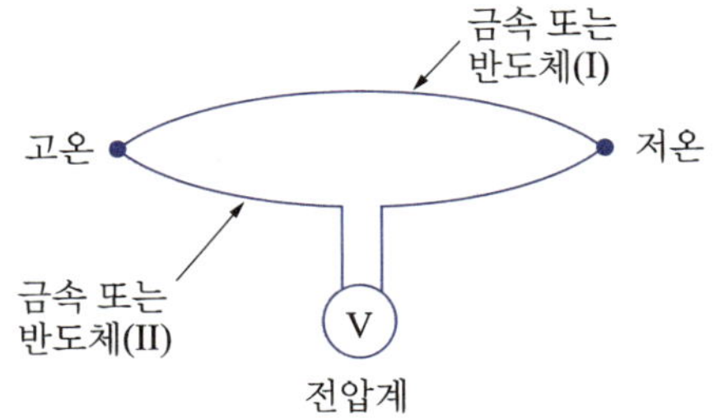

그림 2.18 제벡 효과

10.2 펠티에 효과

그림 2.19와 같이 이종 금속 A, B를 접속시켜 폐회로를 만들고 온도를 일정하게 유지하면서 전류 I를 흘리면 접합부에서 줄열 이외의 열의 발생 또는 흡수가 일어나는 현상을 펠티에 효과(Peltier effect)라 하며, 열전효과[熱電效果]의 일종으로 제벡 효과의 역효과이다.

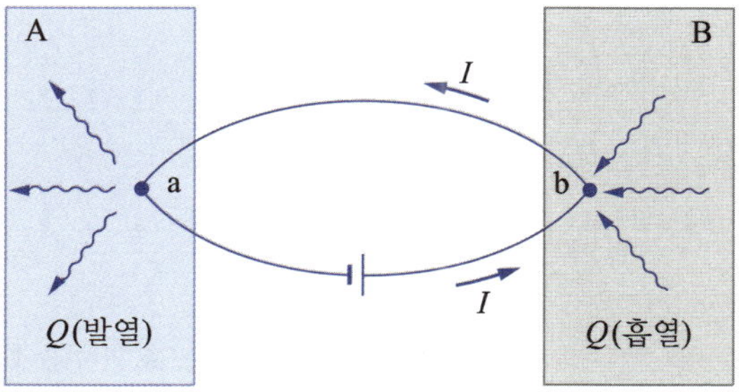

그림 2.19 펠티에 효과

발열 및 흡수 현상은 전류의 방향을 반대로 흘려주면 바뀌게 되고, 이때의 총열량 Q[cal]는 다음과 같으며, 이 현상을 이용하여 저온을 얻는 것을 전자냉동이라 한다.

$$Q = 0.24P\int_0^t I\,dt \tag{2.48}$$

10.3 톰슨 효과

그림 2.20과 같이 동일한 금속, 즉 동종 금속 도선의 두 점간에 온도차를 주고 고온 쪽에서 저온 쪽으로 전류를 흘리면, 줄열 이외에 도선 속에 열이 발생하거나 흡수가 일어난다. 이러한 현상을 톰슨 효과(Thomson effect)라고 한다.

단위시간당 발열량(톰슨열) Q는 식 (2.49)와 같으며, 여기서 τ는 톰슨계수 또는 전기의 비열이라고 하며, T는 절대온도로서 켈빈온도라고 한다. 발열을 정(+)으로 한다.

$$Q = \tau I\,dT \tag{2.49}$$

펠티에 효과와 마찬가지로 전류 방향을 반대로 하면 발열과 흡열의 관계는 반대로 된다. 예를 들어 구리, 은 등은 전류를 고온부에서 저온부로 흘리면 열이 발생하고 철, 백금 등은 열을 흡수한다. 납은 톰슨 효과가 거의 나타나지 않기 때문에 열기전력을 비교하는 표준물질로 이용되고 있다. 열전 현상의 중요한 특징은 제벡 효과와 펠티에 효과는 서로 다른 이종 금속에서 일어나는 현상이고, 톰슨 효과는 동종 금속에서 일어나는 현상이다.

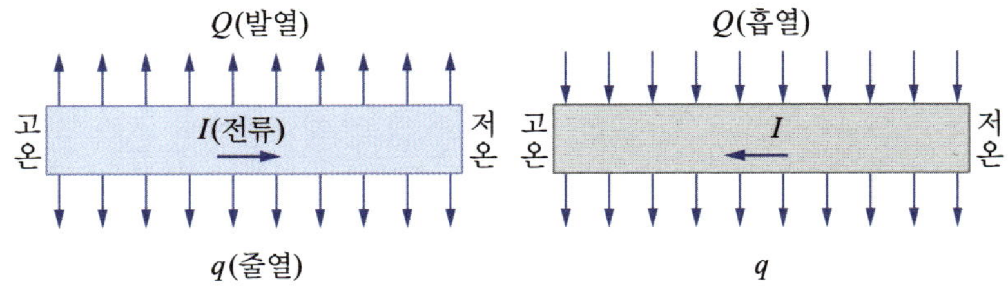

그림 2.20 톰슨 효과($\tau > 0$)

Chapter 3

정전계

1. 정전현상

1.1 대전현상

두 종류의 물체(예, 에보나이트 막대[22]와 천)를 마찰하면 가벼운 물체를 끌어당기는 성질의 전기적 현상이 나타난다. 이와 같이 마찰에 의해 발생되는 전기를 마찰전기(triboelectricity)라 하고, 물체가 전기를 띠는 현상을 대전(electrification)이라고 하며, 대전된 물체를 대전체라고 한다. 또한 대전체가 가지는 전기량을 전하(electric charge)라고 하며, 전하는 정전하(양, +)와 부전하(음, −)가 있다. 단위는 쿨롱(coulomb)을 사용한다. 이러한 대전현상을 그림 3.1에 나타내고 있다. 전기적으로 중성인 물체가 마찰에 의해 대전되는 것은 한 물체에서 원자 내의 궤도(최외각전자)를 이탈한 자유전자(음의 전기를 가진 전자)가 마찰로 인하여 다른 물질의 원자로 이동하였기 때문이다. 이 때 전자를 잃는 물체는 정(+)전하, 전자를 얻는 물체는 부(−)전하로 대전하게 된다. 이러한 전하는 물체에 정지 상태로 있어 전하의 분포가 시간적으로 변화하지 않는 정전기(static electricity)라고 부른다.

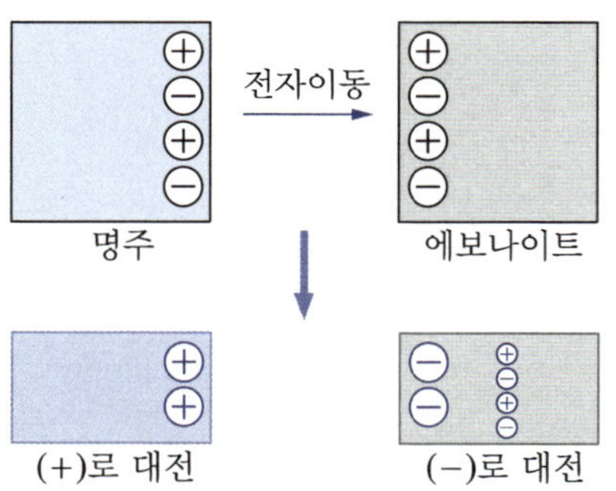

그림 3.1 대전현상

⊕ 털가죽(모직)−상아−유리−명주−나무−고무−플라스틱 ⊖

← 전자를 잃기 쉽다　　　전자를 얻기 쉽다 →

그림 3.2 대전서열

22) 생고무에 유황을 넣어 장시간 가열처리하여 만든 플라스틱 모양의 물질로 검고 광택이 나며 탄력성이 적다.

마찰에 의해 발생되는 전하의 종류와 전하량은 마찰하는 상대 물체의 종류와 마찰조건에 따라 다르게 된다. 그림 3.2와 같은 대전서열은 절대적인 것이 아니고, 온도나 습도 등의 영향으로 바뀌는 경우가 있다.

1.2 정전유도

전하에는 정전하와 부전하의 2종류가 있는데, 자석의 N극과 S극처럼 같은 부호의 전하끼리는 반발하고, 다른 부호의 전하끼리는 서로 끌어당기게 된다. 이처럼 두 전하 사이에 작용하는 힘을 정전기력(electrostatic force)이라고 한다.

그림 3.3과 같이 양(+)으로 대전된 도체 B를 대전되지 않은 도체 A(중성)에 가까이 접근시키면, 도체 B의 가까운 쪽에는 음(−)전하가 나타나고, 도체 B의 먼 쪽에는 양(+)전하가 나타난다. 이러한 현상을 정전유도(electrostatic induction)라고 한다. 이 현상은 도체 A에 균일하게 중성 상태로 분포하던 양(+)과 음(−)전하가 도체 B의 양(+)전하에 반발 및 흡인되어 도체 A의 양단으로 이동하기 때문이다. 만일 도체 A를 대지에 접속시키면 양(+)전하는 대지로 흘러서 소멸되고, 음(−)전하만 남게 되며, 이와 같이 도체를 대지에 접속시키는 것을 접지(earth)라고 한다. 정전유도는 전격을 일으킬 수 있어 정전차폐가 필요하다.

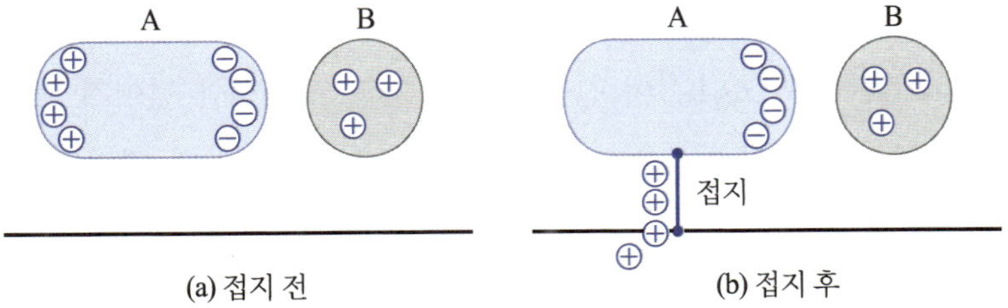

그림 3.3 정전유도

1.3 물체의 전기적 성질

물질은 전기적인 성질에 따라 다음의 세 가지로 나눌 수 있다. 전류가 잘 흐를 수 있는 도체(conductor)는 원자핵과 최외각에 있는 전자들의 결합력이 매우 약해서 쉽게 핵으로부터 전자들이 이탈되어 원자와 전자 사이를 자유롭게 이동할 수 있는 전자(자유전자, free electron)가 많은 물질로 금속, 탄소, 전해액 등이 있다. 전류가 흐르기 어려운 부도체(non-conductor)는 내부에 전자가 원자핵에 대한 구속력이 강하여 물질 내를 이동할 수 있는 자유전자의 수가 적거나 거의 없으며, 외부의 전기력에 대해 전자와 원자핵의 변위(구속전자[23] 또는 속박전자, bounded electron)만을 일으킨다. 공기, 유리, 고무, 플라스틱, 순수[24], 증류수 등이 있다. 특히 부도체는 절연체(insulator) 또는 유전체(dielectric)라고도 한다. 도체와 부도체의 중간정도의 전기적 성질을 가지는 반도체(semi-conductor)는 정공(hole, 양전하) 또는 자유전자(음전하)를 극히 일부 갖고 있는 것으로 실리콘(Si), 게르마늄(Ge), 셀렌(Se) 등이 있다.

2. 쿨롱의 법칙

대전된 물체 사이에 작용하는 힘을 구할 때 그 거리를 정확히 하기 위하여 미소 대전체를 가정하고 이것을 점전하(point charge)라고 하며, 실제로 대전체의 크기에 비하여 거리가 매우 클 경우에는 대전체를 점전하로 간주하여도 상관없다. 1785년에 쿨롱은 비틀림저울을 사용해서 실험에 의해 작은 대전체 사이에 작용하는 힘을 측정하여 정전기에 관한 쿨롱의 법칙(coulomb's law)을 발견하였다. 즉, 그림 3.4와 같이 두 점전하 Q_1[C]과 Q_2[C]이 진공 중에서 거리 r[m]만큼 떨어져 있을 때, 두 전하 사이에 작용하는 정전기력(electrostatic force) F는 식 (3.1)과 같다.

$$F \propto k\frac{Q_1 Q_2}{r^2}\,[\mathrm{N}] \tag{3.1}$$

여기서, k는 전하 주위의 매질과 단위 표시법에 의해 결정되는 비례상수이다. 매질이 진공일 경우 Q[C], r[m], F[N]을 사용하면 $k = 4\pi\varepsilon_0$가 된다. ε_0는 진공의 유전율(dielectric constant)이라고 한다.

23) 원자・분자 등의 내부에 속박되어 자유로이 운동할 수 없는 전자를 말한다. 내부 궤도를 돌고 있는 전자는 원자핵과 거리가 가까워 결합력이 강하고 외부의 영향을 거의 받지 않는다.

24) 25℃에서 완전히 순수한 물(순수)은 수소이온(H^+)과 수산이온(OH^-)에 의해 18.3[MΩcm](0.055 μs/cm)의 저항을 갖게 되는 데 온도 상승시 물의 전리상수가 증가하므로 전도도는 증가하고, 저항은 감소하게 된다.

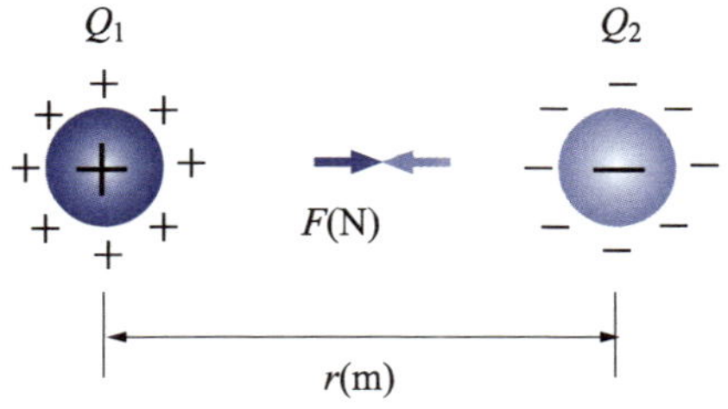

그림 3.4 쿨롱의 법칙

진공 중의 빛의 속도 $C_0=3\times10^8$[m/s]라고 할 때 진공의 유전율 ε_0는 식 (3.2)와 같다. 쿨롱의 법칙은 전하의 부호가 다를 때는 흡인력, 전하의 부호가 같을 때는 반발력이 작용하고, 힘의 방향은 두 전하를 연결하는 직선상에 있다. 두 전하 사이에 진공이 아닌 어떤 매질이 놓여 있을 때는 정전기력은 식 (3.3)과 같이 나타낸다.

$$\varepsilon_0 = \frac{10^7}{4\pi C_0^2} = 8.85\times10^{-12}\,[\mathrm{F/m}] \tag{3.2}$$

$$F = \frac{1}{4\pi\varepsilon_0}\frac{Q_1Q_2}{r^2} = 9\times10^9\frac{Q_1Q_2}{\varepsilon_r r^2}\,[\mathrm{N}] \tag{3.3}$$

여기서, 매질의 비유전율 ε_r은 물체의 유전율 ε 및 진공 유전율 ε_0와의 비를 말하며 공기 또는 진공 중의 비유전율은 1이다.

$$\varepsilon = \varepsilon_0\varepsilon_r = 8.85\times10^{-12}\times\varepsilon_r\,[\mathrm{F/m}] \tag{3.4}$$

예제문제 2. 쿨롱의 법칙

3-1 공기 중에 두 전하 $Q_1=1$[μC], $Q_2=2$[μC]가 10[cm] 떨어져 있을 때 발생하는 정전력 [N]은?

풀이 두 전하 사이에 작용하는 정전력(쿨롱의 힘)

$$F=\frac{1}{4\pi\varepsilon_0}\frac{Q_1Q_2}{r^2}=9\times10^9\frac{Q_1Q_2}{r^2}\,[\mathrm{N}]$$ 이므로

$$F=9\times10^9\times\frac{(1\times10^{-6})\times(2\times10^{-6})}{0.1^2}=1.8[\mathrm{N}]$$

3-2 두 개의 같은 점전하가 진공 중에서 1[m] 떨어져 있을 때 작용하는 힘이 9×10^9[N]이면 이 점전하의 전하량[C]은?

풀이 두 점전하는 같으므로 $F=\dfrac{1}{4\pi\varepsilon}\dfrac{Q_1Q_2}{r^2}$ [N]에서 $F=\dfrac{1}{4\pi\varepsilon}\dfrac{Q^2}{r^2}$ [N]이 된다.

따라서, $Q=\sqrt{F4\pi\varepsilon r^2}=\sqrt{9\times10^9\times4\times3.14\times8.85\times10^{-12}\times1^2}\fallingdotseq 1[\mathrm{C}]$

3. 전계

3.1 전계와 전기력선

전하를 가진 대전체 주위에 다른 대전체를 가까이 가져가면 대전체 사이에 쿨롱의 법칙에 따른 정전기력이 작용하는 데 이와 같이 전기적인 힘이 미치는 공간을 전계(electric field) 또는 전기장이라고 한다. 특히 전하가 정지되어 있는 상태(전계 에너지가 최소로 되는 전하분포의 전계)에서의 전계를 정전계(electrostatic field)라고 한다. 대전 전하가 많을수록 또는 전압이 높을수록 미치는 범위가 크다. 또한 양(+)전하에서

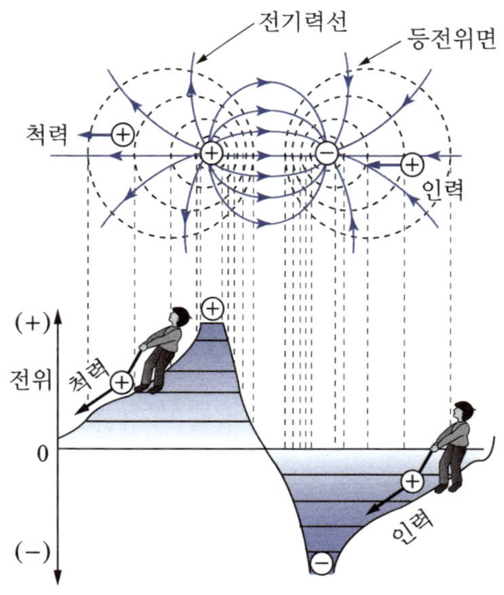

그림 3.5 전기력선

출발하여 음(−)전하에서 끝나는 선을 가상하여 전기력선(line of electric field) 또는 전속선(electric flux lines)이라고 한다(그림 3.5).

전기력선은 전계 내에서 단위전하 1[C]이 저항 없이 전기력에 따라 이동할 때 그려지는 가상의 선으로 다음과 같은 성질을 갖고 있다.

- 양(+)전하에서 수직으로 나와서 음(−)전하로 수직으로 들어간다.
- 전기력선의 한 점에서 그은 접선방향이 그 점에서의 전계의 방향이다.
- 전계의 세기는 전기력선의 밀도와 같다.
- 도중에 끊어져 분리되거나 서로 교차하지 않는다.
- 전기력선의 수는 전계의 세기에 비례하는 수로 단위면적을 통과하는 전하 밀도에 비례한다.
- 전위가 높은 곳에서 낮은 곳으로 향한다.
- 등전위면과 직교한다.
- 도체 내부에는 존재하지 않는다.

그림 3.6은 여러 점전하에 대한 전계의 상태를 전기력선을 이용하여 나타낸 것이다. (a), (b)는 각 양전하 및 음전하에 의해 공간의 각 점에 생기는 전기장을 나타내고, (c)는 절대값이 같은 양·음전하에 의한 전기력선을 나타낸다. (d)와 (e)는 같은 전하에 따른 전기력선을 나타내고, (f)와 (g)는 균일한 양으로 대전된 무한도체에 의한 전기력선을 나타내고 있다. 한 점에서 전기력선의 방향은 이 점에서의 전기장의 방향과 같고, 그 세기는 단위 면적($1[m^2]$)당 전기력선의 수와 같다.

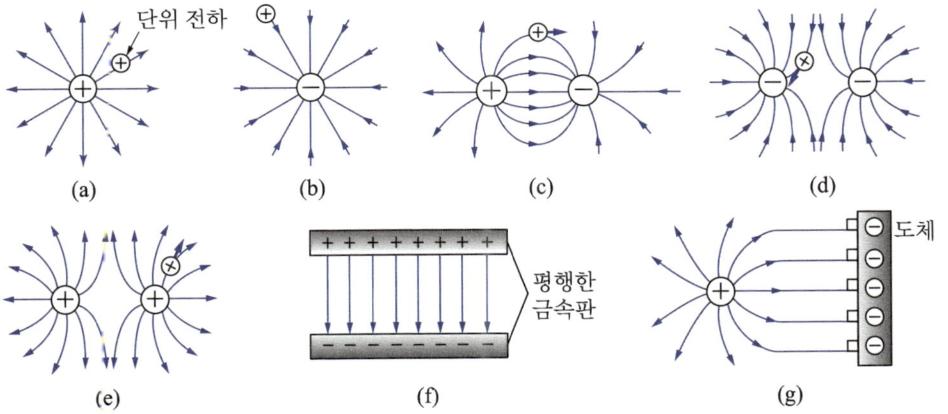

그림 3.6 전기력선의 분포 예

3.2 전계의 세기

전계 내의 한 점에 단위 정전하(시험전하)를 놓았을 때 이에 작용하는 힘을 그 점에 대한 전계의 세기(intensity of electric field)라고 하며, 그 방향은 단위전하가 받는 힘의 방향이 된다. 그림 3.7과 같이 Q[C]의 전하로부터 r[m] 떨어진 거리에 있는 점에서의 전계의 세기 E는 다음과 같다.

$$E = \frac{F}{Q} = \frac{Q}{4\pi\varepsilon r^2} = 9\times10^9\frac{Q}{\varepsilon_r r^2}\,[\mathrm{V/m}] \tag{3.5}$$

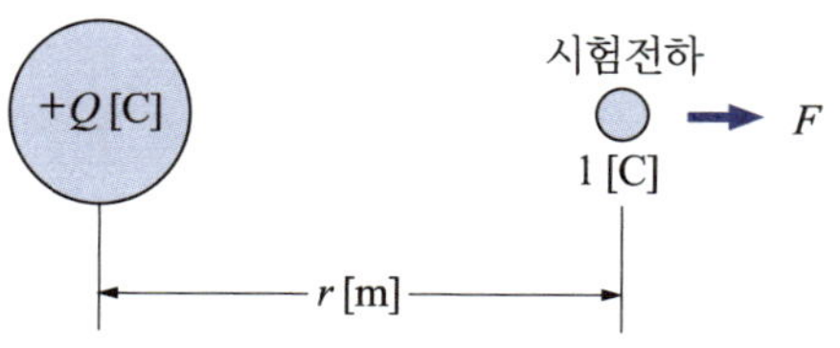

그림 3.7 전계에 작용하는 힘

따라서, 전계의 세기 단위는 [N/C] 또는 [V/m]을 사용하고, 일반적으로 전계의 세기가 E[V/m]인 전계 중에 Q[C]의 전하를 놓으면, 이 전하에 작용하는 정전력 F는 식 (3.5)에서 다음과 같이 나타낸다.

$$F = QE\,[\mathrm{N}] \tag{3.6}$$

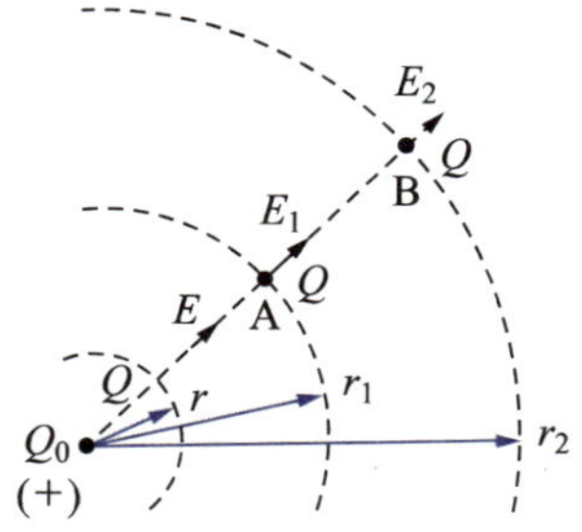

그림 3.8 전하의 이동

전기력선의 성질에서 균일한 전계 내의 임의의 점에서 전계의 세기 E는 면적 S에 수직인 점을 통하여 단위면적당의 전기력선 수, 즉 전기력선의 밀도와 같으므로 전계의 세기와 전기력선 수 N의 관계는 다음과 같다.

$$E = \frac{N}{S} \,[\text{lines/m}^2] \tag{3.7}$$

점전하 Q[C]을 중심으로 하는 반지름 r[m]인 구면상에서의 전기력선은 점대칭의 방사상으로 나오므로 구면상의 모든 점에서 전계의 세기 및 전기력선의 밀도는 같다. 이러한 구 표면으로부터 나오는 전기력선의 총수 N은 다음과 같다.

$$N = ES = \frac{Q}{4\pi\varepsilon_0 r^2} \times 4\pi r^2 = \frac{Q}{\varepsilon_0} \tag{3.8}$$

전계 E인 곳에서 Q[C]의 정전하를 거리 r_1인 A점으로부터 거리 r_2인 B점으로 이동시키는 데 필요한 일 W는 다음과 같으며, 그림 3.8에서 나타내고 있다. 즉, B점에서의 전하 Q는 A점의 위치에서보다 위치 에너지가 감소한 것이다.

$$\begin{aligned} W &= \int_{r_1}^{r_2} F dr = \int_{r_1}^{r_2} QE dr \\ &= \int_{r_1}^{r_2} \frac{1}{4\pi\varepsilon} \frac{QQ_0}{r^2} dr \\ &= \frac{QQ_0}{4\pi\varepsilon}\left(\frac{1}{r_1} - \frac{1}{r_2}\right) [\text{J}] \end{aligned} \tag{3.9}$$

예제문제 3.2 전계의 세기

3-3 진공 중에 있는 1[μC]의 점전하에서 3[m] 떨어진 점의 전계[V/m]는?

풀이 전계 $E = \frac{F}{Q} = \frac{1}{4\pi\varepsilon}\frac{Q}{r^2}$에서

$$E = \frac{1}{4 \times 3.14 \times 8.85 \times 10^{-12}} \frac{1 \times 10^{-6}}{3^2} \fallingdotseq 1{,}000\,[\text{V/m}]$$

3-4 판상의 유전체에 200[V]의 전압을 가하였더니 유전체 내부의 전계가 5×10^4[V/m]이 되었다. 이 유전체의 두께[mm]는?

풀이 전계 $E = \frac{V}{d}$에서 $d = \frac{V}{E} = \frac{200}{5 \times 10^4} = 0.004[\text{m}]$이므로 두께는 4[mm]가 된다.

3.3 전위와 전속

3.2절에서 전계 내 하나의 단위 점전하 Q가 갖는 전기적 위치 에너지로 전계의 상태를 나타낼 수 있었는데, 이와 같이 전계를 결정하는 새로운 양으로 전위(electric potential)를 도입한다. 전위차를 나타내는 식 $V = W/Q$을 여기에 적용하면 그림 3.8에서와 같이 두 점 A와 B간의 전위차 또는 전압 V_{AB}는 다음과 같다. 여기서 A의 전위는 B보다 높으며 A와 B의 전위차와 같다.

$$\begin{aligned} V_{AB} &= V_A - V_B = \frac{W}{Q} \\ &= \frac{Q_0}{4\pi\varepsilon}\left(\frac{1}{r_1} - \frac{1}{r_2}\right) \text{[V]} \end{aligned} \tag{3.10}$$

만일 B점이 무한원($r_2 \to \infty$), 즉 전계가 0이 된다면, 이때 V_{AB}는 식 (3.11)과 같이 A점의 전위 V_A로 나타낼 수 있다. 즉 A점의 전위란 단위 점전하를 전계가 0인 무한원점으로부터 A점까지 운반할 때 필요한 일을 말한다. 또한 여러 개의 점전하가 분포된 공간에서의 전계의 세기는 벡터합에 의해 구하지만, 전위는 스칼라량이므로 각각의 점전하에 의한 전위를 구하여 대수적 합을 구하면 된다.

$$V_A = \frac{Q}{4\pi\varepsilon r} \text{[V]} \tag{3.11}$$

전기력선의 총수는 매질의 유전율과 관계된다. 전하에서 매질에 관계없는 일정하게 나오는 선속을 전속(electric flux) 또는 유전속이라고 하고, 전기력선과 마찬가지로 전계 중에서 가상한 선이다. 전속의 기호는 ϕ로 나타낸다. 극판의 표면 전하 $+1$[C]에서 나오는 무수한 전기력선을 모아서 1[C]의 전속이라고 하면, $+Q$[C]의 전하에서는 Q[C]의 전속이 나와 $-Q$[C]의 전하로 들어가게 된다. 즉, 전속 ϕ는 매질에 관계없이 전하 Q[C]일 때 Q개의 전속(선)이 나오며, 단위는 [C]을 사용한다.

점전하 Q[C]을 포함하고 있는 폐곡면 상으로 나오는 전속 ϕ는 Q[C]와 같다($\phi = Q$). Q[C]의 전하가 전극판에 있을 때는 Q[C]만큼의 전속이 나오는 데, 전속의 방향과 직각인 단면적 1[m^2]에 대해서 몇 [C]의 전속이 지나는가를 나타내는 양이 전속밀도(dielectric flux density)이며, 기호는 D, 단위는 [C/m^2]를 사용한다.

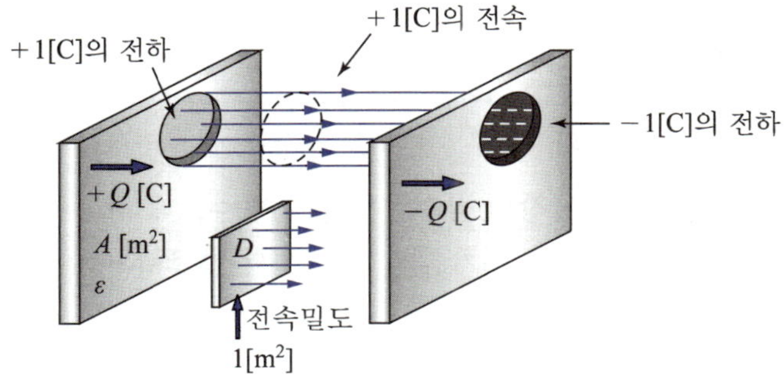

그림 3.9 전속 및 전속밀도

$$D = \frac{\phi}{A} = \frac{Q}{A}\,[\mathrm{C/m^2}] \tag{3.12}$$

$$\text{구면상 } D = \frac{Q}{4\pi r^2}\,[\mathrm{C/m^2}]$$

$$\text{구면상 } E = \frac{Q}{4\pi\varepsilon r^2}\,[\mathrm{V/m}]$$

따라서, 전계와 전속밀도와의 관계는 식 (3.12)에서 식 (3.13)으로 나타낼 수 있다.

$$D = \varepsilon E = \varepsilon_0\varepsilon_r E\,[\mathrm{C/m^2}] \tag{3.13}$$

예제문제 3.3 전위와 전속

3-5 비유전율이 10인 어떤 절연체에 5×10^3[V/m]의 전계를 가하였을 때 전속밀도[C/m^2]는?

풀이 전속밀도 $D = \varepsilon E = \varepsilon_0\varepsilon_r E = 8.85\times10^{-12}\times10\times5\times10^3 = 44.3\times10^{-8}[\mathrm{C/m^2}]$

4. 정전용량

그림 3.10과 같이 2장의 금속판을 서로 마주보게 하고 직류 전원에 접속하면 전원의 양(+)극으로부터는 양(+)전하가, 음(−)극으로부터는 음(−)전하가 각각 A, B의 전극 위에 나타나게 된다. 이때 양, 음의 전하는 두 전극 사이에 있는 매질을 통하여 상대방의 전하를 끌어당겨 전극 위에 축적되는데 이를 충전(charge)이라 하고, 축적된 전하를 방출하게 되는 것을 방전(discharge)이라고 한다. 이 때 전원 전압 V[V]에 의하여 축적된 전하를 Q[C]이라고 하면, Q와 V는 관계는 식 (3.14)와 같다. 비례 상수 C는 전극이 전하를 축적할 수 있는 능력의 정도를 나타내는 상수로서, 정전용량(electrostatic capacity)이라고 한다.

$$Q = CV\,[\mathrm{C}] \tag{3.14}$$

일반적으로 정전용량의 단위는 패럿(farad) [F]로 나타낸다. 즉, 1[F]의 정전용량이란 1[V]의 전압을 가했을 때 1[C]의 전하가 축적된 경우의 값이다. 실제로 1[F]은 단위가 매우 큰 값이기 때문에 마이크로패럿(1[μF] $= 10^{-6}$[F]), 피코패럿(1[pF] $= 10^{-12}$[F]) 등을 사용한다.

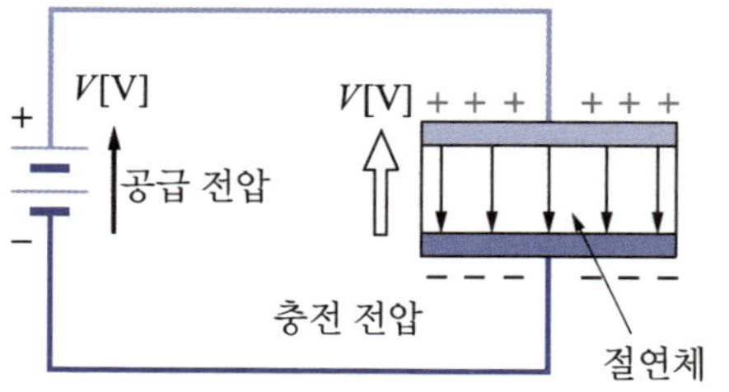

그림 3.10 정전용량

예제문제 4. 정전용량

3-6 정전용량이 5[μF]인 콘덴서에 100[V] 직류 전압을 가할 경우 축전되는 전하량[C]은?

풀이 전하량 $Q = CV = 5 \times 10^{6} \times 100 = 5 \times 10^{-4}\,[\mathrm{C}]$

4.1 콘덴서

두 개의 도체 사이에 절연물 또는 유전체[25]를 삽입하여 전하를 축적할 목적으로 즉, 2개의 전극 사이의 정전용량을 이용하기 위하여 만들어진 수동소자를 콘덴서(condenser) 또는 커패시터(capacitor)라 하며, 콘덴서의 간단한 구조를 그림 3.11(b)에 나타낸다. 전극의 면적을 $A[\mathrm{m}^2]$, 전극 사이의 간격을 $d[\mathrm{m}]$, 유전체의 비유전율(relative permittivity)을 ε_r이라고 하면, 콘덴서의 정전용량 C는 다음과 같이 구할 수 있다.

$$C = \frac{\varepsilon_0 \varepsilon_r A}{d}\ [\mathrm{F}] \tag{3.15}$$

단, ε_0는 진공의 유전율로서 $8.85 \times 10^{-12}[\mathrm{F/m}]$이며, 결국 정전용량이 큰 콘덴서를 얻기 위해서는 전극의 면적이 크거나, 전극간의 간격이 좁거나, 비유전율이 큰 유전체를 사용하여야 한다. 유전율[誘電率](permittivity)은 진공의 유전율 ε_0과 비유전율 ε_r의 곱으로 나타낸다. 표 3.1은 콘덴서용 유전체(dielectrics)의 비유전율 값을 나타낸 것이다.

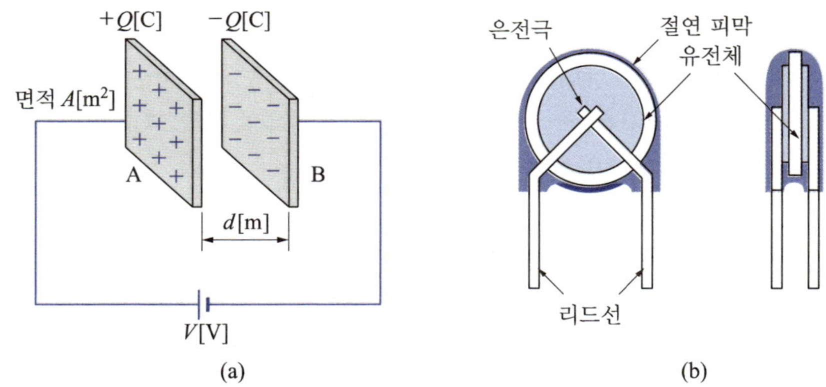

그림 3.11 콘덴서 구조

25) 일반적으로 액체나 고체의 유전율은 2∼10 정도이지만, 로셸염, 인산칼륨, 티탄산바륨 등은 특정한 온도범위에서 수백∼수천이라는 큰 유전율을 보인다. 이와 같은 강유전체는 전장이 없는 경우에도 유전 분극을 발생한 상태가 안정하게 존재한다. 이들 물질은 일정한 온도 이상에서 유전율이 매우 크고 강자성체와 같이 외부전계와 유전체 분극의 세기와의 사이에 히스테리시스 현상을 보인다.

표 3.1 콘덴서용 유전체의 비유전율

유전체	ε_r	유전체	ε_r
진공	1.0	운모(mica)	5~9
공기	1.0006	염화비닐	5~9(50Hz) 3.3~4.5(106Hz)
테플론	2.0	소다유리	6~8
종이	2.5	자기	5~6.5
변압기유	4.0	증류수	80
절연니스	5~6	티탄산바륨	1,000~3,000

콘덴서의 정전용량을 크게 하기 위해서는 유전체의 비유전율 ε_r값이 커야 한다. 그 이유는 다음과 같다. 유전체의 원자는 정상 상태에서는 중성으로서 외부에 전하의 존재가 나타나지 않지만 외부에서 전계가 가해지면 그림 3.12와 같이 양전하와 음전하의 중심이 이동하여 전계 방향으로 하나의 쌍극자(dipole)를 형성한다. 이러한 현상을 유전 분극(dielectric polarization)이라 한다.

분극[26)]된 유전체의 내부에서는 양전하와 음전하는 서로 상쇄되어 전기적으로 중성이지만, 극판 A에 접한 유전체의 원자는 음(−)전하만이 나타나므로 극판 A에 양전하가 유도되어, 결국 극판 A에서는 유전체의 분극량 만큼의 양(+)전하가 진공일 때보다 증가하게 된다. 극판 표면에서는 전극과 반대 부호의 고정된 전하가 나타난다. 이처럼 극판 A와 B 사이의 전계가 일정하여도 유전체의 분극 크기에 따라 정전용량의 크기가 증가하게 되는 것이다.

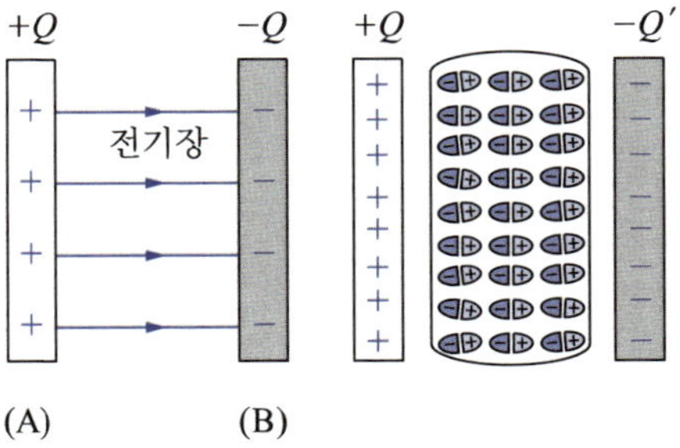

그림 3.12 전기 분극

26) 유전체에 전계를 가하면 원자를 구성하는 양·음의 전하 또는 이온이 서로 반대 방향으로 변위하여 쌍극자 모멘트를 일으키는 것이 분극이며, 이온 분극, 쌍극자 분극이 있다.

예제문제 4.1 콘덴서

3-7 극판의 면적이 10[cm²], 극판 간격이 1[mm], 극판에 채워진 유전체의 비유전율이 2.5인 콘덴서에 100[V]의 전압을 가할 경우 극판의 전하량[C]은?

풀이 전하량 $Q = CV = \dfrac{\varepsilon_0 \varepsilon_r A}{d} V[\mathrm{C}]$이므로

$$Q = \frac{8.85 \times 10^{-12} \times 2.5 \times 10 \times 10^{-4}}{10^{-3}} \times 100 \fallingdotseq 2.21 \times 10^{-9}[\mathrm{C}]$$

3-8 평행판 콘덴서의 극판의 간격을 2배로 하고 면적을 1/2로 하면 정전용량은 처음의 몇 배가 되는가?

풀이 콘덴서의 정전용량 $C' = \dfrac{\varepsilon \cdot A'}{d'} = \dfrac{\varepsilon \cdot \frac{1}{2} A}{2d} = \dfrac{1}{4} \dfrac{\varepsilon \cdot A}{d} = \dfrac{1}{4} C[\mathrm{F}]$

4.2 콘덴서의 종류

콘덴서에는 사용 목적에 따라 여러 가지가 있으나, 정전용량 값이 고정된 고정 콘덴서(fixed condenser)와 정전용량 값을 바꿀 수 있는 가변 콘덴서(variable condenser)로 나눌 수 있다. 특히 고정 콘덴서 중에는 극성이 정해져 있는 전해 콘덴서도 있으며, 이들 콘덴서의 기호를 그림 3.13에 나타낸다. 고정 콘덴서는 전극 사이에 넣은 유전체(절연물)의 종류에 따라 종이 콘덴서, 마이카[27] 콘덴서, 세라믹 콘덴서, 마일러[28] 콘덴서 및 전해 콘덴서 등이 있다. 가변 콘덴서는 줄여서 바리콘이라고도 하며 유전체의 종류에 따라 공기 가변 콘덴서, 폴리 가변 콘덴서 등이 있는데 이들을 그림 3.14에서 나타낸다.

(a) 고정 콘덴서 (b) 가변 콘덴서 (c) 전해 콘덴서

그림 3.13 콘덴서 기호

27) 마이카(mica)는 화강암 중의 조암광물로서 전기적·열적 성질이 우수하여 전기 절연재료로 사용한다.
28) 마일러(mylar)는 열가소성 수지의 하나로 기계적, 전기적으로 매우 강하지만 열수에 침해되고 알칼리에 약하다.

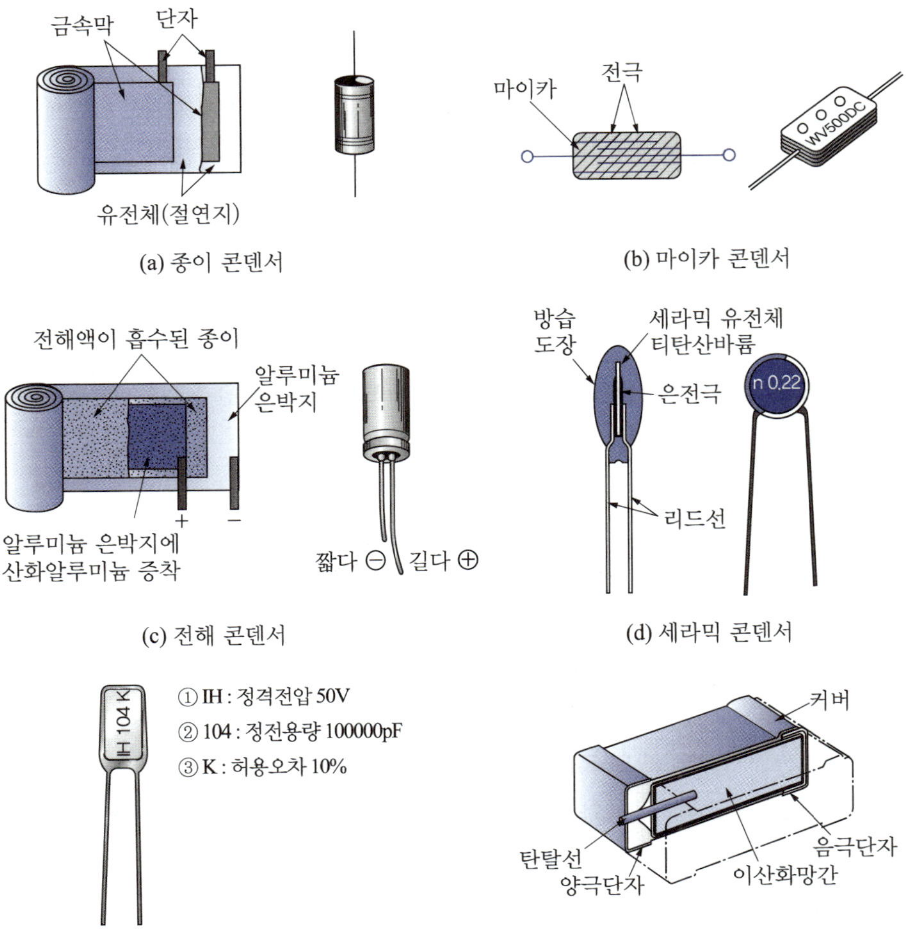

(a) 종이 콘덴서 (b) 마이카 콘덴서

(c) 전해 콘덴서 (d) 세라믹 콘덴서

(e) 마일러 콘덴서 (f) 칩 콘덴서

그림 3.14 콘덴서 종류

콘덴서에서의 전압과 전류의 관계는 우선 전하량 q를 식 (1.15)에 의해 식 (3.16)과 같이 나타내며, 전압의 크기 v가 일정하지 않을 경우 $q = Cv\,[\mathrm{C}]$이므로 전압 v는 식 (3.17)과 같다.

$$q = \int i\,dt\ [\mathrm{C}] \tag{3.16}$$

$$v = \frac{1}{C}\int i\,dt\ [\mathrm{V}] \tag{3.17}$$

표 3.2 콘덴서

콘덴서 종류	설명
마일러 콘덴서	- 폴리에스테르 필름을 유전체로 사용한다. - 용량의 정밀도가 높다. - 낮은 주파수를 잘 통과시켜 주파수 특성이 우수하다.
마이카 콘덴서	- 운모와 주석박막을 서로 엇갈리게 적층하여 방습 처리한 콘덴서에 은박을 입혀 전극으로 사용한다. - 온도 변화에 의한 용량 변화가 작고 절연저항이 높다. (표준콘덴서로 사용)
세라믹 콘덴서	- 전극간 유전체로 비유전율이 큰 산화티탄, 티탄산바륨 등을 사용한다. - 가격대비 성능이 우수하여 가장 많이 사용한다. - 고주파 특성이 양호하여 고주파 바이패스에 사용한다. - 온도 특성이 양호하고 소형이다.
전해 콘덴서 (케미콘)	- 전기분해하여 금속의 표면에 산화막을 만들어 유전체로 사용하고 전극으로 알루미늄을 사용한다. - 체적에 비해 큰 정전용량을 얻는다. - 극성을 갖고 있어 교류 회로에 사용할 수 없다. - 코일 성분이 많아 고주파에 적합하지 않다. (주파수 특성이 나쁘다.)
탄탈 전해 콘덴서	- 전극에 탄탈륨을 사용하는 전해 콘덴서이다. - 큰 정전용량을 얻을 수 있고, 온도 특성(온도 변화에 따른 용량 변화), 주파수 특성이 전해 콘덴서보다 우수하다. - 극성을 갖고 있어 교류 회로에 사용할 수 없다.

또한 시간 t에 대하여 미분하여 정리하면 다음과 같다.

$$i = C\frac{dv}{dt}\,[\mathrm{A}] \tag{3.18}$$

즉, 콘덴서 소자가 갖는 중요한 성질 중의 하나는 콘덴서 양단의 전압이 순간적으로 급격하게 변화할 수 없다는 것이다. 왜냐하면 콘덴서 양단 전압의 값이 한 값에서 다른 값으로 순간적으로 급변하려면 dv/dt가 무한대(∞)가 되어야 하며, 따라서 $i = C(dv/dt)$로부터 무한대의 단자 전류를 필요로 하기 때문이다. 결국 콘덴서 양단의 전압은 연속적으로만 변할 수 있게 된다.

또한 각 순간에 있어서 콘덴서의 한 극에 전류가 유입(정전하의 유입)되면 그만큼 다른 극에서는 전류의 유출(실제로는 부전하의 유입)이 있지만, 이는 콘덴서 중간이 절연되어 있기 때문에 양극판 사이에는 전하의 이동이 없고 전원과 콘덴서 양극판 사이에만 전하의 이동이 이루어진다. 따라서 콘덴서에 교류 전원이 인가될 때에는 콘덴서 양극판과 전원 사이에 전하의 이동이 반복적으로 이루어져 회로 전류가 흐를 수 있지만 직류 전원이 인가되는 경우에는 콘덴서 충전이 완료되기까지 극히 짧은 시간(≈수천분의 1초) 미만 동안에만 회로 전류가 흐르고 결국에는 전류가 흐를 수 없게 된다.

4.3 콘덴서의 접속

콘덴서의 병렬접속과 직렬접속에 관하여 알아보기 위해 그림 3.15와 같이 정전용량이 C_1, C_2, C_3인 3개의 콘덴서를 병렬로 접속할 때의 합성 정전용량을 구한다. 전압 V[V]를 인가하면, 각 콘덴서에 축적되는 전하 Q_1, Q_2, Q_3은 다음과 같다.

$$Q_1 = C_1 V \text{ [C]}$$
$$Q_2 = C_2 V \text{ [C]} \tag{3.19}$$
$$Q_3 = C_3 V \text{ [C]}$$

회로 전체에 축적되는 전체 전하량 Q[C]는 다음과 같다.

$$\begin{aligned} Q &= Q_1 + Q_2 + Q_3 \\ &= C_1 V + C_2 V + C_3 V \\ &= (C_1 + C_2 + C_3) V \end{aligned} \tag{3.20}$$

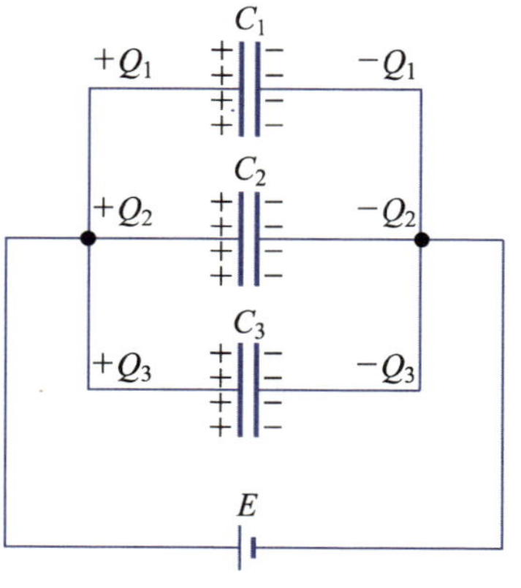

그림 3.15 콘덴서의 병렬접속

따라서, 병렬접속회로의 합성 정전용량 C는 식 (3.21)과 같으며 저항의 직렬접속과 같은 형태이다. 각 콘덴서 양단의 전압이 모두 같으므로 전하량은 정전용량에 비례한다.

$$\therefore\ C = C_1 + C_2 + C_3\ [\mathrm{F}] \tag{3.21}$$

다음은 그림 3.16과 같이 정전용량이 C_1, C_2, C_3인 3개의 콘덴서를 직렬로 접속할 때의 합성 정전용량을 구하면 다음과 같다. 전압 V[V]를 공급하면, 각 콘덴서에 그림과 같이 $+Q$와 $-Q$가 교대로 정전 유도된다. 이때 전체 전압 V는 $V_1 + V_2 + V_3$으로 각 콘덴서의 크기에 반비례하여 분압되며, 다음의 관계가 성립된다.

$$\begin{aligned} V_1 &= \frac{Q}{C_1} \\ V_2 &= \frac{Q}{C_2} \\ V_3 &= \frac{Q}{C_3} \end{aligned} \tag{3.22}$$

따라서, 전체 전압 V는 식 (3.23)과 같이 된다.

$$\begin{aligned} V &= V_1 + V_2 + V_3 \\ &= \frac{Q}{C_1} + \frac{Q}{C_2} + \frac{Q}{C_3} \\ &= \left(\frac{1}{C_1} + \frac{1}{C_2} + \frac{1}{C_3}\right)Q \end{aligned} \tag{3.23}$$

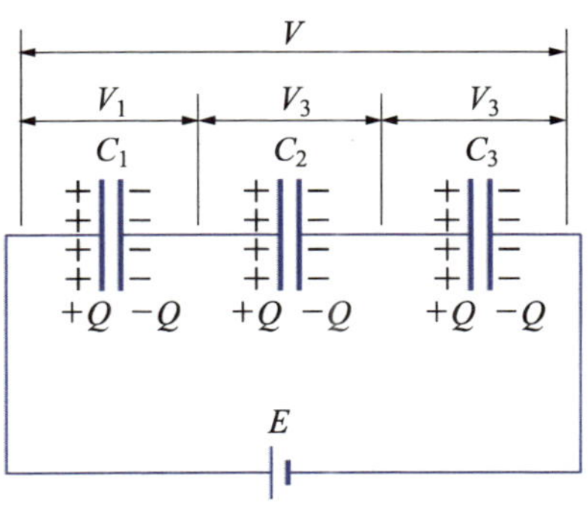

그림 3.16 콘덴서의 직렬접속

결국 직렬접속회로의 합성 정전용량 C[F]은 식 (3.24)와 같으며, 저항의 병렬접속과 같은 형태이다. 직렬 합성에 의한 정전용량은 감소하고, 각 콘덴서의 전압은 각 정전용량에 반비례한다.

$$\therefore\ C = \frac{1}{\dfrac{1}{C_1} + \dfrac{1}{C_2} + \dfrac{1}{C_3}}\,[\mathrm{F}] \tag{3.24}$$

예제문제 4.3 콘덴서의 접속

3-9 다음과 같은 회로에서 C_x의 정전용량[μF]은? 단, $C_1 = C_2 = C_3$ =3[μF]이고 절점 a, b 사이의 합성 정전용량 C=5[μF]이다.

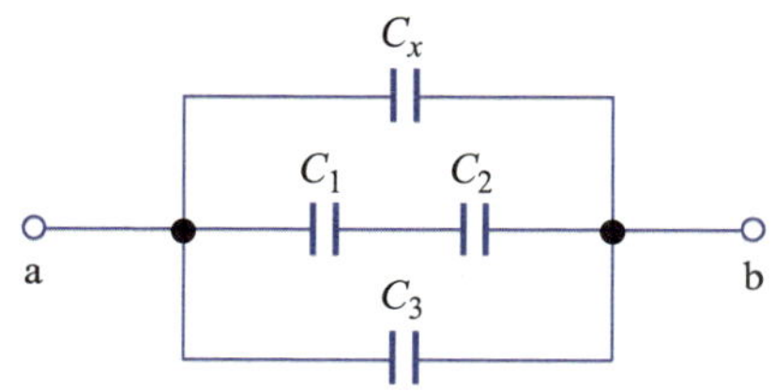

풀이 합성 정전용량 $C = C_x + \dfrac{C_1 \times C_2}{C_1 + C_2} + C_3$이므로

구하고자 하는 $C_x = C - \dfrac{C_1 \times C_2}{C_1 + C_2} - C_3 = 5 - \dfrac{3\times3}{3+3} - 3 = 0.5\,[\mu\mathrm{F}]$

3-10 다음 회로에서 2[μF]에 100[μC]의 전하가 충전되어 있는 경우 3[μF] 콘덴서 양단의 전위차[V]는?

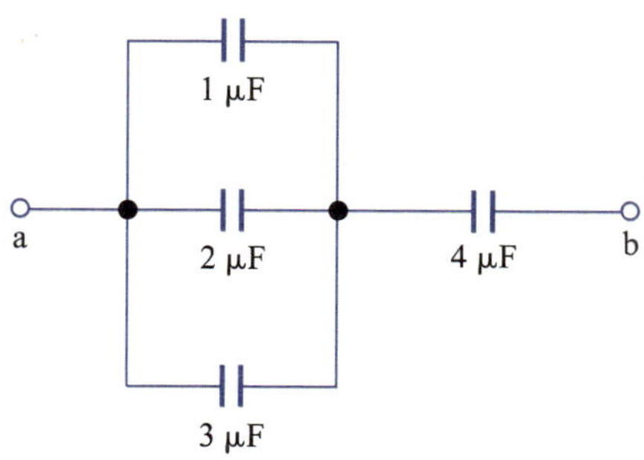

풀이 병렬 콘덴서에 걸리는 전압은 같으므로($V=\frac{Q_1}{C_1}=\frac{Q_2}{C_2}=\frac{Q_3}{C_3}$)

$$V=\frac{Q_2}{C_2}=\frac{100\times10^{-6}}{2\times10^{-6}}=50[\text{V}]$$

3-11 다음과 같은 회로에 1[C]의 전하를 충전시키려면 a, b 사이에 몇 [V]의 전압을 인가해야 하는가?

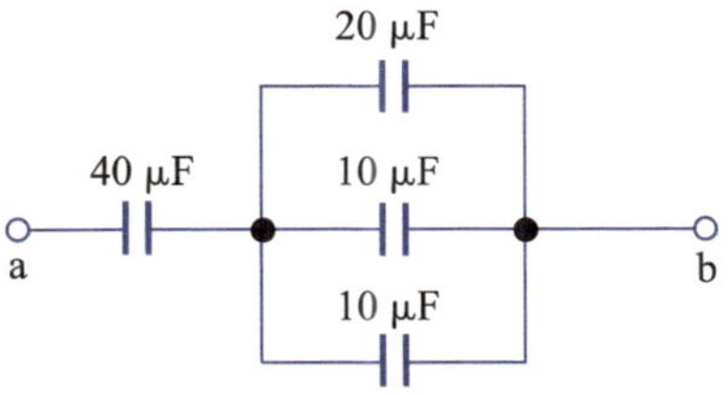

풀이 우선, 병렬부분 합성 정전용량 $C_{병렬}=C_{20}+C_{10}+C_{10}=40[\mu\text{F}]$이고

전체 합성용량은 직렬연결이므로 $C_0=\frac{C_1\times C_2}{C_1+C_2}=\frac{40}{2}=20[\mu\text{F}]$이므로

$$\therefore\ V=\frac{Q}{C_0}=\frac{1}{20\times10^{-6}}=5\times10^4[\text{V}]$$

4.4 정전에너지

초기 전하량이 0인 콘덴서에 전압을 인가하면 전하량이 점점 증가하여 일정한 전하량이 축적될 때까지 저장되는 데 이러한 전하를 공급하기 위해서는 에너지가 필요하다. 이러한 에너지를 정전에너지(electrostatic energy)라고 한다.

콘덴서에 전하량 Q를 충전하는 데 필요한 에너지는 식 (1.5)($\because\ v=dw/dq$)에 의해 $dw=v\,dq$이므로 식 (3.25)와 같이 나타낼 수 있다.

$$\begin{aligned} w_c &= \int_0^Q v\,dq=\int_0^Q \frac{q}{C}\,dq \\ &= \frac{1}{C}\int_0^Q q\,dq=\frac{1}{2}\frac{Q^2}{C}=\frac{1}{2}CV^2=\frac{1}{2}QV \end{aligned} \tag{3.25}$$

콘덴서에 축적되는 에너지는 콘덴서 양극판 간의 전위차에 의해 형성되는 전계에 따라 정전에너지로 축적된다.

예제문제 4.4 정전에너지

3-12 10[μF]의 콘덴서에 45[J]의 에너지를 축적하기 위한 충전전압[V]은?

풀이 콘덴서에 축적되는 에너지 $W=\frac{1}{2}CV^2$[J]에서

전압 $V=\sqrt{\frac{2W}{C}}=\sqrt{\frac{2\times 45}{10\times 10^{-6}}}=3{,}000[\mathrm{V}]$

3-13 콘덴서 10[μF]에 200[V]로 충전한 것을 단락시켜 1[m · sec]에 방전시키면 평균전력 [W]은?

풀이 전력 $P=\frac{W}{t}$와 전력량 $W=\frac{1}{2}CV^2$을 이용하여

전력 $P=\frac{0.5\times 10\times 10^{-6}\times 200^2}{1\times 10^{-3}}=200[\mathrm{W}]$

Chapter 4
정자계

1. 자기 현상

자석(magnet)은 철을 끌어당기는 성질이 있는데, 이러한 성질의 근원을 자기(magnetism)라고 한다. 그림 4.1과 같이 지구는 큰 자석이며, 나침반 자석은 지구의 남(S극, 부(−)자극)과 북(N극, 정(+)자극)을 가리킨다. 자석에는 막대자석, 말굽자석, 자침, 전자석 등 여러 형태가 있다. 하나의 영구자석은 그 주위 공간에 자기적 작용을 미치며 자석의 양 끝에 가장 강한 자기적 작용을 갖고 있는데 이 부분을 자극(magnetic pole)이라 한다.

자석의 자극은 주위의 물질에 대하여 자기적인 힘을 미친다. 즉, 같은 극성의 자극은 서로 반발하고, 반대 극성의 자극은 서로 흡인력이 작용하는 데 이러한 힘을 자기력[29](magnetic force)이라고 하며, 자기력이 미치는 공간을 자계(magnetic field)이라고 한다. 자계의 상태는 눈으로 보이지 않아 자계의 상태를 표시하는 선을 가상하여 자계의 크기와 방향을 나타내며, 이때의 가상의 선을 자기력선(line of magnetic force)이라고 한다. 이 자기력선은 그림 4.2에 나타낸 것과 같이, 자기력선 상호간에는 교차하지 않으며, 자석의 N극에서 시작하여 S극에서 끝나는 성질이 있다. 자기력선에 존재하는 자하(magnetic charge)[30]는 항상 N극, S극에 같은 양으로 존재하는 데 단위는 웨버(weber) [Wb]를 사용한다.

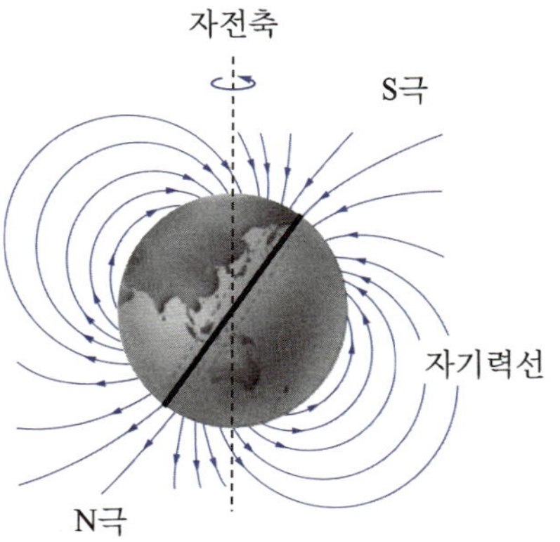

그림 4.1 지구와 자기

29) 자석이 있는 자기적 공간은 벡터장이다.

30) 자기의 양을 나타내는 자하는 분리할 수 없으며, 자석을 분리해도 양쪽 끝에 극성이 나타나 각각 정·부의 자극을 갖는 자석이 된다.

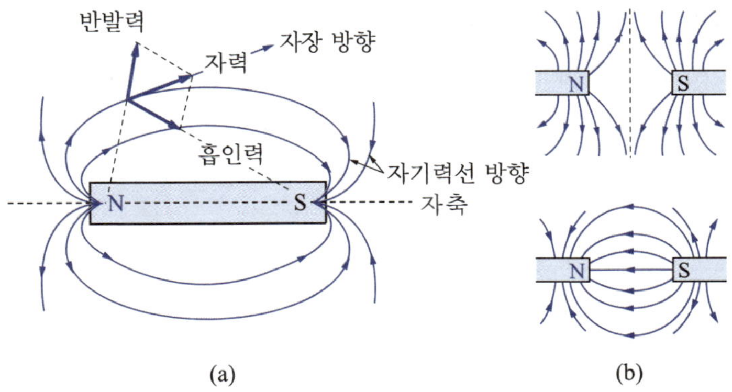

그림 4.2 자기력선

2. 쿨롱의 법칙

자석 사이에 작용하는 힘을 양적으로 취급하는 데 전계에서와 같이 쿨롱의 법칙을 이용한다. 자석에서 자극을 분리할 수 없으므로 힘을 측정하기 위한 자석은 매우 가늘고 길어서 한쪽 자석의 극이 다른 자석에 서로 영향을 미치지 않는 점자극(point pole)을 가정한다. 그림 4.3에서와 같이 이러한 조건의 두 점자극의 자극의 세기를 각각 m_1[Wb], m_2[Wb]라고 하고, 자극 사이의 거리를 r[m]이라고 할 때 자극 상호간에 작용하는 힘을 F[N]는 식 (4.1)과 같은 관계가 성립되며, 힘의 방향은 두 자극을 연결하는 직선상에 있다.

$$F \propto \frac{m_1 m_2}{r^2} \quad \text{또는} \quad F = k\frac{m_1 m_2}{r^2}\ [\mathrm{N}] \tag{4.1}$$

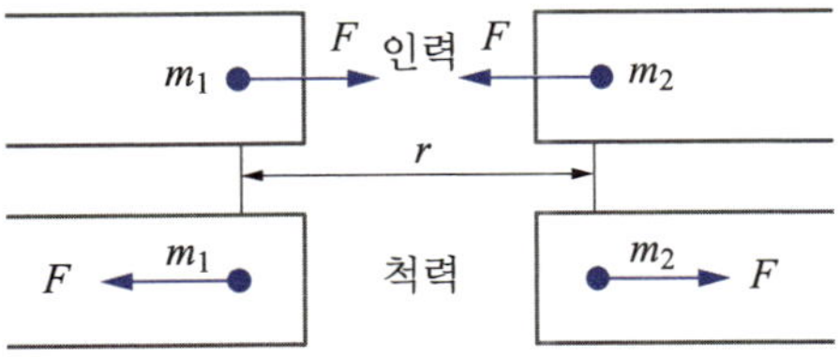

그림 4.3 쿨롱의 법칙

자기에 관한 쿨롱의 법칙(Coulomb's law)으로부터 자극의 세기에 대한 단위가 정의된다. MKS 단위계에서는 진공 중에 서로 같은 세기의 두 점자극을 1 [m] 거리에 놓았을 때, 작용하는 힘이 6.33×10^4 [Nm^2/wb^2]이 되는 것을 단위로 하여 1 [Wb]라고 한다. 상수 $k=6.33\times10^4$이 되어 식 (4.2)와 같이 된다.

$$F=6.33\times10^4\frac{m_1m_2}{r^2}\,[\mathrm{N}] \tag{4.2}$$

$6.33\times10^4=1/4\pi\mu_0$이 되고, 이 때 μ_0는 자기장의 영향을 받아 자화할 때에 생기는 자기력 선속밀도와 진공 중에서 나타나는 자기장 세기의 비를 투자율(permeability)이라고 한다. 진공에서의 투자율은 매우 작은 값을 가지며 공기의 투자율도 이와 근사한 값을 갖고 있다.

$$\mu_0=\frac{1}{4\pi\times6.33\times10^4}=4\pi\times10^{-7} \tag{4.3}$$

진공 투자율에 대한 매질 투자율의 비율인 비투자율(relative permeability)을 μ_r이라고 할 때 쿨롱의 법칙은 다음과 같이 된다.

$$F=\frac{1}{4\pi\mu_0}\frac{m_1m_2}{\mu_r r^2}=6.33\times10^4\frac{m_1m_2}{\mu_r r^2}\,[\mathrm{N}] \tag{4.4}$$

그리고 μ_0의 단위는 $[\mu_0]=[\mathrm{Wb^2/N\cdot m^2}]=[\mathrm{H/m}]$가 된다.

$$\mu=\mu_0\mu_r=4\pi\times10^{-7}\times\mu_r \tag{4.5}$$

μ_r은 매질의 종류에 따라 결정되는 값으로서 강자성체[31]에서는 $\mu_r\gg1$, 상자성체[32]에서는 $\mu_r\fallingdotseq1$, 반자성체[33]에서는 $\mu_r<1$이다.

31) 니켈 250, 코발트 600, 철 4,000, 뮤메탈(니켈합금) 100,000
32) 알루미늄, 마그네슘 1.000021, 팔라듐 1.00082, 티타늄 1.00018
33) 비스무트 0.99983, 금 0.99996, 은 0.99998, 구리 0.99999

예제문제 2. 쿨롱의 법칙

4-1 공기 중에서 5×10^{-4}[Wb]와 8×10^{-3}[Wb]의 두 자극 사이에 작용하는 힘이 6.33[N]이었다면 두 자극간의 거리[cm]는?

풀이 두 자극 사이에 작용하는 힘 $F=\dfrac{1}{4\pi\mu_0}\dfrac{m_1m_2}{r^2}=6.33\times10^4\dfrac{m_1m_2}{r^2}$ [N]에서

$$r=\sqrt{\frac{6.33\times10^4 m_1m_2}{F}}=\sqrt{\frac{6.33\times10^4\times5\times10^{-4}\times8\times10^{-3}}{6.33}}=0.2[\mathrm{m}]$$

3. 자기유도

3.1 자기유도작용

못이나 철편에 자석을 가까이 하였을 때 철편이 자석에 붙는 것은 철편이 자석으로 작용하는 것을 의미한다. 즉, 자석에 가까운 철편은 철편에 가까운 쪽 자석의 극(예, N극)과 반대의 자극(S극)이 되고, 먼 쪽은 같은 자극(N극)이 된다. 이와 같이 철편과 같은 자성체를 자석 근처에 가져가면 자기력의 영향으로 철편이 자석으로 되는 작용을 자기유도磁氣誘導(magnetic induction)라고 하며, 이를 그림 4.4에 나타낸다. 이때 물체가 자기를 갖게 되는 것을 자화(magnetization)라고 한다.

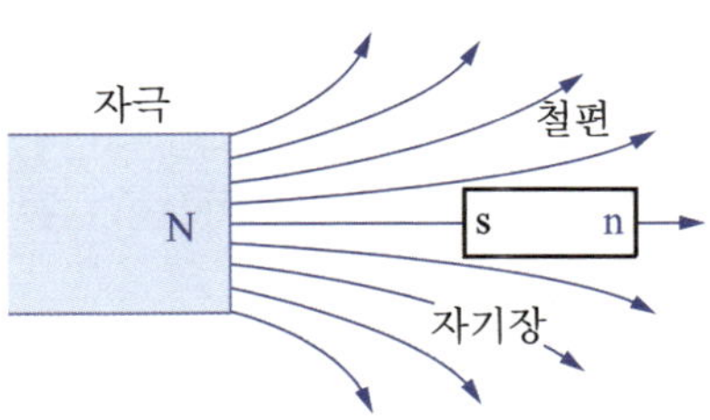

그림 4.4 자기유도작용

반면, 강철을 사용한 경우에는 자석을 떼어도 약간의 자기 성질이 남아 있어서 가벼운 철을 흡인하는 일이 있다. 이와 같이 한번 자화된 강철에 자기가 남는 것을 잔류자기[殘留磁氣]라 한다. 이 잔류자기는 보통의 연철에서는 거의 발생되지 않으며 강(剛)이나 니켈강, KS강[34], MK강[35] 등에는 잔류자기가 크다.

3.2 자성체

자기장 내에서 자기유도작용에 의하여 자화되는 물체를 자성체(magnetic material)라고 하고, 자화되지 않는 물체를 비자성체(non-magnetic material)라고 한다. 자성체는 자화되는 설질에 따라 강자성체, 상자성체, 반자성체로 분류한다.

강자성체(ferromagnetic material)는 그림 4.5와 같이 자화되는 정도가 매우 강하며 자석을 없애도 잔류 자기가 많이 남아 있는 물질로서 철, 니켈, 코발트 및 그 합금 등이 해당된다. 일반적으로 자기 회로에 사용되는 자성체는 대부분이 강자성체이다. 상자성체(paramagnetic material)는 그림 4.5(b)와 같이 자화되는 물질로 알루미늄, 주석, 백금, 산소, 공기 등이 해당되고, 반자성체(diamagnetic material)는 그림 4.5(c)와 같이 자화되는 물질로서 구리, 은, 납, 아연, 비스무트(Bi), 물 등이 해당된다.

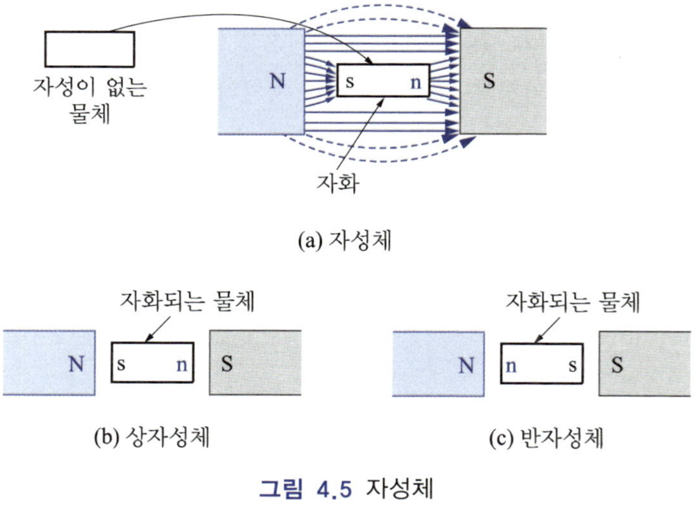

그림 4.5 자성체

34) 강한 자성[磁性]을 띤 특수강의 일종으로 성분은 철 이외에 크롬, 텅스텐, 코발트, 탄소 등을 포함하고 있으며 영구자석, 공구강 등에 사용된다.

35) 주성분인 Ni(15～30%), Al(7～15%), Fe에 소량의 Cu, Mn, Co, W을 배합한 합금강으로 고온과 충격에 영향을 받지 않아 고급 전자기 기계의 자석용으로 사용된다.

자화는 물질을 구성하는 원자의 핵 주위에 있는 전자의 자전운동(spin)[36]에 의한 것인데, 즉 자전운동은 각 전자의 회전 방향이 일치하지 않아서 마치 실로 만든 구와 흡사하므로, 그 평균은 자성을 나타내지 못한다. 전자스핀은 우/좌 회전의 두 가지뿐이며, 철에서는 스핀 방향이 불평형되어 원자의 영구 자기모멘트[37]가 형성된다. 이 자기 모멘트의 방향에는 물질을 상자성으로 하는 것과 반자성으로 하는 경우가 있어, 그 어느 것이 더 강한가에 따라 상자성 또는 반자성의 설질이 결정된다.

궤도상의 전자스핀 이외에 주위에 있는 자유전자도 자성의 원인이 된다. 철, 니켈, 코발트 등의 강자성체는 원자들이 결정을 이룰 때 자기모멘트가 같은 원자들이 일정한 영역에 모여 단체행동을 하기 때문에 자성이 강해진다고 보며 이 영역을 자구磁區(magnetic domain)라고 한다. 즉, 자성체의 자화를 구성하는 단위가 되는 영역이다.

자구의 크기는 물질의 종류 및 상태에 따라 다르나 [μm] 단위에서 [mm] 단위까지 있으며, 유전체에서의 전기 분극 현상과 같이 자기쌍극자로서의 작용을 한다. 즉, 자구는 강자성체 금속의 결정축과 평행한 방향을 가진 자기쌍극자의 모양을 하고 있으며, 자계가 가해지지 않았을 때는 그림 4.6(a)와 같이 자구의 자기쌍극자는 서로 제각각의 방향을 향하고 있어 전체적으로 보면 자기 모멘트가 영이 된다. 외부 자계가 없으면 전자의 자기모멘트는 자유로운 방향을 갖고 있어 전체적으로 자성을 나타내지 않게 된다. 그림 4.6(b)와 같이 외부에서 자계가 가해지면 자계와 비교적 가까운 방향을 가진 자구가 변화하여 그 영역이 넓어지며, 외부 자계가 더욱 세지면 모든 자구는 자계 방향에 가장 가까운 결정축에 평행이 되도록 회전한다. 그림 4.6(c)와 같이 외부의 자계가 더 강해지면 모든 자구는 자계의 방향으로 이동되어 자기포화(magnetic saturation) 상태에 이르게 된다. 또한 외부 자계를 제거해도 자성이 소멸되지 않는 물체를 영구자석이라고 한다. 이처럼 자성의 근원은 전자에 있다고 할 수 있다.

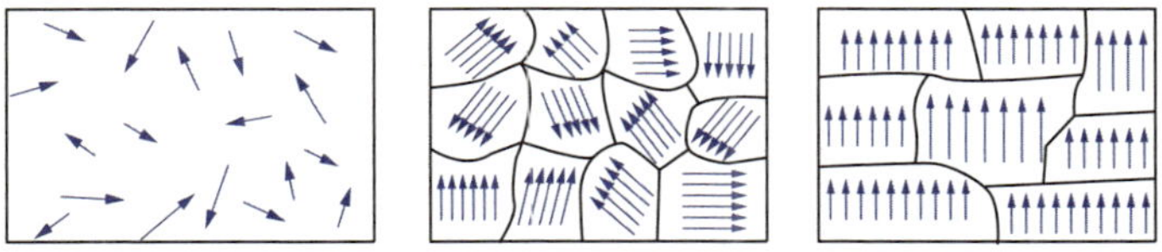

(a) (b) (c)

그림 4.6 자구의 변화

36) 전자는 핵 주위를 도는 운동 외에 자기 무게중심을 지나는 축을 중심으로 회전운동이다.

37) 중심을 축으로 하여 자유롭게 회전할 수 있는 막대자석을 자계 속에 넣었을 때 자석의 S극은 자계의 N극으로, 자석의 N극은 자계의 S극으로 회전한다. 이 회전력은 자석의 길이와 자극의 세기의 곱에 비례하는 것을 말한다.

4. 자계와 자속

4.1 자계의 세기

자기적 힘이 미치는 공간인 자계(자기장)의 상태를 표시하기 위하여 자계의 크기와 방향은 자계 중의 한 점에 단위자하[38]인 1[Wb]를 놓았을 때 이 자하에 작용하는 힘의 크기 및 방향을 그 점에서의 자계의 세기(intensity of magnetic field) 또는 자기력(magnetic force)이라고 하며, 기호는 H, 단위는 [AT/m] 또는 [N/Wb]를 사용한다.

만일 식 (4.4)의 한 점자극에 1[Wb]의 자하를 r[m] 떨어진 점에 놓았을 때 이 단위자하가 받는 힘이 자계의 세기 H가 되고 그 크기는 다음과 같다.

$$H = \frac{m}{4\pi\mu r^2} = 6.33\times10^4\frac{m}{\mu_r r^2}\ \text{[AT/m]} \tag{4.6}$$

H[A/m]의 자계 내에 m[Wb]의 점자극을 놓았을 때 이 점자극에 작용하는 힘 F는 다음과 같이 나타낸다.

$$F = mH\ \text{[N]} \tag{4.7}$$

예제문제 4.1 자계

4-2 점자극 크기 4[Wb]으로부터 4[m] 떨어진 점에서의 자계의 세기[AT/m]는?

풀이 자계의 세기 $H = \frac{1}{4\pi\mu}\frac{m}{r^2} = 6.33\times10^4\times\frac{4}{4^2} = 1.6\times10^4\text{[AT/m]}$

$(\because\ \frac{1}{4\pi\mu} = 6.33\times10^4)$

4-3 진공 중 자계 10[AT/m]인 점에 5×10^{-3}[Wb]의 자극을 놓았다. 이때 자극에 작용하는 힘[N]은?

풀이 자극에 작용하는 힘인 자력의 세기 $F = mH = 5\times10^{-3}\times10 = 5\times10^{-2}\text{[N]}$

38) 서로 같은 두 자하(자극, 자기의 물리량)를 진공 중에서 1[cm] 간격을 두고 1[dyne]의 힘을 발생하는 자하를 말한다.

4.2 자속밀도

자계에서 단위자하가 자기력에 따라 이동할 때 그려지는 가상의 선을 자속 및 자기력선이라고 한다. $+m$[Wb]의 자극에서 공기 중에서는 m/μ_0개의 자기력선이 나오고, 비투자율이 μ_r인 매질 중에서는 $m/\mu_0\mu_r$개의 자기력선이 나오게 되므로 1개의 자극에서 나오는 자기력선의 수가 자극의 위치와 주변 매질에 따라 달라진다. 즉, 자기력선은 매질의 투자율에 관계하는 선속이다.

자극이 어떤 매질 중에 있더라도 $+m$[Wb]의 자극에서는 언제나 m개의 자기력선이 나온다고 가정하여 이 선에 의하여 자계의 상태를 나타낼 수 있다. 이와 같은 자기력선을 자속(magnetic flux)이라 하며, 기호는 ϕ, 단위는 자극의 세기와 같은 단위 [Wb]를 사용한다. 즉, 자속은 매질 투자율에 관계없이 일정하다.

진공 중의 점자극 m에서 나오는 자속 ϕ는 m[Wb]와 같고, 자기력선의 총수 N은 m/μ[개]이 된다.

자속으로 자계의 크기를 나타낼 수 있다. 그 방법은 자계의 크기나 자성체 내부의 자기적인 상태를 나타내기 위하여 자속의 방향에 수직인 단위 면적 1[m^2]를 통과하는 자속의 수를 자속밀도(magnetic flux density)라고 하며, 기호는 B, 단위는 [Wb/m^2]를 사용한다.

$$B = \frac{\phi}{A} = \frac{m}{A} \tag{4.8}$$

여기서, ϕ는 자속[Wb], A는 단면적[m^2]이다. 자기력선은 그림 4.7과 같이 하나의 발산하는 전체 수는 수렴하는 전체 수와 같고, 자기력선 사이의 간격이 좁은 곳은 밀도가 높으며 간격이 큰 곳은 밀도가 낮음을 알 수 있다. SI계 단위로 자속밀도는 테슬라[39] (tesla; [T]) 단위로 측정한다.

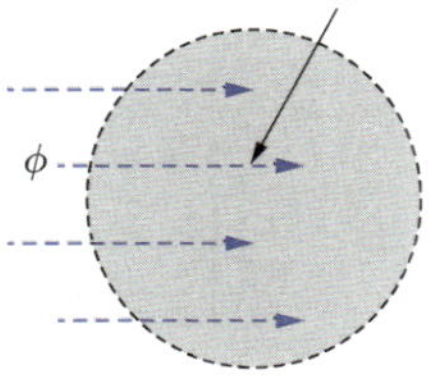

그림 4.7 자속밀도

39) $1[T] = 1[Wb/m^2] = 1[kg/s^2 \cdot A] = 1[N/A \cdot m] = 1[kg/s \cdot C] = 10^4[Gauss]$

따라서, 단위면적당의 자기력선 수를 의미하는 자계의 세기 H[AT/m]와 자속밀도 B[Wb/m^2] 사이의 관계는 식 (4.8)을 이용하여 다음과 같이 나타낼 수 있다.

$$H = \frac{N}{A} = \frac{m}{\mu A} = \frac{B}{\mu}$$
$$\therefore\ B = \mu H = \mu_0 \mu_r H \,[\mathrm{Wb/m^2}] \tag{4.9}$$

예제문제 **4.2 자속**

4-4 환상철심 중의 자계가 150[AT/m]일 경우 철심의 자속밀도[Wb/m^2]는? 단, 비투자율은 8000이다.

풀이 자속밀도 $B = \mu H = 4\pi \times 10^{-7} \times 800 \times 150 = 15 \times 10^2\,[\mathrm{Wb/m^2}]$

4.3 자화곡선

상자성체는 투자율이 거의 1에 가까운 일정한 값이기 때문에 자계의 세기와 자속밀도는 선형관계를 가지고 있으며, 강자성체의 투자율은 일정하기 않기 때문에 비선형 관계를 갖게 된다. 철과 같은 강자성체를 자화시킬 때 자계의 세기 H를 증가시키면 자속밀도도 증가하게 된다. 자화 초기에는 관성에 의한 저항력으로 인하여 서서히 진행되다가 자계가 증가하면 급속히 진행된다. 그러나 자계의 세기를 계속 증가시켜 자기모멘트가 자계방향과 일치한 이후 자속밀도는 어느 범위에 이르면 증가하지 않게 된다. 이를 자기포화(magnetic saturation)라고 하며, 그림 4.8과 같이 나타낼 수 있는데 이 곡선을 자화곡선(magnetization curve) 또는 B-H곡선이라고 한다.

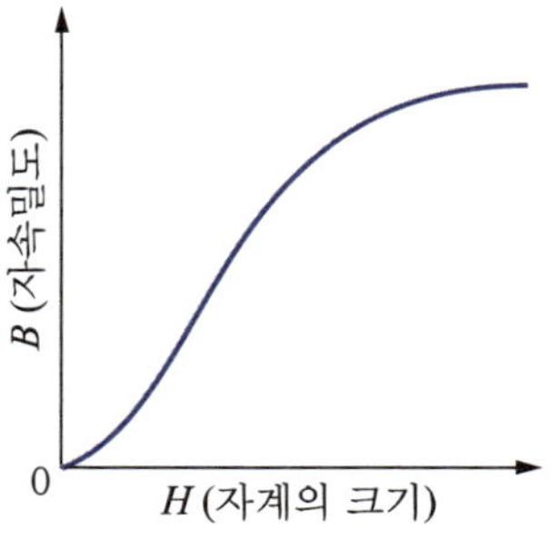

그림 4.8 자화곡선

자화되어 있지 않은 철편을 자기장 중에 놓고 자계의 크기를 자화가 포화에 도달할 때 까지 가한 후 역으로 감소시키면 자속밀도는 감소한다. 즉, 그림 4.9의 $0 \rightarrow +H_m \rightarrow 0 \rightarrow -H_m \rightarrow 0 \rightarrow +H_m$과 같이 변화시키면 철편의 자속밀도 B는 0 → a → b → c → d → e → f → a와 같이 변화한다. 이러한 비가역성(irreversible) 거동의 B와 H의 관계를 표시한 곡선을 히스테리시스 곡선(hysteresis loop)이라고 한다. 여기서 자성체를 $+H_m$으로 자화시킨 후 자계의 세기 H를 0으로 하여도 자성체에는 B_r값 만큼 자기가 남게 되는데 이를 잔류자기(residual magnetism)라고 한다. 이 잔류자기 B_r값을 0으로 만드는 데 소요되는 자계의 크기 H_c를 보자력(coercive force)이라고 한다. 잔류자기와 보자력이 크고 면적도 큰 경철 등은 영구자석의 재료로 사용되고, 잔류자기와 보자력이 작으면서 면적도 작은 연철, 규소강판 등이 변압기 철심, 전자석, 전동기 등에 사용된다.

히스테리시스 곡선의 면적은 외부 자계가 자성체에 한 일이므로 자성체는 면적에 해당하는 만큼 에너지를 열로 소비한다. 이것을 히스테리시스손(hysteresis loss)이라고 한다. 변압기 철심에서 히스테리시스손이 효율 저하, 절연재료 열화 등의 원인이 되기 때문에 이를 무부하손인 철손(iron loss)이라고 한다. 전기 기기에 사용되는 자성체의 히스테리시스손에 의한 전력 손실 P_h를 다음과 같이 나타낸다.

$$P_h = \eta f V B_m^{1.6} \text{ [W]} \tag{4.10}$$

여기서, η는 재료에 따른 히스테리시스 정수, B_m은 최대 자속밀도, V는 자성체의 체적, f는 주파수이다.

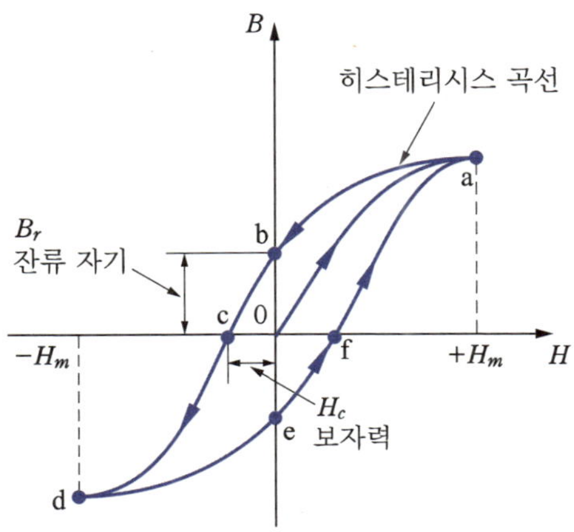

그림 4.9 히스테리시스 곡선

5. 암페어의 오른나사 법칙

도선에 전류가 흐를 때 그 주위에 자계가 발생되는 현상은 H. C. Oersted에 의하여 처음으로 발견되었는데(1820년) 그림 4.10(a)와 같이 도선 가까이에 놓인 자침이 도선에 흐르는 전류에 의하여 움직인다는 사실로부터 전류가 흐르는 도선 주위에 자계가 발생된다는 것을 발견하였다. 즉, 그림 4.10(b)와 같이 전류의 방향을 오른나사가 진행하는 방향[40]으로 일치시킬 때, 전류에 의하여 생기는 자계의 방향은 오른나사가 회전

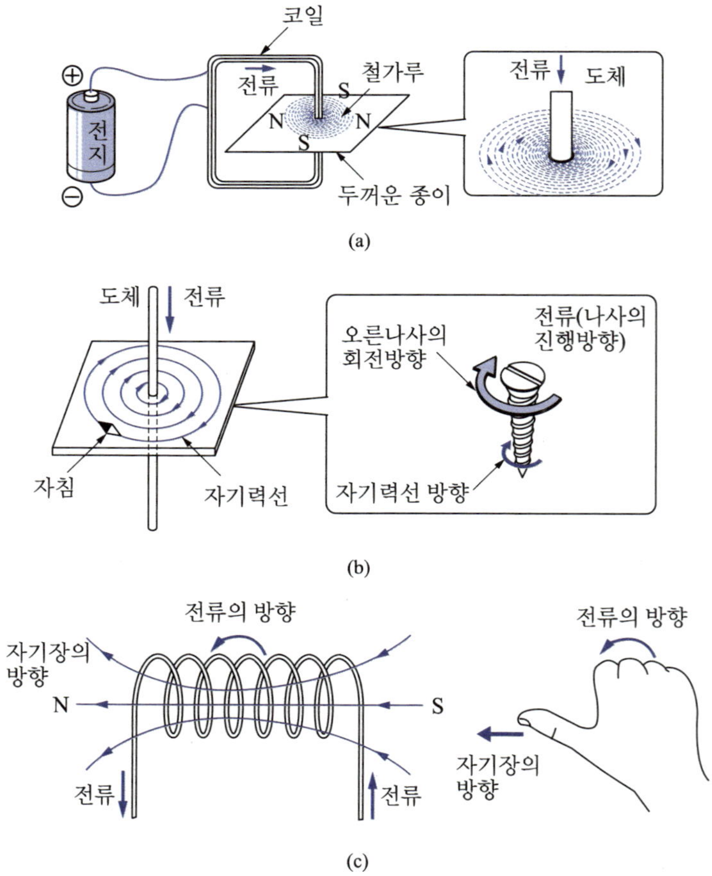

그림 4.10 암페어의 오른나사 법칙

40) 도체의 전류나 자계가 지면에 수직으로 관통하는 경우의 표시법으로 지면의 뒤에서 표면으로 나오는 방향은 기호 ⊙, 표면에서 뒷면으로 들어가는 방향은 기호 ⊗로 표시한다.

하는 방향과 일치한다. 이러한 관계를 암페어의 오른나사 법칙(Ampere's right-handed screw rule)이라 한다. 또한 그림 4.10(c)와 같이 원형도선, 폐회로에서도 암페어의 오른나사 법칙이 성립되는 것을 나타내고 있다. 닫힌 원형회로에 흐르는 경우 전류가 이루는 자기장에서 어떤 경로를 따라 단위 자극을 일주一周시키는 데 필요한 일의 양은 그 경로를 가장자리로 하는 임의의 면을 관통하는 전류의 총량에 비례한다. 이 관계를 암페어의 주회법칙(circuital law)이라고 하고 식 (4.11)에서 나타내고 있다.

$$H_1dl_1 + H_2dl_2 + \cdots = I$$

$$\oint_c H \cdot dl = I \tag{4.11}$$

그림 4.11과 같이 전류 I[A]가 흐르는 무한히 긴 직선 도체에서 거리 r[m]만큼 떨어진 점에서의 자계의 세기(식 4.6)는 일정하므로 식 (4.11)을 이용하면 자계의 세기는 식 (4.12)와 같으며 투자율과는 무관함을 알 수 있다.

$$Hdl_1 + Hdl_2 + \cdots = I$$

$$H(dl_1 + dl_2 + \cdots + dl_n) = I$$

$$\therefore\ H = \frac{I}{2\pi r}\ [\mathrm{AT/m}] \tag{4.12}$$

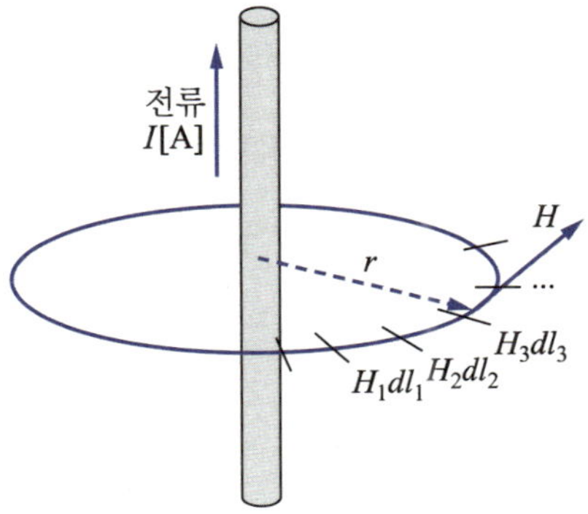

그림 4.11 암페어의 주회법칙

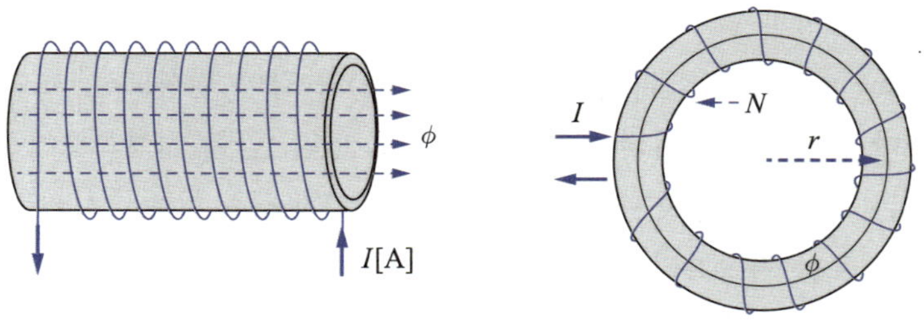

(a) 무한장 솔레노이드 (b) 환상 솔레노이드

그림 4.12 솔레노이드

원통 모양으로 도선을 감은 코일을 솔레노이드라고 하며 내부의 자계는 축방향으로 위치에 관계없이 일정한 평등자계이고, 외부의 자계는 존재하지 않는다. 이러한 솔레노이드 내부의 자계 세기 H는 단위 길이당의 권선수 N회이고 전류 I가 흐를 경우 식 (4.13)과 같으며, 솔레노이드를 구부려 도넛 모양으로 감은 환상 솔레노이드 내부의 자계 세기는 식 (4.14)에 나타내고 있다.

$$H = NI\,[\mathrm{AT/m}] \tag{4.13}$$

$$H = \frac{NI}{2\pi r}\,[\mathrm{AT/m}] \tag{4.14}$$

예제문제 5. 암페어의 오른나사 법칙

4-5 1[A]의 무한장 직선전류에 의한 자계의 세기가 1[AT/m]일 경우 거리[m]는?

풀이 무한장 직선 도체의 자계의 세기 $H = \dfrac{I}{2\pi r}$이므로

$$\therefore\ r = \frac{I}{2\pi H} = \frac{1}{2\pi \times 1} = \frac{1}{2\pi}\,[\mathrm{m}]$$

4-6 무한장 도선으로부터 1[m]되는 곳의 자계 세기는 2[m]되는 곳의 자계세기의 몇 배인가?

풀이 무한장 직선 전류에 의한 자계의 세기 $H = \dfrac{I}{2\pi r}$ [AT/m]에서 $H \propto \dfrac{1}{r}$ 관계이므로

따라서, $\frac{H_1}{H_2} = \frac{1/2\pi}{1/4\pi} = 2$

4-7 길이 5[m]의 균일한 자로에 5회의 전선을 감고 2[A]의 전류를 흘릴 때 솔레노이드 내부에서의 자계의 세기[AT/m]는?

풀이 솔레노이드 내부자계는 균일하므로 무한장 솔레노이드라고 볼 수 있다.

단위 길이당 권선수 $n = \frac{N}{l}$ 이므로

자계의 세기 $H = \frac{NI}{l} = \frac{5 \times 2}{5} = 2\,[\mathrm{AT/m}]$

4-8 반지름 10[cm]이고 권선수가 200회인 환상 솔레노이드에 5[A]의 전류를 흘릴 때 내부에서의 자계의 세기[AT/m], 자속밀도[Wb/m^2] 및 자속[Wb]은? 단, 환상 솔레노이드의 단면적은 10[cm^2]이다.

풀이 환상 솔레노이드 내부 자계의 세기

$$H = \frac{NI}{2\pi r} = \frac{200 \times 5}{2 \times 3.14 \times 0.1} \fallingdotseq 1592\,[\mathrm{AT/m}]\text{이고}$$

자속밀도 $B = \mu H = 4\pi \times 10^{-7} \times 1592 \fallingdotseq 2 \times 10^{-3}\,[\mathrm{Wb/m^2}]$이며,

자속 $\phi = BS = \mu_0 \frac{NI}{2\pi r} S = 2 \times 10^{-3} \times 10 \times 10^{-4} = 2 \times 10^{-6}\,[\mathrm{Wb}]$

6. 비오-사바르의 법칙

전선에 흐르는 전류에 의하여 발생되는 자계의 크기는 전류의 크기와 전선으로부터의 거리에 따라 달라진다. 지금까지는 대칭적인 원형 도체 등에 대한 자계의 세기를 알아보았지만 비오-사바르의 법칙은 그림 4.13(a)와 같이 비대칭적인 경우의 자계의 세기를 구하는 데 사용된다. 전류 I[A]가 흐르는 전선의 미소 길이 dl[m]과 거리 r[m] 떨어진 P점의 자계의 세기 dH[AT/m]는 식 (4.15)와 같이 표시되며, 이를 비오-사바르의 법칙(Biot-Savart's law)이라고 한다.

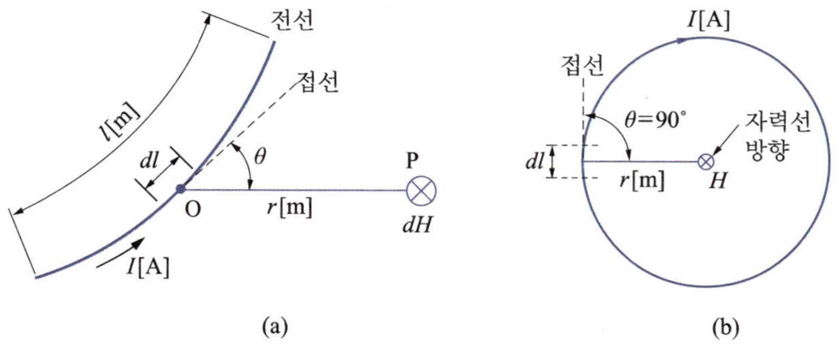

그림 4.13 비오-사바르의 법칙

$$dH = \frac{Idl\sin\theta}{4\pi r^2} \text{ [AT/m]} \tag{4.15}$$

여기서, 미소길이 dl과 점 P를 연결하는 방향이 dl의 접선방향과 이루는 각을 θ[rad]고 한다.

그림 4.13(b)와 같이 반지름이 r[m]인 원형 코일에 전류가 흐를 때 원형 코일의 중심에서의 자계의 세기 H는 식 (4.16)과 같고, 원형 코일의 감은 횟수가 N일 경우에 자계의 세기 H는 식 (4.17)과 같다.

$$H = \int_0^{2\pi r} \frac{Idl\sin 90°}{4\pi r^2} = \frac{I}{2r} \text{ [AT/m]} \tag{4.16}$$

$$H = \frac{NI}{2r} \text{ [AT/m]} \tag{4.17}$$

예제문제 6. 비오-사바르의 법칙

4-9 지름이 10[cm]인 원형 코일에 1[A]의 전류를 흘릴 때 중심 자계를 1000[AT/m]로 하려면 코일의 권수는?

풀이 원형코일의 중심 자계의 세기 $H = \frac{NI}{2r}$(r : 반지름)에서

코일권수 $N = \frac{2rH}{I} = \frac{2 \times 5 \times 10^{-2} \times 1000}{1} = 100$

7. 전자력

7.1 플레밍의 왼손 법칙

2개의 자석을 가까이 하면 흡인력 또는 반발력이 작용하고, 자계 내에 있는 도체에 전류를 흘려주면 도체가 힘을 받아 움직이게 되는 힘을 전자력(electromagnetic force)이라고 한다. 그림 4.14와 같이 N극과 S극의 자계 내의 자력선(ϕ_2)과 전류가 흐르는 도체 주위에 자력선(ϕ_1)에 의한 합성 자력선으로 인하여 도체의 위쪽은 많고(압력이 크다) 아래 부분은 적기 때문에(압력이 작다) 도체는 아래쪽 방향으로 움직이게 된다.

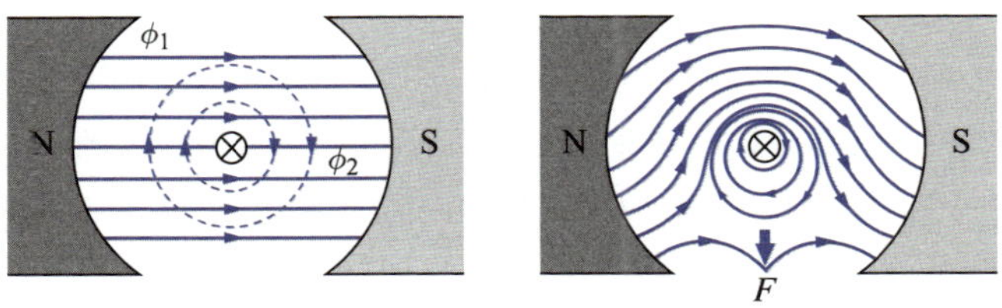

(a) 자속 ϕ_2과 ϕ_2 (b) 합성 자속

그림 4.14 전자력에 의한 도체 이동[41)]

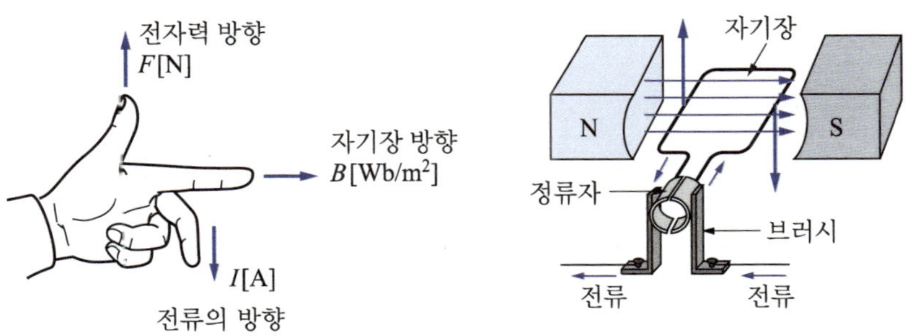

그림 4.15 플레밍의 왼손 법칙

그림 4.15는 N극과 S극 자계 내에 있는 도체에 전류가 흐를 때 도체에는 아래 방향으로 힘 F가 생기는 현상을 플레밍의 왼손 법칙(Fleming's left-hand rule)이다. 즉, 왼

41) ⊗ 표시는 전류가 지면의 앞면에서 뒷면으로 흐르는 것을 표시하고, ⊙ 표시는 전류가 뒷면에서 앞면으로 흐르고 있는 것을 표시한다.

손의 집게손가락을 자계의 방향 B, 가운데 손가락을 전류의 방향 I에 일치시키면, 엄지손가락의 방향으로 전자력 F가 발생된다는 것이다. 플레밍의 왼손 법칙은 전동기나 계전기 등의 전기 기기에 이용된다.

7.2 전자력의 크기

자기장 내에 있는 도체가 받는 전자력(electromagnetic force)의 크기는 그림 4.16과 같이 자속밀도 $B[\mathrm{Wb/m^2}]$인 자계 내에 길이가 $l\,[\mathrm{m}]$인 도체를 놓고 도체에 $I[\mathrm{A}]$의 전류를 흘리면 도체에 발생되는 힘(전자력) F는 다음과 같다.

$$F = (I \times B)l\,[\mathrm{N}] \quad \text{42)}$$
$$\therefore\ F = BIl\sin\theta\,[\mathrm{N}] \tag{4.18}$$

즉, 전자력 1[N]이란 자속밀도가 1[Wb/m^2]인 평등 자계 중에 1[m]의 길이인 도체에 1[A]의 전류를 흘릴 때 발생되는 힘이다. 여기서, 전류 도체와 자속 방향이 수직인 경우($\theta = 90°$)에는 전자력이 가장 크고($F = BIl$), 평행인 경우($\theta = 0°$)에는 힘은 작용하지 않는다($F = 0$).

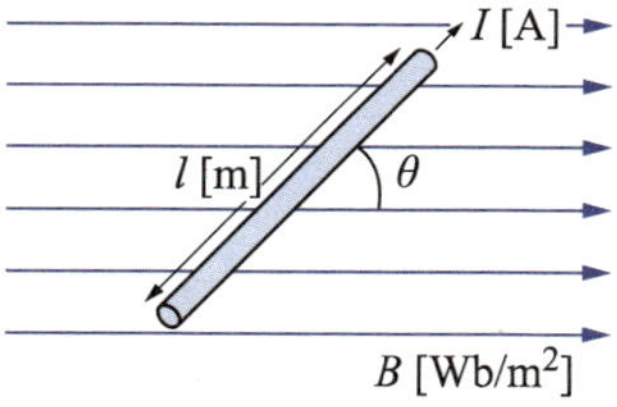

그림 4.16 자계 내의 도체

그림 4.17과 같이 거리 r[m] 떨어진 두 도선에 전류를 흘리게 되면 그 주위에 자기장이 형성되기 때문에, 두 도선 사이에는 힘이 발생한다. 즉, H_2의 자계내에 도체 A의 전류 I_1이 있기 때문에 도체 A는 힘을 받게 된다. 그림 4.17(a)에서 I_2에 의한 자계 H_2와 도체 A의 I_1이 서로 90°이므로 도체 B에 의한 도체 A의 단위 길이당 작용하는 힘의 크기 F_A는 $B_2 I_1$이 된다. 공기 중에서의 자속밀도 B_2는 $\mu_0 H_2[\mathrm{Wb/m^2}]$이고, I_2에

42) 벡터의 내적(·)은 실수(스칼라)이고(예, $a \cdot b = |a||b|\cos\theta$), 벡터의 외적(×)은 벡터(예, $a \times b = |a||b|\sin\theta$)이다.

의한 도체 A의 자계의 세기 H_2(식 4.12)는 $\frac{I_2}{2\pi r}$[AT/m]이 된다.

도체 A는 H_2의 자계 내에 전류 I_1이 놓여 있는 형태가 되어 힘을 받게 되어 식 (4.19)와 같이 된다.

$$F_A = B_2 I_1 = \mu_0 H_2 I_1 = \mu_0 \frac{I_1 I_2}{2\pi r} = \frac{2 I_1 I_2}{r} \times 10^{-7}\,[\mathrm{N/m}] \tag{4.19}$$

반대로 도체 A에 의해 도체 B가 받는 힘($F_B = B_1 I_2$)을 구하면 식 (4.19)와 같게 된다. 따라서, 플레밍의 왼손법칙에 의해 그림 4.17(a)와 같이 두 전류의 방향이 서로 같으면 흡인력, 그림 4.17(b)와 같이 두 전류의 방향이 서로 반대 방향이면 반발력이 작용하게 된다.

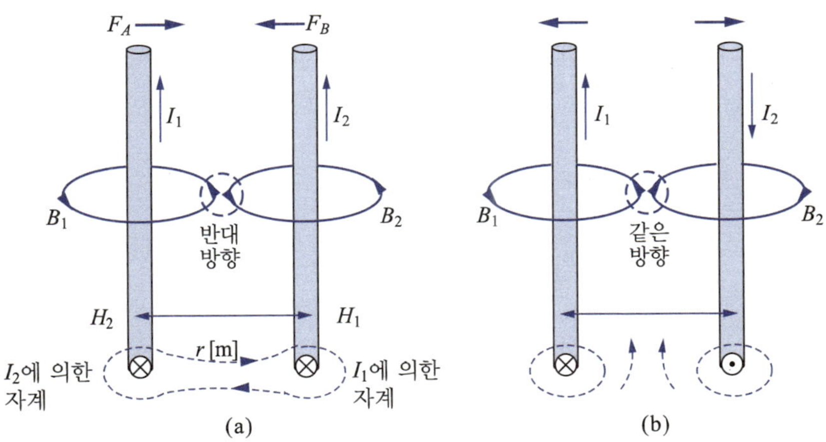

그림 4.17 두 평행 도선 사이에 작용하는 힘

예제문제 — 7.2 전자력의 크기

4-10 자속밀도 0.6[Wb/m^2]인 평등자계 내에 자계의 방향과 30°의 방향으로 놓인 길이 10[cm]의 도선에 2[A]의 전류가 흐를 때 도체가 받는 힘[N]은?

풀이 도체와 자계가 직각이 아닌 경우의 전자력 $F = BIl\sin\theta$이므로

$F = 0.6 \times 2 \times 0.1 \times \sin 30° = 0.06\,[\mathrm{N}]$

4-11 진공 상태에서 2[m] 떨어진 2개의 무한 평행도선에 단위 길이당 10^{-7}[N]의 반발력이 작용할 경우 도선에 흐르는 전류[A]는?

풀이 평행도선에 작용하는 힘 $F=\dfrac{\mu_0 I_1 I_2}{2\pi r}=\dfrac{2I_1 I_2}{r}\times 10^{-7}[\mathrm{N/m}]$에서

전류 $I=\sqrt{\dfrac{2\pi rF}{\mu_0}}=\sqrt{\dfrac{2\pi\times 2\times 10^{-7}}{4\pi\times 10^{-7}}}=1[\mathrm{A}]$가 흐르며, 두 두선에 반발력이 작용하므로 반대방향으로 전류가 흐른다.

8. 전자유도

자속의 변화에 의하여 도체에 기전력이 유도되는 현상을 그림 4.18에서 나타내고 있다. 코일에 검류계(galvanometer)[43]를 연결한 후 코일 내부로 자석을 움직이면 코일에 전류가 흘러 검류계의 바늘이 움직이는 현상을 전자유도(eletromagnetic induction)라고 한다. 전자유도는 자속의 변화에 의한 경우와 도체의 운동에 의한 경우로 나눌 수 있다.

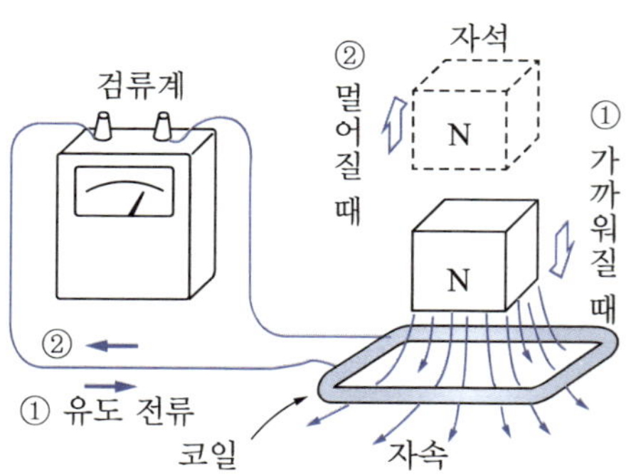

그림 4.18 자속 변화와 전자유도현상

8.1 자속 변화에 의한 전자유도

자속의 변화에 의하여 도체에 기전력이 유도되는 전자유도현상으로부터 코일 내에서 자장의 변화가 발생하면 전압이 유도되어 전류가 흐른다. 이때 발생한 전압을 유도

43) 전기회로의 매우 작은 전류, 전압, 전기량 등을 측정하는 기구로 갈바노미터라고 한다.

기전력(induction electromotive force), 흐르는 전류를 유도전류라고 한다.

자속의 변화에 따른 전류의 관계를 살펴보면, 자속의 변화가 없는 경우에는 아무런 변화가 없다. 하지만, 그림 4.19(a)와 같이 자석을 코일에 가까이하여 코일을 지나는 쇄교 자속수가 증가될 때는 자속을 감소시키는 방향(점선)으로 암페어의 오른나사 법칙에 의해 기전력과 전류의 방향이 결정된다. 그림 4.19(b)와 같이 자석을 코일에서 멀리하여 코일을 지나는 쇄교 자속수가 감소될 때는 자속을 증가시키는 방향으로 유도 기전력이 유도된다. 결론적으로, 유도 기전력은 자속의 변화를 방해하려는 방향으로 발생된다. 이것을 유도 기전력의 방향에 관한 렌츠의 법칙(Lenz's law)이라고 한다.

전자유도에 의하여 발생되는 유도 기전력의 크기는 코일을 지나는 자속의 매초 변화량과 코일의 감은 수에 비례한다. 이것을 패러데이 법칙(Faraday's law)이라고 하며, 기전력의 크기를 결정한다. N회 감은 코일의 내부를 통하는 자속이 시간 dt 동안에 $d\phi$[Wb]만큼 증감하였을 때의 유도 기전력 e는 다음과 같다.

$$e = (\text{코일의 감은수}) \times (\text{매초 변화하는 자속}) = -N\frac{d\phi}{dt}\ [\text{V}] \tag{4.20}$$

여기서, (−)부호는 기전력의 방향이 쇄교 자속의 변화를 방해하는 방향으로 발생하는 것을 나타낸다.

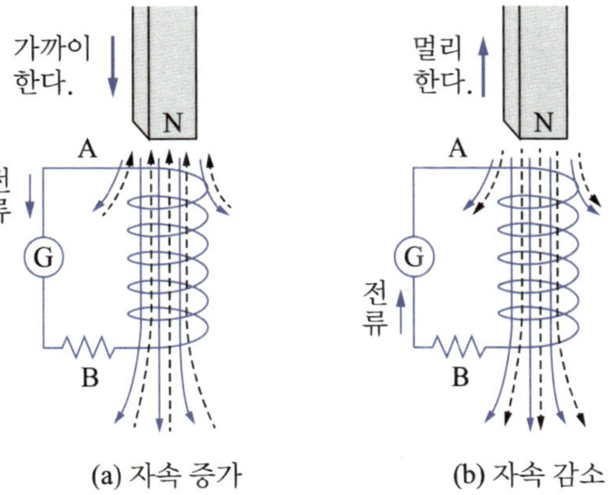

그림 4.19 유도 기전력의 방향

예제문제 8.1 자속 변화에 의한 전자유도

4-12 코일 1개에 지나가는 자속이 1/100[sec] 동안에 0.2[Wb]에서 0.5[Wb]로 증가하였다. 유도되는 기전력[V]은?

풀이 패러데이 법칙에 의한 유도 기전력 $e = -N\frac{d\phi}{dt} = -1\times\frac{(0.2-0.5)}{1/100} = 30\,[\mathrm{V}]$

8.2 도체 운동에 의한 전자유도

도체 운동에 의하여 도체에 기전력이 유도되는 현상은 그림 4.20에 나타내고 있다. 그림과 같이 도체를 자속과 직각인 아래 방향으로 움직이면 도체에는 검은 화살표 방향으로 유도 기전력이 발생하여 전류가 흘러 검류계의 바늘이 움직인다. 만일 도체의 운동 방향이 반대인 위쪽으로 되면 유도 기전력의 방향도 반대로 될 것이다. 이와 같이 도체가 운동을 하여 자속을 끊는 방향으로 이동할 때 유도 기전력이 발생한다.

도체의 운동에 의한 전자유도현상에 의해 발생되는 유도 기전력의 방향은 그림 4.21과 같이 플레밍의 오른손 법칙(Fleming's right-hand rule)에 따라 결정된다. 즉, 검지손가락이 자기장의 방향일 때 엄지손가락 방향으로 도체가 운동을 하면, 가운데손가락 방향으로 기전력이 유도된다는 법칙이다. 발전기는 플레밍의 오른손 법칙에 의한 원리로 구동된다.

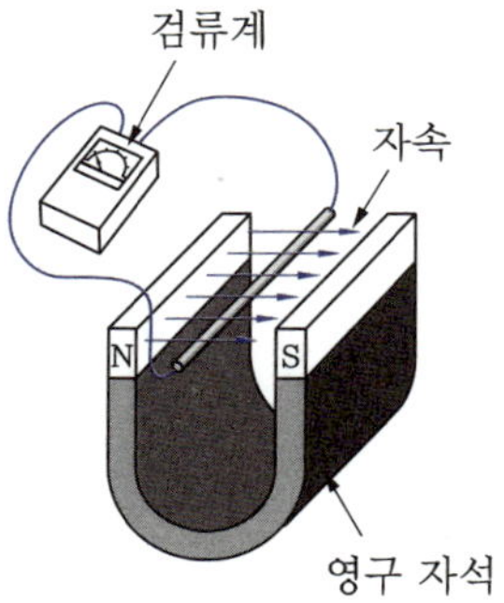

(a) 자기장 내

(b) 코일 내

그림 4.20 전자유도현상

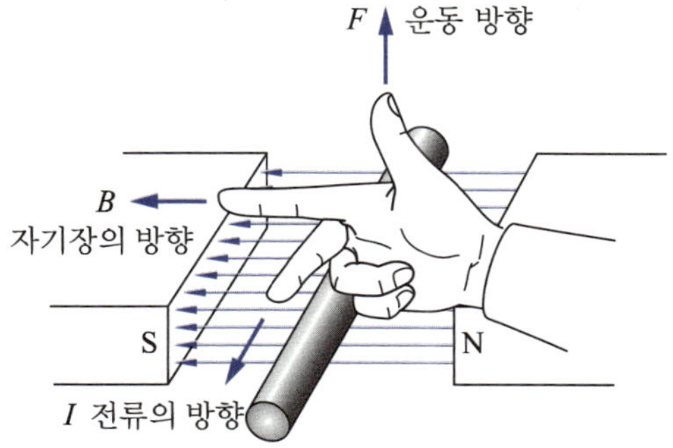

그림 4.21 플레밍의 오른손 법칙

자속밀도가 B[Wb/m^2]인 자기장에 길이 l[m]인 도체를 v[m/sec]의 속도로 운동할 때 유도 기전력의 크기 e는 식 (4.21)과 같다. 여기서 θ는 자기장과 도체의 운동방향 사이의 각도이다.

$$
\begin{aligned}
e &= (v \times B) \cdot l \\
\therefore\ e &= B l v \sin\theta \ [\mathrm{V}]
\end{aligned}
\tag{4.21}
$$

9. 인덕턴스

9.1 자기 인덕턴스

그림 4.22와 같이 코일에 흐르는 전류에 의하여 발생되는 자속이 코일 내부를 실선과 같은 방향으로 지나게 된다. 이때 코일에 흐르는 전류가 변화하면 코일을 지나는 쇄교 자속도 변화하고 전자유도에 의하여 코일 자신에 점선과 같이 이 자속의 증가를 방해하려는 방향(렌츠의 법칙)으로 유도 기전력이 발생된다. 따라서 코일에 흐르는 전류를 변화시켰을 때 유도 기전력이 그 코일 자체에 유도되는 현상을 자기유도(self-induction)라고 한다.

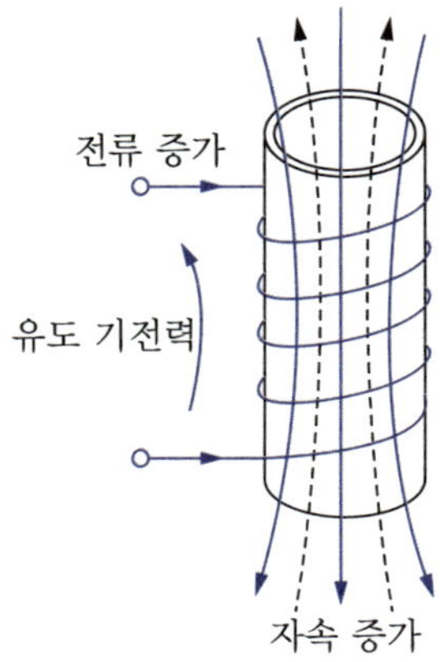

그림 4.22 자기유도

코일에 유도되는 유도 기전력 e은 전류의 변화율에 비례하여 발생되므로 시간 dt 동안 전류의 변화가 di라면 기전력은 식 (4.22)와 같이 나타낼 수 있다. 코일의 전기적 특징은 코일에 흐르는 전류가 순간적으로 급격히 변화할 수 없다. 왜냐하면 di/dt가 무한대(∞)가 되어야 하므로 무한대의 단자전압(기전력)이 필요하기 때문이다.

$$e = -L\frac{di}{dt}\,[\mathrm{V}] \tag{4.22}$$

여기서 L은 비례상수로서 자기 인덕턴스(self-inductance)라고 하며, 도선형태 등에 따라 결정되는 상수이다. 단위는 헨리(henry), [H]를 사용한다. 식 (4.22)에서 dI/dt가 일정할 경우 L값이 크면 유도 기전력도 크게 되므로 L값은 코일의 자체 유도 능력을 나타낸다. 즉, 1[H]의 자기 인덕턴스란 1초 동안에 코일에 흐르는 전류가 1[A]만큼 변화하였을 때 1[V]의 기전력이 유도되는 것을 말한다.

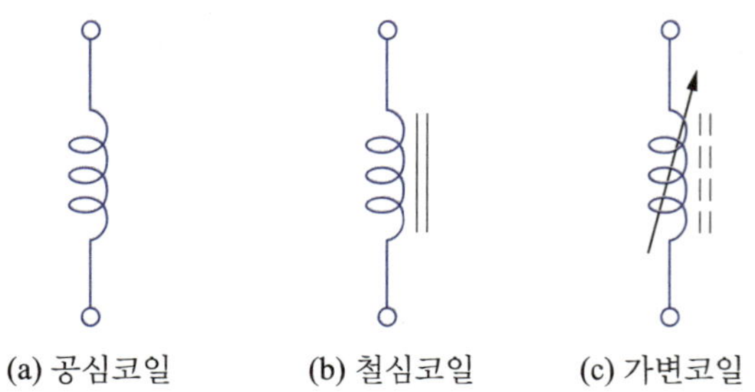

그림 4.23 자기 인덕턴스 기호

자기 인덕턴스의 기호는 그림 4.23과 같이 나타내며, 일정한 인덕턴스의 값을 갖도록 코일로 제조한 수동소자를 인덕터(inductor)라고 한다.

권수 N의 코일에 쇄교하는 자속이 dt초 동안에 $d\phi$[Wb]만큼 변화했을 때의 패러데이의 전자유도법칙에 의한 유도 기전력 e은 다음과 같다.

$$e = -N\frac{d\phi}{dt}\ [\mathrm{V}] \tag{4.23}$$

자속의 변화 $d\phi$[Wb]는 전류의 변화 dI[A]에 의해서 발생되므로 식 (4.22)와 식 (4.23)에 의해 쇄교자속수와 자기 인덕턴스와의 관계는 다음과 같다.

$$N\phi = LI$$

$$\therefore\ L = \frac{N\phi}{I}\ [\mathrm{Wb/A}] \tag{4.24}$$

예제문제 9.1 자기 인덕턴스

4-13 60[mH]의 코일에 전류가 10초 동안 5[A]가 변화되었다면 유도 기전력[V]은?

풀이 전류의 시간당 변화에 대한 유도 기전력

$$e = L\frac{di}{dt} = 60\times10^{-3}\times\frac{5}{10} = 0.03\,[\mathrm{V}]$$

4-14 권선수 200회, 자기 인덕턴스 20[mH]의 코일에 2[A]의 전류를 흘릴 경우의 쇄교 자속수[Wb]는?

풀이 자기 인덕턴스와 쇄교 자속수의 관계인 $LI = N\phi$에서

쇄교 자속수 $\phi = \frac{LI}{N} = \frac{20\times10^{-3}\times2}{200} = 2\times10^{-4}\,[\mathrm{Wb}]$

9.2 상호 인덕턴스

그림 4.24와 같이 서로 다른 별개의 2개 코일을 가까이 놓고, 1차 코일에 전류를 흘릴 때 발생되는 자속 ϕ_1은 누설자속이 없다면 2차 코일에 모두 쇄교하게 된다. 이때 1차 코일에 흐르는 전류 I_1이 변화하면 2차 코일에 쇄교하는 자속 ϕ_1도 변하게 되므

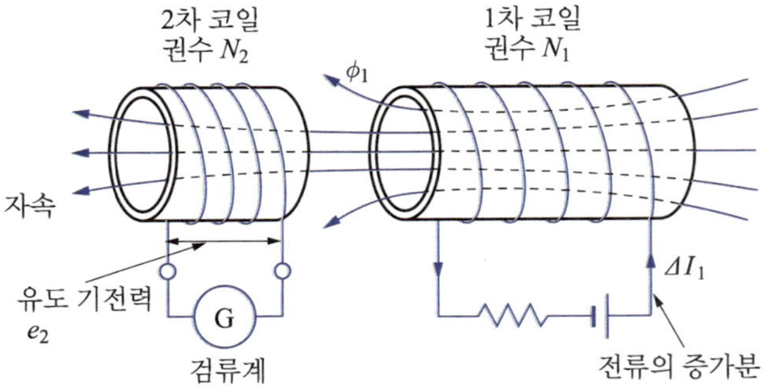

그림 4.24 상호 인덕턴스

로, 전자유도현상에 의하여 2차 코일에는 자속의 변화를 방해하려는 방향(렌츠의 법칙)으로 유도 기전력 e_2가 발생한다. 이와 같이 한쪽 코일에 흐르는 전류가 변화할 때 다른 쪽 코일에 유도 기전력이 발생하는 현상을 상호 유도(mutual induction)라고 한다.

따라서, 2차 코일에 발생되는 유도 기전력 e_2는 1차 코일에 흐르는 전류 I_1에 의한 자속 ϕ_1이 변하므로 전류 변화율 di_1/dt에 비례한다. 이러한 관계를 식 (4.25)와 같이 나타낼 수 있다.

$$e_2 = -M\frac{di_1}{dt} \text{ [V]} \tag{4.25}$$

여기서, 비례 상수 M을 상호 인덕턴스(mutual inductance)라고 하고, 코일의 모양(크기), 결합상태, 형상 등에 결정된다. 단위는 자기 인덕턴스와 같은 헨리[H]를 사용한다. 즉, 1[H]의 상호 인덕턴스란 한쪽 코일에 흐르는 전류가 1초 동안에 1[A]만큼 변화하여 다른 쪽 코일에 유도되는 기전력이 1[V]일 때를 말한다.

2차 코일의 권수가 N_2일 때 쇄교하는 자속이 dt초 동안에 $d\phi$만큼 변화한다면 2차 코일에 유도되는 기전력 e_2는 다음과 같다.

$$e_2 = -N_2\frac{d\phi}{dt} \text{ [V]} \tag{4.26}$$

2차 코일의 자속의 변화 $d\phi$[Wb]는 1차 코일의 전류의 변화 dI_1[A]에 의해서 발생되므로 식 (4.25)와 식 (4.26)에 의해 상호 인덕턴스 M은 식 (4.27)과 같이 구할 수 있다.

$$N_2\phi = MI_1$$

$$\therefore\ M = \frac{N_2\phi}{I_1}\ [\mathrm{H}] \tag{4.27}$$

하나의 철심에 두 코일이 공통으로 감겨있는 유도결합의 상태에 따라 1차 코일에서 발생한 자속 중 2차 코일에 쇄교하는 자속이 다르다. 즉, 1차 코일과 2차 코일의 쇄교하는 자속 비율을 결합계수(coupling factor) k라고 한다. 결합계수 k는 $0 \le k \le 1$의 범위에 있다. $k=0$인 경우는 두 코일이 직교하는 무유도 결합상태이고, $k=1$인 경우에는 누설자속이 없는 이상 결합 또는 완전 결합을 나타낸다.

$$M = k\sqrt{L_1 L_2} \tag{4.28}$$

예제문제 9.2 상호 인덕턴스

4-15 한 코일에 전류가 1초당 150[A]의 비율로 변화할 때 다른 코일에 10[V]의 기전력이 발생한다면 코일의 상호 인덕턴스[H]는?

풀이 상호 인덕턴스 M는 상호 유도작용에 의해 1차측 전류의 시간 변화량과 2차측 유도되는 전압의 비례 상수이므로

$e_2 = -M\dfrac{di_1}{dt} = -N_2\dfrac{d\phi_2}{dt}$에서 $10 = M \times \dfrac{150}{1}$이므로

따라서, $M = \dfrac{10}{150} = \dfrac{1}{15}$

4-16 인덕턴스 L_1, L_2가 각각 5[mH], 8[mH]인 두 코일간의 상호 인덕턴스 M이 4[mH]라 하면 결합계수 K는?

풀이 상호 인덕턴스 $M = \pm K\sqrt{L_1 L_2}$에서

결합계수 $K = \pm\dfrac{M}{\sqrt{L_1 L_2}} = \dfrac{4}{\sqrt{5\times 8}} = 0.63$

10. 자기 회로

저항과 전원을 도선으로 연결하여 전류가 흐르는 것을 전기 회로라고 하고, 자속이 흐르는 회로를 자기 회로라고 한다. 그림 4.25는 자성체와 전원을 접속한 자기 회로를 나타내고 있다.

철심에 코일을 감고 전류를 흘리면 철심 내에 자속 ϕ이 발생된다. 이 때 자속 ϕ는 코일의 권수 N이 많을수록, 흐르는 전류 I가 클수록 커진다. 이처럼 자속을 지속적으로 발생하도록 하는 원동력을 기자력(magneto-motive force)이라 하며, 기호는 F이고, 단위는 암페어 턴(ampere turn)으로 [AT]를 사용한다.

$$F = NI[\mathrm{AT}] \tag{4.29}$$

그림 4.25(a)와 같이 기자력에 의하여 생기는 자속 ϕ[Wb]는 기자력이 클수록 많이 생기는 데 이 경우 자속이 통과하는 철심의 통로를 자기 회로(magnetic circuit)라고 한다. 코일의 권선수 N회, 자기 회로의 평균 길이 l[m]인 자기회로에 전류를 I[A]만큼 흘리면 코일 내부의 자계는 다음과 같다.

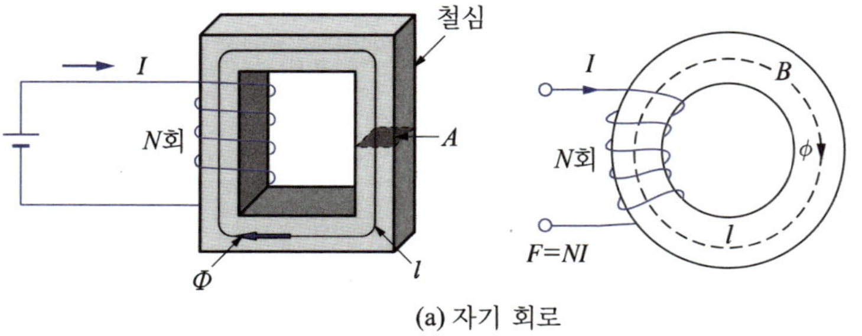

(a) 자기 회로

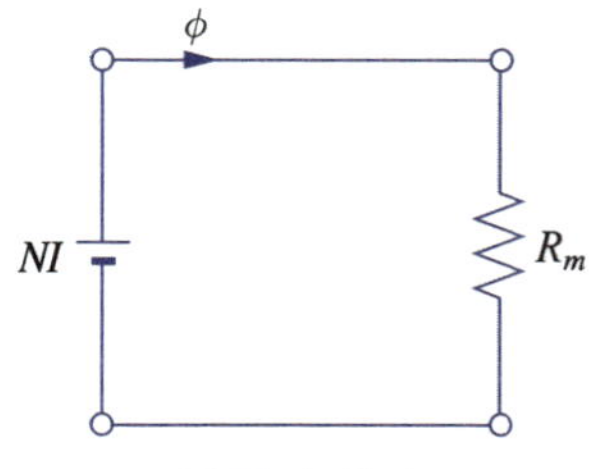

(b) 등가 회로

그림 4.25 자기 회로

$$H = \frac{NI}{l} \text{ [AT/m]} \tag{4.30}$$

내부 자계에 의하여 철심이 자화되어 철심 내부에 발생되는 자속밀도 B[Wb/m^2], 철심의 투자율 μ라고 하면 자속밀도는 식 (4.31)과 같다.

$$B = \mu H \text{ [Wb/m}^2\text{]} \tag{4.31}$$

따라서, 철심의 단면적을 A[m^2]라고 할 때 철심 내부를 통과하는 전체 자속 ϕ는 식 (4.32)와 같다.

$$\phi = BA = \mu HA = \mu\frac{NI}{l}A = \frac{NI}{\left(\frac{l}{\mu A}\right)} = \frac{NI}{R_m} \text{ [Wb]} \tag{4.32}$$

여기서, 분모항의 R_m을 자기 저항(reluctance)이라고 한다.

$$R_m = \frac{l}{\mu A} = \frac{NI}{\phi} \text{ [AT/Wb]} \tag{4.33}$$

따라서, 자기 회로를 통과하는 자속 ϕ[Wb]는 기자력 NI[AT]에 비례하고, 자기 저항 R_m[AT/Wb]에 반비례한다. 이러한 관계를 자기 회로에 관한 옴의 법칙이라고 한다. 자기 회로는 전기 회로와 매우 유사한 특성이 있는데, 이를 표 4.1에 나타낸다.

표 4.1 전기 회로와 자기 회로의 비교

자기회로		전기회로	
기자력	$F = NI$[AT]	전압	V[V]
자속	$\phi = \frac{F}{R_m}$[Wb]	전류	I[A]
자기 저항	$R_m = \frac{l}{\mu A}$[AT/Wb]	저항	$R = \frac{V}{I}$[Ω]
투자율	μ[H/m]	도전율	σ[S/m]
자계 세기	$H = \frac{F}{l}$[A/m]	전계 세기	$E = \frac{V}{d}$[V/m]
자속밀도	$B = \frac{\phi}{A}$[Wb/m^2]	전속밀도	$D = \frac{\phi}{A}$[C/m^2]

예제문제 10. 자기 회로

4-17 코일의 권수 1250회, 공심 환상솔레노이드의 평균길이 0.5[m], 단면적 20[cm^2], 코일에 흐르는 전류가 1[A]일 때 솔레노이드의 내부자속[Wb]은?

풀이 솔레노이드 내부자속 $\phi = B \cdot A = \mu HA = \frac{\mu ANI}{l}$ [Wb]이므로

$$(\because\ B = \mu H,\ H = \frac{NI}{l})$$

$$\therefore\ \phi = \frac{\mu ANI}{l} = \frac{4\pi \times 10^{-7} \times 20 \times 10^{-4} \times 1250 \times 1}{0.5} = 6.28 \times 10^{-6} [\text{Wb}]$$

4-18 자로의 길이 1[m], 단면적 10[cm^2], 비투자율 100, 코일의 권수 1000회인 회로에서 인덕턴스 L는?

풀이 $\phi = \frac{NI}{R_m}$, $R_m = \frac{l}{\mu A} = \frac{F}{\phi} = \frac{NI}{\phi}$ [AT/Wb]을 이용하여

$$L = \frac{N\phi}{I} = \frac{N\frac{NI}{R_m}}{I} = \frac{N^2}{R_m} = \frac{N^2}{\frac{l}{\mu A}} = \frac{N^2 \mu A}{l}$$

$$= \frac{1000^2 \times 4\pi \times 10^{-7} \times 100 \times (10 \times 10^{-4})}{1} = 4\pi \times 10^{-2} [\text{H}]$$

11. 인덕턴스의 연결

11.1 직렬접속

저항과 콘덴서와 같이 코일도 직렬과 병렬로 접속할 수 있다. 코일의 직렬접속은 인덕턴스를 증가시킬 수 있으나, 병렬접속은 인덕턴스를 감소시킨다.

그림 4.26(a)는 n개의 인덕턴스가 직렬접속된 회로를 나타낸 것이며, 그림4.26(b)는 합성 인덕턴스 하나로 등가 변환된 회로를 나타낸 것이다. 회로에 전압 v가 인가되어 전류 i가 유입된다면 인덕턴스 L은 직렬접속된 n개 인덕턴스에 대한 합성 인덕턴스가

된다. 전압 v는 각 인덕턴스 양 단자에 형성되는 전위차의 합으로 표시되며, 각 인덕턴스에 흐르는 전류는 일정하므로 식 (4.34)와 같이 나타낸다.

$$\begin{aligned} v &= v_1 + v_2 + \cdots + v_n \\ &= L_1\frac{di}{dt} + L_2\frac{di}{dt} + \cdots + L_n\frac{di}{dt} \\ &= (L_1 + L_2 + \cdots + L_n)\frac{di}{dt} \end{aligned} \tag{4.34}$$

그리고 그림 4.26(b)는 식 (4.35)과 같다.

$$v = L\frac{di}{dt} \tag{4.35}$$

식 (4.34)와 (4.35)로부터 직렬 합성 인덕턴스 L는 다음과 같다. 즉, 저항의 직렬접속과 같은 형식의 수식으로 나타낸다.

$$L = L_1 + L_2 + \cdots + L_n \tag{4.36}$$

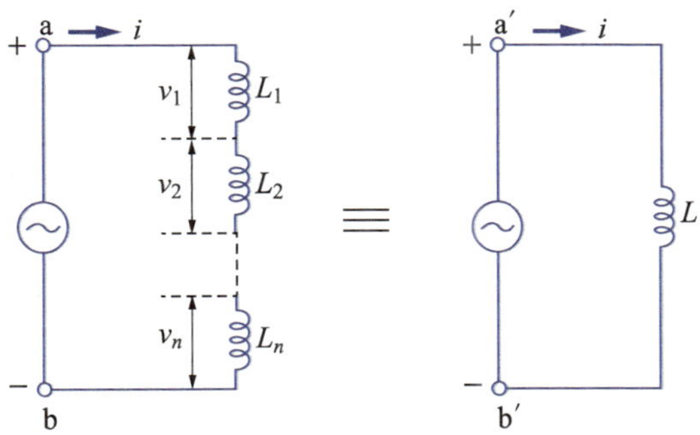

(a) 직렬 연결 (b) 등가 회로

그림 4.26 직렬접속

11.2 병렬접속

그림 4.27(a)는 n개의 인덕턴스를 병렬접속한 것이고, 그림 4.27(b)는 합성 인덕턴스 L 하나로 등가 변환된 회로를 나타낸 것이다. 인가된 전압 v은 동일하게 나타낸다.

그림 4.27(a)는 병렬 회로이므로 각각의 인덕턴스 양단에 인가된 전위차는 동일한 전압 v를 나타내고, 각 지로에 흐르는 전류의 합은 유입된 전류 i는 같음을 알 수 있다.

$$\begin{aligned} i &= i_1 + i_2 + \cdots + i_n \\ &= \frac{1}{L_1}\int v dt + \frac{1}{L_2}\int v dt + \cdots + \frac{1}{L_n}\int v dt \\ &= \left(\frac{1}{L_1} + \frac{1}{L_2} + \cdots + \frac{1}{L_n}\right)\int v dt \end{aligned} \tag{4.37}$$

그리고 그림 4.27(b)는 다음과 같다.

$$i = \frac{1}{L}\int v dt \tag{4.38}$$

식 (4.37)와 (4.38)로부터 합성 인덕턴스 L은 다음과 같다.

$$\frac{1}{L} = \frac{1}{L_1} + \frac{1}{L_2} + \cdots + \frac{1}{L_n} \tag{4.39}$$

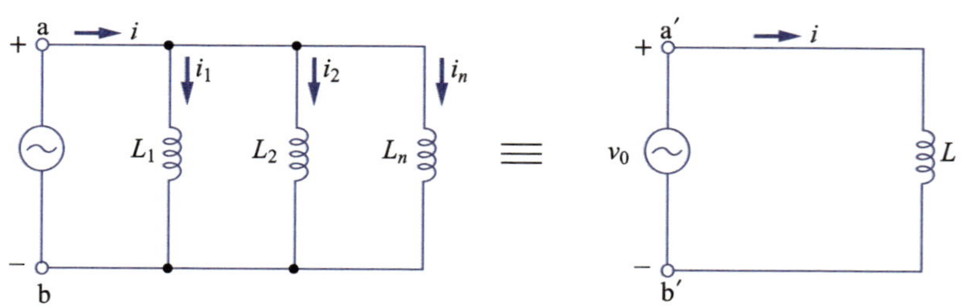

(a) 병렬 연결　　(b) 등가 회로

그림 4.27 병렬접속

11.3 인덕턴스의 유도결합

유도결합에서 상호유도전압의 방향은 인가전압의 방향과 두 코일의 상대적인 권선 방향에 의해 지정해야 하므로 두 코일의 상대적인 권선 방향을 규약에 의해 그림 4.28 처럼 각 코일의 한쪽 단자에 한 쌍의 극점을 찍어 표시한다. 코일의 극성 표시로부터 상호유도전압의 방향을 결정하는 것은 렌츠의 법칙을 따르며, 그림 4.29와 같이 1차

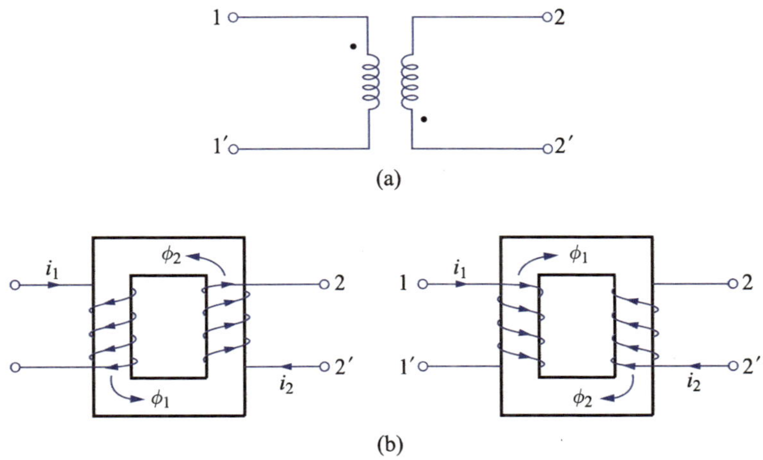

그림 4.28 권선의 방향

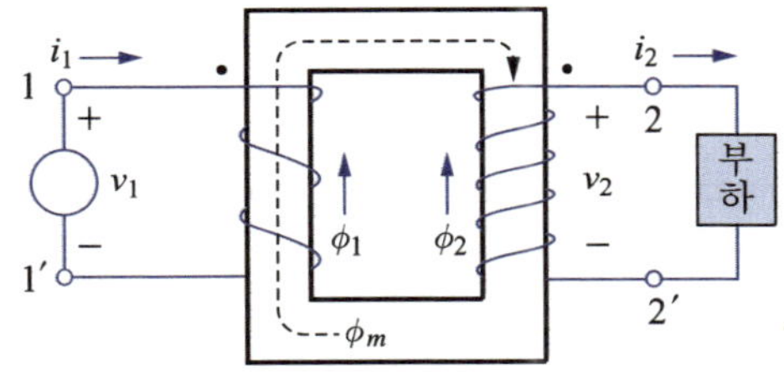

그림 4.29 상호유도전압의 극성표시

코일의 점이 찍힌 단자로 유입하는 전류가 증가하면 2차 코일에는 점이 안 찍힌 단자에서 점이 찍힌 단자쪽으로 전압상승 v_2가 발생한다.

유도결합을 갖는 두 코일의 직렬접속을 그림 4.30에서 나타내고 있다. 그림 4.30(a)는 전류에 의해 두 코일이 만드는 자속이 동일 방향으로 상호 자속이 합해지는 가동결합(자속방향과 전류방향이 동일하다)이고, 그림 4.30(b)는 두 코일의 자속이 반대방향으로 상쇄되는 차동결합(자속방향과 전류방향이 다르다)을 나타낸다.

가동결합 $$L = L_1 + L_2 + 2M \tag{4.40}$$

차동결합 $$L = L_1 + L_2 - 2M \tag{4.41}$$

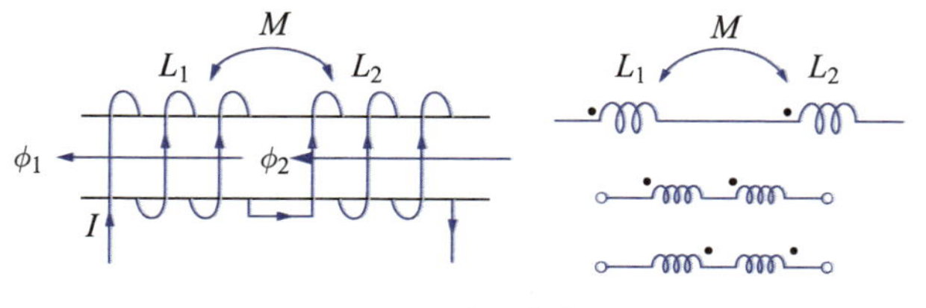

(a) 가동결합

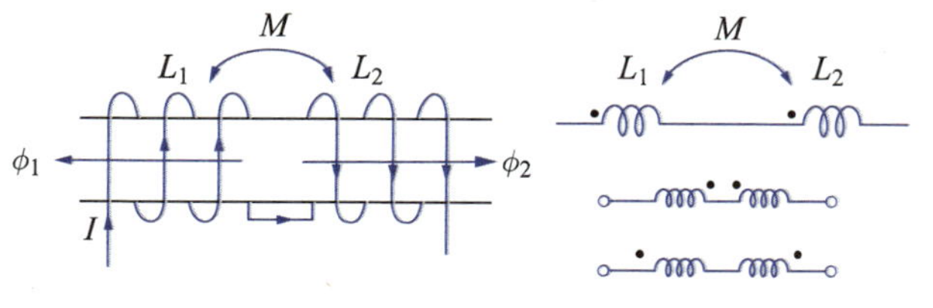

(b) 차동결합

그림 4.30 유도결합에 의한 접속

변압기

1차 코일에 교류전원을 접속하면 전류에 의한 자속 변화로 인하여 전자유도현상에 의해 2차 코일에 유도 기전력이 발생한다. 즉, 상호유도에 의해 교류전압을 변성시키는 장치를 변압기(transformer)라고 한다. 두 코일의 결합계수가 1이고 손실없는 이상 변압기에서 1차와 2차의 전압, 권수비 및 전류는 다음 관계가 성립한다.

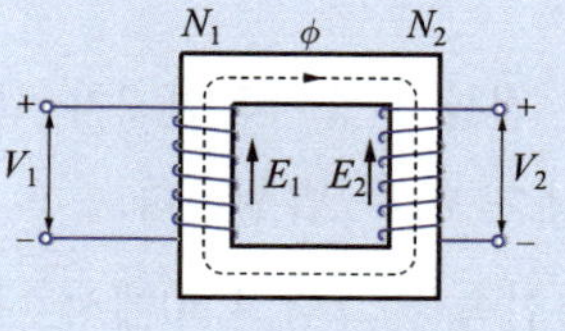

$$n = \frac{V_1}{V_2} = \frac{N_1}{N_2} = \frac{I_2}{I_1}$$

예제문제 11.3 인덕턴스의 유도결합

4-19 같은 철심 위에 동일한 권수로 자기 인덕턴스 L[H]의 코일 2개를 접근해서 같은 방향으로 감고 직렬로 접속했을 때 합성 인덕턴스는? 단, 결합계수를 1로 한다.

풀이 결합계수가 1인 조건에서 두 코일이 완전결합 상태이므로

상호 인덕턴스 $M = K\sqrt{L \times L} = L$[H]

따라서 같은 방향으로 감은 가동결합이므로

합성 인덕턴스 $L_0 = L_1 + L_2 + 2M = L + L + 2L = 4L[\mathrm{H}]$

11.4 자계 에너지

전류가 흐르는 인덕턴스에서는 전자유도현상에 의해 역기전력이 발생한다. 다시 전류를 증가시키려면 이 역기전력에 대하여 외부에서 일을 공급해야 한다. 즉 전원에서 전력의 형태로 공급하고 인덕턴스에 흐르는 전류에 의해 만들어진 자계 주위에 에너지로 축전된다. 따라서, 자기 인덕턴스 L[H]에 전류 i[A]를 흘리면 에너지의 손실은 없고 자계의 형태로써 축적하는 에너지를 자계 에너지(electromagnetic energy)라고 한다.

인덕턴스에 흐르는 전류에 의한 자계 에너지 w_m은 에 의하여 식 (4.42)와 같이 나타낸다.

$$
\begin{aligned}
w_m &= \int_0^T vi\,dt = \int_0^T L\frac{di}{dt} i\,dt \\
&= L\int_0^T i\,di = \frac{1}{2}LI^2\ [\mathrm{J}]
\end{aligned}
\tag{4.42}
$$

또한 자계 에너지와 쇄교 자속수($\Phi = N\phi = LI$)와의 관계는 식 (4.43)으로 나타내고, 진공 중 단위체적당 축적되는 자계 에너지, 즉 자계 에너지 밀도 w는 식 (4.44)와 같이 표현된다.

$$W = \frac{1}{2}LI^2 = \frac{1}{2}\Phi I\ [\mathrm{J}] \tag{4.43}$$

$$w = \frac{1}{2}BH = \frac{1}{2}\mu_0 H^2 = \frac{1}{2}\frac{B^2}{\mu_0}\ [\mathrm{J/m^3}] \tag{4.44}$$

예제문제 11.4 자계 에너지

4-20 자기 인덕턴스 2[H]의 코일에 축적된 에너지가 9[J]이라면 코일에 흐르는 전류[A]는?

풀이 코일에 축적되는 전자 에너지 $W=\frac{1}{2}LI^2=\frac{1}{2}IN\phi\,[\mathrm{J}]$에서

전류 $I=\sqrt{\frac{2W}{L}}=\sqrt{\frac{2\times 9}{2}}=3\,[\mathrm{A}]$

4-21 다음 회로와 같이 $L_1=L_2=100$[mH]가 직렬로 접속된 2개의 코일에 10[A]의 전류를 흘릴 경우 합성코일에 발생하는 에너지[J]는? 단, $K=0.6$이다.

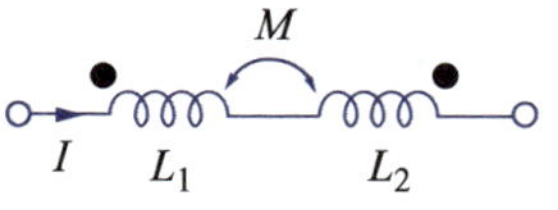

풀이 회로의 합성 인덕턴스는 전류의 방향도 자속의 방향도 모두 반대인 차동결합이므로

합성 인덕턴스 $L=L_1+L_2-2M=100+100-(2\times 60)=80\,[\mathrm{mH}]$

(상호 인덕턴스 $M=K\sqrt{L_1L_2}=0.6\times\sqrt{100\times 100}=60\,[\mathrm{mH}]$)

따라서 에너지 $W=\frac{1}{2}LI^2=\frac{1}{2}\times 80\times 10^{-3}\times 10^2=4\,[\mathrm{J}]$

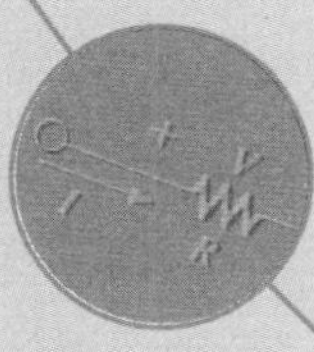

Chapter 5

교류 회로 해석

1. 정현파 교류

1.1 교류와 직류

직류(DC, direct current)란 그림 5.1(a)와 같이 전류 또는 전압의 크기와 방향이 항상 일정한 전기를 말하며, 교류(AC, alternating current)란 그림 5.1(b)와 같이 전류 또는 전압의 크기와 방향이 시간에 따라 변화하는 전기량을 말한다. 이 때 교류의 크기와 방향이 시간에 따라 어떻게 변하는지를 나타낸 것을 파형(wave form)이라 하는데, 파형을 나타낼 때에는 수평축에 시간을, 수직축에 교류의 전류나 전압값으로 나타낸다.

그림 5.1에 여러 가지 형태의 교류파형을 나타냈으며, 그림 5.1(b)의 파형은 사인 곡선의 형태를 가지므로 정현파 교류(sinusoidal wave AC)라고 한다. 가정 및 공장 등의 수용가에서 전력회사로부터 공급받는 전류에 해당한다.

그림 5.1(c)와 같이 정현파가 일그러진 파형을 왜형파(distorted wave) 또는 비정현파 교류(non-sinusoidal wave)라고 한다. 그림 5.1(d)는 정현파를 정류하여 직류에 교류성분이 포함된 맥류[脈流]전류(pulsating current, 단상 전파 정류파)라고 하는 데 흐르는 방향은 일정하지만 크기의 변화가 계속 되풀이 된다. 그림 5.1(e)는 일정한 주기와 파형을 가지고 있지만 톱니바퀴 모양으로 비교적 짧은 시간동안 지속되는 전류를 펄스 전류(pulse current)라고 한다. 그리고 그림 5.1(f)의 ①, ②는 회로를 개폐하거나 회로 정수의 급변으로 주기성이 없고 짧은 시간 동안에 큰 진폭으로 나오는 전류를 과도[過度]전류(transient current)라고 한다.

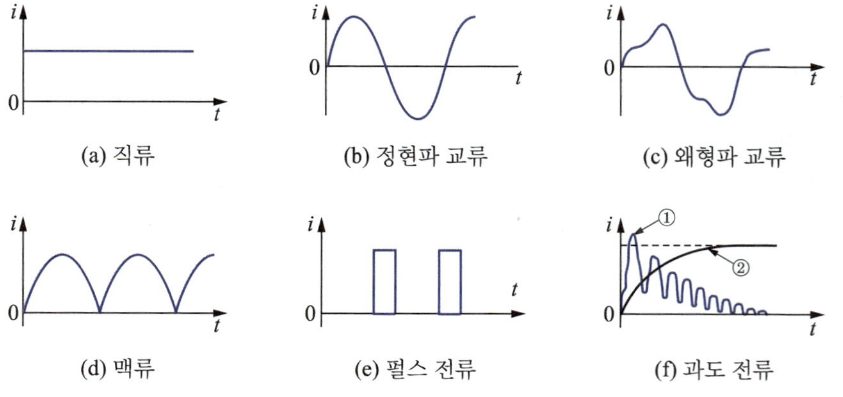

그림 5.1 여러 형태의 파형

1.2 정현파 교류의 발생

정현파 교류 기전력을 발생하는 가장 간단한 장치인 2극 발전기를 그림 5.2(a)에 나타내고 있으며, 그림 5.2(b)는 그림 5.2(a)에 대한 단면도이다. 자속밀도 B[WB/m^2]의 평균자계 내에 자계와 직각으로 놓은 길이 l [m]의 도체가 ω[rad/sec]의 각속도[44]와 v [m/sec]의 선속도[45]로 운동하고 있다.

그림 5.2(b)와 같이 중심각 θ의 위치에 있어서 도체의 선속도 v를 벡터적으로 자계의 방향에 평행인 성분과 수직인 성분으로 직각 분해해 보면 그때 평행인 성분의 크기는 $v\cos\theta$, 수직 성분의 크기는 $v\sin\theta$가 된다. 이 중 도체가 자속을 자르는데 기여하는 성분은 수직 성분이며, 도체는 매초 자속을 $v\sin\theta$[m]의 속도로 자르고 있다.

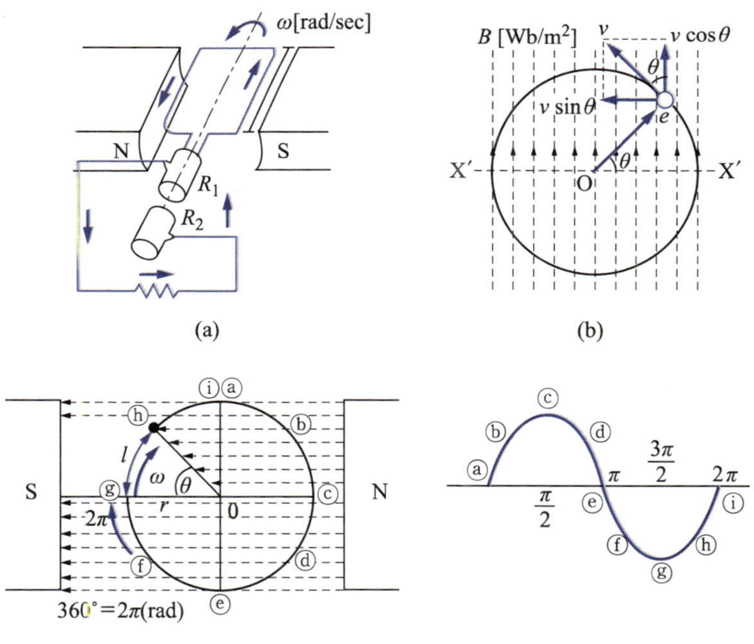

그림 5.2 정현파 교류의 발생

---

44) 회전운동의 속도를 나타내는 양으로 회전하는 각도 θ의 시간적 변화율 $\omega = \frac{d\theta}{dt}$ [rad/sec]로 나타낸다.

45) 각속도에 대응하여 운동하는 물체의 경로를 따르는 속도를 말한다.

그림 5.2(c)에서 좀 더 자세히 살펴보면 다음과 같다. 전기자의 도체가 처음 위치한 ⓐ에서는 도체가 자기장과 직각이고, 도체는 자력선과 평행하게 움직이므로 도체는 자기력선을 끊지 못하여(쇄교하지 못하여) 도체 내에 유도 기전력이 발생하지 않는다. 도체가 ⓐ에서 ⓒ로 회전하면서 도체가 점점 많은 자기력선을 끊게 되며, 90° 지점인 ⓒ에서는 최대로 자기력선을 끊게 된다. 즉 0°에서 90° 사이의 유도 기전력은 0에서 최대값까지 증가하게 된다. 도체가 ⓒ에서 ⓔ로 회전하면 도체가 점점 적은 자기력선을 끊게 되고, ⓔ에서는 자기장과 평행하게 되어 자기력선을 끊지 못하게 된다. 그러므로 유도 기전력은 감소하여 ⓔ에서는 유도 기전력이 0이 된다. 도체가 ⓔ에서 ⓖ로 회전하면 전류의 방향이 반대로 된다. 이러한 과정으로 도선이 처음 위치였던 ⓘ로 오게 되면 그림 5.2(d)와 같은 정편파 교류가 발생하게 된다.

그림 5.3(a)와 같이 매초 한 쪽 도체에 의해서 쇄교하는 자속에 의한 유도 기전력은 식 (4.21)에 의하여 $Blv\sin\theta$[V]가 되며, 여기에 두 개의 도체를 고려한 유도 기전력은 패러데이 법칙에 의해 도체가 매초 1[Wb]의 비율로 자속을 자르는 경우 도체 내에 1[V]의 유도 기전력이 도체에 발생되므로 식 (5.1)과 같이 나타낸다.

$$e = 2Blv\sin\theta\,[\text{V}] \tag{5.1}$$

그림 5.3과 같이 어떤 물체가 원을 그리면서 일정한 속도로 운동하고 있을 때, 1초 동안에 회전한 각도를 각속도(angular velocity)라고 한다. 기호는 ω, 단위는 [rad/s]를 사용한다. 시간 t[s] 동안에 θ[rad]만큼 회전했을 때의 각속도 ω는 $\omega = \dfrac{\theta}{t}$[rad/s]가 되므로, 회전각 θ는 ωt[rad][46]가 된다. 그림 5.2(a)에서 도체의 회전운동의 속도를 각속도로 나타낼 수 있다.

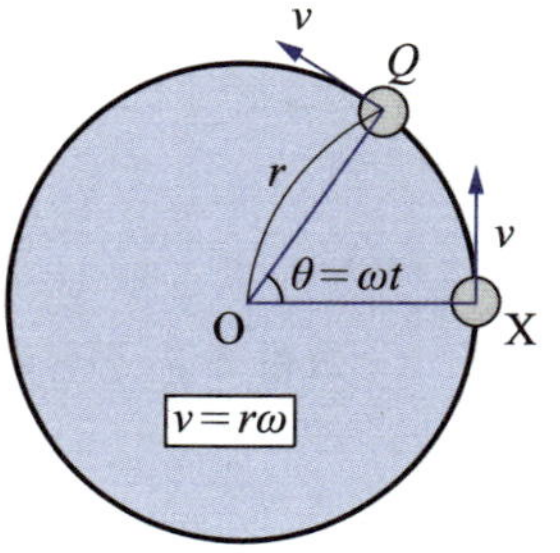

그림 5.3 각속도

46) 반지름 r인 원에서 반지름과 같은 길이의 호에 대한 중심각의 크기를 1호도(radian)이라고 한다.

회전각 θ[rad]가 기준선 $\overline{\mathrm{OX}}$로부터 t초 후의 위치라고 하면 $\theta = \omega t$이므로 식 (5.2)와 같이 나타낸다. 또한 정현파의 진폭振幅(amplitude) 또는 최대값(maximum value)인 $2Blv$를 E_m이라고 하면 유도 기전력 e는 식 (5.3)과 같다.

$$e = 2Blv\sin\theta = 2Blv\sin\omega t[\mathrm{V}] \tag{5.2}$$

$$e = E_m\sin\omega t[\mathrm{V}] \tag{5.3}$$

1.3 주파수와 주기

그림 5.2(d)와 같은 정현파 교류 파형을 보면, 같은 파형의 변화가 주기적으로 반복되는 것을 간단하게 나타내기 위하여 주기와 주파수를 사용한다. 도체가 한번 회전하여 기전력이 처음 상태로 되돌아오는 교류의 1회 변화를 1사이클(cycle)이라 한다. 1사이클의 변화에 필요한 시간을 주기(period)라고 하며, T로 표시하고 단위는 [sec]이다. 만일, 수평축을 시간 t[s] 대신에 각도 θ[rad]로 나타내면, 1주기에 필요한 각도는 2π[rad]이므로, 주기 T[s]와 각속도 ω[rad/s] 사이에는 식 (5.4)와 같은 관계가 성립한다.

$$T = \frac{2\pi}{\omega}\,[\mathrm{s}] \tag{5.4}$$

또한, 주파수(frequency)는 1초 동안에 반복되는 사이클 수를 말하며, 기호는 f, 단위는 [Hz](hertz)를 사용한다.

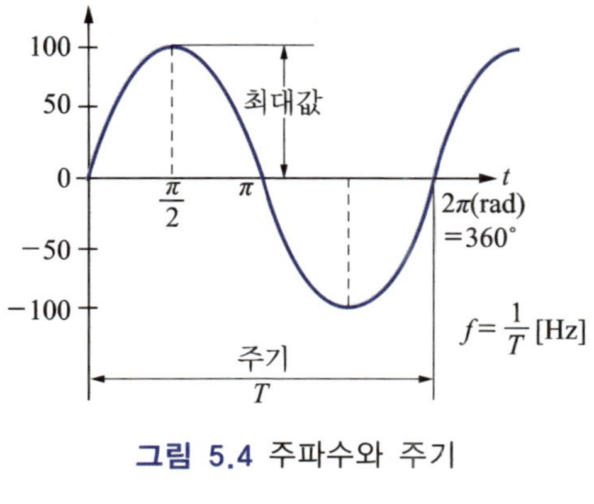

그림 5.4 주파수와 주기

국내의 주파수는 60[Hz], 일본은 50[Hz]를 사용한다. 주파수 f와 주기 T 사이에는 다음의 관계가 성립된다.

$$f = \frac{1}{T}[\mathrm{Hz}], \quad T = \frac{1}{f}[\mathrm{s}] \tag{5.5}$$

식 (5.4)와 식 (5.5)로부터 주파수 f와 각속도 ω의 관계를 다음과 같이 나타낼 수 있다.

$$f = \frac{1}{T} = \frac{1}{\frac{2\pi}{\omega}} = \frac{\omega}{2\pi} \tag{5.6}$$

$$\therefore\ \omega = 2\pi f\ [\mathrm{rad/s}]$$

이와 같은 각속도 ω는 주파수 f와 밀접한 관계가 있으므로 ω를 각주파수(angular frequency)라고도 한다. 따라서 정현파 교류 전압은 식 (5.7)과 같이 나타낼 수 있다.

$$\begin{aligned} v &= V_m \sin\theta\ [\mathrm{V}] \\ &= V_m \sin\omega t\ [\mathrm{V}] \\ &= V_m \sin 2\pi f t\ [\mathrm{V}] \end{aligned} \tag{5.7}$$

예제문제 1.3 주파수와 주기

5-1 주기가 0.02초인 교류 주파수[Hz]는?

풀이 주파수와 주기는 반비례 관계이므로 주파수 $f = \frac{1}{T} = \frac{1}{0.02} = 50\,[\mathrm{Hz}]$

5-2 정현파 전압 $v = 141\sin 377t$[V]의 주파수[Hz]는?

풀이 $v = V_m \sin\omega t$에서 각주파수 $\omega = 2\pi f$[rad/s]이므로 $\omega = 2\pi f = 377$이다.

따라서, 주파수 $f = \frac{377}{2\pi} = 60\,[\mathrm{Hz}]$

1.4 위상과 위상차

정현파 교류의 1주기에 대하여 주기적인 변화의 시간적인 위치 관계를 위상(phase)[47] 이라고 한다. 그림 5.5(a)와 같이 전압 v와 전류 i의 정현파 교류의 시작 기점이 0으로 시간적 차이가 없는 것을 동상同相(in-phase)이라고 한다. 그림 5.5(b)에서 정현파 교류 v_1과 v_2사이에는 주파수는 같지만 시간적인 차이를 가지고 있다. 이와 같이 주파수가 같은 2개 이상의 정현파 교류 사이의 시간적인 차이를 위상차(phase difference)라고 하며, θ로 표시한다. 2개의 교류 전압 v_1과 v_2사이의 위상차를 이용하면, v_1이 v_2보다 위상이 앞선다(lead)라고 하고, 반대로 v_2가 v_1보다 위상이 뒤진다(lag)라고 말한다. v_1과 v_2를 비교할 경우 v_1을 진상(leading phase), v_2를 지상(lagging phase)이라고 한다. 그림 5.5(b)에서 v_1을 기준으로 위상차에 대한 관계를 수식으로 표시하면 다음과 같다.

$$\begin{aligned} v_1 &= V_m \sin \omega t \,[\mathrm{V}] \\ v_2 &= V_m \sin(\omega t - \theta) \,[\mathrm{V}] \end{aligned} \tag{5.8}$$

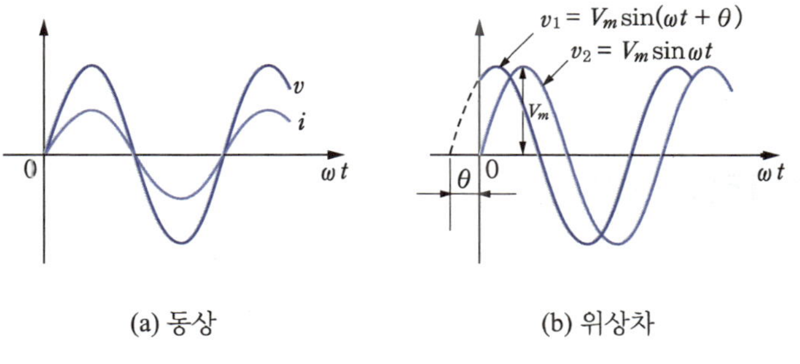

그림 5.5 교류의 위상차

예제문제 1.4 위상과 위상차

5-3 다음과 같은 그림의 정현파에 대한 전압파형의 식은?

47) 위상의 차이(엇갈림)이나 지연은 그 양을 위상각으로 표현한다.

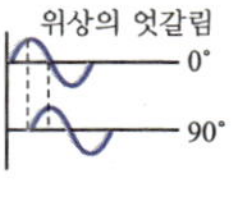

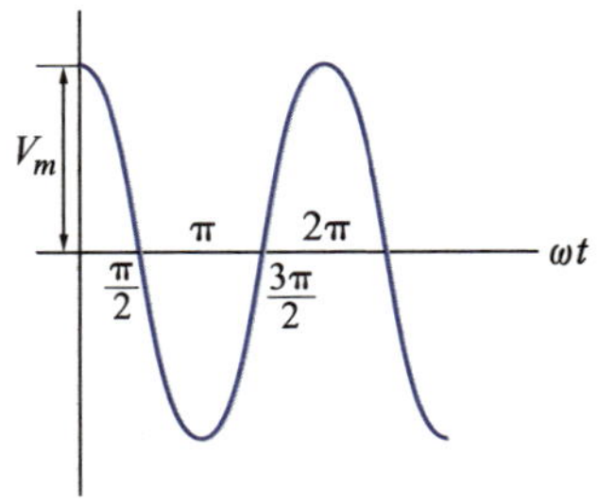

풀이 그림은 위상이 90° 앞선 상태이므로

$\therefore\ v = V_m \sin(\omega t + 90°) = V_m \cos\omega t \ \ (\because\ \cos\omega t = \sin(\omega t + 90°))$

2. 교류의 표시

교류는 직류와 달라서 전압과 전류의 크기가 항상 일정하지 않다. 교류를 표시하는 데는 순시값, 최대값, 실효값, 평균값 등이 있다.

2.1 순시값과 최대값

유도 기전력 e를 정현파 교류 전압으로 나타내면 $v = V_m \sin\omega t\,[\mathrm{V}]$이 되고, 교류 전압 v의 값은 시간의 변화에 따라 매순간 변하기 때문에 이것을 교류 전압의 순시값(instantaneous value)이라고 한다. 교류 순시값은 일반적으로 v, i, e 등의 소문자 기호를 사용한다. 그림 5.2(a)에서 시작 기점이 반시계 방향으로 θ 만큼 앞선다면 전압 v는 식 (5.9)와 같이 되고, θ는 $t = 0$일 때의 초기 위상이 된다.

최대값(maximum value)이란, 식 (5.8)에서 순시값 중에서 가장 큰 값을 말하며 진폭(amplitude)이라고도 하며, 기호는 V_m, I_m 등으로 나타낸다.

$$v = V_m \sin(\omega t + \theta)\,[\mathrm{V}] \tag{5.9}$$

2.2 평균값

교류의 평균값은 일정 시간에서의 산술적인 평균을 취하여 나타내는 데 1주기의 평균값(average value)은 다음과 같이 정의된다.

$$I_{av} = \frac{1}{T}\int_0^T i\,dt\ [\mathrm{A}] \tag{5.10}$$

정현파 교류에서 1주기 내의 평균값은 (+)와 (−) 값이 같으므로 서로 상쇄되어 평균값은 0이 된다. 따라서 순시값의 반주기에 대한 평균값(half-period average value)으로 사용한다. 정현파 전류 $i = I_m \sin\omega t\,[\mathrm{A}]$, 주기 $T = 2\pi$라고 하면 평균값은 다음과 같이 구할 수 있다.

$$\begin{aligned} I_{av} &= \frac{1}{T/2}\int_0^{T/2} i\,dt \\ &= \frac{1}{T/2}\int_0^{T/2} I_m \sin\omega t\,dt = \frac{2}{T}\frac{I_m}{\omega}[-\cos\omega t]_0^{T/2} \\ &= \frac{I_m}{\pi}[-\cos\pi + \cos 0] = \frac{2}{\pi}I_m = 0.637I_m \end{aligned} \tag{5.11}$$

예제문제 2.2 평균값

5-4 정현파 전압의 평균값이 191[V]일 때 최대값[V]은?

풀이 평균값과 최대값의 관계인 $V_{av} = \frac{2}{\pi}V_m$에서 $V_m = \frac{\pi}{2}V_{av}$이므로

$\therefore\ V_m = \frac{\pi}{2} \times 191 = 300\,[\mathrm{V}]$

2.3 실효값

실효값(effective value)은 교류 전류가 흐를 때 하는 일의 크기에 따라 정해진다. 즉, 파형이 다른 여러 가지 주기파의 크기를 비교할 때 최대값만으로는 불충분하므로 실효

값으로 비교한다.

동일한 저항에 직류와 교류를 인가하였을 때 소비되는 전력(줄열)이 같은 경우 즉, 교류의 실효값과 그 크기가 같은 직류 전류를 동일 저항에 흘렸을 때 그 교류 전류와 같은 열량을 발생한다. 이때의 직류값을 정현파 교류의 실효값이라고 한다.

$$P_{DC} = I^2 R$$
$$P_{AC} = \frac{1}{T}\int_0^T i^2 R dt \tag{5.12}$$

따라서, 동일한 시간 동안에 저항 R을 통하여 동일한 열량을 발생할 직류 전류(교류 전류와 동일한 열효과를 나타내는 직류 전류)를 I[A]라고 하면 $P_{DC} = P_{AC}$가 된다.

$$I^2 R = \frac{1}{T}\int_0^T i^2 R dt \tag{5.13}$$

$$I = \sqrt{\frac{1}{T}\int_0^T i^2 dt}\ [\text{A}] \tag{5.14}$$

전류 I는 $\sqrt{i^2\text{의 1주기간의 평균}}$을 의미하고, 교류 전류 i의 실효값이라고 한다. 일반적으로 I, V 등과 같이 대문자로 표기하며, 사용 전압 220[V], 380[V]는 실효값을 나타낸다. 외국에서는 'root mean square value' 또는 r.m.s 값이라고 한다.

전류 $i = I_m \sin\omega t$에 대한 실효값 I와 전압 $v = V_m \sin\omega t$에 대한 실효값 V는 식 (5.15)와 같이 나타낸다.

$$I = \frac{I_m}{\sqrt{2}} = 0.707 I_m$$
$$V = \frac{V_m}{\sqrt{2}} = 0.707\, V_m \tag{5.15}$$

그림 5.6에서는 실효값, 최대값, 평균값의 관계를 나타내고 있다.

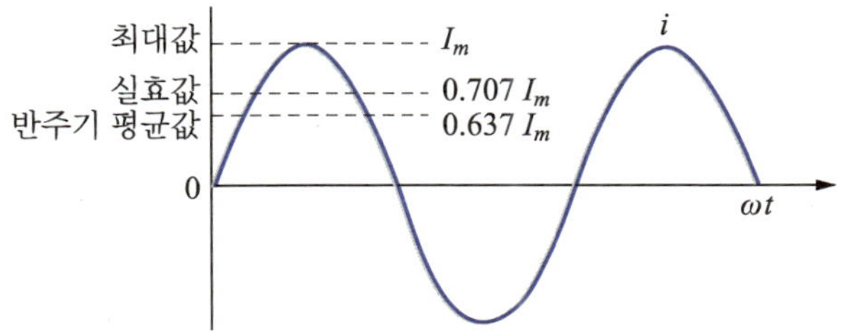

그림 5.6 평균값과 실효값

예제문제 **2.3 실효값**

5-5 실효값 100[V]의 교류전압을 최대값[V]은?

풀이 최대값 $V_m = \sqrt{2}\,V = \sqrt{2} \times 100 = 141.4\,[\mathrm{V}]$

5-6 전압 $v = \sqrt{2}\,V\sin\omega t$[V]에서 $\omega t = \pi/6$[rad]일 때의 크기가 70.7[V]일 경우 실효값 [V]은?

풀이 전압 $v = \sqrt{2}\,V\sin\omega t\,[\mathrm{V}]$에 문제의 조건인 $\omega t = \pi/6$[rad]과 $v = 70.7\,[\mathrm{V}]$를 대입하면

$$70.7 = \sqrt{2}\,V\sin\frac{\pi}{6} \Rightarrow V = \frac{70.7}{\sqrt{2} \times \frac{1}{2}} = 100\,[\mathrm{V}]$$

5-7 정현파 전류 $i = I_m\sin(\omega t - 45°)$[A]에서 순시값과 실효값이 같게 되는 θ는?

풀이 순시값과 실효값을 같게 하려면 정현파 전류의 순시값

$i = \dfrac{I_m}{\sqrt{2}} = I_m\sin(\omega t - 45°)$ 이므로

$\sin(\omega t - 45°) = \dfrac{1}{\sqrt{2}}$ 에서 $(\omega t - 45°) = \sin^{-1}\dfrac{1}{\sqrt{2}} = 45°$

$\therefore\ \theta = \omega t = 90°$

2.4 파고율 및 파형률

정현파 교류의 크기는 실효값으로 나타내지만 파형의 모양을 알 수 없기 때문에 파

형을 알기 위한 방법으로 사각파의 일그러짐 정도를 나타내는 파형률波形率(form factor)과 파고율波高率(crest factor)이란 계수를 사용한다. 파형 평활도를 나타내는 파형률과 여러 파형의 날카로움 정도를 나타내는 파고율을 알면 대칭파의 모양에 대해서 알 수 있다. 그리고 여러 가지 비정현파에 대한 왜곡歪曲(distortion)의 정도를 이해하는 데에도 사용하고 있다.

$$\text{파고율} = \frac{\text{최대값}}{\text{실효값}} \tag{5.16}$$

$$\text{파형률} = \frac{\text{실효값}}{\text{평균값}} \tag{5.17}$$

예를 들어, 정현파 교류에 대한 파고율과 파형률을 구해보면 다음과 같이 나타낸다.

$$\text{파고율} = \frac{I_m}{I} = \frac{I_m}{I_m/\sqrt{2}} \fallingdotseq 1.414$$

$$\text{파형률} = \frac{I}{I_{av}} = \frac{I_m/\sqrt{2}}{2I_m/\pi} \fallingdotseq 1.11$$

여러 가지 비정편파의 파고율과 파형률도 정현파 교류에서 구하는 방법과 동일하며 표 5.1에 나타낸다.

표 5.1 각종 파형의 파고율과 파형률

파형의 종류	파형	파고율	파형률
정현파 (전파 정류파)	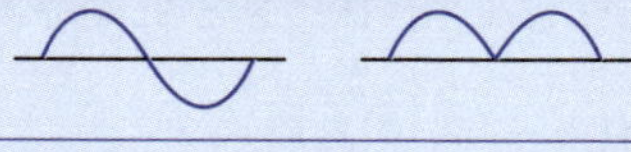	$\sqrt{2}$	$\frac{\pi}{2\sqrt{2}}$
반파 정류파		2	$\frac{\pi}{2}$
사각파 (구형파)	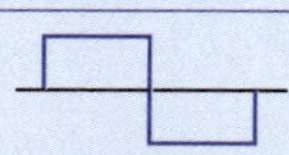	1	1
반파 구형파		$\sqrt{2}$	$\sqrt{2}$
반원파	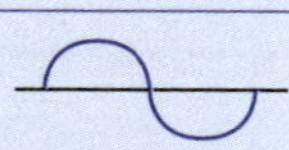	$\sqrt{\frac{3}{2}}$	$\frac{4}{\pi}\sqrt{\frac{2}{3}}$
삼각파	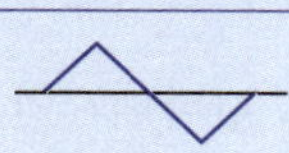	$\sqrt{3}$	$\frac{2}{\sqrt{3}}$

비정현파의 전압 v가 다음과 같이 표시될 경우

$$v(t) = V_{m1}\sin\omega t + V_{m2}\sin 2\omega t + \cdots + V_{mn}\sin n\omega t$$

비정현파 전압의 실효값 V는 다음과 같다.

$$V = \sqrt{V_1^{\,2} + V_2^{\,2} + \cdots + V_n^{\,2}} \tag{5.18}$$

여기서 V_1은 기본파, V_2는 제2고조파, ⋯ , V_n은 제n고조파의 실효값이다. 비정현파에서 정현파(기본파)에 대한 고조파 성분이 포함된 정도를 왜형률(distortion factor)이라고 하고 정현파에 대한 일그러짐의 정도를 나타내는 계수이다.

$$\text{왜형률} = \frac{\text{전 고조파의 실효값}}{\text{기본파의 실효값}} = \frac{\sqrt{V_2^{\,2} + V_3^{\,2} + \cdots + V_n^{\,2}}}{V_1} \tag{5.19}$$

예제문제 2.4 파고율 및 파형률

5-8 다음 그림과 같은 파형의 파고율은?

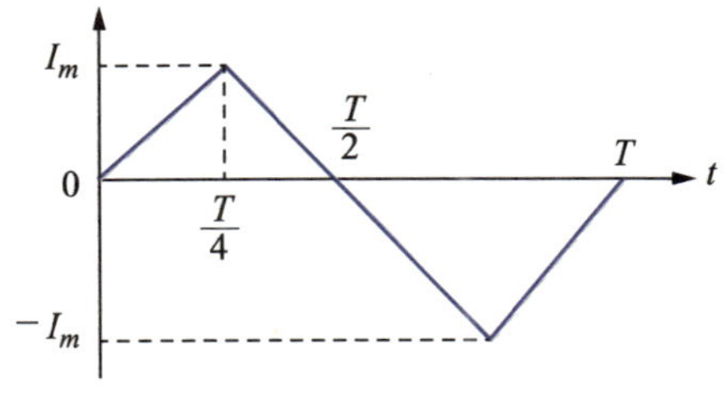

풀이 삼각파의 파고율 $= \dfrac{\text{최대값}}{\text{실효값}} = \sqrt{3}$ 이다.

5-9 왜형파 전압 $v = 100\sqrt{2}\sin\omega t + 50\sqrt{2}\sin 2\omega t + 30\sqrt{2}\sin 3\omega t$의 왜형률은?

풀이 $D = \dfrac{\text{전 고조파의 실효값}}{\text{기본파의 실효값}} = \dfrac{\sqrt{V_2^2 + V_3^2 + \cdots + V_n^2}}{V_1}$에서

$$D = \frac{\sqrt{50^2 + 30^2}}{100} = 0.58$$

3. 복소수와 페이저

교류 회로의 해석에 있어서 정현파의 순시값을 복소수로 나타내면 정현파의 가감이 복소수의 가감으로 되어 교류 회로를 직류 회로와 같이 대수적 방법으로 간단히 표현할 수 있다.

3.1 복소수의 기초

간단한 교류 회로에서는 벡터도에 의한 계산이 편리하지만 복잡한 교류 회로에서는 계산이 곤란할 경우가 많다. 벡터를 복소수로 표시하여 대수적인 계산으로 회로 해석을 할 수 있다. 즉, 수의 개념을 확장하여 실수(real number)와 허수(imaginary number)까지 포함하는 복소수(complex number)를 사용한다.

실수의 기본 단위는 1로써 모든 실수는 이의 배수로 나타내지만 허수에서는 제곱하여 -1이 되는 수인 $\sqrt{-1}$을 기본 단위로 하며, j로 사용한다. 복소수는 고딕체 대문자(예, $\boldsymbol{A}$) 또는 대문자에 점(예, $\dot{A}$)을 찍어 표기한다.

$$j^2 = -1 \qquad \therefore\ j = \sqrt{-1} \tag{5.20}$$

복소수는 실수를 X축, 허수를 Y축으로 하는 직각좌표 형식의 복소평면[48]複素平面(complex plane) 상의 한 점으로 나타낸다. 그림 5.7에서 직각좌표의 한 점인 P(3, 2)는

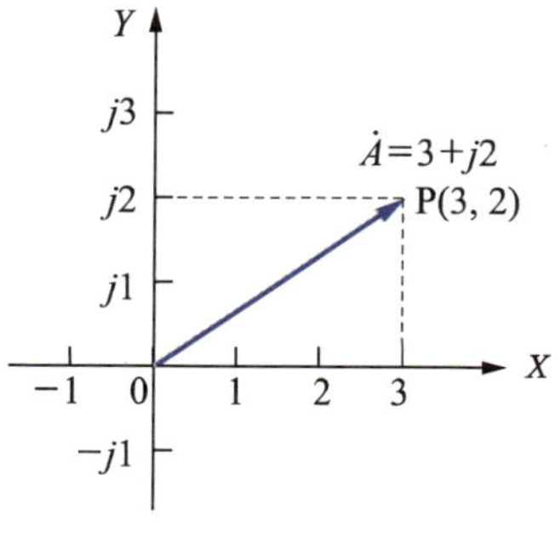

그림 5.7 복소수 표시

48) 복소수를 평면상의 한 점으로 표시하는 직각좌표 형식을 가진 평면이다.

복소평면의 한 점인 $\dot{A}=3+j2$로 대응된다. 복소수는 기하학적으로 벡터의 연산과 동일한 결과를 나타내므로 벡터의 표시법과 같이 화살표로 나타낼 수 있다. 복소수의 일반적인 형태를 식 (5.21)에서 나타내고 있다.

$$\dot{A}=a+jb \tag{5.21}$$

여기서, a는 복소수 A의 실수부[實數部](real part)라 하고, b를 복소수 A의 허수부[虛數部](imaginary part)라고 한다.

두 복소수 $\dot{A}=a+jb$와 $\dot{B}=c+jd$에 대한 직각좌표 형식의 사칙 연산은 다음과 같다.

- **덧셈**

$$\dot{A}+\dot{B}=(a+jb)+(c+jd)=(a+c)+j(b+d)$$

- **뺄셈**

$$\dot{A}-\dot{B}=(a+jb)-(c+jd)=(a-c)+j(b-d)$$

- **곱셈**

$$\dot{A}\times\dot{B}=(a+jb)\times(c+jd)=(ac-bd)+j(ad+bc)$$

- **나눗셈**

$$\frac{\dot{A}}{\dot{B}}=\frac{(a+jb)}{(c+jd)}=\frac{(a+jb)}{(c+jd)}\frac{(c-jd)}{(c-jd)}=\frac{ac+bd}{c^2+d^2}+j\frac{bc-ad}{c^2+d^2}$$

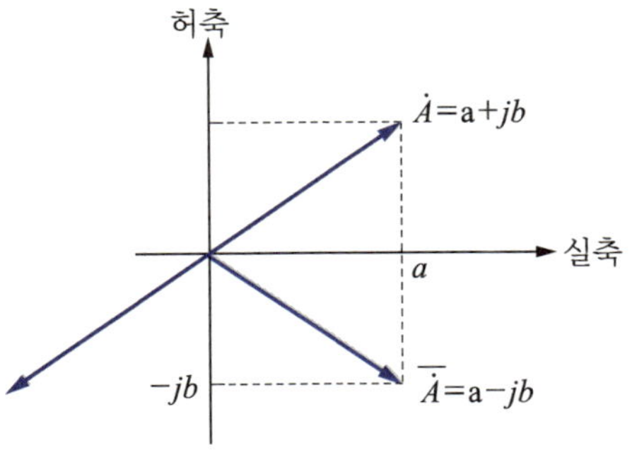

그림 5.8 공액 복소수

두 복소수가 같다고 하는 것은 두 복소수의 실수부, 허수부가 각각 같다는 것을 의미하는 것으로 '상등이다' 또는 '같다'라고 한다.

$$(a+jb) = (c+jd) \quad \Leftrightarrow \quad a=c,\ b=d$$

공액 복소수는 실수부는 같고 허수부의 부호가 다른 관계로써, 복소평면상에서 실수축(X축)에 대해 대칭 관계에 있는 것을 말한다. 그림 5.8은 복소수 $\dot{A}=a+jb$의 공액 복소수는 $\overline{\dot{A}}=a-jb$로 나타내고 있다. 복소수 $\dot{A}$의 원점에 대한 대칭관계는 $-\dot{A}$ $(=-a-jb)$가 된다.

3.2 복소수의 형식

(1) 삼각함수 형식(trigonometric form) 및 극좌표 형식(polar form)

복소 평면상의 한 점에 대응하는 복소수는 원점으로부터의 거리와 실축과 복소수 선분이 이루는 각으로 나타낼 수 있다. 복소수 $\dot{A}=a+jb$를 그림 5.9와 같이 표시할 때 원점 O로부터 P점까지의 거리를 복소수 $\dot{A}$의 크기라 하며, $|\dot{A}|$ 또는 A로 나타낸다. 또한, 실축과 복소수 $\dot{A}$로 이루는 각 θ를 복소수 $\dot{A}$의 편각[偏角](argument)이라고 하고, 원점을 중심으로 반시계 방향이 양의 각이 된다. 복소평면상의 복소수 $\dot{A}$는 크기 A와 편각 θ로 표현한 (A, θ)을 극좌표 형식이라고 한다.

복소수 $\dot{A}$의 절대값 A와 편각 θ는 식 (5.22)로 구할 수 같으며, 극좌표 형식은 식 (5.23)과 같이 나타낸다.

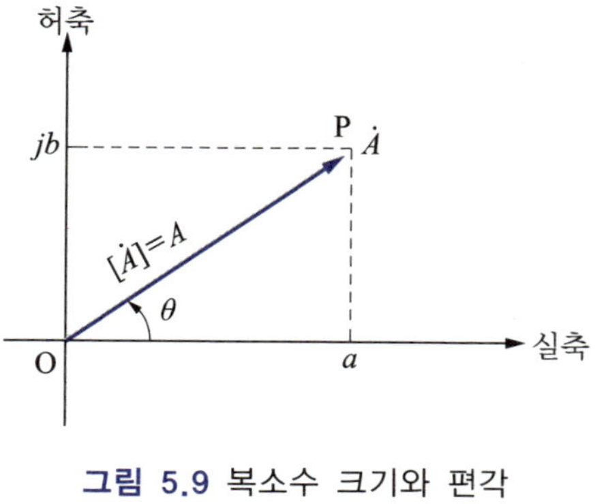

그림 5.9 복소수 크기와 편각

$$|\dot{A}| = A = \sqrt{a^2+b^2}, \qquad \theta = \tan^{-1}\frac{b}{a} \tag{5.22}$$

$$\dot{A} = a+jb = A\angle\theta \tag{5.23}$$

복소평면상의 복소수 $\dot{A}=a+jb$를 나타내는 점 P(a, b)는 ($A\cos\theta$, $A\sin\theta$)로 표현할 수 있으므로 복소수 $\dot{A}$를 삼각함수 형식으로 나타낼 수 있다

$$\dot{A}=a+jb=A(\cos\theta+j\sin\theta) \tag{5.24}$$

(2) 지수함수 형식(exponential form)

삼각함수와 지수함수의 관계를 나타내는 오일러의 공식[49](Euler's theorem)은 다음과 같다.

$$e^{j\theta} = \cos\theta+j\sin\theta \tag{5.25}$$

여기서, e는 자연로그의 밑인 상수, $e^{j\theta}$의 크기(절대값)는 $|e^{j\theta}|=\sqrt{\cos^2\theta+\sin^2\theta}=1$이 되고, 오일러 공식을 극좌표 형식으로 표현하면 $e^{j\theta}=1\angle\theta$이 된다. 편각은 일반적으로 호도법의 [rad]을 사용한다.

따라서, 복소수 $\dot{A}$의 지수함수 형식[50]은 다음과 같다.

$$\dot{A}=A\angle\theta=A(\cos\theta+j\sin\theta)=Ae^{j\theta} \tag{5.26}$$

두 복소수 $\dot{A}$, $\dot{B}$의 곱셈과 나눗셈 연산은 직각좌표 형식을 극좌표 형식으로 변환하여 식 (5.28)과 같이 계산하면 편리하게 사용할 수 있다.

---

49) 테일러의 급수에 따라 다음 식이 성립한다.

$$e^x=1+x+\frac{x^2}{2!}+\frac{x^3}{3!}+\cdots,\ \cos x=1-\frac{x^2}{2!}+\frac{x^4}{4!}-\frac{x^6}{6!}+\cdots,\ \sin x=x-\frac{x^3}{3!}+\frac{x^5}{5!}-\frac{x^7}{7!}+\cdots$$

$$\therefore\ e^{jx}=1+jx+\frac{(jx)^2}{2!}+\frac{(jx)^3}{3!}+\frac{(jx)^4}{4!}+\cdots=1+jx-\frac{x^2}{2!}-j\frac{x^3}{3!}+\frac{x^4}{4!}-j\frac{x^5}{5!}+\cdots$$

$$=\left(1-\frac{x^2}{2!}+\frac{x^4}{4!}-\frac{x^6}{6!}+\cdots\right)+j\left(x-\frac{x^3}{3!}+\frac{x^5}{5!}-\frac{x^7}{7!}+\cdots\right)=\cos x+j\sin x$$

50) 허수 단위의 형식은 다음과 같다.

$$j=1\angle\frac{\pi}{2}=\cos\frac{\pi}{2}+j\sin\frac{\pi}{2}=e^{j\frac{\pi}{2}},\qquad -j=1\angle-\frac{\pi}{2}=\cos\left(-\frac{\pi}{2}\right)+j\sin\left(-\frac{\pi}{2}\right)=e^{j\left(-\frac{\pi}{2}\right)}$$

$$\dot{A} = a + jb = A(\cos\theta_1 + j\sin\theta_1) = A\angle\theta_1$$
$$\dot{B} = c + jd = B(\cos\theta_2 + j\sin\theta_2) = B\angle\theta_2 \qquad (5.27)$$

$$\dot{A}\dot{B} = AB\angle(\theta_1+\theta_2) = ABe^{j(\theta_1+\theta_2)}$$
$$\frac{\dot{A}}{\dot{B}} = \frac{A}{B}\angle(\theta_1-\theta_2) = \frac{A}{B}e^{j(\theta_1-\theta_2)} \qquad (5.28)$$

예제문제 3.2 복소수의 형식

5-10 $A = -1 + j\sqrt{3}$ 의 극좌표 형식은?

풀이 $|A| = \sqrt{(-1)^2 + (\sqrt{3})^2} = 2$, $\theta = \tan^{-1}\dfrac{\sqrt{3}}{-1} = 120°$ 이므로

극좌표형식 $A = 2\angle 120$ 이 된다.

이를 다른 형식으로 표현하면 다음과 같다.

$$A = 2\angle 120 = 2\left(\cos\frac{2\pi}{3} + j\sin\frac{2\pi}{3}\right) = 2e^{j120}$$

3.3 정현파의 페이저

그림 5.10(a)는 크기가 I_m, V_m 인 초기위상 $\theta_1(\overrightarrow{OQ})$과 $\theta_2(\overrightarrow{OP})$로부터 반시계 방향으로 일정한 각속도 ω로 원운동하는 회전벡터이다. 화살표 선분인 회전벡터 $\overrightarrow{OP}$와 $\overrightarrow{OQ}$의 Y축상의 정투영 선분 $\overrightarrow{OP'}$, $\overrightarrow{OQ'}$가 회전각의 변화에 따라 두 정현파로 그려지는 것을 그림 5.10(b)에서 보여 주고 있다. 이러한 정투영 선분 $\overrightarrow{OP'}$의 정현파 순시값 $v = V_m\sin(\omega t + \theta_2)$는 최대값 V_m, 주파수(또는 각주파수) f 및 초기 위상 θ_2을 알 수 있다.

수동소자인 R, L, C 등으로 구성되는 일반 교류 회로의 전압과 전류는 동일 주파수를 가지므로 전압, 전류의 크기와 상대적인 위상만 변하게 된다. 따라서, 정현파 $V_m \sin(\omega t + \theta)$는 크기 V_m, $t = 0$에서 정방향의 수평축과 이루는 초기 위상 θ, 일정한

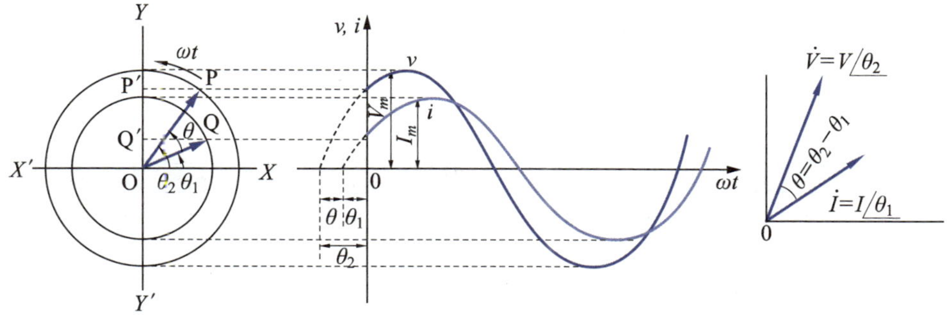

(a) 회전 벡터 (b) 정현파 (c) 페이저도

그림 5.10 정현파의 페이저

각속도 ω로 반시계 방향으로 회전하는 하나의 선분인 정지벡터로 나타낼 수 있다. 즉, $V_m\angle\theta$, $V_m e^{j\theta}$와 같이 정현파의 최대값과 위상으로 나타내는 선분 또는 복소수를 페이저(phasor)[51]라고 하며, 선분의 끝에는 화살표를 붙여서 그림 5.10(c)와 같이 나타낸다.

교류 전압과 전류의 페이저는 $\dot{V}= V\angle\theta_2$, $\dot{I}= I\angle\theta_1$이 되고, 전압이 위상차 $\theta=\theta_2-\theta_1$만큼 앞서고 있다. 전류나 전압 페이저는 기준 페이저(예, $\dot{V}= V\angle 0°$)로 상대적인 위상관계를 표현하는 것이 실용적이다. 하나의 복소평면에 페이저를 그린 것을 페이저도(phasor diagram)라고 하며, 페이저는 복소수의 벡터 기호와 동일하게 사용된다.

정현파의 크기는 최대값보다 실효값을 주로 사용하기 때문에 페이저는 실효값(V)으로 나타내는 것이 일반적이다.

$$\dot{V}=\frac{V_m}{\sqrt{2}}\angle\theta= V\angle\theta= Ve^{j\theta} \tag{5.29}$$

표 5.2 순시값의 페이저 표시

순시값	페이저 표시
$v=\sqrt{2}\,V\sin(\omega t+\theta_1)$	$\dot{V}= V\angle\theta_1= V(\cos\theta_1+j\sin\theta_1)$ $= Ve^{j\theta_1}$
$i=\sqrt{2}\,I\sin(\omega t+\theta_2)$	$\dot{I}= I\angle\theta_2= I(\cos\theta_2+j\sin\theta_2)$ $= Ie^{j\theta_2}$

51) 페이저(phasor)라는 용어는 위상(phase)과 벡터(vector)를 합친 말이다.

또한 각 회로에 교류 전압 $v = V_m \sin\omega t$[V]를 인가할 경우 R, L, C 회로에 있어서 전압과 전류 관계에 대한 페이저 표시를 표 5.3에 나타내고 있다.

표 5.3 수동소자(RLC)의 페이저 표시

RLC 회로	페이저 표시
$v_R = Ri = \sqrt{2}\,RI\sin\omega t$	$\dot{V}_R = RI\angle 0 = R\dot{I}$
$v_L = L\dfrac{di}{dt} = \sqrt{2}\,\omega LI\sin(\omega t + 90°)$	$\dot{V}_L = \omega LI\angle 90° = j\omega L\dot{I}$
$v_C = \dfrac{1}{C}\int idt = \dfrac{\sqrt{2}\,I}{\omega C}\sin(\omega t - 90°)$	$\dot{V}_C = \dfrac{I}{\omega C}\angle -90° = -j\dfrac{\dot{I}}{\omega C}$

예제문제 3.3 정현파의 페이저

5-11 전압 $v = 100\sqrt{2}\sin\left(\omega t + \dfrac{\pi}{3}\right)$를 복소수로 표시하여라.

풀이 $\boldsymbol{V} = 100\angle\dfrac{\pi}{3} = 100(\cos 60° + j\sin 60°) = 50 + j50\sqrt{3}$

5-12 $\boldsymbol{A}_1 = 20\left(\cos\dfrac{\pi}{3} + j\sin\dfrac{\pi}{3}\right)$, $\boldsymbol{A}_2 = 5\left(\cos\dfrac{\pi}{6} + j\sin\dfrac{\pi}{6}\right)$로 표시되는 두 벡터에서 $\dfrac{\boldsymbol{A}_1}{\boldsymbol{A}_2}$는?

풀이 $\boldsymbol{A}_1 = 20\left(\cos\dfrac{\pi}{3} + j\sin\dfrac{\pi}{3}\right) = 20\angle\dfrac{\pi}{3}$, $\boldsymbol{A}_2 = 5\left(\cos\dfrac{\pi}{6} + j\sin\dfrac{\pi}{6}\right) = 5\angle\dfrac{\pi}{6}$ 이므로

따라서, $\dfrac{\boldsymbol{A}_1}{\boldsymbol{A}_2} = \dfrac{20\angle\dfrac{\pi}{3}}{5\angle\dfrac{\pi}{6}} = \dfrac{20}{5}\angle\left(\dfrac{\pi}{3} - \dfrac{\pi}{6}\right) = 4\angle\dfrac{\pi}{6}$

5-13 어떤 기준 벡터에 대해 30° 앞선 200[V]의 전압 V_1과 90° 뒤진 200[V]의 전압 V_2가 있을 때 이 두 전압의 차는?

풀이 $V_1 = 200\angle 30 = 200(\cos 30° + j\sin 30°)$,
$V_2 = 200\angle -90 = 200(\cos 90° - j\sin 90°)$이므로

$$\begin{aligned} V_1 - V_2 &= 200(\cos 30° + j\sin 30°) - 200(\cos 90° - j\sin 90°) \\ &= (100\sqrt{3} + j100) - (-j200) = 100(\sqrt{3} + j3) \end{aligned}$$

4. 수동소자(RLC)의 특성

4.1 저항 회로

그림 5.11(a)와 같이 저항 $R[\Omega]$만의 회로에 교류 전압 $v = V_m \sin\omega t[\mathrm{V}]$를 인가할 경우 저항은 교류 전압에 대하여 매순간마다 옴의 법칙이 성립하므로 교류 전류는 다음과 같이 된다.

$$\begin{aligned} i &= \frac{v}{R} = \frac{V_m}{R}\sin\omega t = \frac{\sqrt{2}\,V}{R}\sin\omega t \\ &= \sqrt{2}\,I\sin\omega t = I_m\sin\omega t \end{aligned} \tag{5.30}$$

그림 5.11(b)와 같이 전압 v와 전류 i는 최대값만 다르고 위상이 같은 동일 주파수의 정현파이다. 또한 식 (5.31)에서 전압과 전류의 실효값 V, I로 나타내면 다음과 같으며, 전압과 전류의 최대값 또는 실효값의 비는 저항 R이 된다.

$$I_m = \frac{V_m}{R} \qquad \therefore\ I = \frac{V}{R}\,[\mathrm{A}] \tag{5.31}$$

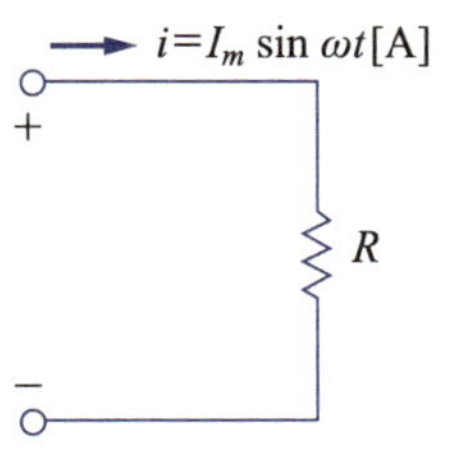

(a) 저항만의 회로

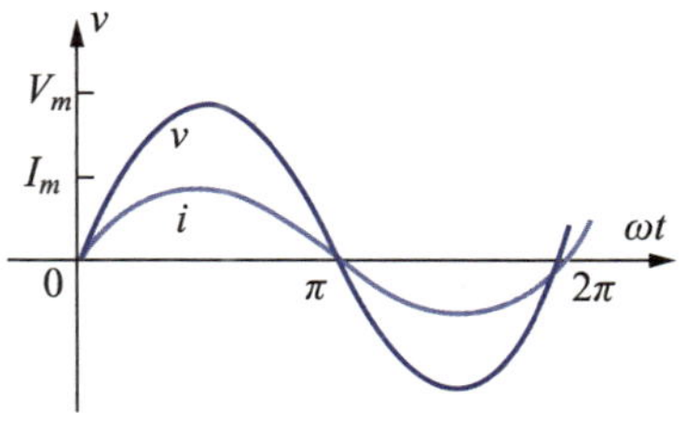

(b) 순시값 전압과 전류

그림 5.11 저항 회로

예제문제 4.1 저항 회로

5-14 어떤 회로에 전압 $v = 125\sin 377t[\mathrm{V}]$를 가했을 때 전류 $i = 25\sin 377t[\mathrm{A}]$가 흘렀다. 이 회로의 소자는?

풀이 전압과 전류의 위상차가 없으므로 저항만의 회로이다.

4.2 인덕턴스 회로

그림 5.12(a)와 같이 인덕턴스(코일) L[H]의 회로에 교류 전압 $v = V_m \sin \omega t$[V]를 인가할 경우 전압 $v = L\frac{di}{dt}$[52]로부터 전류 i는 다음과 같다.

$$\begin{aligned} i &= \frac{1}{L}\int v dt \\ &= \frac{1}{L}\int V_m \sin \omega t dt = \frac{V_m}{\omega L}\sin\left(\omega t - \frac{\pi}{2}\right) \end{aligned} \tag{5.32}$$

전류 i는 전압 v보다 위상이 $\frac{\pi}{2}$만큼 뒤지는(지상 전류) 동일 주파수의 정현파이다. 식 (5.32)에서 전류의 실효값 I는 식 (5.33)과 같으며, 전압과 전류의 최대값 또는 실효값의 비는 ωL이 된다.

$$I_m = \frac{1}{\omega L} V_m \qquad \therefore\ I = \frac{V}{\omega L}\ [\text{A}] \tag{5.33}$$

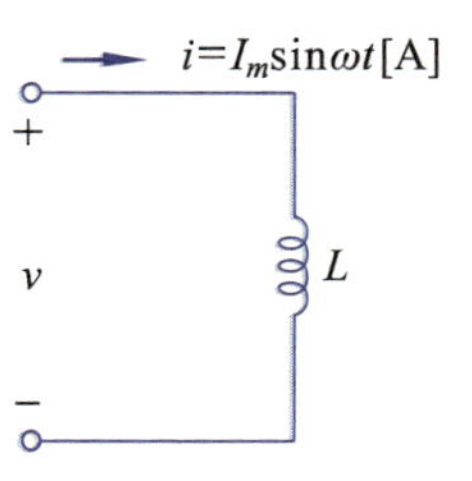

(a) 인덕턴스의 회로

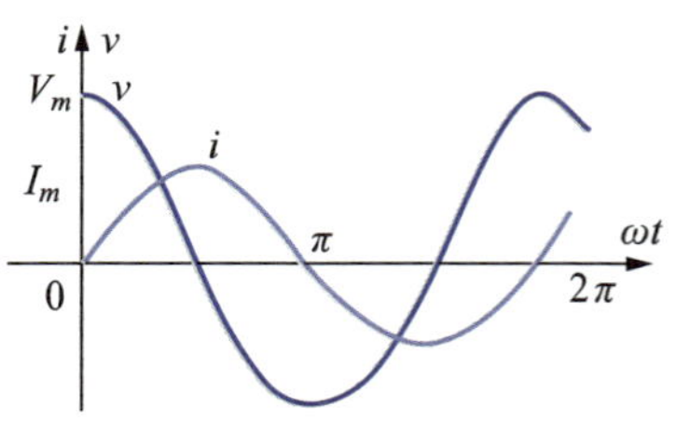

(b) 순시값 전압과 전류

그림 5.12 인덕턴스 회로

52) $v = L\frac{di}{dt} = L\frac{d}{dt}(I_m \sin\omega t) = \omega L I_m \cos\omega t = \omega L I_m \sin\left(\omega t + \frac{\pi}{2}\right)$

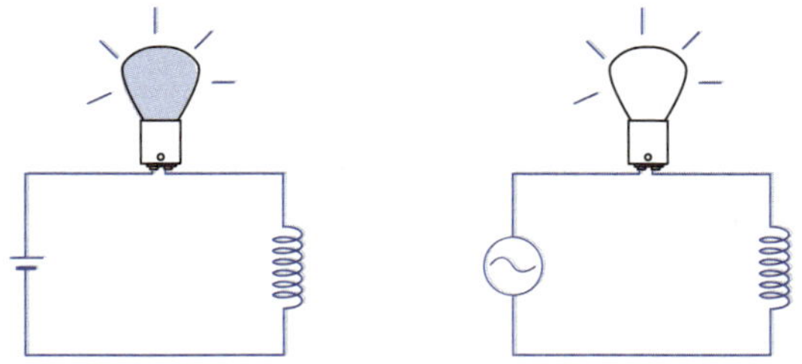

(a) 직류 전원 (b) 교류 전원

그림 5.13 유도 회로와 전원

저항 회로와 비교하면 ωL은 인덕턴스 회로에서 전류의 흐름을 제한하는 일종의 교류 저항이므로 리액턴스(reactance)라 한다. 일반 저항과는 달리 전압과 전류 사이에 90°의 위상차를 발생되므로 ωL을 유도성 리액턴스(inductive reactance)라 부르며, 기호는 X_L, 단위는 $[\Omega]$을 사용한다. 유도성 리액턴스 X_L은 식 (5.34)으로부터 자기 인덕턴스 L과 주파수 f에 정비례한다.

$$X_L = \omega L = 2\pi f L[\Omega] \tag{5.34}$$

따라서 위의 두 식에서 다음과 같이 나타낼 수 있다.

$$I = \frac{V}{X_L}[\text{A}], \qquad V = X_L I[\text{V}] \tag{5.35}$$

먼저 저항만의 회로에 교류 전압을 인가한 경우 전류가 흘러 전구는 빛을 내고, 인덕터에 직류 전압을 인가한 경우 작은 저항성분을 갖고 있고($\because\ \omega = 0 \rightarrow I \neq \infty$) 전류 흐름의 변화가 없는($\because\ di/dt = 0$) 직류이기 때문에 인덕터에 유도 전압이나 유도 리액턴스가 없으므로 직류 전류가 흘러 전구는 빛을 낸다.

그러나 인덕터에 교류 전압을 인가하면 유도성 리액턴스로 인하여 큰 저항이 발생되면서 인가 전압을 방해하여 전류를 감소시키는 자기유도 전압을 발생시키므로 전류는 매우 작아져서 전구는 점등이 되지 않는다. 결국 주파수가 클수록 전류는 인덕턴스를 통해 흐르기 어렵기 대문에 여러 주파수의 신호전압이 인가되는 회로에서 고주파의 신호 전류가 흐르는 것을 억제하는 데 사용된다.

예제문제 4.2 인덕턴스 회로

5-15 1[H]인 코일의 리액턴스가 377[Ω]일 경우의 주파수[Hz]는?

풀이 $X_L = \omega L = 2\pi f L$에서 $f = \dfrac{X_L}{2\pi L} = \dfrac{377}{2\pi \times 1} = 60\,[\mathrm{Hz}]$

5-16 4[H]인 인덕터에 $V = 8\angle -50$[V]의 전압을 가할 때 흐르는 전류의 순시값[A]은? 단, ω는 100[rad/s]이다.

풀이 $I = \dfrac{V}{\omega L} = \dfrac{8\angle -50}{100 \times 4} = 0.02\angle -50$이고, 전류는 전압보다 90° 위상이 뒤지므로 따라서, $I = 0.02\angle(-50-90) = 0.02\angle -140$이 된다.

4.3 커패시턴스 회로

그림 5.14(a)와 같이 정전용량이 C[F]인 콘덴서만의 회로에 교류 전압 $v = V_m \sin\omega t$을 인가한 경우 콘덴서의 두 전극에는 $q = Cv$[C] 만큼의 전하가 교대로 축적되므로, 전압 $v = \dfrac{1}{C}\int i\,dt$[53]로부터 전류 i는 다음과 같이 된다.

$$\begin{aligned} i &= \frac{dq}{dt} = \frac{d}{dt}Cv = \frac{d}{dt}(CV_m \sin\omega t) \\ &= \omega C V_m \cos\omega t \\ &= \frac{V_m}{\frac{1}{\omega C}}\cos\omega t = \frac{V_m}{\frac{1}{\omega C}}\sin\left(\omega t + \frac{\pi}{2}\right)[\mathrm{A}] \end{aligned} \tag{5.36}$$

전류 i는 전압 v보다 $\dfrac{\pi}{2}$만큼 위상이 앞서는(진상 전류) 동일 주파수의 정현파이다. 식 (5.36)에서 전류의 크기 I는 다음과 같으며, 전압과 전류의 최대값 또는 실효값의 비는 $\dfrac{1}{\omega C}$이 된다.

53) $v = \dfrac{1}{C}\int i\,dt = \dfrac{1}{C}\int I_m \sin\omega t\,dt = -\dfrac{1}{\omega C}I_m \sin\omega t = \dfrac{1}{\omega C}I_m \sin\left(\omega t - \dfrac{\pi}{2}\right)$

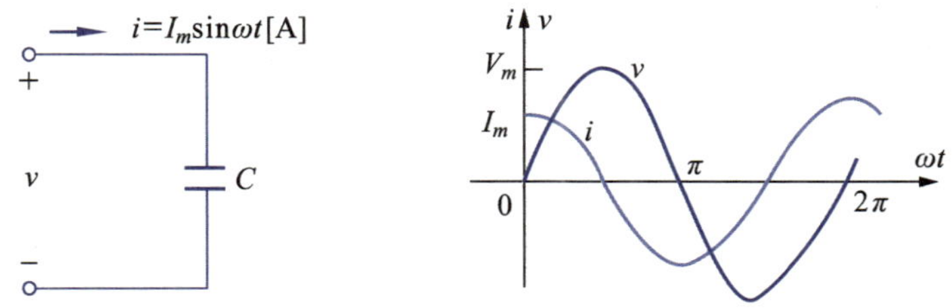

(a) 인덕턴스의 회로 (b) 순시값 전압과 전류

그림 5.14 커패시턴스 회로

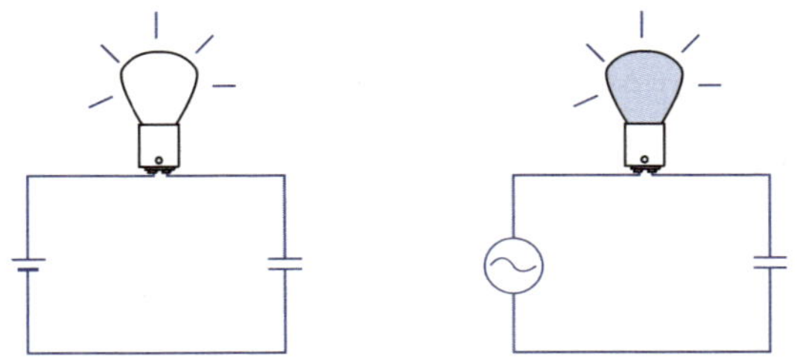

(a) 직류 전원 (b) 교류 전원

그림 5.15 용량 회로와 전원

$$I_m = \frac{V_m}{1/\omega C} [\text{A}] \qquad \therefore\ I = \frac{V}{1/\omega C} \tag{5.37}$$

$\frac{1}{\omega C}$은 정전용량 회로에서 전류의 흐름을 제한하는 일종의 교류저항이므로 리액턴스(reactance)라 한다. 저항 회로와는 다른 전압과 전류사이에 90°의 위상차가 있으므로 $\frac{1}{\omega C}$을 용량성 리액턴스(capacitive reactance)라고 한다. 기호는 X_C, 단위는 $[\Omega]$을 사용한다.

$$X_C = \frac{1}{\omega C} = \frac{1}{2\pi f C} [\Omega] \tag{5.38}$$

용량성 리액턴스 X_C는 정전용량 C를 일정하게 놓고 주파수 f에 따라 변화시키면 쌍곡선으로 된다. 이것을 용량성 리액턴스의 주파수 특성이라 한다. 따라서 위의 두 식에서 다음과 같이 나타낼 수 있다.

$$I = \frac{V}{X_C} [\text{A}], \qquad V = X_c I [\text{V}] \tag{5.39}$$

커패시터의 유전체는 절연체이므로 전류가 흐를 수는 없다. 가해지는 교류 전압이 증가하면 콘덴서가 충전되고, 가해지는 교류 전압이 감소되면 콘덴서는 방전되는 충・방전 현상이 반복된다. 충전과 방전 전류의 사이클은 인가된 전압과 같은 주파수를 가진 교번 전류를 회로에 흐르게 하여 전구가 켜지게 된다. 커패시턴스가 큰 경우에는 전구를 밝게 켜질 수 있는 충분한 전류를 공급하지만, 작은 커패시턴스는 작은 정전용량 때문에 작은 충・방전 전류를 흘려 전구는 밝지 않다. 그러므로 커패시턴스가 작을수록 용량성 리액턴스가 커져서 작은 전류가 흐르게 된다. 또한 주파수가 낮을수록 전류는 커패시터에 흐르기 어려워 저주파의 신호전류가 흐르는 것을 억제하는 데 사용된다.

일정한 직류 전압을 큰 커패시터에 충전하면 전압이 가해져 충전 전류가 흐르는 순간(충전될 때까지의 순간)에는 전구가 깜박한다. 충전이 완료된 후의 커패시터는 인가된 전압과 같게 되고($\because\ dv/dt=0$), 전류가 흐르지 않아 전구는 켜지지 않는다. 결과적으로 커패시터는 직류 전류나 전압을 차단할 수 있다. 즉, 가해진 직류 전압은 모두 충전된 커패시터에 걸려 직렬로 연결된 저항(전구)에는 0[V]가 걸리게 된다.

예제문제 4.3 커패시턴스 회로

5-17 10[μF]인 콘덴서에서 60[Hz] 전원에 대한 용량 리액턴스[Ω]는?

풀이 $X_C=\dfrac{1}{\omega C}=\dfrac{1}{2\pi fC}$ 에서 $X_C=\dfrac{1}{2\pi\times 60\times 10\times 10^{-6}}\fallingdotseq 265.4$

5-18 교류 전압 100[V]를 콘덴서에 가할 경우 1[A] 전류가 흘렀다. 이 때 콘덴서의 정전용량 [μF]은? 단, 주파수는 60[Hz]이다.

풀이 용량성 리액턴스 $X_C=\dfrac{1}{2\pi fC}$ 이고, $X_C=\dfrac{V}{I}=100[\Omega]$ 이므로

따라서, 정전용량 $C=\dfrac{1}{2\pi fX_C}=\dfrac{1}{2\pi\times 60\times 100}\fallingdotseq 26.5[\mu\mathrm{F}]$

5. RLC 소자의 직렬 회로

5.1 복소 임피던스

저항 $R[\Omega]$, 인덕턴스 L[H], 커패시터 C[F]의 직렬 회로에 실효값 $\dot{V}$ [V], 주파수 f[Hz]의 정현파 전압을 인가할 때, 회로에 흐르는 전류 $\dot{I}$ [A]일 때 R, L, C 소자에 걸리는 각각의 전압 $\dot{V}_R$, $\dot{V}_L$, $\dot{V}_C$의 크기는 다음과 같다.

$$\begin{aligned} V_R &= R\,i = RI_m \sin\omega t\ [\mathrm{V}] \\ V_L &= L\frac{di}{dt} = \omega LI_m \sin(\omega t + 90)\ [\mathrm{V}] \\ V_C &= \frac{1}{C}\int i\,dt = \frac{1}{\omega C}I_m \sin(\omega t - 90)\ [\mathrm{V}] \end{aligned} \tag{5.40}$$

전류 $\dot{I}$를 기준으로 $\dot{V}_R$은 동상, $\dot{V}_L$은 $\frac{\pi}{2}$[rad] 앞서고, $\dot{V}_C$는 $\frac{\pi}{2}$[rad] 뒤지게 된다. 이를 페이저로 나타내면 다음과 같다.

$$\begin{aligned} \dot{V}_R &= RI\angle 0 = R\dot{I} \\ \dot{V}_L &= \omega LI\angle 90 = j\omega L\dot{I} = jX_L\dot{I} \\ \dot{V}_C &= \frac{I}{\omega C}\angle -90 = -j\frac{1}{\omega C}\dot{I} = \frac{1}{j\omega C}\dot{I} = -jX_C\dot{I} \end{aligned} \tag{5.41}$$

전체 전압 $\dot{V}$는 $\dot{V}_R$, $\dot{V}_L$, $\dot{V}_C$ 벡터합이므로 식 (5.42)와 같이 된다.

$$\begin{aligned} \dot{V} &= \dot{V}_R + \dot{V}_L + \dot{V}_C \\ &= R\dot{I} + j\omega L\dot{I} - j\frac{1}{\omega C}\dot{I} = \left\{R + j\left(\omega L - \frac{1}{\omega C}\right)\right\}\dot{I} \\ &= \dot{Z}\,\dot{I}\ [\mathrm{V}] \end{aligned} \tag{5.42}$$

여기서, $\dot{Z}$는 복소 임피던스(complex impedance) 또는 임피던스라고 하며, 전류를 제한하는 역할이므로 교류 회로에서의 합성저항을 의미한다. 임피던스의 크기는 전압과

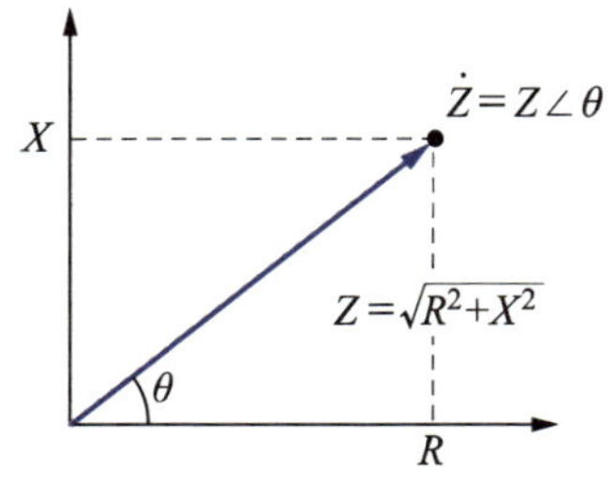

그림 5.16 복소 임피던스

전류의 실효값의 비[比]로 결정되며, 임피던스 각은 전압과 전류의 위상차에 의해 결정된다. 전압 $\dot{V}$, 전류 $\dot{I}$는 시간영역의 정현파를 갖는 페이저이지만, 임피던스 $\dot{Z}$는 실수부와 허수부로 구성되는 단순한 복소수이다. 따라서 전압, 전류 등을 복소수의 페이저로 표시할 경우 위상관계를 나타내고 있기 때문에 정현파 교류 회로의 각 소자를 복소수로 변환하여 해석하면 쉽게 처리할 수 있다.

전류를 기준($\dot{I} = I\angle 0$)으로 할 경우 전압은 $\dot{V} = V\angle\theta$이라고 하면 θ는 전압의 위상에서 전류의 위상을 뺀 위상차이다.

$$\dot{Z} = Z\angle\theta = R + j(X_L - X_C) = R + j\left(\omega L - \frac{1}{\omega C}\right)$$

$$\begin{cases} Z = \sqrt{R^2 + X^2} = \sqrt{R^2 + (X_L - X_C)^2}\ [\Omega] \\ \theta = \tan^{-1}\dfrac{X}{R} = \tan^{-1}\dfrac{X_L - X_C}{R}\ [\text{rad}] \end{cases} \tag{5.43}$$

R, L, C 소자의 직렬 또는 병렬접속회로에서의 합성 임피던스는 직류 회로의 합성저항을 구하는 방법과 동일하게 적용할 수 있다. n개의 임피던스가 직렬 또는 병렬로 접속되어 있는 경우 합성 임피던스 Z_0는 다음과 같다.

$$\text{직렬}\quad \dot{Z}_0 = \dot{Z}_1 + \dot{Z}_2 + \cdots + \dot{Z}_n$$

$$\text{병렬}\quad \frac{1}{\dot{Z}_0} = \frac{1}{\dot{Z}_1} + \frac{1}{\dot{Z}_2} + \cdots + \frac{1}{\dot{Z}_n} \tag{5.44}$$

표 5.4 수동소자(RLC)의 복소수 표시

RLC 소자의 페이저	페이저도
$\dot{V}_R = R\dot{I}$	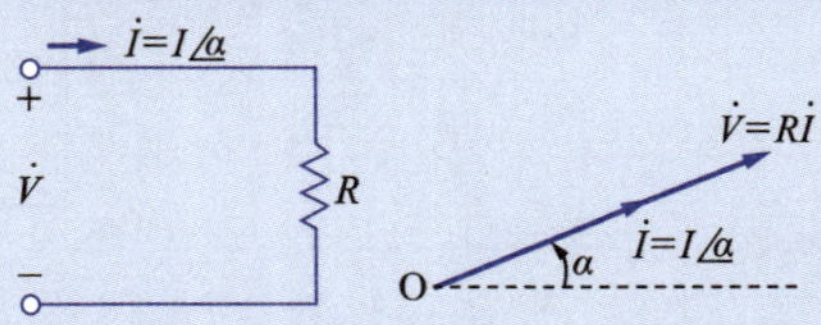
$\dot{V}_L = j\omega L\dot{I} = jX_L\dot{I}$ $(X_L = \omega L)$	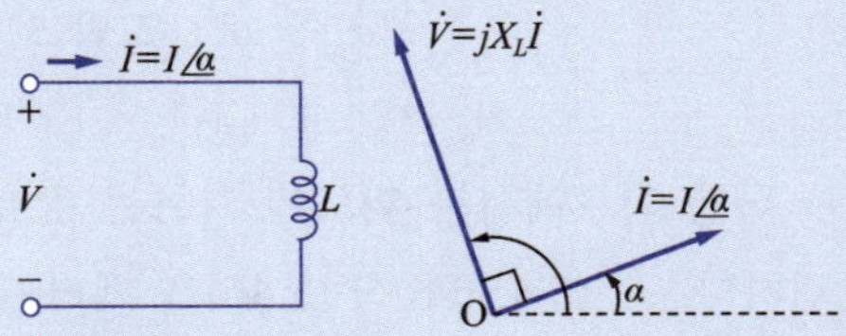
$\dot{V}_C = -j\dfrac{\dot{I}}{\omega C} = -jX_C\dot{I}$ $\left(X_C = \dfrac{1}{\omega C}\right)$	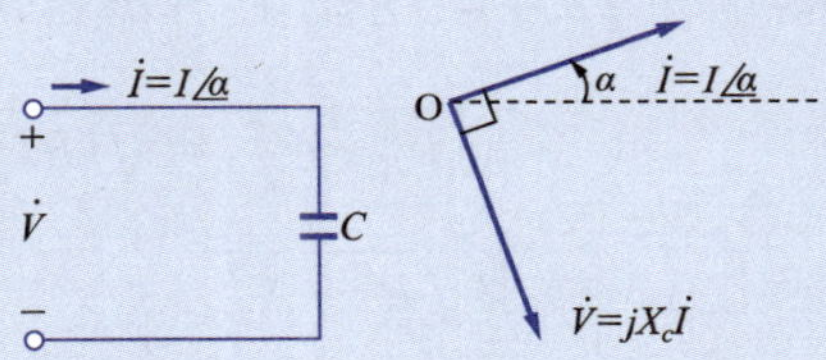

5.2 RL 직렬 회로

저항 $R[\Omega]$과 인덕턴스 L[H]를 직렬로 접속한 회로(그림 5.17(a))에서는 두 성분의 벡터합에 의하여 구하여야 한다. RL 직렬 회로에 정현파 전압 $v = V_m \sin\omega t$[V]$(= \dot{V} = V\angle\theta)$를 인가할 때, 회로에 흐르는 전류 I[A]는 페이저를 이용하여 구한다. RL 직렬 회로의 저항과 인덕턴스의 양단에 걸리는 전압 $\dot{V}_R$, $\dot{V}_L$[V]은 다음과 같이 된다.

$$\dot{V}_R = R\dot{I}, \qquad \dot{V}_L = X_L\dot{I} \tag{5.45}$$

여기서 $\dot{V}_R$는 전류 $\dot{I}$와 동상$(\dot{I} = I\angle 0)$이 되고, $\dot{V}_L$은 전류 $\dot{I}$보다 $\frac{\pi}{2}$[rad] 만큼 위상이 앞선다. 따라서 전체 전압 $\dot{V}(\dot{V} = V\angle\theta)$는 다음과 같이 된다.

$$\dot{V} = \dot{V}_R + \dot{V}_L \tag{5.46}$$

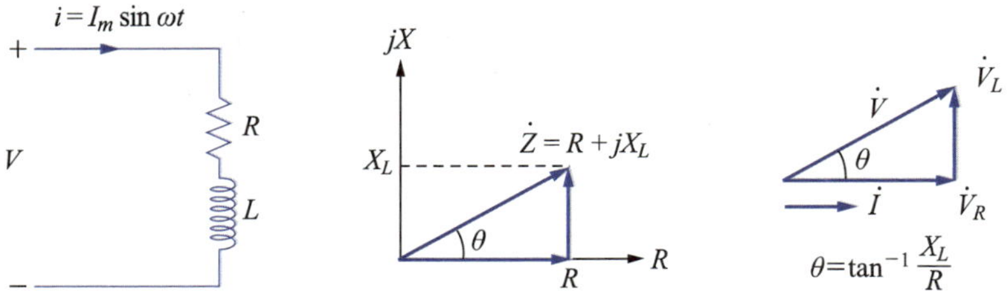

(a) 회로도　　(b) 복소 임피던스　　(c) 임피던스도

그림 5.17 RL 직렬 회로

직렬 회로에서는 회로에 흐르는 전류가 일정하므로, 전류를 기준 벡터로 잡는 것이 편하다. 식 (5.45)와 식 (5.46)을 벡터도로 그리면 그림 5.17(c)와 같이 된다. 그림 5.17(c)의 벡터도로부터 전압 $\dot{V}$ 의 크기인 전체 전압 V는 다음과 같다.

$$\begin{aligned} V &= \sqrt{V_R^2 + V_L^2} = \sqrt{(RI)^2 + (X_L I)^2} \\ &= I\sqrt{R^2 + X_L^2} \end{aligned} \tag{5.47}$$

또한, 전류 I는 다음과 같다.

$$I = \frac{V}{\sqrt{R^2 + X_L^2}} = \frac{V}{Z}\ [\mathrm{A}] \tag{5.48}$$

식 (5.48)의 분모항은 옴의 법칙에 따라 RL 직렬 회로에서 전류의 흐름을 방해하는 일종의 저항과 같은 작용을 하므로 임피던스(impedance)라고 하며, 저항과 리액턴스의 벡터합(그림 5.17(b))으로 구할 수 있다. 기호는 Z, 단위는 $[\Omega]$을 사용한다.

$$\begin{aligned} &Z = \sqrt{R^2 + X_L^2} = \sqrt{R^2 + (\omega L)^2}\ [\Omega] \\ &(\dot{Z} = R + jX_L = R + j\omega L = Z\angle\theta) \end{aligned} \tag{5.49}$$

그림 5.17(c)로부터 전압과 전류의 위상차를 구하면 다음과 같다.

$$\begin{aligned} &\tan\theta = \frac{V_L}{V_R} = \frac{X_L I}{RI} = \frac{X_L}{R} \\ &\therefore\ \theta = \tan^{-1}\frac{X_L}{R} = \tan^{-1}\frac{\omega L}{R}\ [\mathrm{rad}] \end{aligned} \tag{5.50}$$

식 (5.49)를 직각삼각형 형태로 나타낸 것을 임피던스 도(impedance diagram)라고 하며, θ는 전압과 전류의 위상차를 나타내는 임피던스 각(angle of impedance)이라고 한다.

예제문제 5.2 RL 직렬 회로

5-19 저항 10[Ω], 유도 리액턴스 $10\sqrt{3}$[Ω]인 직렬회로에 교류전압을 가할 때 전압과 전류의 위상차는?

풀이 $\theta = \tan^{-1}\dfrac{X_L}{R} = \tan^{-1}\dfrac{10\sqrt{3}}{10} = \tan^{-1}\sqrt{3} = 60°$

5-20 RL 직렬회로에 전원 $v = 100\sin(120\omega t)$[V]을 연결하여 $i = 2\sin(120\omega t - 45)$[A]의 전류가 흐르도록 하려면 저항[Ω]은?

풀이 $Z = \dfrac{V_m}{I_m} = \dfrac{100\angle 0}{2\angle -45} = 50\angle 45$이므로 $R = 50\cos 45° = \dfrac{50}{\sqrt{2}}$ [Ω]

5-21 저항 10[Ω], 인덕턴스 10[mH]인 인덕턴스에 실효값 100[V]인 정현파 전압을 가할 때 흐르는 전류의 최대값[A]은? 단, 각수파수는 1000[rad/s]이다.

풀이 $X_L = \omega L = 1000 \times 10 \times 10^{-3} = 10[\Omega]$

따라서, $I_m = \sqrt{2}\,I = \sqrt{2}\,\dfrac{V}{Z} = \sqrt{2}\,\dfrac{V}{\sqrt{R^2 + X_L^2}} = \sqrt{2}\,\dfrac{100}{\sqrt{10^2 + 10^2}} = 10[A]$

5-22 저항 4[Ω], 인덕턴스 L의 코일에 100[V], 60[Hz]의 교류를 가하였더니 20[A]의 전류가 흘렀다. L[mH]은?

풀이 $Z = \dfrac{V}{I} = \dfrac{100}{20} = 5[\Omega]$이므로 $Z = \sqrt{R^2 + X_L^2} = \sqrt{4^2 + X_L^2} = 5[\Omega]$에서

$X_L = 3[\Omega]$이 된다.

따라서, $X_L = 2\pi f L = 3[\Omega] \;\Rightarrow\; \therefore\; L = \dfrac{3}{2\pi \times 60} \fallingdotseq 8 \times 10^{-3}[\mathrm{mH}]$

5.3 RC 직렬 회로

저항 R[Ω]과 정전용량 C[F]을 직렬로 접속한 회로(그림 5.18(a))는 두 성분의 벡터합을 이용하여 구한다. RC 직렬 회로에 정현파 전압 $v = V_m \sin\omega t$[V]($\dot{V} = V\angle 0$)

를 인가할 때, 회로에 흐르는 전류 I[A]를 구한다. 저항과 정전용량의 양단에 걸리는 전압 $\dot{V}_R$, $\dot{V}_C$[V]는 다음과 같다.

$$\dot{V}_R = R\dot{I}, \qquad \dot{V}_C = X_C\dot{I} \tag{5.51}$$

여기서, $\dot{V}_R$는 전류 $\dot{I}$와 동상이 되고($\dot{I} = I\angle 0$), $\dot{V}_C$는 전류 $\dot{I}$보다 $\frac{\pi}{2}$[rad] 만큼 위상이 뒤진다. 전체 전압 $\dot{V}$ ($\dot{V} = V\angle -\theta$)는 다음과 같이 된다.

$$\dot{V} = \dot{V}_R + \dot{V}_C \tag{5.52}$$

여기서, 식 (5.51)과 식 (5.52)를 벡터도로 그리면 그림 5.18(c)와 같이 된다. 직렬 회로에서는 회로에 흐르는 전류가 일정하므로 전류를 기준 벡터로 잡는 것이 편리하다. 그림 5.18(c)의 벡터도로부터 전압 $\dot{V}$의 크기 V는 다음과 같다.

$$\begin{aligned} V &= \sqrt{V_R^2 + V_C^2} = \sqrt{(RI)^2 + (X_C I)^2} \\ &= I\sqrt{R^2 + X_C^2} \end{aligned} \tag{5.53}$$

또한, 전류 I는 다음과 같다.

$$I = \frac{V}{\sqrt{R^2 + X_C^2}} = \frac{V}{Z}\,[\mathrm{A}] \tag{5.54}$$

식 (5.54)의 분모항은 RC 직렬 회로에서 전류의 흐름을 방해하는 일종의 저항과 같은 작용을 하는 임피던스 $Z[\Omega]$이다.

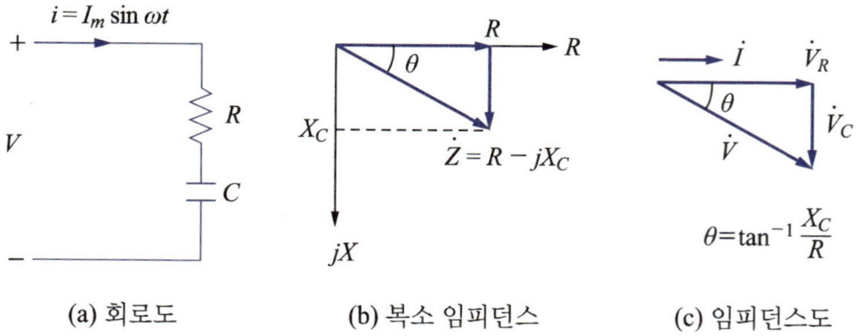

그림 5.18 RC 직렬 회로

$$Z = \sqrt{R^2 + X_C^2} = \sqrt{R^2 + \left(\frac{1}{\omega C}\right)^2}\ [\Omega]$$
$$\left(Z = R - jX_C = R - j\frac{1}{\omega C} = Z\angle -\theta\right) \tag{5.55}$$

그림 5.18(c)로부터 전압과 전류의 위상차는 다음과 같다.

$$\tan\theta = \frac{V_C}{V_R} = \frac{X_C I}{RI} = \frac{X_C}{R}$$
$$\therefore\ \theta = \tan^{-1}\frac{X_C}{R} = \tan^{-1}\frac{1}{\omega CR}\ [\text{rad}] \tag{5.56}$$

예제문제 5.3 RC 직렬 회로

5-23 $R=8[\Omega]$, $X_C=6[\Omega]$ 직렬 회로에 $V=28-j4[\text{V}]$의 전압을 가할 경우 회로에 흐르는 전류[A]는?

풀이 RC 직렬 회로의 전류 $I=\frac{V}{Z}=\frac{28-j4}{8-j6}$ [A]에 분모, 분자에 공액복소수($8+j6$)를 곱하면

$$I = \frac{(28-j4)(8+j6)}{(8-j6)(8+j6)} = \frac{248+j136}{100} = 2.48+j1.36\,[\text{A}]$$

5-24 저항 8[Ω], 용량 리액턴스 $X_C[\Omega]$가 직렬로 연결된 회로에 100[V], 60[Hz]의 교류를 가하니 10[A]의 전류가 흐른다면 $X_C[\Omega]$는?

풀이 $I=\frac{V}{Z}=\frac{V}{\sqrt{R^2+X_C^2}}=10[\text{A}]$이므로 $X_C=6[\Omega]$이 된다.

5.4 LC 직렬 회로

인덕턴스 L[H]와 정전용량 C[F]이 접속된 직렬 회로(그림 5.19(a))에 정현파 전압 $\dot{V}$을 인가할 때 회로에 흐르는 전류 $\dot{I}$ [A]를 구한다. L과 C에 걸리는 전압을 각각

$\dot{V}_L$, $\dot{V}_C$라 하면, 식 (5.57)의 관계가 성립된다.

$$\dot{V}_L = X_L\dot{I} = \omega L\dot{I}\ , \qquad \dot{V}_C = X_C\dot{I} = \frac{\dot{I}}{\omega C} \tag{5.57}$$

여기서 $\dot{V}_L$은 전류 $\dot{I}$보다 $\frac{\pi}{2}$[rad]만큼 위상이 앞서고, $\dot{V}_C$는 전류 $\dot{I}$보다 $\frac{\pi}{2}$[rad]만큼 위상이 뒤진다.

전체 전압 $\dot{V}$는 다음과 같다.

$$\dot{V} = \dot{V}_L + \dot{V}_C \tag{5.58}$$

따라서, 전류 $\dot{I}$를 기준으로 한 벡터 그림은 $\omega L > \frac{1}{\omega C}$의 경우에는 그림 5.19(b)와 같이 되어 전압과 전류의 크기는 다음과 같다.

$$V = V_L - V_C = \omega LI - \frac{I}{\omega C} = \left(\omega L - \frac{1}{\omega C}\right)I\ [\mathrm{V}] \tag{5.59}$$

$$I = \frac{V}{\left(\omega L - \frac{1}{\omega C}\right)} = \frac{V}{Z}\ [\mathrm{A}] \tag{5.60}$$

식 (5.60)의 분모 Z는 유도 리액턴스 ωL과 용량 리액턴스 $\frac{1}{\omega C}$의 벡터합으로 구한 것으로, LC 직렬 회로의 합성 임피던스이다. 이 경우 임피던스 Z는 리액턴스 성분만으로 이루어지며, 그 크기는 두 리액턴스의 차에 해당된다. 그림 5.19(b)와 (c)에서 $\dot{I}$와 $\dot{V}$의 위상차는 항상 $\frac{\pi}{2}$[rad]이지만, ωL과 $\frac{1}{\omega C}$ 중 어느 것이 큰가에 따라 전류 $\dot{I}$와 전압 $\dot{V}$의 위상 관계가 다음과 같이 결정된다.

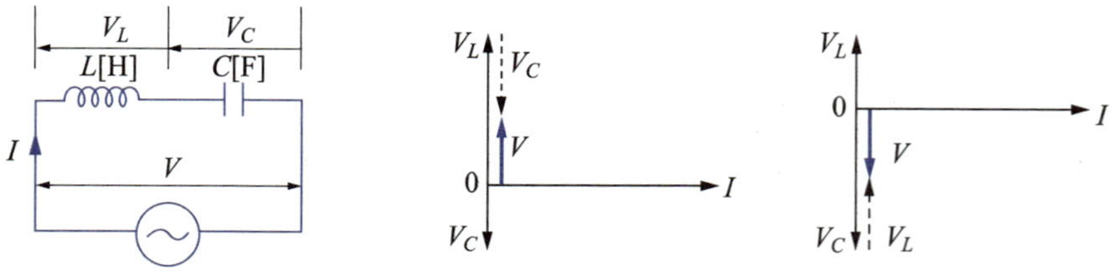

(a) 회로도 (b) $\omega L > \frac{1}{\omega C}$ (c) $\omega L < \frac{1}{\omega C}$

그림 5.19 LC 직렬 회로

- $\omega L > \dfrac{1}{\omega C}$의 경우 : $\dot{I}$는 $\dot{V}$에 비해 $\dfrac{\pi}{2}$[rad] 뒤진 위상
- $\omega L < \dfrac{1}{\omega C}$의 경우 : $\dot{I}$는 $\dot{V}$에 비해 $\dfrac{\pi}{2}$[rad] 앞선 위상

따라서, LC 직렬 회로의 임피던스는 $\omega L > \dfrac{1}{\omega C}$의 경우 $\omega L - \dfrac{1}{\omega C}$의 크기를 갖는 유도 리액턴스로 작용하고, $\omega L < \dfrac{1}{\omega C}$의 경우 $\dfrac{1}{\omega C} - \omega L$의 크기를 가지는 용량 리액턴스로 작용한다.

5.5 RLC 직렬 회로

R, L, C 소자가 직렬로 접속된 회로(그림 5.20(a))에 정현파 전압 $\dot{V}$을 인가할 때 회로에 흐르는 전류 $\dot{I}$[A]를 구한다. 각각의 소자(R, L, C)에 걸리는 전압을 $\dot{V}_R$, $\dot{V}_L$, $\dot{V}_C$라고 하면 전류와의 관계는 다음과 같이 된다.

$$\begin{aligned} \dot{V}_R &= R\dot{I} \\ \dot{V}_L &= X_L\dot{I} \\ \dot{V}_C &= X_C\dot{I} \end{aligned} \tag{5.61}$$

여기서, $\dot{V}_R$는 전류 $\dot{I}$와 동상이 되고 $\dot{V}_L$은 전류 $\dot{I}$보다 $\dfrac{\pi}{2}$[rad]만큼 위상이 앞서고, $\dot{V}_C$는 전류 $\dot{I}$보다 $\dfrac{\pi}{2}$[rad]만큼 위상이 뒤진다. 이 때 전체 전압 $\dot{V}$는 다음과 같다.

$$\dot{V} = \dot{V}_R + \dot{V}_L + \dot{V}_C \tag{5.62}$$

따라서, 식 (5.62)를 벡터도로 그리면 그림 5.20(b)와 같이 된다. 그림 5.20(b)는 $X_L > X_C$인 경우로 유도 리액턴스의 성질이 강하기 때문에 전류 $\dot{I}$는 전압 $\dot{V}$보다 θ만큼 위상이 뒤지는 지상회로가 된다(유도성 회로). 이때 전압의 크기 V는 다음과 같다.

$$\begin{aligned} V &= \sqrt{V_R^2 + (V_L - V_C)^2} = \sqrt{(RI)^2 + (X_L I - X_C I)^2} \\ &= I\sqrt{R^2 + (X_L - X_C)^2} \end{aligned} \tag{5.63}$$

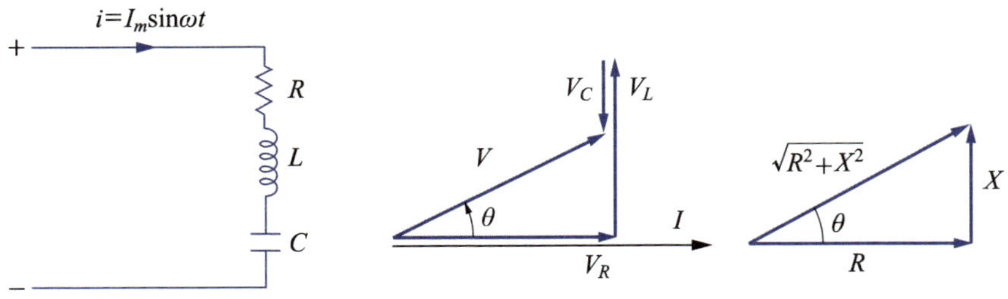

(a) 회로도　　(b) 임피던스도($X=\omega L-\frac{1}{\omega C}>0$)

그림 5.20 RLC 직렬 회로

전류 I와 합성 임피던스 Z는 다음과 같다.

$$I=\frac{V}{\sqrt{R^2+(X_L-X_C)^2}}=\frac{V}{Z}\,[\mathrm{A}]$$
$$Z=\sqrt{R^2+(X_L-X_C)^2}=\sqrt{R^2+X^2}\,[\Omega] \tag{5.64}$$

또한, 전압과 전류의 위상차를 구하면 다음과 같다.

$$\tan\theta=\frac{V_L-V_C}{V_R}=\frac{X_LI-X_CI}{RI}=\frac{X_L-X_C}{R}$$
$$\therefore\ \theta=\tan^{-1}\frac{X_L-X_C}{R}=\tan^{-1}\frac{X}{R}\,[\mathrm{rad}] \tag{5.65}$$
$$\left(X_L=\omega L=2\pi fL\,[\Omega],\quad X_C=\frac{1}{\omega C}=\frac{1}{2\pi fC}\,[\Omega]\right)$$

만일, $X_L<X_C$인 경우 리액턴스 성분은 용량성 성분이 강하므로 전류 $\dot{I}$는 전압 $\dot{V}$보다 θ만큼 위상이 앞서는 진상 회로가 된다(용량성 회로). 또한 합성 리액턴스 X는 식 (5.66)과 같이 유도 리액턴스 X_L과 용량 리액턴스 X_C의 차로 나타내며, X_L과 X_C가 같아서 합성 리액턴스 X가 0이 되는 경우(저항회로와 같은 전압과 전류의 위상차가 없다)를 공진(resonance)이라고 한다.

$$X=X_L-X_C=\omega L-\frac{1}{\omega C} \tag{5.66}$$

예제문제 5.5 RLC 직렬 회로

5-25 다음과 같은 직렬 회로의 각 소자 전압 ab 양단에 가한 교류전압[V]은?

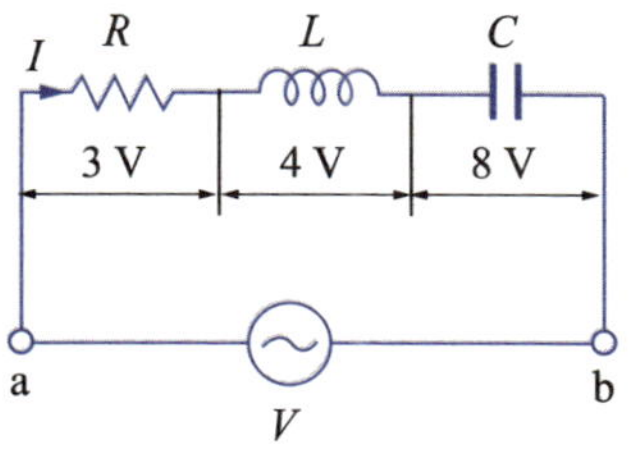

풀이 $V=\sqrt{V_R^2+(V_L-V_C)^2}=\sqrt{3^2+(4-8)^2}=5\,[\mathrm{V}]$

5-26 다음과 같은 회로에 $R=8[\Omega]$, $X_L=10[\Omega]$, $X_C=16[\Omega]$, $V=100[\mathrm{V}]$일 때 회로에 흐르는 전류[A]는?

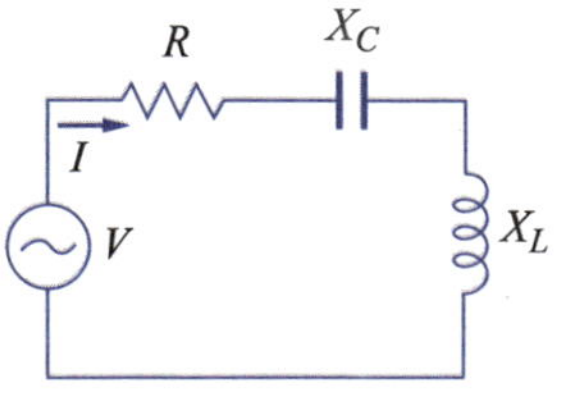

풀이 $I=\dfrac{V}{Z}=\dfrac{V}{\sqrt{R^2+(X_L-X_C)^2}}=\dfrac{100}{\sqrt{8^2+(10-16)^2}}=10\,[\mathrm{A}]$

5-27 다음 그림에 $v=100\sin(\omega t+30)[\mathrm{V}]$를 가할 경우 흐르는 전류의 최대값[A]은?

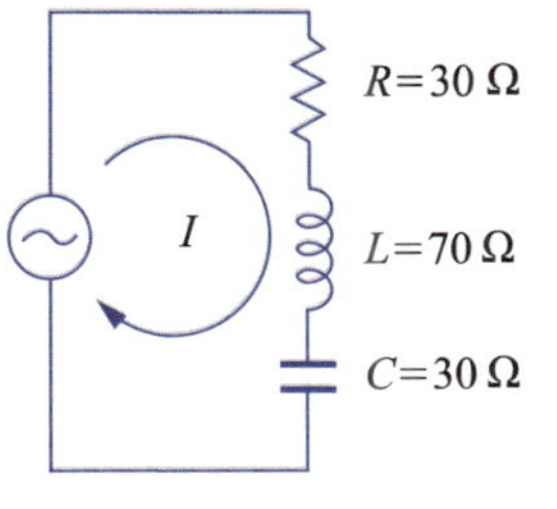

풀이 $I_m=\dfrac{V_m}{\sqrt{R^2+(X_L-X_C)^2}}=\dfrac{100}{\sqrt{30^2+(70-30)^2}}=2\,[\mathrm{A}]$

5-28 다음 회로의 전류[A]는? 단, $v=\sin\left(2t+\dfrac{\pi}{3}\right)[\mathrm{V}]$이다.

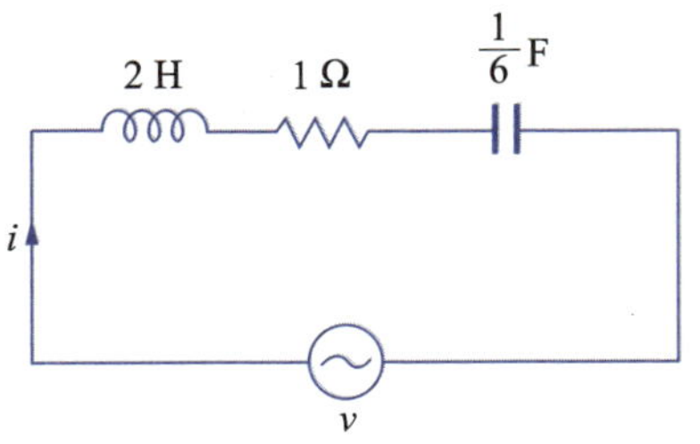

풀이 $v = \sin\left(2t + \frac{\pi}{3}\right)$ [V]에서 $\omega = 2$이므로

$X_L = \omega L = 2 \times 2 = 4[\Omega]$이고 $X_C = \frac{1}{\omega C} = \frac{1}{2 \times \frac{1}{6}} = 3[\Omega]$이 된다.

임피던스 $Z = R + j\left(\omega L - \frac{1}{\omega C}\right) = 1 + j(4-3) = \sqrt{2}\angle\frac{\pi}{4}$

따라서, $i = \frac{v}{Z} = \frac{1}{\sqrt{2}}\sin\left(2t + \frac{\pi}{3} - \frac{\pi}{4}\right) = \frac{1}{\sqrt{2}}\sin\left(2t + \frac{\pi}{12}\right)$ [A]

6. RLC 소자의 병렬 회로

6.1 RL 병렬 회로

R과 L이 병렬로 접속된 회로(그림 5.21(a))에서는 단자 전압이 일정하고 각 소자에 흐르는 전류가 다르므로 전압을 기준으로 벡터도를 사용하는 것이 편리하다. 그림 5.21(b)의 벡터도로부터 전류 크기 I를 구한다.

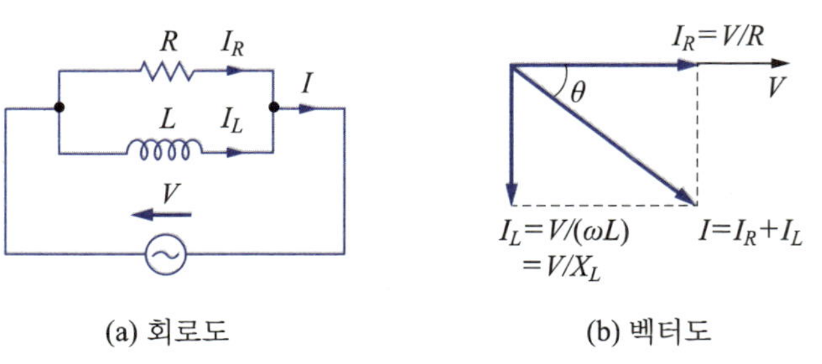

그림 5.21 RL 병렬 회로

$$
\begin{aligned}
I &= \sqrt{I_R^2 + I_L^2} = \sqrt{\left(\frac{V}{R}\right)^2 + \left(\frac{V}{X_L}\right)^2} \\
&= V\sqrt{\left(\frac{1}{R}\right)^2 + \left(\frac{1}{X_L}\right)^2} \qquad (5.67) \\
&= \frac{V}{1\Big/\sqrt{\left(\frac{1}{R}\right)^2 + \left(\frac{1}{X_L}\right)^2}}\ [\mathrm{A}]
\end{aligned}
$$

따라서, RL 병렬 회로의 합성 임피던스 Z는 다음과 같다.

$$
Z = \frac{1}{\sqrt{\left(\frac{1}{R}\right)^2 + \left(\frac{1}{X_L}\right)^2}}\ [\Omega] \qquad (5.68)
$$

또한, 그림 5.21(b)로부터 전류와 전압의 위상차 θ는 식 (5.69)와 같이 구할 수 있으며, 전류 I는 전압 V보다 θ만큼 위상이 뒤지게 된다.

$$
\begin{aligned}
\tan\theta &= \frac{I_L}{I_R} = \frac{\dfrac{V}{X_L}}{\dfrac{V}{R}} = \frac{R}{X_L} \qquad (5.69) \\
\therefore\ \theta &= \tan^{-1}\frac{R}{X_L} = \tan^{-1}\frac{R}{\omega L}\ [\mathrm{rad}]
\end{aligned}
$$

예제문제 6.1 RL 병렬 회로

5-29 저항 4[Ω]과 X_L의 유도 리액턴스가 병렬로 접속된 회로에 12[V]의 교류전압을 가하였더니 5[A]의 전류가 흘렀다. 이 회로의 리액턴스[Ω]는?

풀이 $I_R = \dfrac{V}{R} = \dfrac{12}{4} = 3\,[\mathrm{A}]$이므로

$I^2 = I_R^2 + I_L^2$에서 $I_L = \sqrt{I^2 - I_R^2} = \sqrt{5^2 - 3^2} = 4\,[\mathrm{A}]$이 된다.

따라서, $X_L \times I_L = 12\,[\mathrm{V}]$에서 $X_L = \dfrac{12}{I_L} = \dfrac{12}{4} = 3\,[\Omega]$

5-30 다음 그림과 같은 회로에 30[V]의 교류전압을 인가할 때 전체 전류[A]는?

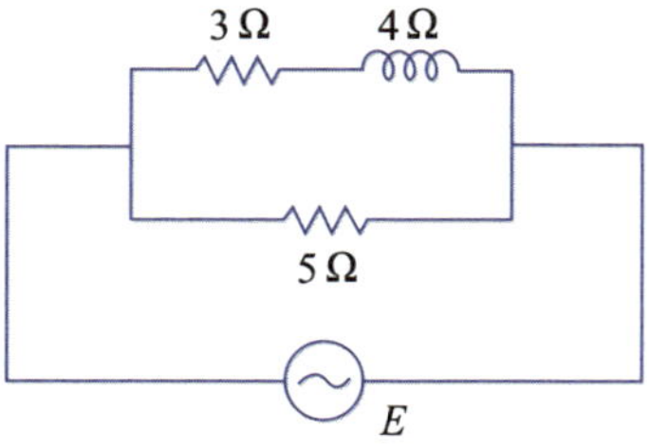

풀이

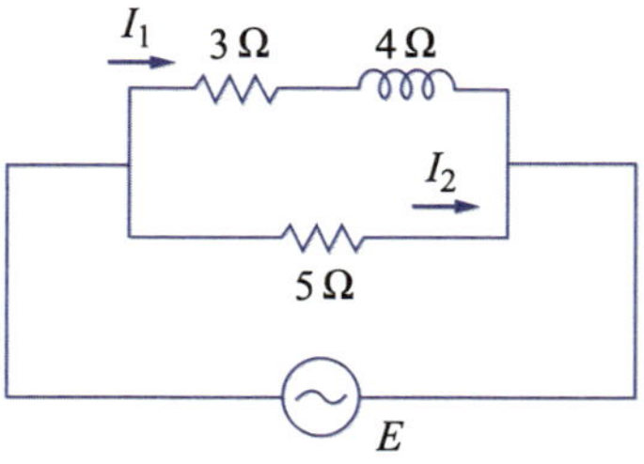

그림에서 전류 I_1과 I_2는 다음과 같다.

$$I_1 = \frac{V}{Z} = \frac{30}{3+j4} = \frac{30}{3+j4} \times \frac{(3-j4)}{(3-j4)} = 3.6 - j4.8$$

$$I_2 = \frac{V}{R} = \frac{30}{5} = 6\,[\mathrm{A}]$$

따라서 전체 전류 $I = I_1 + I_2 = 9.6 - j4.8$

6.2 RC 병렬 회로

RC 병렬 회로(그림 5.22(a))에서는 전압을 기준으로 벡터도를 그리면 그림 5.22(b)와 같으며, 이때 전류의 크기 I를 구하면 다음과 같다.

$$\begin{aligned} I &= \sqrt{I_R^2 + I_C^2} \\ &= \sqrt{\left(\frac{V}{R}\right)^2 + \left(\frac{V}{X_C}\right)^2} \\ &= \frac{V}{\dfrac{1}{\sqrt{\left(\dfrac{1}{R}\right)^2 + \left(\dfrac{1}{X_C}\right)^2}}} = \frac{V}{Z}\,[\mathrm{A}] \end{aligned} \tag{5.70}$$

따라서, RC 병렬 회로의 합성 임피던스 Z는 식 (5.71)과 같으며, 전류와 전압의 위상차 θ는 식 (5.72)와 같다. 전류 I는 전압 V보다 θ만큼 위상이 앞서게 된다.

$$Z = \frac{1}{\sqrt{\left(\frac{1}{R}\right)^2 + \left(\frac{1}{X_C}\right)^2}}\,[\Omega] \tag{5.71}$$

$$\tan\theta = \frac{I_C}{I_R} = \frac{\frac{V}{X_C}}{\frac{V}{R}} = \frac{R}{X_C} \tag{5.72}$$

$$\therefore\ \theta = \tan^{-1}\frac{R}{X_C} = \tan^{-1}\omega CR\,[\text{rad}]$$

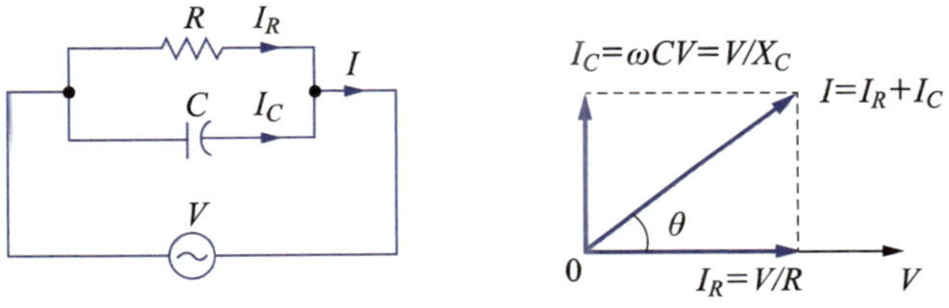

(a) 회로도 (b) 벡터도

그림 5.22 RC 병렬 회로

예제문제 **6.2 RC 병렬 회로**

5-31 저항과 콘덴서를 병렬로 접속한 회로에 직류 전압 100[V]를 가하면 5[A]가 흐르고, 교류 300[V]를 가하면 25[A]가 흐른다. 이때 용량 리액턴스[Ω]는?

풀이 직류전압 인가 시

$$R = \frac{V}{I} = \frac{100}{5} = 20\,[\Omega]$$

교류전압 인가 시, 저항에 흐르는 전류 I_R, 콘덴서에 흐르는 전류 I_C, 전체 전류를 I라 하면 $I^2 = I_R^2 + I_C^2$에서

$I_C^2 = I^2 - I_R^2 = 25^2 - \left(\frac{300}{20}\right)^2 = 400\,[\text{A}]$에서 $I_C = 20\,[\text{A}]$이다.

따라서, $X_C = \dfrac{V}{I_C} = \dfrac{300}{20} = 15[\Omega]$

6.3 LC 병렬 회로

LC 병렬 회로(그림 5.23(a))에서 인덕턴스 L에 흐르는 전류 $\dot{I}_L$과, 커패시터 C에 흐르는 전류 $\dot{I}_C$는 위상이 180° 다르게 된다. 따라서 전류 $\dot{I}$의 크기는 $\dot{I}_L$과 $\dot{I}_C$의 크기의 차가 된다.

그림 5.23(b)의 벡터도에서 $\dfrac{1}{\omega L} < \omega C$의 경우 전압과 전류는 다음의 관계가 성립한다.

$$I = I_C - I_L = \omega CV - \frac{V}{\omega L} = \left(\omega C - \frac{1}{\omega L}\right)V$$

$$= \frac{V}{\dfrac{1}{\omega C - \dfrac{1}{\omega L}}} = \frac{V}{Z}[\mathrm{A}] \tag{5.73}$$

또한, $\omega C < \dfrac{1}{\omega L}$의 경우는 다음과 같다.

$$I = I_L - I_C = \frac{V}{\omega L} - \omega CV = \left(\frac{1}{\omega L} - \omega C\right)V$$

$$= \frac{V}{\dfrac{1}{\dfrac{1}{\omega L} - \omega C}} = \frac{V}{Z}[\mathrm{A}] \tag{5.74}$$

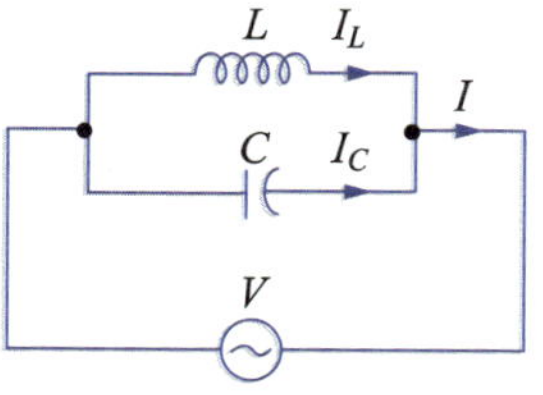

(a) 회로도

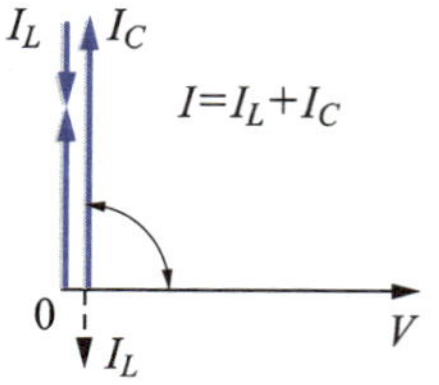

(b) 벡터도

그림 5.23 LC 병렬 회로

LC 병렬 회로에서 전압 $\dot{V}$와 전류 $\dot{I}$의 위상차는 항상 $\frac{\pi}{2}$[rad]이지만, $\frac{1}{\omega L}$과 ωC의 크기에 의해 $\dot{V}$와 $\dot{I}$의 위상 관계가 다음과 같이 성립된다.

- $\frac{1}{\omega L} < \omega C$의 경우 : $\dot{I}_L < \dot{I}_C$이고, $\dot{I}$는 $\dot{V}$보다 $\frac{\pi}{2}$[rad] 앞선 위상
- $\frac{1}{\omega L} > \omega C$의 경우 : $\dot{I}_L > \dot{I}_C$이고, $\dot{I}$는 $\dot{V}$보다 $\frac{\pi}{2}$[rad] 뒤진 위상

따라서, LC 병렬 회로의 합성 임피던스는 $\frac{1}{\omega L} < \omega C$의 경우는 용량 리액턴스로 작용하고, $\frac{1}{\omega L} > \omega C$의 경우는 유도 리액턴스로 작용한다.

예제문제 6.3 LC 병렬 회로

5-32 유도 리액턴스 5[Ω]과 용량 리액턴스 5.2[Ω]을 병렬로 한 회로에 100[V]를 가할 경우 용량 리액턴스 전류는 합성 전류의 몇 배가 되는가?

풀이 $I_L = \frac{V}{X_L} = \frac{100}{5} = 20\,[\text{A}],\ I_C = \frac{V}{X_C} = \frac{100}{5.2} \fallingdotseq 19.23\,[\text{A}]$

I_L은 뒤진 전류이고, I_C는 앞선 전류이므로

전체 합성 전류 I는 $I_L - I_C = 20 - 19.23 = 0.77\,[\text{A}]$이 된다.

따라서, $\frac{I_C}{I} = \frac{19.23}{0.77} \fallingdotseq 24.97$배

6.4 RLC 병렬 회로

그림 5.24(a)와 같은 RLC 병렬 회로에 전압 $\dot{V}$를 인가할 때 전류 $\dot{I}$를 구하기 위해 벡터도를 그리면 그림 5.24(b)와 같이 된다. 여기서는 $X_L > X_C$인 경우를 생각한다.

$$I = \sqrt{I_R^2 + I_X^2} = \sqrt{I_R^2 + (I_C - I_L)^2} = \sqrt{\left(\frac{V}{R}\right)^2 + \left(\frac{V}{X_C} - \frac{V}{X_L}\right)^2}$$

$$= V\sqrt{\left(\frac{1}{R}\right)^2 + \left(\frac{1}{X_C} - \frac{1}{X_L}\right)^2} = \frac{V}{\dfrac{1}{\sqrt{\left(\frac{1}{R}\right)^2 + \left(\frac{1}{X_C} - \frac{1}{X_L}\right)^2}}} = \frac{V}{Z}\,[\text{A}] \tag{5.75}$$

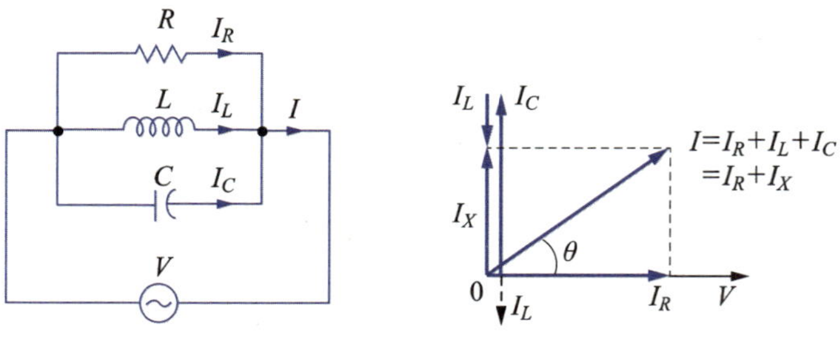

(a) 회로도 (b) 벡터도

그림 5.24 RLC 병렬 회로

따라서, RLC 병렬 회로의 임피던스 크기 Z는 식 (5.76)과 같으며, 전류와 전압의 위상차 θ는 식 (5.77)과 같다.

$$Z = \frac{1}{\sqrt{\left(\frac{1}{R}\right)^2 + \left(\frac{1}{X_C} - \frac{1}{X_L}\right)^2}} = \frac{1}{\sqrt{\left(\frac{1}{R}\right)^2 + \left(\omega C - \frac{1}{\omega L}\right)^2}} \, [\Omega] \tag{5.76}$$

$$\tan\theta = \frac{I_X}{I_R} = \frac{\frac{V}{X_C} - \frac{V}{X_L}}{\frac{V}{R}} = \left(\frac{1}{X_C} - \frac{1}{X_L}\right)R \tag{5.77}$$

$$\therefore \ \theta = \tan^{-1}\left(\frac{1}{X_C} - \frac{1}{X_L}\right)R = \tan^{-1}\left(\omega C - \frac{1}{\omega L}\right)R \ [\text{rad}]$$

RLC 병렬 회로에서 전압 $\dot{V}$와 전류 $\dot{I}$의 위상 관계가 다음과 같이 성립된다.

- $\frac{1}{\omega L} < \omega C$의 경우 : $\dot{I}$는 $\dot{V}$보다 θ[rad]만큼 앞선 위상(용량성)
- $\frac{1}{\omega L} > \omega C$의 경우 : $\dot{I}$는 $\dot{V}$보다 θ[rad]만큼 뒤진 위상(유도성)
- $\frac{1}{\omega L} = \omega C$의 경우 : $\dot{I}$과 $\dot{V}$의 위상이 같다(공진).

예제문제 6.4 RLC 병렬 회로

5-33 $R=15[\Omega]$, $X_L=12[\Omega]$, $X_C=30[\Omega]$을 병렬로 접속한 회로에 120[V]의 교류전압을 가할 경우 흐르는 전류[A]는?

풀이 $I=\dfrac{V}{Z}=\dfrac{V}{\dfrac{1}{\sqrt{\left(\dfrac{1}{R}\right)^2+\left(\dfrac{1}{X_C}-\dfrac{1}{X_L}\right)^2}}}=\dfrac{120}{\dfrac{1}{\sqrt{\left(\dfrac{1}{15}\right)^2+\left(\dfrac{1}{30}-\dfrac{1}{12}\right)^2}}}=10[\mathrm{A}]$

6.5 복소 어드미턴스

저항 R의 역수를 컨덕턴스 G로 나타내듯이 복소 임피던스 $\dot{Z}$의 역수를 복소 어드미턴스(complex admittance) 또는 어드미턴스(admittance)라 하며, 기호는 $\dot{Y}$, 단위는 모(mho)[℧]를 사용한다. 어드미턴스는 전압을 기준($\dot{V}=V\angle 0$)으로 할 경우 전류는 $\dot{I}=I\angle-\theta$이므로 다음과 같다. θ는 전류의 위상에서 전압의 위상을 뺀 위상차이다.

$$\dot{Y}=\frac{1}{\dot{Z}}=\frac{\dot{I}}{\dot{V}}=\frac{I\angle\beta}{V\angle\alpha}=Y\angle\theta \tag{5.78}$$

전류 $\dot{I}$와 전류의 크기 I는 식 (5.79)와 같이 나타낸다. 특히 병렬 회로를 해석할 때는 임피던스보다 어드미턴스를 이용하는 것이 편리하다.

$$\dot{I}=\frac{\dot{V}}{\dot{Z}}=\dot{Y}\dot{V}$$
$$I=YV[\mathrm{A}] \tag{5.79}$$

임피던스 $\dot{Z}=R+jX[\Omega]$를 어드미턴스 $\dot{Y}$로 바꾸면 식 (5.80)과 같이 나타낸다. 여기서, 어드미턴스 $\dot{Y}$의 실수부 G를 컨덕턴스(conductance), 허수부 B를 서셉턴스(susceptance)라고 하며, Y, G, B의 단위는 [℧]을 사용한다.

$$\dot{Y} = \frac{1}{\dot{Z}} = \frac{1}{R+jX}$$
$$= \frac{R}{R^2+X^2} + j\frac{-X}{R^2+X^2} \tag{5.80}$$
$$= G+jB\,[\mho]$$

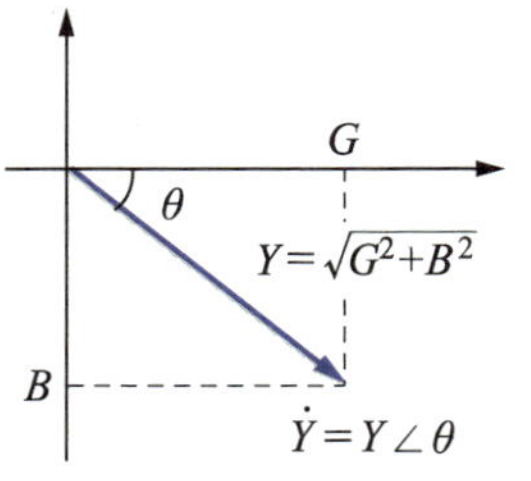

그림 5.25 복소 어드미턴스

표 5.5 임피던스와 어드미턴스의 비교

회로	임피던스	어드미턴스
저항회로	$R[\Omega]$ (저항)	$1/R[\mho]$ (컨덕턴스)
유도성회로	$j\omega L[\Omega]$ (양의 리액턴스)	$-j\frac{1}{\omega L}[\mho]$ (음의 서셉턴스)
용량성회로	$-j\frac{1}{\omega C}[\Omega]$ (음의 리액턴스)	$j\frac{1}{\omega C}[\mho]$ (양의 서셉턴스)

예제문제 6.5 복소 어드미턴스

5-34 $R=25[\Omega]$, $X_L=5[\Omega]$, $X_C=10[\Omega]$을 병렬로 접속한 회로의 어드미턴스$[\mho]$는?

풀이 $$Y_0 = \frac{1}{R}+\frac{1}{jX_L}+\frac{1}{-jX_C} = \frac{1}{R}+j\left(\frac{1}{X_C}-\frac{1}{X_L}\right)$$
$$= \frac{1}{25}-j\frac{1}{5}+j\frac{1}{10} = 0.04-j0.1\,[\mho]$$

7. 교류 전력

7.1 저항에서의 전력

직류 회로에서의 전력은 전압과 전류의 곱으로 나타낸다. 그러나 교류 회로에서는 정현파 전압과 전류 파형이 일치하지 않고 위상차가 있기 때문에 교류 전력을 전압과 전류의 실효값으로 나타낼 수 없다.

부하가 저항 R만으로 이루어진 그림 5.26(a) 회로에 전압 $v=\sqrt{2}\,V\sin\omega t\,[\mathrm{V}]$가 인가되면 흐르는 전류는 전압과 동상인 $i=\sqrt{2}\,I\sin\omega t\,[\mathrm{A}]$이 흐른다.
따라서, 저항에서 소비되는 순시 전력(instantaneous power) p는 다음과 같다.

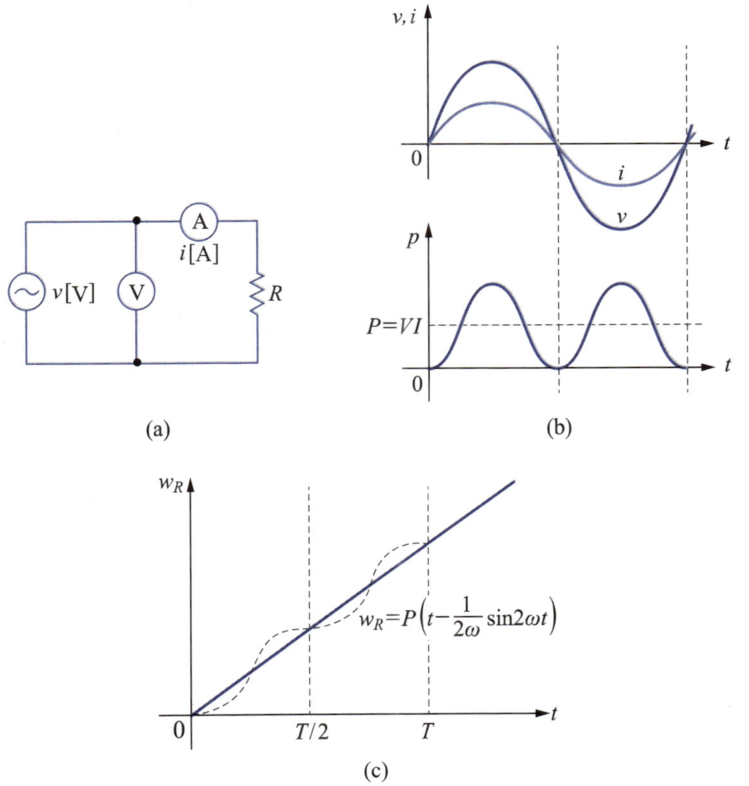

그림 5.26 저항에서의 전력

$$p = vi = \sqrt{2}\,V\sin\omega t \times \sqrt{2}\,I\sin\omega t$$
$$= 2\,VI\sin^2\omega t \qquad (5.81)$$
$$= VI(1-\cos 2\omega t)$$

일반적으로 전력이라 하면 평균 전력을 의미하며, 순시 전력과 구별하기 위하여 대문자 P를 사용한다. 순시 전력 p의 한 주기 동안의 평균 전력 P를 구하면 다음과 같다.

$$P = \frac{1}{T}\int_0^T p\,dt$$
$$= \frac{1}{T}\int_0^T VI(1-\cos 2\omega t)dt = VI\,[\mathrm{W}] \qquad (5.82)$$

그림 5.26(b)에서 순시 전력 p와 평균 전력 P는 항상 $p \geq 0$, $P > 0$이다. 이는 저항 부하에는 전원으로부터 항상 전력이 공급되고 있으며, 항상 에너지 소비가 이루어지고 있음을 의미한다. 저항에 공급되는 전기적 에너지는 모두 열에너지로 소비되는데, 이 때 소비되는 전력 w_R은 다음과 같다.

$$w_R = \int_0^t p\,dt = VI\int_0^t (1-\cos 2\omega t)dt$$
$$= P\left(t - \frac{1}{2\omega}\sin 2\omega t\right) \qquad (5.83)$$

식 (5.83)에서 보통 $t \gg \frac{1}{2\omega}\sin 2\omega t$이므로 식 (5.84)와 같으며, 소비 전력은 평균전력과 시간의 곱으로 표시된다.

$$w_R = Pt = VIt = I^2Rt\,[\mathrm{Wh}] \qquad (5.84)$$

예제문제 7.1 저항에서의 전력

5-35 교류전압 $V_m\sin\omega t$[V]을 가할 경우 저항에서 소비되는 전력이 P[W]이다. 이 때 저항 [Ω]은?

풀이 전력 $P=\dfrac{V^2}{R}$에서 $P=\dfrac{V^2}{R}=\dfrac{\left(\dfrac{V_m}{\sqrt{2}}\right)^2}{R}=\dfrac{V_m^2}{2R} \Rightarrow R=\dfrac{V_m^2}{2P}[\Omega]$

5-36 어떤 회로에 전압 100[V], 전류 10[A]가 흐를 때 소비전력이 800[W]이다. 이 경우 리액턴스[Ω]는?

풀이 임피던스 $Z=\dfrac{V}{I}=\dfrac{100}{10}=10[\Omega]$,

전력 $P=I^2R$에서 저항 $R=\dfrac{P}{I^2}=\dfrac{800}{10^2}=8[\Omega]$이므로

임피던스 $Z=\sqrt{R^2+X^2}$를 이용한

리액턴스 $X=\sqrt{Z^2-R^2}=\sqrt{10^2-8^2}=6[\Omega]$

7.2 인덕턴스에서의 전력

부하가 인덕터 L만으로 이루어진 그림 5.27(a) 회로에 전류 $i=\sqrt{2}I\sin\omega t\,[\mathrm{A}]$가 흐르면 인덕터 양단의 전압은 $v=\sqrt{2}V\sin\left(\omega t+\dfrac{\pi}{2}\right)=\sqrt{2}V\cos\omega t\,[\mathrm{V}]$이 된다. 인덕터에 공급되는 순시 전력 p은 식 (5.85), 평균전력 P는 식 (5.86)과 같다.

$$\begin{aligned} p = vi &= \sqrt{2}I\sin\omega t \times \sqrt{2}V\cos\omega t \\ &= 2VI\sin\omega t\cos\omega t \\ &= VI\sin 2\omega t \end{aligned} \tag{5.85}$$

$$P=\frac{1}{T}\int_0^T p\,dt=\frac{1}{T}\int_0^T VI\sin 2\omega t\,dt=0 \tag{5.86}$$

순시 전력 p는 그림 5.27(b)처럼 전압 또는 전류가 2배가 되는 주파수(2ω)의 정현파로서 주기적으로 그 부호가 변하고 있다. 즉, $p>0$인 경우에는 전원으로부터 코일에 전력이 공급되고, $p<0$인 경우는 코일로부터 전원측으로 전력을 반환하고 있어서 코일 자체에서는 전력 소모가 없게 된다. 즉, 평균 전력 P가 식 (5.86)에서와 같이 0이 되고 있다.

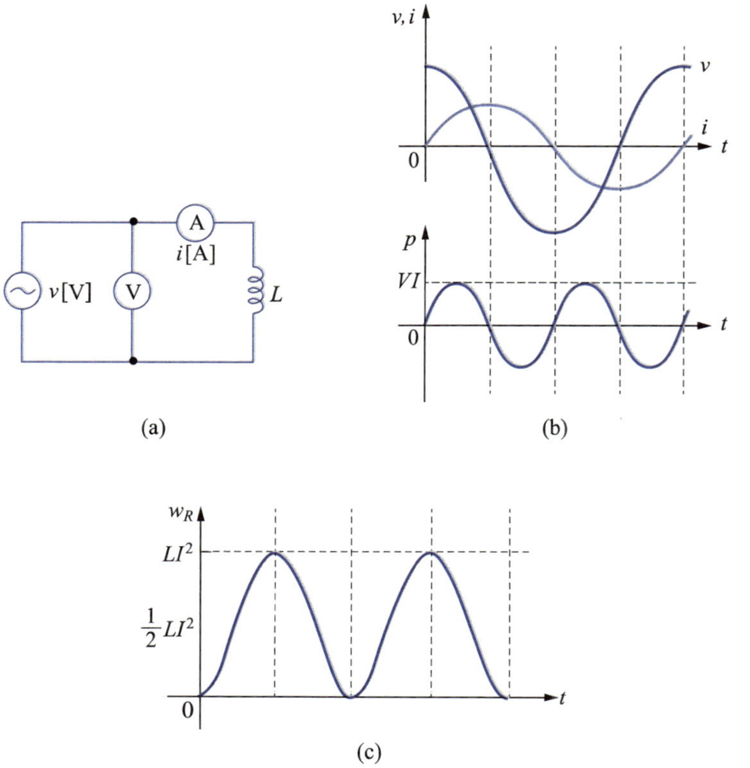

그림 5.27 인덕턴스에서의 전력

교류 전원이 인가될 경우에 있어 인덕터 L에서 전류 i의 방향으로의 전압 강하 $v=L\dfrac{di}{dt}$이므로 인덕터 L에서의 순시 전력 p는 다음과 같다.

$$p=vi=Li\frac{di}{dt} \tag{5.87}$$

임의의 시간 t_1과 t_2사이의 인덕터(코일)에 유입되는 에너지 w_L은 다음과 같으며, i_1과 i_2는 각각 t_1과 t_2 순간의 회로 전류를 의미한다.

$$\begin{aligned} w_L{}' &= \int_{t_1}^{t_2} p\,dt = \int_{t_1}^{t_2} Li\frac{di}{dt}\,dt = \int_{t_1}^{t_2} Li\,di \\ &= \frac{1}{2}L({i_2}^2-{i_1}^2) \end{aligned} \tag{5.88}$$

일정 시간 동안 인덕터에 유입되는 에너지는 전류의 최초값과 최종값에만 관계되고 전류의 변화 상태와는 아무런 관계가 없다. 그리고 i_1과 i_2의 크기에 따라 w_L은 (+)값 또는 (−)값을 나타내는 데, 이것은 전기에너지가 어느 시간 동안 인덕터에 유입과 유출이 일어나고 있음을 의미한다.

특히, 인덕터 L에는 처음부터 즉, $t=0$으로부터 큰 전류가 흐를 수 없기 때문에 식 (5.88)에서 초기 전류 $i_1=0$으로 보면 전류값이 i인 순간($=i_2$)에 축적되는 에너지 w_L는 식 (5.89)와 같다.

$$w_L=\frac{1}{2}Li^2\,[\mathrm{J}]^{54)} \tag{5.89}$$

따라서, 인덕터는 저항처럼 전원으로부터 공급받은 전력을 공급받음과 동시에 소비해 버리는 것이 아니라, 전력을 공급받는 동안 및 공급 받은 전력을 다시 전원부로 모두 반환하기까지는 공급받은 전력은 에너지의 형태로 코일 자체에 축적되고 있다. 즉, 전류가 흐르면서 형성되는 인덕터 주위의 자계에 축적(자계 에너지)되는 것을 의미한다.

예제문제 7.2 인덕턴스에서의 전력

5-37 인덕턴스 $L=20$[mH]인 코일에 실효값 $V=20$[V], 주파수 $f=60$[Hz]인 정현파 전압을 인가했을 때 코일에 축적되는 평균 자기에너지[J]는?

풀이 $W_L=\frac{1}{2}LI^2=\frac{L}{2}\left(\frac{V}{X_L}\right)^2=\frac{L}{2}\left(\frac{V}{2\pi fL}\right)^2=\frac{1}{8}\times\left(\frac{50^2}{\pi^2\times60^2\times20\times10^{-3}}\right)=0.44[\mathrm{J}]$

7.3 커패시턴스에서의 전력

부하가 커패시터 C만으로 구성되어 있는 교류 회로(그림 5.28(a))에 전압 $v=\sqrt{2}\,V\sin\omega t[\mathrm{V}]$가 인가되면, 흐르는 전류 $i=\sqrt{2}\,I\sin\left(\omega t+\frac{\pi}{2}\right)=\sqrt{2}\,I\cos\omega t\,[\mathrm{A}]$이 된다.

54) 순시 전압 $v=\sqrt{2}\,V\sin\omega t$를 이용하면, $w_L=\frac{1}{2}Li^2=\frac{1}{2}LI^2(1-\cos2\omega t)$
한 주기 동안의 평균축적 에너지는 다음과 같다.
$W_L=\frac{1}{T}\int_0^T w_L dt=\frac{1}{2}LI^2\,[\mathrm{J}]$

따라서, 커패시터에 공급되는 순시 전력 p는 다음과 같다.

$$\begin{aligned} p = vi &= \sqrt{2}\,V\sin\omega t \times \sqrt{2}\,I\cos\omega t \\ &= 2\,VI\sin\omega t\cos\omega t \\ &= VI\sin 2\omega t\,[\mathrm{W}] \end{aligned} \tag{5.90}$$

그리고 순시전력 p의 한 주기 동안의 평균 전력 P는 다음 식 (5.91)과 같다.

$$P = \frac{1}{T}\int_0^T p\,dt = \frac{1}{T}\int_0^T VI\sin 2\omega t\,dt = 0 \tag{5.91}$$

따라서, 그림 5.28(b)에서 $p > 0$인 경우에는 전원으로부터 커패시터에 전력이 공급되고 있고, $p < 0$인 경우 커패시터로부터 전원측으로 전력이 반환되고 있어서 커패시터 자체에서는 전력 소모가 없다고 할 수 있다(식 (5.91) 참조).

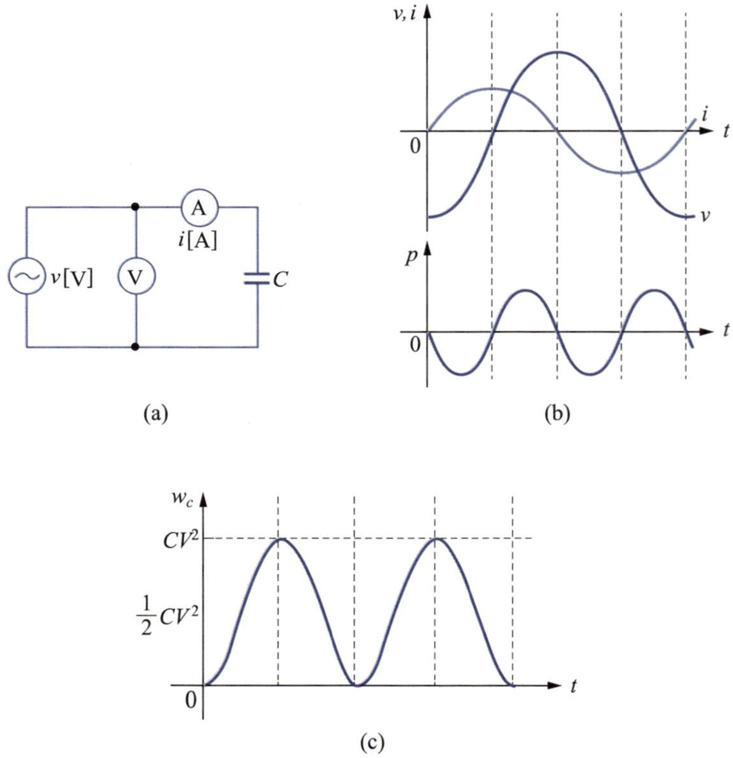

그림 5.28 커패시턴스에서의 전력

커패시터에 교류 전원이 인가되고 전류 i가 흐를 때의 전압 강하를 v라고 하면 전류 $i = C\frac{dv}{dt}$이고 커패시터의 순시 전력은 다음과 같다.

$$p = vi = Cv\frac{dv}{dt} \tag{5.92}$$

임의의 시간 t_1과 t_2사이의 콘덴서에 유입되는 에너지 w_c를 구하면 다음과 같다.

$$\begin{aligned} w_c &= \int_{t_1}^{t_2} p\,dt = \int_{t_1}^{t_2} Cv\frac{dv}{dt}dt \\ &= C\int_{v_1}^{v_2} v\,dv = \frac{1}{2}C(v_2^2 - v_1^2) \end{aligned} \tag{5.93}$$

여기서 v_1, v_2는 각각 시간 t_1, t_2에서의 전압을 말한다. 이 식은 커패시터에 유입된 에너지가 단자 전압의 최초값과 최종값에만 관계되고 중간값의 변화 상태에는 관계가 없다. 또한 w_c는 v_1, v_2값에 따라 부호가 달라질 수 있는데, 이는 에너지가 커패시터에 유입(충전)할 수 있고, 유출(방전)될 수도 있음을 나타내고 있다.

커패시터 양단의 전압은 연속적으로만 변할 수 있기 때문에 단자 전압의 초기값 v_1을 0으로 보면 전압이 $v(=v_2)$인 순간에 커패시터에 축적되는 에너지는 식 (5.94)와 같다.

$$w_c = \frac{1}{2}Cv^2\ [\mathrm{J}] \tag{5.94}$$

[55]

따라서, 커패시터에서는 일단 전원으로부터 공급받은 전력은 이것이 모두 다시 전원 부로 반환되기까지는 어떤 에너지의 형태로 커패시터 자체에 축적되어 있어야 한다. 즉, 커패시터 양극판의 전위차에 의해 형성되는 전계로 축적(정전 에너지)되는 것을 의미한다.

55) 순시 전압 $v = \sqrt{2}\,V\sin\omega t$를 이용하면, $w_c = \frac{1}{2}Cv^2 = \frac{1}{2}CV^2(1-\cos 2\omega t)$

한 주기 동안의 평균축적 에너지는 다음과 같다.

$W_C = \frac{1}{T}\int_0^T w_c\,dt = \frac{1}{2}CV^2\,[\mathrm{J}]$

예제문제 7.3 커패시턴스에서의 전력

5-38 콘덴서를 300[V]로 충전하는 데 9[J]의 에너지가 필요하였다. 이 콘덴서의 정전용량[μF]은?

풀이 $W_C = \frac{1}{2}CV^2$에서 $C = \frac{2W}{V^2} = \frac{2\times 9}{300^2} = 200\,[\mu\text{F}]$

7.4 일반부하의 교류 전력

전기설비에 사용되는 부하는 그림 5.29(a)와 같이 R, L, C 수동소자가 포함된 경우가 대부분이다. 이와 같은 2단자회로[56]의 등가 임피던스가 $Z\angle\theta$인 회로에 교류 전압 $v = \sqrt{2}\,V\sin\omega t$이 인가될 때 흐르는 전류 i는 전압 v보다 θ만큼 위상이 뒤지게 되어 다음과 같이 된다.

$$i = \sqrt{2}\,I\sin(\omega t - \theta) \tag{5.95}$$

이때 회로에 공급되는 전력의 순시값 p는 식 (5.96)과 같으며, 그림 5.29(b)에서 나타내고 있다. 첫째 항은 일정한 값, 둘째 항은 각주파수 2ω, 진폭 VI인 정현파이다.

$$\begin{aligned} p = vi &= \sqrt{2}\,V\sin\omega t \times \sqrt{2}\,I\sin(\omega t-\theta)^{57)} \\ &= 2VI\sin\omega t \times \sin(\omega t - \theta) \\ &= VI\cos\theta - VI\cos(2\omega t - \theta) \end{aligned} \tag{5.96}$$

여기서, $\theta = 0$인 경우는 저항, $\theta = 90°$은 하나의 인덕터, $\theta = -90°$은 하나의 커패시터인 경우에 해당한다. 전압과 전류의 부호가 서로 다른 경우 (−)값의 순시전력은 회로에 축적된 에너지가 전원측으로 다시 반환된다는 의미이다.

56) 외부에 접속하는 단자가 2개 있는 임의의 회로망을 말한다.

57) $\because\ \sin a\sin b = \frac{1}{2}[\cos(a-b) - \cos(a+b)]$

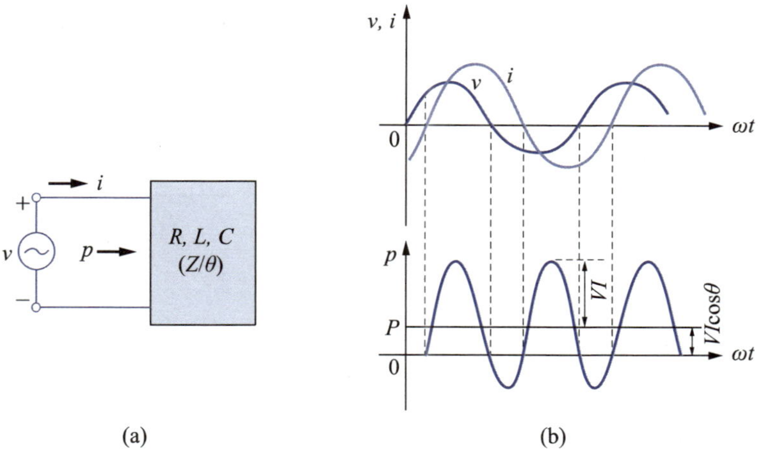

그림 5.29 일반 부하의 교류 전력

식 (5.96)의 순시 전력으로부터 평균 전력 P를 구하면 다음과 같다.

$$
\begin{aligned}
P &= \frac{1}{T}\int_0^T p\,dt \\
&= \frac{1}{T}\int_0^T [VI\cos\theta - VI\cos(2\omega t-\theta)]dt \qquad (5.97)\\
&= VI\cos\theta\ [\mathrm{W}]
\end{aligned}
$$

여기서 V, I는 각각 인가된 전압과 전류의 실효값이며, θ는 전압과 전류의 위상차이다.

직류 회로의 전력은 전압과 전류를 곱으로만 표현되었지만, 교류 회로에서는 역률(power factor; p.f)이라고 정의되는 cosθ가 곱해지게 된다. 이것은 전체 전력 중 실제로 일을 하는 전력의 비로써 효율과 같은 의미를 가지며 백분율[%]로도 표시된다.

$$
\begin{aligned}
&\mathrm{p.f} = \cos\theta = \frac{P}{VI}(\times 100[\%]) \qquad (5.98)\\
&(0 \le \mathrm{p.f} \le 1)
\end{aligned}
$$

여기서, 전압을 기준으로 $\theta > 0$인 경우 전류는 전압보다 위상이 뒤지므로 지상역률, $\theta < 0$인 경우 진상역률이라고 한다. 전압과 전류의 곱(VI)은 공급 전력 또는 피상 전력(apparent power)이라고 하며, 그림 5.30처럼 임피던스 삼각형으로 나타낸다.

$$
\mathrm{p.f} = \cos\theta = \frac{R}{Z} = \frac{G}{Y} \qquad (5.99)
$$

평균 전력 P는 다음과 같이 나타낼 수 있다.

$$P = VI\cos\theta = RI^2 = GV^2\,[\mathrm{W}] \tag{5.100}$$

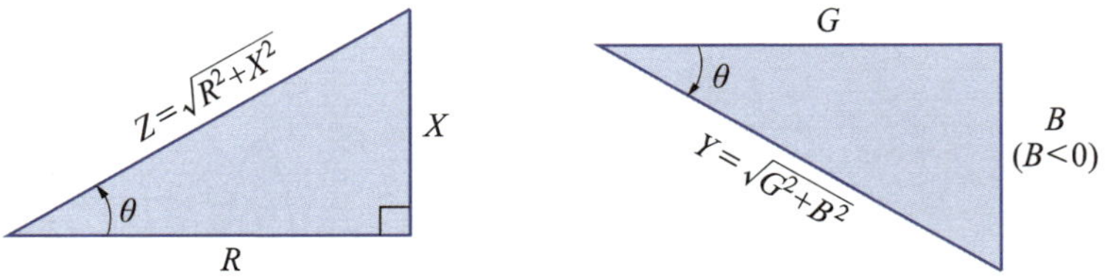

그림 5.30 임피던스 및 어드미턴스 삼각도

예제문제 7.4 일반부하의 교류 전력

5-39 회로의 전압과 전류의 실효값이 각각 50[V], 10[A]이고, 역률 0.8일 때 소비전력량[W]은?

풀이 $P= VI\cos\theta = 50\times 10\times 0.8 = 400\,[\mathrm{W}]$

5-40 어떤 회로에 전압 v와 전류 i가 각각 $v = 100\sqrt{2}\sin\left(377t+\frac{\pi}{3}\right)$ [V], $i = \sqrt{8}\sin\left(377t+\frac{\pi}{6}\right)$ [A]일 때 소비전력[W]은?

풀이 전력 $P = VI\cos\theta = \frac{V_m}{\sqrt{2}}\frac{I_m}{\sqrt{2}}\cos\theta = \frac{100\sqrt{2}}{\sqrt{2}}\times\frac{\sqrt{8}}{\sqrt{2}}\times\cos\left(\frac{\pi}{3}-\frac{\pi}{6}\right)$

$= 100\sqrt{3}\,[\mathrm{W}]$

7.5 유효 전력, 무효 전력 및 피상 전력

교류 회로에서 전압과 전류의 위상차 θ가 있는 경우 그림 5.31과 같이 전류를 전압과 동상인 성분 $I\cos\theta$와 90° 위상차를 갖는 성분 $I\sin\theta$로 나누어 생각할 수 있다. $I\cos\theta$는 평균 전력($VI\cos\theta$)에 기여하므로 유효전류라고 하는 데 저항만의 회로에서의 전류와 같다. $I\sin\theta$는 평균 전력에 전혀 기여하지 못하고 있어 무효전류라고 하는 데 전압과 90° 위상차를 갖는 인덕터 또는 커패시터만의 회로에서의 전류와 같다. 따라서, 유효 전력(active power)은 전기에너지를 소비하는 전력으로 유효전류에 의한

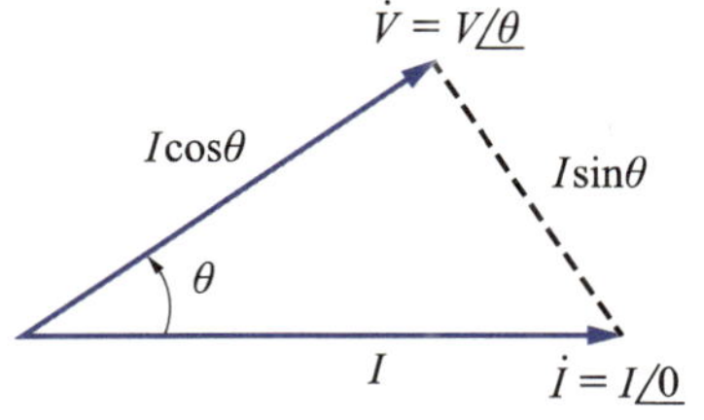

그림 5.31 유효 성분과 무효 성분

평균 전력이고, 에너지를 축적하거나 반환하는 전력으로 전력소모와 직접적인 상관이 없는 전력을 무효 전력(reactive power)이라고 한다.

유효 전력(평균 전력 또는 전력)의 기호는 P, 단위는 Watt[W]를 사용하고, 무효 전력의 기호는 P_r, 단위는 Var(volt-amperes reactive)를 사용한다.

$$P = VI\cos\theta\ [\mathrm{W}] \tag{5.101}$$

$$P_r = VI\sin\theta\ [\mathrm{Var}] = XI^2 \tag{5.102}$$

무효 전력을 나타내는 식 (5.102)에서 $\sin\theta$를 무효율(reactive factor; r.f)이라고 하며, 다음과 같이 나타낸다. 무효 전력은 인덕터에서 $P_r > 0$이고, 커패시터에서 $P_r < 0$이 된다.

$$\mathrm{r.f} = \sin\theta = \frac{P_r}{VI} = \frac{X}{Z} \tag{5.103}$$
$$(-1 \le \mathrm{r.f} \le 1)$$

교류 회로의 단자 전압과 전류의 실효값의 곱을 피상 전력(apparent power)이라 하며, 기호는 P_a, 단위는 [VA]가 된다. 이는 인가전압과 회로에 유입되는 전류 사이의 위상 관계는 고려하지 않고, 단지 회로에 인가된 전압과 유입되는 전류의 크기만을 생각하기 때문에 겉보기 전력이라고도 하며, 전압과 전류의 곱으로 표시된다는 점에서는 직류 전력과 같다.

$$P_a = VI = ZI^2 = YV^2\ [\mathrm{VA}] \tag{5.104}$$

각 전력 P, P_r, P_a 사이에는 다음과 같은 관계가 성립되며, 그림 5.32와 같은 전력 삼각도(power triangle)로 표시될 수 있다.

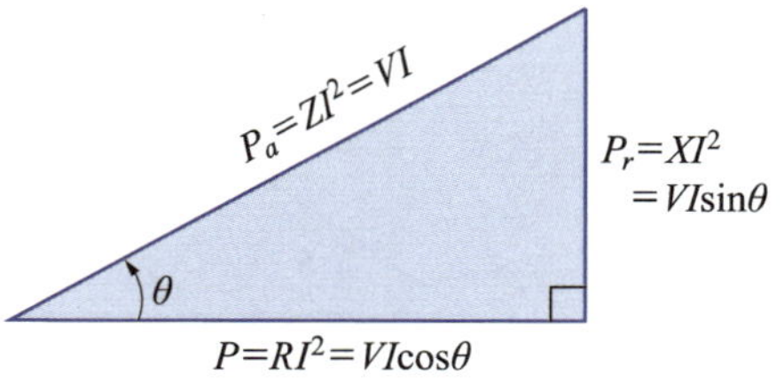

그림 5.32 임피던스의 전력 삼각도

$$\begin{aligned} P^2 + P_r^2 &= (VI\cos\theta)^2 + (VI\sin\theta)^2 \\ &= (VI)^2 = P_a^2 \end{aligned} \tag{5.105}$$

피상 전력의 물리적인 의미는 2단자 회로에 공급되는 순시전력이 진동하는 진폭(그림 5.29(b) 참조)을 나타내며, 주로 변압기, 발전기, 콘덴서, 케이블 등의 정격 및 용량을 나타낸다.

예제문제 7.5 유효 전력, 무효 전력 및 파상 전력

5-41 유효 전력이 $P=80$[W]이고 무효 전력이 $P_r=60$[Var]인 회로의 역률은?

풀이 유효 전력, 무효 전력, 피상 전력의 관계 $P_a^2 = P^2 + P_r^2$에서

피상 전력 $P_a = \sqrt{P^2 + P_r^2} = \sqrt{80^2 + 60^2} = 100\,[\text{VA}]$

$P = VI\cos\theta$ 에서 역률 $\cos\theta = \dfrac{P}{VI} = \dfrac{P(\text{유효 전력})}{P_a(\text{피상 전력})} = \dfrac{80}{100} = 0.8$

5-42 전압 200[V], 전류 30[A]로서 4.8[kW]의 전력을 소비하는 회로의 리액턴스[Ω]는?

풀이 피상 전력 $P_a = VI = 200 \times 30 = 6000\,[\text{VA}]$

무효 전력 $P_r = \sqrt{P_a^2 - P^2} = \sqrt{6000^2 - 4800^2} = 3600\,[\text{Var}]$

$P_r = I^2X$에서 리액턴스 $X = \dfrac{P_r}{I^2} = \dfrac{3600}{30^2} = 4\,[\Omega]$

별해

임피던스 $Z=\dfrac{V}{I}=\dfrac{200}{30}=6.67[\Omega]$

전력 $P=I^2R$에서 저항 $R=\dfrac{P}{I^2}=\dfrac{4800}{30^2}=5.3[\Omega]$이므로

$Z=\sqrt{R^2+X^2}$를 이용한 리액턴스 $X=\sqrt{Z^2-R^2}=\sqrt{6.67^2-5.3^2}\fallingdotseq 4[\Omega]$

5-43 역률 0.8인 22[kVA]의 부하의 무효 전력[kVar]은?

풀이 무효율 $\sin\theta=\sqrt{1-\cos\theta^2}=\sqrt{1-0.8}=0.6$이므로

무효 전력 $P_r=VI\sin\theta=P_a\sin\theta=22\times 0.6=13.2\,[\text{kVar}]$

7.6 복소 전력

전기 설비의 2단자 회로에 공급되는 유효 전력을 실수부로, 무효 전력을 허수부로 하는 복소수($\dot{Z}=R+jX$)를 그 회로에 대한 복소 전력複素 電力(complex power)이라 하여 $\dot{P}_a$ 또는 $\dot{S}$로 표시한다. 전압, 전류가 복소수로 표현될 경우에는 복소 전력법을 이용하면 매우 유용하다.

$$\begin{aligned}\dot{P}_a &= \dot{P}+j\dot{P}_r = VI\cos\theta+jVI\sin\theta \\ &= I^2R+jI^2X \\ &\quad (=\dot{Z}I^2=\dot{Z}\dot{I}\overline{\dot{I}}=\dot{V}\overline{\dot{I}})\end{aligned} \tag{5.106}$$

[58]

$$\therefore\ \dot{P}_a = P_a\angle\theta = VI\angle\theta = \dot{V}\overline{\dot{I}}=\overline{\dot{V}}\dot{I}$$

또한 $\dot{P}_a$의 공액복소수 $\overline{\dot{P}_a}$는 다음과 같다.

$$\begin{aligned}\overline{\dot{P}_a} &= \dot{P}-j\dot{P}_r = I^2R-jI^2X \\ &= GV^2+jBV^2=\dot{Y}\dot{V}\overline{\dot{V}} \\ &= \dot{I}\overline{\dot{V}}\end{aligned} \tag{5.107}$$

58) 복소수 연산에서 $\dot{A}\overline{\dot{A}}=A^2$이 된다.

여기서, $\overline{\dot{V}}$, $\overline{\dot{I}}$는 $\dot{V}$, $\dot{I}$의 공액복소수이며, 전압과 전류를 그대로 곱하면 θ가 위상차가 아니라 위상의 합이 되기 때문에 전압 또는 전류의 공액복소수를 곱하는 이유가 된다.

예제문제 7.6 복소 전력

5-44 $R=4[\Omega]$과 $X_C=3[\Omega]$이 직렬로 접속된 회로에 10[A]의 전류를 통할 때의 교류전력[VA]은?

풀이 유효 전력 $P=I^2R[\text{W}]=10^2\times4=400[\text{W}]$

무효 전력 $P_r=I^2X[\text{Var}]=10^2\times3=300[\text{Var}]$

따라서, 피상 전력 $P_a=P\pm jP_r[\text{VA}]=400+j300[\text{VA}]$

5-45 $\dot{V}=50\sqrt{3}+j50[\text{V}]$, $\dot{I}=15\sqrt{3}-j15[\text{A}]$일 때 유효 전력[W]과 무효 전력[Var]은?

풀이 피상 전력 $P_a=\overline{V}\cdot I=V\cdot\overline{I}=(50\sqrt{3}+j50)(15\sqrt{3}-j15)$

$=1500+j1500\sqrt{3}[\text{VA}]$이므로

$P_a=P\pm jP_r$이므로 유효 전력은 1500[W], 무효 전력은 $1500\sqrt{3}[\text{Var}]$이 된다.

구분	피상 전력	$P_r>0$	$P_r<0$
전압공액	$P_a=\overline{V}\cdot I=P\pm jP_r$	용량성 무효 전력	유도성 무효 전력
전류공액	$P_a=V\cdot\overline{I}=P\pm jP_r$	유도성 무효 전력	용량성 무효 전력

7.7 역률의 개선

변압기나 전동기 등의 전기 부하는 대부분 유도성 부하(전류가 전압보다 위상이 늦은 지상역률)이므로 위상차에 의해 역률이 낮아진다. 즉, 부하에 일정 전압 및 전력을 공급할 때 역률 $\cos\theta$가 낮게 되면 식 (5.108)과 같이 부하에 전력 공급시 큰 부하전류 I가 필요하게 되어 송전계통에서의 열손실과 선로에서의 전압 강하가 증가하여 전압 변동률이 커지고 기기의 용량이 커지게 된다.

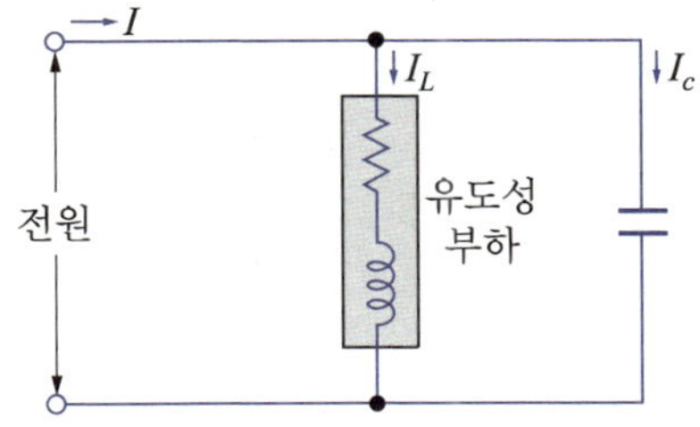

그림 5.33 역률 개선

$$I = \frac{P}{V\cos\theta} \tag{5.108}$$

역률이 나쁜 3상 유도전동기를 개선하기 위해 부하에 (진상용)콘덴서를 병렬로 접속하여 지상전류와 상쇄되는 진상전류가 콘덴서에 흘러 부하전류의 위상이 전압의 위상에 가까워지므로 역률이 개선된다. 즉, 부하의 유도성 리액턴스에 용량성 리액턴스를 증가시키는 효과가 있으므로 부하의 리액턴스 성분은 작아지게 되어 그 결과 회로 전체의 역률은 높아지게 된다.

역률 개선용 콘덴서의 용량 Q[kVA]는 다음 식으로 구할 수 있다.

$$\begin{aligned} Q &= P(\tan\theta_1 - \tan\theta_2) \\ &= P\left(\frac{\sqrt{1-\cos^2\theta_1}}{\cos\theta_1} - \frac{\sqrt{1-\cos^2\theta_2}}{\cos\theta_2}\right)[\text{kVA}] \end{aligned} \tag{5.109}$$

여기서, P[kW]는 유효 전력, $\cos\theta_1$ 및 $\cos\theta_2$은 개선 전・후의 역률이다. 개선 전・후의 무효율 $\sin\theta_1$ 및 $\sin\theta_2$과 $\sin^2\theta + \cos^2\theta = 1$을 이용하여 구할 수도 있다.

예제문제 7.7 역률의 개선

5-46 정격 120[V], 60[Hz]의 단상 유도전동기의 출력이 5[HP]이다. 역률은 100[%]로 개선하기 위한 병렬콘덴서의 용량[kVA]은? 단, 역률이 60[%]이다.

풀이 출력 $P = 5[\text{HP}] \times \dfrac{1.3405[\text{kW}]}{1[\text{HP}]} = 3.73[\text{kW}]$이므로

$(\because\ 1[\text{kW}] = 1.3596[\text{ps}] = 1.3405[\text{HP}])$

$$병렬콘덴서\ 용량\ Q_C = P(\tan\theta_1 - \tan\theta_2) = P\left(\frac{\sqrt{1-\cos^2\theta_1}}{\cos\theta_1} - \frac{\sqrt{1-\cos^2\theta_2}}{\cos\theta_2}\right)$$

$$= 3.73 \times \left(\frac{\sqrt{1-0.6^2}}{0.6} - \frac{\sqrt{1-1^2}}{1}\right) = 4.97[\text{kVA}]$$

7.8 최대전력 전송

일정 조건의 전원으로부터 부하에 전달되는 전력은 부하의 조건에 따라 다르게 나타난다. 그림 5.34와 같이 전원에 포함된 내부 임피던스에 따른 부하의 최대전력 전송조건을 구하기 위해 전원의 복소 임피던스 $\dot{Z}_0 = R_0 + jX_0$, 부하의 복소 임피던스 $\dot{Z}_L = R_L + jX_L$에서 전류 $\dot{I}$ 와 크기 I를 구한다.

$$\begin{aligned} \dot{I} &= \frac{\dot{V}}{\dot{Z}} = \frac{\dot{V}}{\dot{Z}_0 + \dot{Z}_L} \\ &= \frac{\dot{V}}{(R_0 + R_L) + j(X_0 + X_L)} \end{aligned} \tag{5.110}$$

$$I = \frac{V}{Z} = \frac{V}{\sqrt{(R_0 + R_L)^2 + (X_0 + X_L)^2}}\ [\text{A}] \tag{5.111}$$

부하에서의 전력 P_L은 다음과 같다.

$$P_L = I^2 R_L = \frac{R_L \times V^2}{(R_0 + R_L)^2 + (X_0 + X_L)^2}\ [\text{W}] \tag{5.112}$$

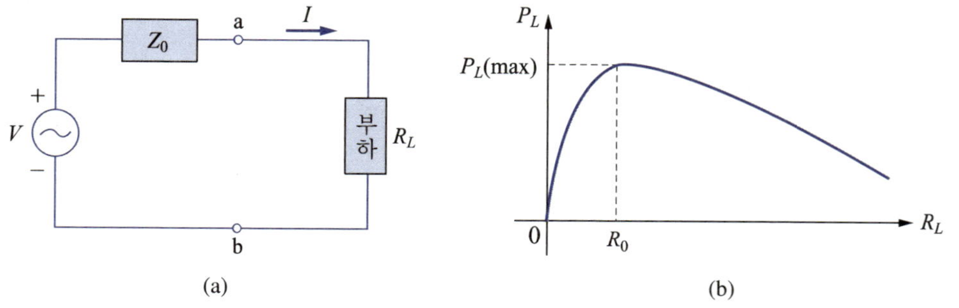

그림 5.34 최대전력 전송조건 및 부하전력의 변화

따라서, 식 (5.112)에서 최대전력이 전송되는 조건은 다음과 같다.

- 전원의 내부 임피던스 $\dot{Z}_0 = R_0$와 부하 R_L이 모두 순 저항일 경우에는 부하 저항 R_L이 전원의 내부저항 R_0와 같아지는 경우이다.

$$P_{\max} = I^2 R_L = \left(\frac{V}{2R_0}\right)^2 R_0 = \frac{V^2}{4R_0} \tag{5.113}$$

- 전원의 내부 임피던스 $\dot{Z}_0 = R_0 + jX_0$와 부하 R_L이 모두 순 저항일 경우에는 부하 저항 R_L이 전원의 내부 임피던스의 크기 $Z_0 = \sqrt{R_0^2 + X_0^2}$ 과 같아지는 경우이다.

$$P_{\max} = I^2 R_L = \frac{V^2 R_L}{(R_0 + R_L)^2 + X_0^2} \tag{5.114}$$

- 전원의 내부 임피던스 $\dot{Z}_0 = R_0 + jX_0$와 부하 임피던스 $\dot{Z}_L$일 경우에는 부하 임피던스 $\dot{Z}_L$이 전원의 내부 임피던스의 $\dot{Z}_0$의 공액복소수가 되는 경우이다($\dot{Z}_L = \overline{\dot{Z}_0} = R_0 - jX_0$).

$$P_{\max} = I^2 R_L = \frac{V^2}{4R_0} \tag{5.115}$$

예제문제 7.8 최대전력 전송

5-47 다음과 같은 회로에서 일전 전압 E_0에 대하여 최대전력을 공급할 수 있는 조건은?

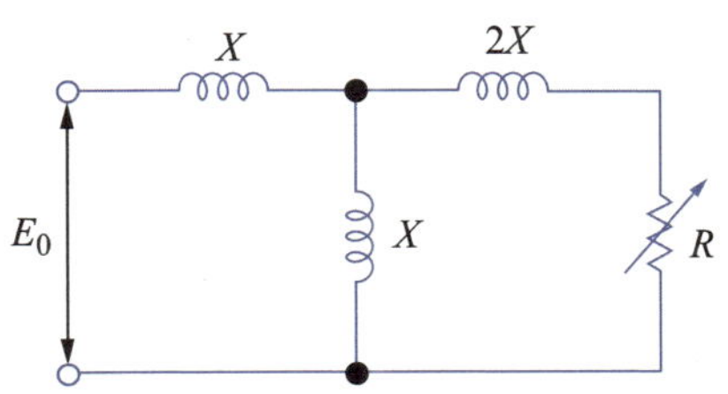

풀이 최대전력 전달 조건은 내부저항 = 외부저항이므로

내부저항 $R_0 = 2X + \dfrac{X \times X}{X + X} = \dfrac{5X}{2}$ 이므로 외부저항 $R = \dfrac{5}{2}X$이다.

5-48 다음과 같은 회로에서 부하 R_L에서 소비되는 최대전력[W]은?

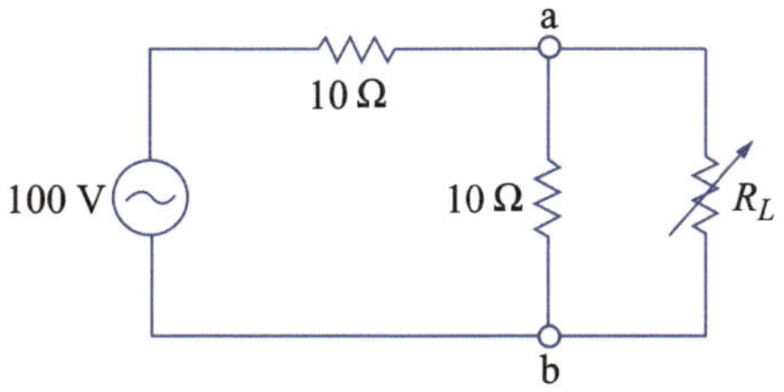

풀이 테브낭 등가 회로를 그리면 다음과 같으므로

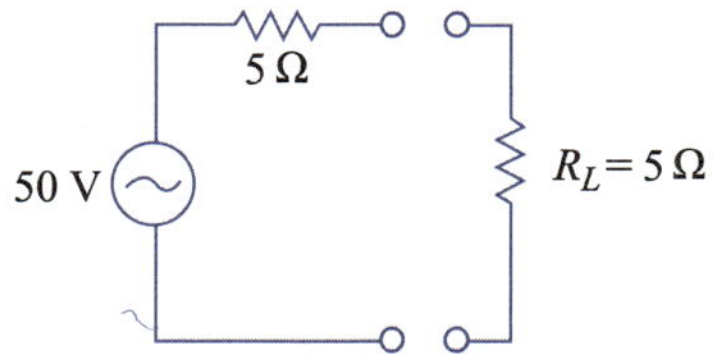

최대전력 $P_m = \dfrac{V^2}{4R} = \dfrac{50^2}{4 \times 5} = 125\,[\mathrm{W}]$

8. 공진회로

8.1 공진현상

고유 진동수를 가진 물체에 같은 진동수의 힘이 외부에서 가해질 때 진폭이 커지면서 에너지가 증가하는 현상을 공진(resonance)이라고 한다. 전기적 공진은 RL, RC 회로에 정현파 전압이 인가될 때 주파수 변화에 대해 소자의 양단 전압 또는 전류는 단조롭게 증가하거나 감소할 뿐이지만, RLC 회로에서는 소자의 양단 전압 또는 전류가 특정 주파수에서 극대점 또는 극소점을 갖게 된다.

특히, 유도 리액턴스는 주파수 증가에 따라 증가하고, 용량 리액턴스는 주파수가 증가에 따라 감소하는 서로 반대되는 특성 때문에 인덕터 L과 커패시터 C의 결합에 의해서 둘 중 하나의 값이 증가하면 다른 하나는 감소하므로 X_L과 X_c가 같게 되는 주파수가 존재하게 된다. 그러므로 전기적 공진회로에는 L과 C가 필요하며, 이들의 연결 방식에 따라 직렬 공진, 병렬 공진, 직·병렬 공진회로 등이 있다.

일반적으로 크기는 같고 부호가 서로 반대인 리액턴스를 갖는 경우를 공진되었다고 하며, 그때의 교류 회로를 공진회로(resonance circuit)라고 한다. LC 회로는 주파수의 크기에 따라 공진이 될 수 있는 데, 부호가 반대인 리액턴스의 크기가 같게 되는 주파수를 공진 주파수(resonance frequency)라고 한다.

8.2 직렬 공진회로

RLC 직렬 회로에서 전원 전압의 크기를 일정하게 유지하고 전원 주파수만을 가변시킬 때 회로에 흐르는 전류의 변화를 살펴보기로 한다.

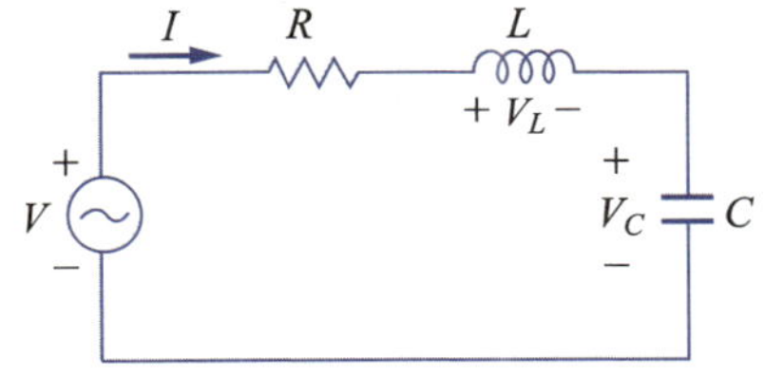

그림 5.35 직렬 공진

전체 전압 $\dot{V}$ 와 전류 $\dot{I}$ 는 다음과 같다.

$$\begin{aligned}\dot{V} &= \dot{V}_R + \dot{V}_L + \dot{V}_C \\ &= \left\{R + j\left(\omega L - \frac{1}{\omega C}\right)\right\}\dot{I} \\ &= (R + jX)\dot{I}\ [\mathrm{V}]\end{aligned} \tag{5.116}$$

$$\dot{I} = \frac{\dot{V}}{\dot{Z}} = \frac{\dot{V}}{R + jX} = \frac{\dot{V}}{R + j\left(\omega L - \frac{1}{\omega C}\right)}\ [\mathrm{A}] \tag{5.117}$$

그리고 전류의 크기 I와 위상차 θ는 식 (5.118)과 같이 된다.

$$I = \frac{V}{\sqrt{R^2 + \left(\omega L - \frac{1}{\omega C}\right)^2}}\ [\mathrm{A}] \tag{5.118}$$

$$\theta = \tan^{-1}\frac{\omega L - \dfrac{1}{\omega C}}{R}\ [\text{rad}]$$

그러므로 전원 주파수 f를 0에서 ∞까지 변화시켜 $\omega L - \dfrac{1}{\omega C} = 0$인 상태가 되면, 전류 (식 5.118)의 분모항의 값은 최소가 되므로 전류 $I = I_r = \dfrac{V}{R}[\text{A}]$이 되어 최대가 되고 위상각 $\theta = \tan^{-1}\dfrac{0}{R} = 0°$이 된다.

따라서, 직렬 공진(series resonance)이란 회로의 리액턴스 성분 $X = 0$이 되어 전압과 전류가 동상이 되고, 그 결과 회로 임피던스가 최소가 됨으로써 회로에 흐르는 전류가 최대가 되는 상태를 말한다. 회로의 전압과 전류가 특정 주파수에서 동상이 되는 공진상태의 주파수를 공진 주파수(resonance frequency)라고 한다. 공진 주파수에서는 임피던스가 최소($Z = R$)가 된다.

직렬 공진회로에서 공진시의 각주파수를 ω_r, 주파수를 f_r이라고 하면 $\omega L = \dfrac{1}{\omega C}$에서 공진 주파수의 크기 f_r을 구할 수 있다.

$$f_r = \frac{1}{2\pi\sqrt{LC}}\ [\text{Hz}] \tag{5.119}$$

그림 5.36(a)와 같이 RLC 직렬 회로에서 전원 주파수 $f(\omega = 2\pi f)$를 변화시키면 낮은 주파수 영역에서는 용량성 리액턴스 X_C의 값이 크고($X < 0$), 높은 주파수의 영역에서는 유도성 리액턴스 X_L의 값이 커지게 된다($X > 0$). 그림 5.36(b)는 공진회로

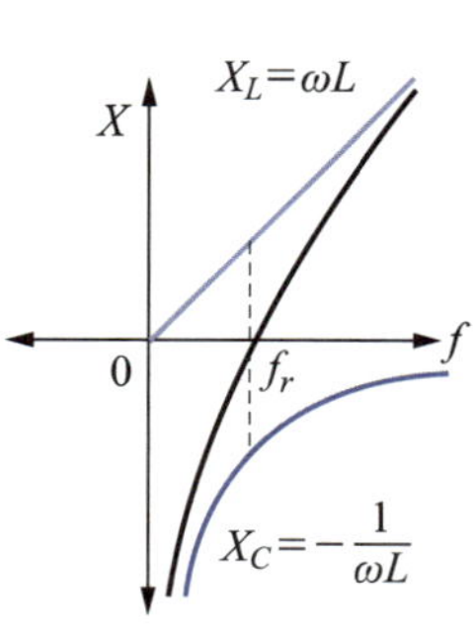

(a) 리액턴스

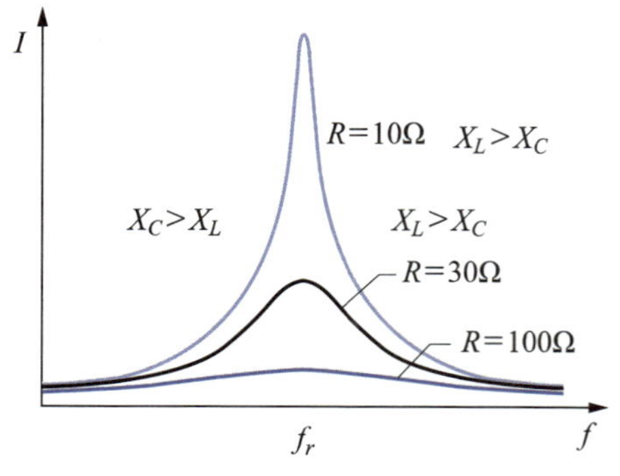

(b) 전류

그림 5.36 주파수 특성곡선

에서 주파수의 변화에 대하여 전류의 크기 변화를 나타낸 것으로 공진 곡선(resonance curve)이라 부른다. 공진 곡선을 보면 공진 주파수 f_r에서 임피던스가 최소가 되는데, 이 점에서의 전류 I_r은 최대가 되며, 저항이 작을수록 곡선은 예리하게 된다.

$$I_r = \frac{V}{R}\,[\mathrm{A}] \tag{5.120}$$

예제문제 **8.2 직렬 공진회로**

5-49 $R=4[\mathrm{k\Omega}]$, $L=10[\mathrm{mH}]$, $C=1[\mathrm{\mu F}]$의 직렬 회로에 $E=100[\mathrm{V}]$인 전압을 가하면 그 주파수를 변화시켰을 때 최대 전류[mA]는?

풀이 최대전류는 $\omega L=\dfrac{1}{\omega C}$일 경우에 발생되므로 즉, $Z=R$이 된다.

따라서, $I=\dfrac{E}{R}=\dfrac{100}{10\times10^3}=0.01\,[\mathrm{A}]=10\,[\mathrm{mA}]$

5-50 $R=5[\Omega]$, $L=1.2[\mathrm{mH}]$, $C=3[\mathrm{\mu F}]$의 직렬 회로에서의 선택도 Q는?

풀이 선택도 $Q=\dfrac{1}{R}\sqrt{\dfrac{L}{C}}$ 이므로 $Q=\dfrac{1}{5}\sqrt{\dfrac{12\times10^{-4}}{3\times10^{-6}}}=10$

참고

선택도 Q는 공진곡선의 첨예도, 공진시의 전압 확대비 그리고 공진회로의 저항에 대한 리액턴스비를 표시한다.

$$Q=\frac{\omega L}{R}=\frac{1}{\omega CR}=\frac{1}{R}\sqrt{\frac{L}{C}}$$

8.3 병렬 공진회로

L과 C의 병렬 회로에서 인덕터에는 L 이외에 저항 R성분을 조금 갖고 있어 그림 5.37(a)와 같은 회로가 된다.

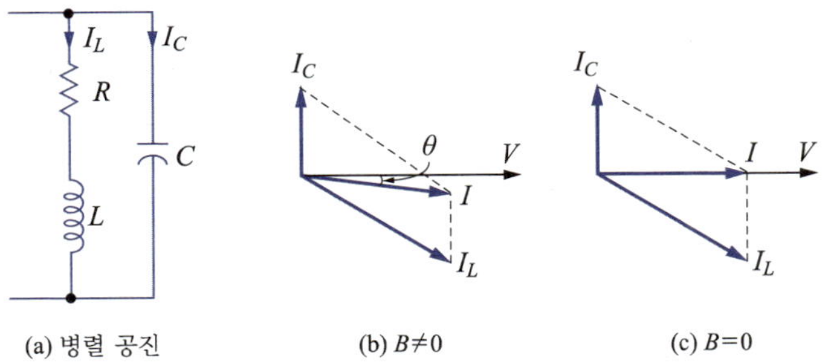

그림 5.37 병렬 공진회로

이러한 회로에 전압 $\dot{V}$가 인가될 때 흐르는 전체 전류를 $\dot{I}$라 하면, 인덕터에 흐르는 전류 $\dot{I}_L$과 커패시터에 흐르는 전류 $\dot{I}_C$는 다음과 같다.

$$\dot{I}_L = \frac{\dot{V}}{R+j\omega L} \qquad \dot{I}_C = j\omega C\dot{V} \tag{5.121}$$

병렬 공진회로에 흐르는 전체 전류 $\dot{I}$는 다음과 같다.

$$\begin{aligned}\dot{I} &= \dot{I}_L + \dot{I}_C = \left(\frac{1}{R+j\omega L} + j\omega C\right)\dot{V} \\ &= \left\{\frac{R}{R^2+\omega^2L^2} + j\left(\omega C - \frac{\omega L}{R^2+\omega^2L^2}\right)\right\}\dot{V} \\ &= (G+jB)\dot{V}\end{aligned} \tag{5.122}$$

전압과 전류의 페이저도를 나타내는 그림 5.37(b)에서는 서셉턴스 $B\neq0$인 경우 전압과 전체 전류 사이에 위상차가 있으며, 그림 5.37(c)에서 $B=0$인 경우 전압과 전체 전류가 동상이 되는 것을 나타내고 있다. 직렬 공진회로에서의 (직렬)공진은 임피던스의 허수부인 리액턴스 성분이 0이 되어 전압과 전류가 동상이 되는 현상인데 비하여 병렬 공진회로에서는 어드미턴스의 허수부인 서셉턴스 성분이 0이 됨으로써 어드미턴스가 최소가 되면서 전류의 크기도 최소가 되고, 전압과 전류가 동상이 되는 병렬 공진(parallel resonance)이 발생되고 있다.

병렬 공진회로에 있어 공진 각주파수를 ω_a, 주파수를 f_a라고 하면 병렬 공진 조건인 $\omega C - \dfrac{\omega L}{R^2 + \omega^2 L^2} = 0$에서 각주파수를 구할 수 있다.

$$\omega_a = \sqrt{\frac{1}{LC} - \frac{R^2}{L^2}}$$
$$f_a = \frac{1}{2\pi}\sqrt{\frac{1}{LC} - \frac{R^2}{L^2}} \text{ [Hz]} \tag{5.123}$$

식 (5.123)에서 코일의 저항 R이 매우 작아서 $\dfrac{1}{LC} \gg \dfrac{R^2}{L^2}$이 되므로 식 (5.118)과 같이 되어 직렬 공진회로의 공진 주파수와 같게 된다.

$$f_a = \frac{1}{2\pi\sqrt{LC}} \text{ [Hz]} \tag{5.124}$$

병렬 공진시 어드미턴스가 최소가 되므로 전원 전압의 크기를 일정하게 하고, 주파수만을 변화시킬 때의 공진 곡선은 직렬 공진과는 반대로 공진 주파수 f_a에서 전류 I는 최소가 되므로 병렬 공진을 반공진이라고 한다.

예제문제 8.3 병렬 공진회로

5-51 다음 회로에서 공진시의 어드미턴스는?

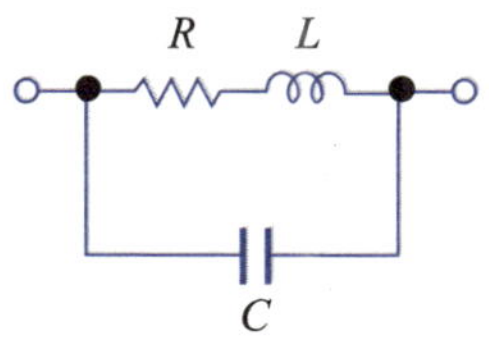

풀이 합성 어드미턴스 $\boldsymbol{Y}$는 다음과 같다.

$$\boldsymbol{Y} = \boldsymbol{Y_1} + \boldsymbol{Y_2} = \frac{1}{R + j\omega L} + j\omega C = \frac{R}{R^2 + (\omega L)^2} + j\left(\omega C - \frac{\omega L}{R^2 + (\omega L)^2}\right)$$

공진시의 합성 어드미턴스의 허수부는 0이므로 $Y = \dfrac{R}{R^2 + (\omega L)^2}$이 된다.

공진 조건은 $\omega C = \dfrac{\omega L}{R^2+(\omega L)^2}$ 이므로 $\dfrac{L}{C} = R^2+(\omega L)^2$을 정리하면 다음과 같다.

$$\therefore\ Y_0 = \frac{R}{R^2+(\omega L)^2} = \frac{R}{\frac{L}{C}} = \frac{RC}{L}\ \text{(공진 임피던스는 } Z_0 = \frac{L}{RC}\text{)}$$

Chapter 6

3상 교류 회로

1. 3상 교류

그림 6.1과 같이 전원과 부하가 두 개의 전선으로 연결되어 전력을 공급하는 교류 방식을 단상 방식單相 方式(single phase system)이라고 한다. 이와 같은 단상 방식으로는 송전선에서 선로 손실을 줄이고 전선의 단면적과 전압을 높이는데 한계를 갖고 있어 단상 방식보다는 다상 방식을 사용하는 것이다.

일반적으로 발전소에서 발생되는 기전력이나 공장 등에서 동력으로 사용하는 교류는 위상이 서로 다른 3개의 단상 교류를 하나로 묶어 놓은 3상 교류를 사용한다. 즉, 주파수는 같지만 위상이 다른 여러 개의 기전력이 동시에 존재하는 교류 방식을 다상 방식(polyphase system)이라고 한다. 다상 방식 중 3상 방식은 3개의 단상들이 개별적으로 부하에 전력을 전달하는 경우보다 다양한 크기의 전압을 공급할 수 있기 때문에 현재 가장 많이 쓰이고 있으며, 발전 · 송전 · 배전 등 공업용 전력 계통에서는 3상 방식이 채택되고 있다.

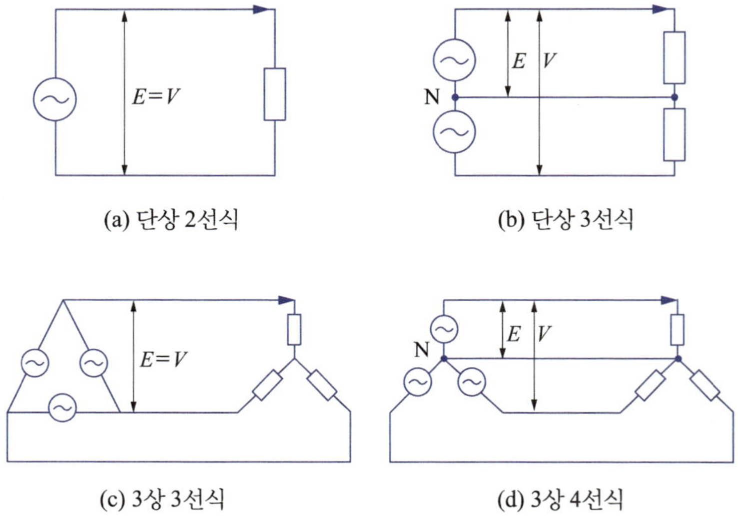

그림 6.1 단상 방식과 다상 방식

2. 3상 교류의 발생

그림 6.2(a)는 3상 교류 발전기의 원리를 보여주고 있으며, 동일한 구조를 갖는 3개의 권선이 공간적으로 120°의 각으로 전기자[59]에 감겨져 있다. 평등 자계 내에서 반시계 방향으로 일정한 속도로 회전(각속도 ω)하면 각 권선의 양단에는 크기와 내부 임피던스는 같고, 120°의 위상차가 있는 3개의 단상 전압이 유도(그림 6.2(b) 참조)된다. 이를 3상 전원이라고 한다. 3상 전원에 부하가 접속되는 경우 각 전원의 내부 임피던스는 부하 임피던스에 비해 거의 무시 가능할 정도로 작은 것이 일반적인 해석이므로 3상 전원은 이상 전원으로 간주할 수 있다. 부하측의 각 상의 임피던스가 서로 같은 부하를 평형 부하라고 하고, 그렇지 않은 부하를 불평형 부하라고 한다.

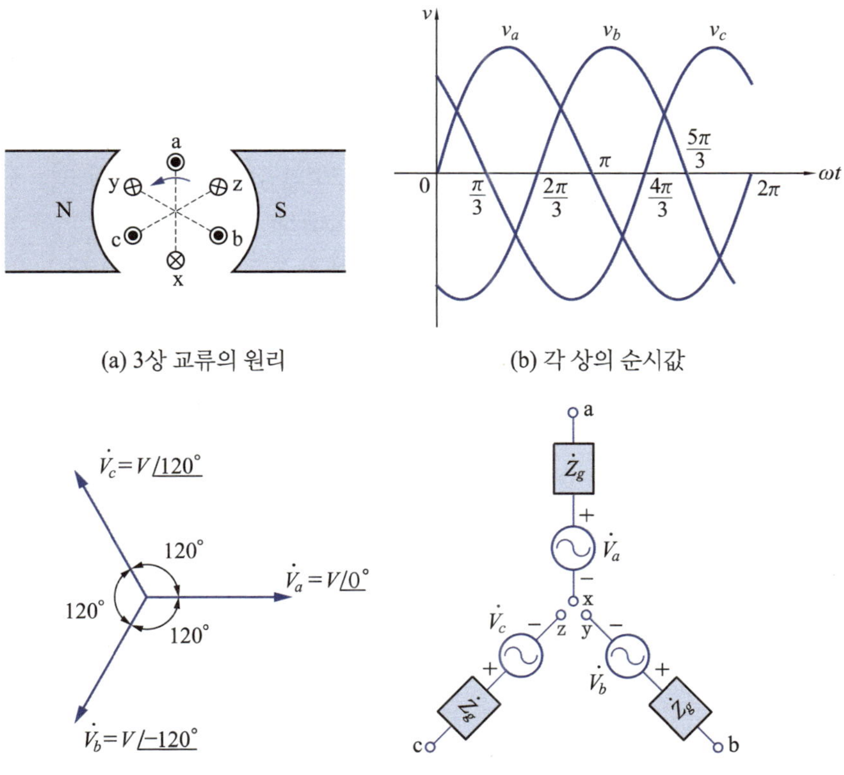

(a) 3상 교류의 원리 (b) 각 상의 순시값

(c) 페이저도 (d) 3상 전원의 등가

그림 6.2 3상 교류

59) 회전 전기 기기에서 주요한 동작을 하는 권선捲線을 수용하고 있는 부분을 말한다.

3개의 권선이 기계적으로 120° 간격으로 감겨 배치된 3상 교류 발전기가 일정한 각속도로 회전하면 각 권선의 양단에 대칭[60] 3상 기전력이 발생한다. v_a를 기준을 취하면 3상 교류 전압의 순시값은 식 (6.1)과 같이 표시된다. 각 상의 전압 v_a, v_b, v_c는 크기와 주파수가 같은 정현파이지만, 위상은 v_b가 v_a보다 120° 늦고, v_c는 v_b보다 120° 늦다. 따라서 이 세 전압의 순시값 파형은 그림 6.2(b)와 같다. 전기자가 반시계 방향으로 회전한다고 가정하였기 때문에 그림 6.2(c)의 페이저도와 같이 3상 교류는 위상이 앞선 것부터 a상, b상, c상이라고 하며, 각 상의 순서를 상순[相順](phase sequence)이라고 한다. 단상 회로와 달리 3상 회로는 상순이 매우 중요한 의미를 가지므로 해석에 있어서 상순은 엄격히 지정되어야 한다. 특히 불평형 회로에서는 상순이 바뀌게 되면 회로 해석의 결과가 다르게 되며, 3상 전동기의 경우 회전 방향이 바뀌기 때문이다.

$$
\begin{aligned}
v_a &= \sqrt{2}\,V\sin\omega t \\
v_b &= \sqrt{2}\,V\sin(\omega t - 120°) \\
v_c &= \sqrt{2}\,V\sin(\omega t - 240°)
\end{aligned}
\tag{6.1}
$$

3상 교류란 실효값 V가 같고, 서로 120°만큼의 위상차를 가지는 3개의 단상 교류가 동시에 존재하므로 대칭 3상 교류(symmetrical three-phase AC)라고 하고, 그렇지 않은 3상 교류를 비대칭 3상 교류라고 한다. 대칭 3상 교류에서 각 상의 전압은 모두 정현파 전압이므로 기전력의 합은 항상 0이 된다. 이러한 3상 교류와 같은 다상 방식을 사용하는 이유는 회전 자계를 얻을 수 있고, 선로(전선)의 수를 줄이면서 선로 손실을 경감시킬 수 있어 경비 절감이나 전력 손실을 줄일 수 있는 장점이 있다.

$$
\dot{V}_a + \dot{V}_b + \dot{V}_c = 0 \tag{6.2}
$$

60) n상 방식에서 n개의 다상기전력의 크기가 같고 위상차가 같을 때($2\pi/n$[rad]) 대칭 n상 방식이라고 하고 그렇지 않을 때를 비대칭 n상 방식이라고 한다.

3. 3상 교류의 결선 방법

3상 회로에 사용되는 전원과 부하의 결선법은 세 개의 권선 및 부하의 각 단자간의 결합방식에 따라 Y 결선 또는 Δ 결선이 있다. 또한 3상 전원에 부하를 접속하여 구성되는 3상 회로는 부하측도 Y 결선 또는 Δ 결선이 될 수 있으므로 전원부와의 조합 방식에 따라 Y-Y, Y-Δ, Δ-Y, Δ-Δ 등의 방식으로 구분된다. 이 경우 부하측도 전원과 마찬가지로 대칭 3상 부하로 되어 있는 경우를 평형 3상 회로 또는 평형 3상 교류(symmetrical three-phase AC)라고 하며, 그렇지 않은 경우를 불평형 3상 교류(asymmetrical three-phase AC)라 한다.

3상 교류 발전기에서 발생된 전압을 이용할 때에는 그림 6.2(d)와 같이 각 상의 단자 a와 x, b와 y, c와 z에서 선을 빼내어 여기에 3개의 독립된 단상 부하를 거는 방법(3상 6선식)을 생각할 수 있으나 실제로는 사용하지 않는다. 가장 흔히 쓰이는 방법은 다음의 두 가지 방식을 사용한다. 그림 6.2(d)의 단자 x, y, z를 함께 접속하고, 각 권선의 다른 단자 a, b, c에서 하나씩의 도선을 빼내는 Y 결선(Y-connection) 또는 성형 결선(star-connection)이 있는 데 그림 6.4(a)에 나타내고 있다. 여기서 공통 접속점 n을 중성점(neutral point)이라고 하고, 중성점에 연결되어 회로에서 사용하는 선을 중성선이라고 한다. 중성선은 평상시 전류가 흐르지 않는 접지선과 다르게 평상시에도 전류가 흐를 수 있어 주의가 필요하다.

다른 방식은 그림 6.2(d)에서 단자와 x와 b, y와 c, z와 a를 각각 접속하고, 각 접속점에서 하나씩의 도선을 빼내는 Δ 결선(Δ-connection) 또는 환상 결선(ring connection)이 있는 데 그림 6.4(b)에서 나타내고 있다.

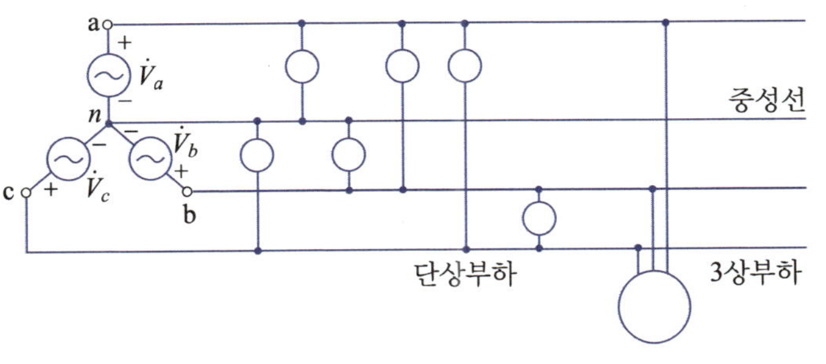

그림 6.3 3상 전원과 부하의 접속

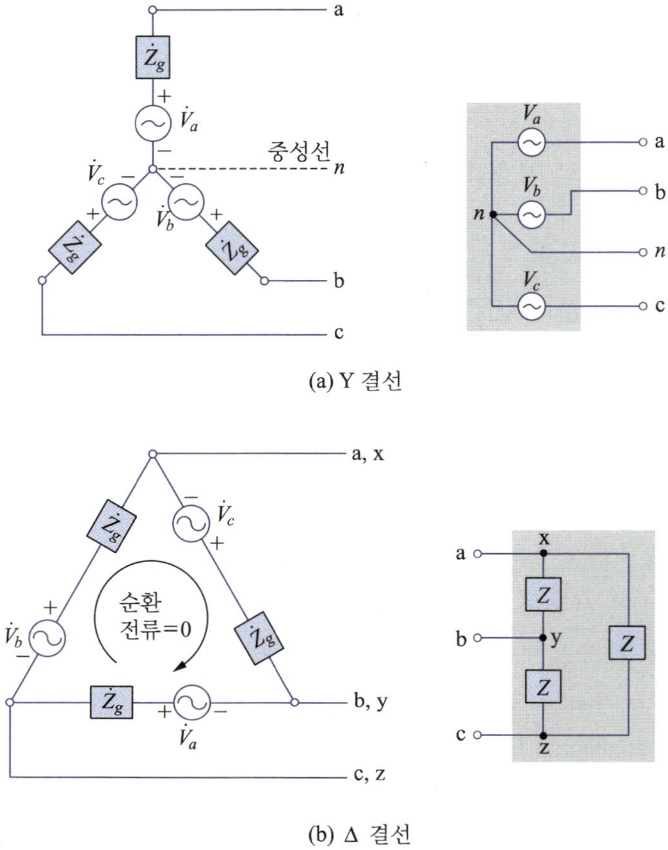

그림 6.4 3상 교류 전원의 결선

3.1 Y 결선

3상 교류에서 3상 교류를 구성하는 각 단상을 상(phase)이라고 하고 각 상의 전압을 상전압(phase voltage), 각 상에 흐르는 전류를 상전류(phase current)라고 한다. 또한 부하에 전력을 공급하는 선들 사이의 전압을 선간 전압(line voltage), 이 선에 흐르는 전류를 선전류(line current)라고 한다.

그림 6.5(a)와 같은 이상적인 평형 3상 회로에서 Y 결선의 중성점 n과 단자 a, b, c 간의 각 기전력 $\dot{V}_a$, $\dot{V}_b$, $\dot{V}_c$를 상전압(기전력)이라 하고, 각 상에 흐르는 전류 $\dot{I}_a$, $\dot{I}_b$, $\dot{I}_c$를 상전류라고 한다. 또한 외부로 인출된 단자 상호간의 ab 사이, bc 사이, ca 사이의 전압 $\dot{V}_{ab}$, $\dot{V}_{bc}$, $\dot{V}_{ca}$를 선간 전압, 전원의 단자와 부하측으로 연결한 선로에 흐르

는 전류 $\dot{I}_{la}$, $\dot{I}_{lb}$, $\dot{I}_{lc}$를 선전류라고 한다.

각 선간 전압은 상전압 $\dot{V}_a(=V\angle 0°)$를 기준으로 나타내면 다음과 같으며, 그림 6.5(b)에서 상전압과 선간 전압의 관계를 페이저도로 나타내고 있다.

$$\begin{aligned} \dot{V}_{ab} &= \dot{V}_a - \dot{V}_b = \sqrt{3}\,V_a\angle 30° \\ \dot{V}_{bc} &= \dot{V}_b - \dot{V}_c = \sqrt{3}\,V_b\angle -90° \\ \dot{V}_{ca} &= \dot{V}_c - \dot{V}_a = \sqrt{3}\,V_c\angle 150° \end{aligned} \tag{6.3}$$

상전압 $\dot{V}_a$, $\dot{V}_b$, $\dot{V}_c$는 크기가 같고 $120°(\frac{2}{3}\pi[\text{rad}])$ 만큼의 위상차를 가지는 대칭 3상 전압이면, 선간 전압 $\dot{V}_{ab}$, $\dot{V}_{bc}$, $\dot{V}_{ca}$도 대칭 3상 전압이 되며, 그 위상은 $\dot{V}_a$, $\dot{V}_b$, $\dot{V}_c$보다 각각 $30°(\frac{\pi}{6}[\text{rad}])$ 앞서게 된다.

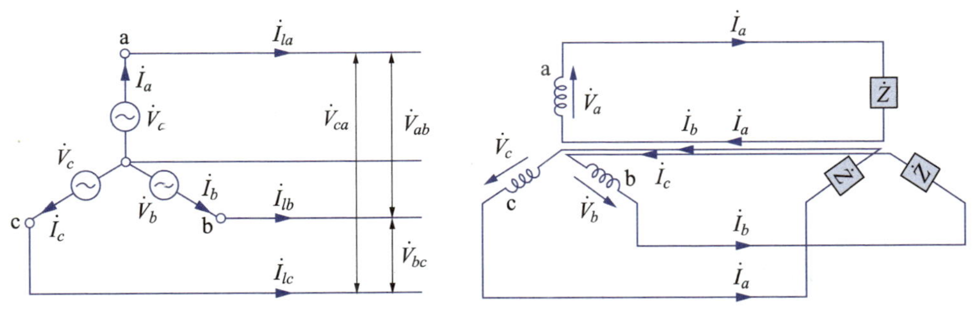

(a) 상전압과 선간전압

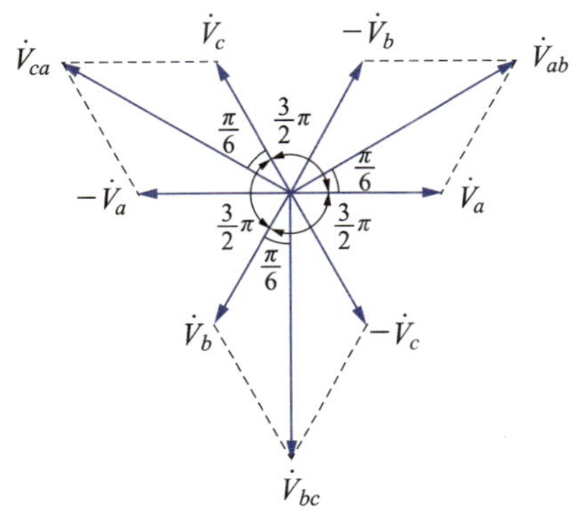

(b) 페이저도

그림 6.5 Y 결선

따라서, 3상 전원에 대한 Y 결선의 선간 전압 $\dot{V}_l$과 상전압 $\dot{V}_P$, 선전류 $\dot{I}_l$과 상전류 $\dot{I}_P$의 관계는 다음과 같다.

- 선간 전압은 각 상전압의 크기보다 $\sqrt{3}$ 배이고 위상은 30° 앞선다. 또한 각 상전압은 각 선로와 중성선 사이에 전위차가 존재하므로 선간 전압은 선로와 중성선 간의 전위차도 $\sqrt{3}$ 배가 된다.

$$\begin{aligned}\dot{V}_{ab} &= \sqrt{3}\,\dot{V}_a\angle 30° \\ \dot{V}_{bc} &= \sqrt{3}\,\dot{V}_b\angle 30° \\ \dot{V}_{ca} &= \sqrt{3}\,\dot{V}_c\angle 30°\end{aligned} \tag{6.4}$$

$$\therefore\ \dot{V}_l = \sqrt{3}\,\dot{V}_P\angle 30°\ \ (\text{선간 전압}=\sqrt{3}\,\text{상전압})$$

- 선전류는 각 상전류의 크기와 위상이 같다.

$$\dot{I}_{la} = \dot{I}_a,\quad \dot{I}_{lb} = \dot{I}_b,\quad \dot{I}_{lc} = \dot{I}_c \tag{6.5}$$

$$\therefore\ \dot{I}_l = \dot{I}_P\ \ (\text{상전류}=\text{선전류})$$

예제문제 3.1 Y 결선

6-1 평형 3선식 회로에서 부하는 Y 결선이고 $V_{ab}=100\sqrt{3}\angle 0°$[V]일 때 $I_a=20\angle -120°$[A]이다. Y 결선된 부하 한 상의 임피던스[Ω]는?

풀이 Y 결선에서 $I_l=I_P$, $V_l=\sqrt{3}\,V_P$이므로 $V_{ab}=\sqrt{3}\,V_a\angle 30°$이 된다.

상전압 $V_a=\dfrac{V_{ab}}{\sqrt{3}}\angle -30°=\dfrac{100\sqrt{3}}{\sqrt{3}}\angle -30°=100\angle -30°$[V]

따라서 임피던스 $Z_a=\dfrac{V_a}{I_a}=\dfrac{100\angle -30°}{20\angle -120°}=5\angle 90°$[Ω]

6-2 3상 선간 전압이 220[V]인 전원에 임피던스 $Z=8+j6$[Ω]인 3상 Y 부하를 연결할 경우 상전류[A]는?

풀이 Y 결선에서 $V_l=\sqrt{3}\,V_P$에서

$$\text{상전류 } I_P = \frac{V_P}{Z} = \frac{\frac{V_l}{\sqrt{3}}}{\sqrt{R^2+X^2}} = \frac{\frac{220}{\sqrt{3}}}{\sqrt{8^2+6^2}} = \frac{220}{10\sqrt{3}} = 12.7\,[\text{A}]$$

6-3 대칭 3상 Y 결선 부하에서 각 상의 임피던스 $Z=16+j12[\Omega]$이고 부하 전류가 10[A]일 때 부하의 선간 전압[V]은?

풀이 Y 결선에서 $V_l = \sqrt{3}\,V_P$에서 상전압은 부하전류와 1상의 임피던스의 곱이므로

$$V_a = 10 \times \sqrt{16^2+12^2} = 200\,[\text{V}]$$

따라서 $V_l = \sqrt{3}\,V_P = \sqrt{3} \times 200 = 346.4\,[\text{V}]$

6-4 3상 3선식 200[V]회로에 10[Ω]의 저항을 접속할 때 선전류[A]?

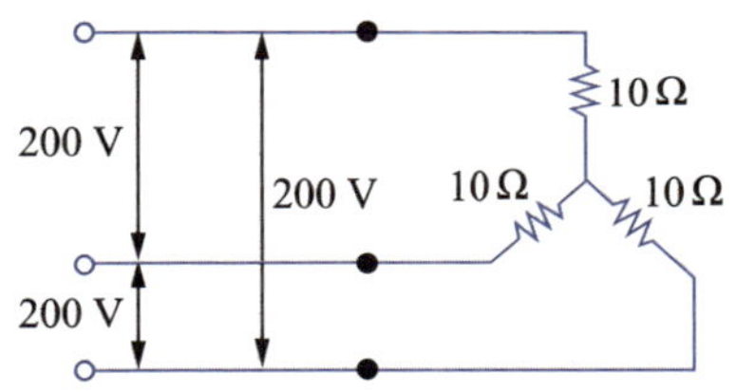

풀이 Y 결선에서 $I_l = I_P$, $V_l = \sqrt{3}\,V_P$이고, 선전압 $V_l = 200\,[\text{V}]$이므로

$$\text{선전류 } I_l = I_P = \frac{V_P}{R} = \frac{\frac{V_l}{\sqrt{3}}}{R} = \frac{\frac{200}{\sqrt{3}}}{10} = \frac{200}{10\sqrt{3}} = 12\,[\text{A}]$$

3.2 Δ 결선

Δ 결선은 그림 6.6(a)와 같이 각 상을 전위가 높은 곳에서 낮은 곳으로 교대로 접속하고, 이 접속을 3상 전원의 3단자가 되도록 결선하는 방식이다. 단자 a-b, b-c, c-a 간의 각 기전력 $\dot{V}_a$, $\dot{V}_b$, $\dot{V}_c$를 상전압이라 하고, 각 상에 흐르는 전류 $\dot{I}_{ab}$, $\dot{I}_{bc}$, $\dot{I}_{ca}$를 상전류라고 한다. 또한 단자 상호간의 전압 $\dot{V}_{ab}$, $\dot{V}_{bc}$, $\dot{V}_{ca}$를 선간 전압, 전원의 단자와 부하측으로 연결한 선로에 흐르는 전류 $\dot{I}_a$, $\dot{I}_b$, $\dot{I}_c$를 선전류라고 한다.

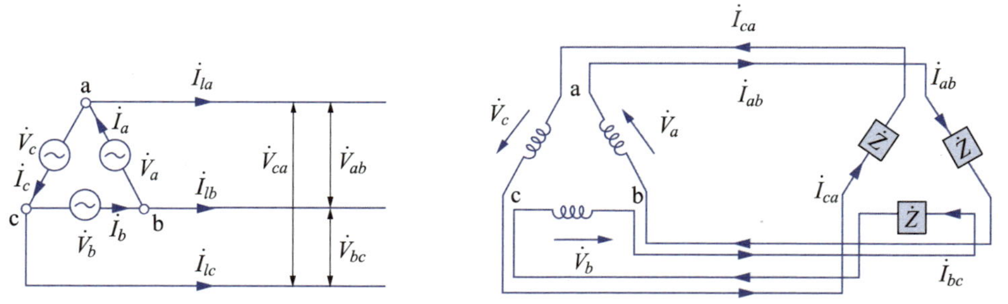

(a) 상전압과 선간전압

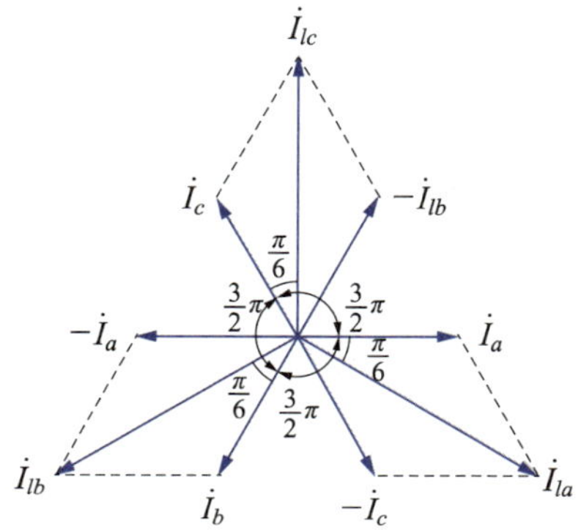

(b) 페이저도

그림 6.6 Δ 결선

Δ 결선에서의 각 상전압과 선간 전압은 식 (6.6)과 같이 서로 일치한다.

$$\dot{V}_{ab} = \dot{V}_a, \quad \dot{V}_{bc} = \dot{V}_b, \quad \dot{V}_{ca} = \dot{V}_c \tag{6.6}$$

각 선전류는 상전류 $\dot{I}_{ab}(= I\angle 0°)$를 기준으로 나타내면 식 (6.7)과 같으며, 그림 6.6(b)에서 전원의 상전류와 선전류의 관계를 페이저도로 나타내고 있다.

$$\begin{aligned} \dot{I}_a &= \dot{I}_{ab} - \dot{I}_{ca} = \sqrt{3}\, I_{ab}\angle 30° \\ \dot{I}_b &= \dot{I}_{bc} - \dot{I}_{ab} = \sqrt{3}\, I_{bc}\angle -150° \\ \dot{I}_c &= \dot{I}_{ca} - \dot{I}_{bc} = \sqrt{3}\, I_{ca}\angle 90° \end{aligned} \tag{6.7}$$

Δ 결선의 부하의 경우 부하들이 선에 직접 연결되어 있어 각 상의 부하를 추가하거나 제거하기가 보다 쉽지만, 불평형 전압원은 환류 전류(circulating current)를 야기하므로 발전기 가열 효과가 발생되는 단점을 갖고 있다. Δ 결선 상전압이 Y 결선보다

더 높으므로 절연이 더 요구된다.

따라서, 3상 전원에 대한 Δ 결선의 선전류 $\dot{I}_l$와 상전류 $\dot{I}_P$, 선간 전압 $\dot{V}_l$과 상전압 $\dot{V}_P$의 관계는 다음과 같다.

- 선전류는 각 상전류의 크기보다 $\sqrt{3}$ 배이고 위상은 30° 뒤진다.

$$\dot{I}_a = \sqrt{3}\,\dot{I}_{ab}\angle -30°$$
$$\dot{I}_b = \sqrt{3}\,\dot{I}_{bc}\angle -30° \quad (6.8)$$
$$\dot{I}_c = \sqrt{3}\,\dot{I}_{ca}\angle -30°$$
$$\therefore\ \dot{I}_l = \sqrt{3}\,\dot{I}_P\angle -30° \ \ (\text{선전류} = \sqrt{3}\ \text{상전류})$$

- 선간 전압은 각 상전압의 크기와 위상이 같다.

$$\dot{V}_{ab} = \dot{V}_a, \quad \dot{V}_{bc} = \dot{V}_b, \quad \dot{V}_{ca} = \dot{V}_c \quad (6.9)$$
$$\therefore\ \dot{V}_l = \dot{V}_P \ (\text{선전압} = \text{상전압})$$

예제문제 3.2 Δ 결선

6-5 3상 3선식에서 선간 전압이 100[V] 송전선에 5∠45°[Ω]의 부하를 Δ 접속할 때의 선전류[A]는?

풀이 Δ 결선은 $I_l = \sqrt{3}\,I_P$, $V_l = V_P$이고 $I_P = \dfrac{V_P}{Z}$[A]이므로

$$\therefore\ I_l = \sqrt{3}\,I_P = 20 \times \frac{100}{5\angle 45°} = 20\sqrt{3}\angle -45°\,[\text{A}]$$

6-6 전원과 부하가 모두 Δ 결선된 3상 평형회로에서 전원 전압이 200[V], 부하 한 상의 임피던스 $Z = 6 + j8$[Ω]인 경우 선전류[A]는?

풀이 전원과 부하가 모두 Δ 결선이므로 상전류 $I_P = \dfrac{V_P}{Z} = \dfrac{200}{\sqrt{6^2+8^2}} = 20$[A]이 된다.

Δ 결선은 $I_l = \sqrt{3}\,I_P$, $V_l = V_P$이므로 $\therefore\ I_l = \sqrt{3}\,I_P = 20\sqrt{3}$[A]

6-7 $Z=3+j4[\Omega]$이 Δ 결선된 회로에 100[V]의 대칭 3상전압을 가할 경우 선전류[A]는?

풀이 Δ 결선에서 $I_l=\sqrt{3}\,I_P$, $V_l=V_P$이므로

선전류 $I_l=\sqrt{3}\,I_P=\dfrac{\sqrt{3}\,V_P}{Z}=\dfrac{\sqrt{3}\,V_l}{Z}$[A]이 된다.

따라서, $I_l=\dfrac{\sqrt{3}\,V_l}{Z}=\dfrac{\sqrt{3}\times 100}{\sqrt{3^2+4^2}}\fallingdotseq 34.6\,[\mathrm{A}]$

3.3 V 결선

Δ 결선된 3상 회로에서 한 상이 제거된 것을 V 결선이라고 하며, 두 상에 의해 3상 전력을 얻을 수 있는 특징이 있다. 즉, 전원 변압기의 1상을 제거한 상태에서 2대의 단상 변압기로 3상 전원을 공급하여 운전하는 결선법이다.

그림 6.7에서 각 상전압과 선간 전압과의 관계는 식 (6.10)에 의해 식 (6.11)과 같이 나타낼 수 있다.

$$\begin{aligned}\dot{V}_a &= V_{ab}\angle 0\,[\mathrm{V}]\\ \dot{V}_b &= V_{bc}\angle -\frac{2}{3}\pi\,[\mathrm{V}]\\ \dot{V}_{ca} &= -(\dot{V}_a+\dot{V}_b)\,[\mathrm{V}]\end{aligned} \tag{6.10}$$

$$\begin{aligned}\therefore\ \ V_{ab} &= V_{bc} = V_P\\ I_{ab} &= I_{bc} = I_l\end{aligned} \tag{6.11}$$

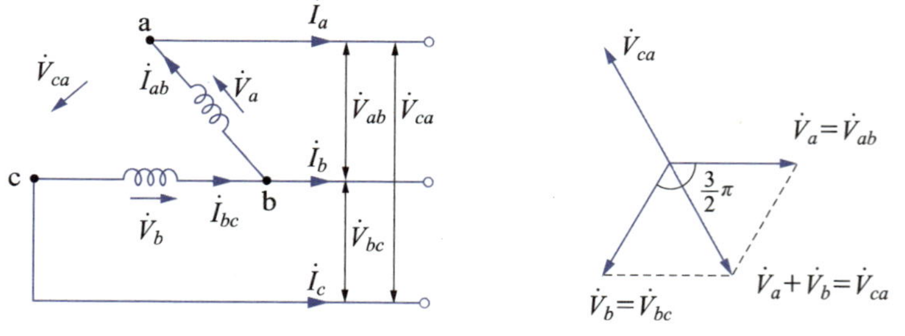

그림 6.7 V 결선

V 결선에서 상전압 V_P, 상전류 I_P라고 하면 출력 P는 다음과 같다. 이 때 부하용량은 $\sqrt{3}\,V_P I_P$[VA]가 된다.

$$P = 3V_P I_P \cos\theta\ [\mathrm{W}] \tag{6.12}$$

또한 한 상의 용량이 $V_P I_P$[VA]이면 두 상에 의한 V 결선의 용량은 $2V_P I_P$[VA]가 되므로 변압기의 이용률은 86.6[%]가 된다.

$$\frac{\text{V 결선 용량}}{\text{2대 용량}} = \frac{\sqrt{3}\,V_P I_P \cos\theta}{2V_P I_P \cos\theta} = \frac{\sqrt{3}}{2} = 0.866 \tag{6.13}$$

만약 3대의 단상 변압기로 Δ 결선으로 운전하던 중 1대가 고장으로 제거되어 V 결선으로 운전하는 경우의 출력비는 57.7[%]가 된다.

$$\frac{\text{V 결선 출력}}{\Delta\text{ 결선 출력}} = \frac{\sqrt{3}\,V_P I_P \cos\theta}{3V_P I_P \cos\theta} = \frac{\sqrt{3}}{3} = 0.577 \tag{6.14}$$

예제문제 3.3 V 결선

6-8 단상 변압기 3대(50[kVA]×3)를 Δ 결선으로 운전 중 한 대가 고장이 생겨 V 결선으로 한 경우의 출력[kVA]은?

풀이 Δ 결선을 V 결선으로 바꿀 경우의 출력 감소는 $\frac{1}{\sqrt{3}}$이므로

$$\text{출력 } P_V = \frac{\text{V 결선 출력}}{\Delta\text{ 결선 출력}} = \frac{\sqrt{3}\,VI\cos\theta}{3VI\cos\theta} = \frac{1}{\sqrt{3}} \times 50 \times 3 = 50\sqrt{3}\ [\mathrm{kVA}]$$

3.4 평형 3상회로의 등가변환

평형 3상회로의 전원 및 부하는 필요에 따라 Y↔Δ 등가변환이 가능하고 Y-Y 결선으로 변환된 등가 단상회로를 이용하면 회로 해석이 간편해진다. 다음은 Y↔Δ 변환을 나타내는 것으로 Y에서 Δ로의 변환은 식 (6.15), Δ에서 Y로의 변환은 식 (6.16)에서 나타내고 있다. 평형 3상회로의 임피던스는 $Z_a = \frac{1}{3}Z_{ab}$을 이용한다.

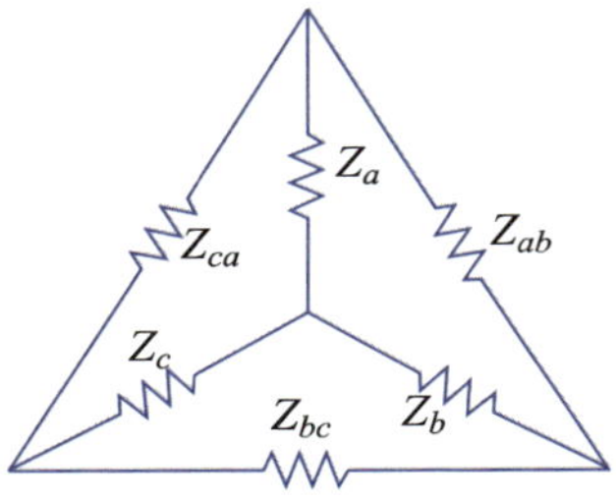

그림 6.8 Y↔△ 등가 변환

$$Z_a = \frac{Z_{ca}Z_{ab}}{Z_{ab}+Z_{bc}+Z_{ca}}\ [\Omega]$$

$$Z_b = \frac{Z_{ab}Z_{bc}}{Z_{ab}+Z_{bc}+Z_{ca}}\ [\Omega] \qquad (6.15)$$

$$Z_c = \frac{Z_{bc}Z_{ca}}{Z_{ab}+Z_{bc}+Z_{ca}}\ [\Omega]$$

$$Z_{ab} = \frac{Z_aZ_b+Z_bZ_c+Z_cZ_a}{Z_c}\ [\Omega]$$

$$Z_{bc} = \frac{Z_aZ_b+Z_bZ_c+Z_cZ_a}{Z_a}\ [\Omega] \qquad (6.16)$$

$$Z_{ca} = \frac{Z_aZ_b+Z_bZ_c+Z_cZ_a}{Z_b}\ [\Omega]$$

그림 6.9와 같이 중성점 $n-n'$ 사이의 전위차는 밀만의 정리에 의해 다음과 같다. 여기서, $\dot{Y}=1/\dot{Z}$ 이고, $\dot{V}_a+\dot{V}_b+\dot{V}_c=0$를 이용한다.

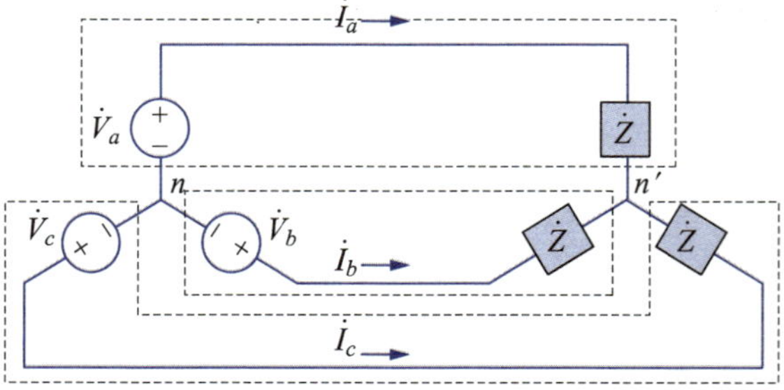

그림 6.9 평형 3상회로의 등가 단상회로(Y−Y 결선)

$$\dot{V}_{nn'} = \frac{\dot{Y}\dot{V}_a + \dot{Y}\dot{V}_b + \dot{Y}\dot{V}_c}{\dot{Y} + \dot{Y} + \dot{Y}} = 0 \tag{6.17}$$

$n - n'$ 사이에 중성선이 접속되거나 단락되는 경우라도 회로에 어떠한 영향을 주지 않는다. 각 회로에 흐르는 선전류는 다음과 같다.

$$\dot{I}_a = \frac{\dot{V}_a}{\dot{Z}}, \quad \dot{I}_b = \frac{\dot{V}_b}{\dot{Z}}, \quad \dot{I}_c = \frac{\dot{V}_c}{\dot{Z}} \tag{6.18}$$

중성선 $n - n'$을 점선과 같이 3개의 부분으로 분리하여 3개의 단상회로로 바꾸어도 각 단상회로의 전류 변화는 없다. 따라서 평형 3상회로에서 점선 내의 단상회로에서 각 전압 $\dot{V}$과 선전류 $\dot{I}_a$를 구한 후 다른 상에 대한 120° 위상차만을 고려하면 $\dot{I}_b$, $\dot{I}_c$를 구할 수 있다. 또한 전력을 구하는 경우에도 등가 단상회로에서 구한 값을 3배하면 된다.

예제문제 **3.4 평형 3상회로의 등가변환**

6-9 $R[\Omega]$인 3개의 저항을 같은 전원에 Δ 결선으로 접속시킬 때와 Y 결선으로 접속시킬 때 선전류의 크기 비($I_\triangle / I_Y$)는?

풀이 Y 결선 : $I_l = I_P$, $V_l = \sqrt{3}\,V_P$에서 $I_{Yl} = \dfrac{V}{\sqrt{3}\,R}$

Δ 결선 : $I_l = \sqrt{3}\,I_P$, $V_l = V_P$에서 $I_{\triangle l} = \dfrac{\sqrt{3}\,V}{R}$

따라서, $\dfrac{I_\triangle}{I_Y} = \dfrac{\dfrac{\sqrt{3}\,V}{R}}{\dfrac{V}{\sqrt{3}\,R}} = 3\,[\mathrm{A}]$

6-10 Y 결선 회로와 등가인 Δ 결선 회로의 X, Y, Z값은?

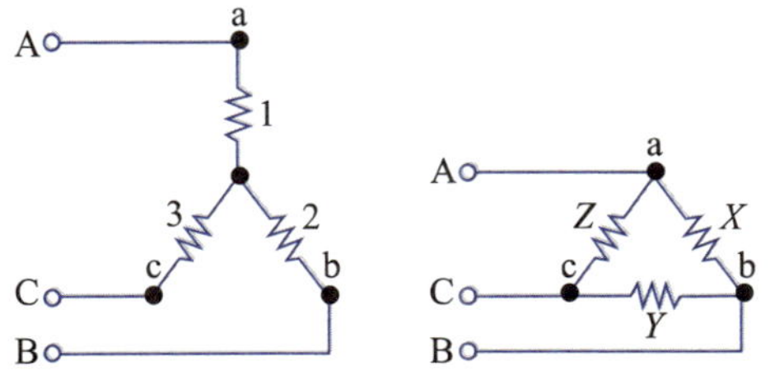

풀이 Y→Δ 변환이므로 회로에서 $Z_a=1$, $Z_b=2$, $Z_c=3$을 변환 식에 대입하면 다음과 같다.

$$X=Z_{ab}=\frac{Z_aZ_b+Z_bZ_c+Z_cZ_a}{Z_c}=\frac{11}{3}$$

$$Y=Z_{bc}=\frac{Z_aZ_b+Z_bZ_c+Z_cZ_a}{Z_a}=11$$

$$Z=Z_{ca}=\frac{Z_aZ_b+Z_bZ_c+Z_cZ_a}{Z_b}=\frac{11}{2}$$

6-11 저항 $R[\Omega]$ 3개를 Y로 접속한 회로에 200[V]의 3상 교류전압을 인가할 경우 선전류가 10[A]이다. 이 3개의 저항을 Δ로 접속하고 동일한 전원을 인가 시 선전류[A]는?

풀이 Y 결선($I_l=I_P$, $V_l=\sqrt{3}\,V_P$) 상전류 $I_{YP}=\dfrac{V}{\sqrt{3}\,R}=\dfrac{200}{\sqrt{3}\,R}$,

선전류 $I_{Yl}=\dfrac{V}{\sqrt{3}\,R}=\dfrac{200}{\sqrt{3}\,R}$

Δ 결선($I_l=\sqrt{3}\,I_P$, $V_l=V_P$) 상전류 $I_{\Delta P}=\dfrac{V}{R}=\dfrac{200}{R}$,

선전류 $I_{\Delta l}=\sqrt{3}\,I_{\Delta P}=\dfrac{200\sqrt{3}}{R}$

따라서, $\dfrac{I_{\Delta l}}{I_{Yl}}=\dfrac{\dfrac{200\sqrt{3}}{R}}{\dfrac{200}{\sqrt{3}\,R}}=3[\mathrm{A}]$이므로 $\therefore\ I_{\Delta l}=3I_{Yl}=3\times 10=30[\mathrm{A}]$

4. 3상 교류의 전력

3상 교류 회로의 전력은 Y 및 Δ 접속방식이나 평형, 불평형에 관계없이 각 상에 대한 전력을 구한 후 3개의 상을 합치면 된다. 각 상전압 V_P, 상전류 I_P, 위상차 θ라고 하면 각 상의 전력 P_P는 식 (6.19), 3상 전력 P는 식 (6.20)과 같다.

$$P_P=V_PI_P\cos\theta=R_PI_P^{\,2} \tag{6.19}$$

$$P = 3V_P I_P \cos\theta \tag{6.20}$$

따라서, Y 결선 부하의 경우는 $V_P = \dfrac{V_l}{\sqrt{3}}$, $I_P = I_l$이고, Δ 결선 부하의 경우에는 $V_P = V_l$, $I_P = \dfrac{I_l}{\sqrt{3}}$이므로 3상 전력의 크기는 다음과 같으며, 결선의 종류와는 무관함을 알 수 있다.

$$P = \sqrt{3}\, V_l I_l \cos\theta \,[\mathrm{W}] \tag{6.21}$$

3상 전력의 유효 전력 P, 무효 전력 P_r, 피상 전력 P_a는 다음과 같다.

$$\begin{aligned} P &= 3V_P I_P \cos\theta = 3{I_P}^2 R \,[\mathrm{W}] \\ P_r &= 3V_P I_P \sin\theta = 3{I_P}^2 X \,[\mathrm{Var}] \\ P_a &= 3V_P I_P = 3{I_P}^2 Z = \sqrt{P^2 + P_r^2}\,[\mathrm{VA}] \end{aligned} \tag{6.22}$$

그러나 3상 회로는 선간 전압 V_l과 선전류 I_l을 주로 사용하므로 식 (6.23)의 관계를 이용하여 바꾸면 식 (6.24)와 같이 된다.

$$\begin{aligned} &\Delta \text{ 결선 : } V_P = V_l, \qquad I_P = \frac{I_l}{\sqrt{3}} \\ &\text{Y 결선 : } V_P = \frac{V_l}{\sqrt{3}}, \qquad I_P = I_l \end{aligned} \tag{6.23}$$

$$\begin{aligned} P &= \sqrt{3}\, V_l I_l \cos\theta \,[\mathrm{W}] \\ P_r &= \sqrt{3}\, V_l I_l \sin\theta \,[\mathrm{Var}] \\ P_a &= \sqrt{3}\, V_l I_l = \sqrt{P^2 + P_r^2}\,[\mathrm{VA}] \end{aligned} \tag{6.24}$$

평형 3상 회로의 역률 $\cos\theta$와 무효율 $\sin\theta$는 한 상의 복소 임피던스 $\dot{Z} = R + jX$ 및 복소전력 $\dot{P}_a = P + jP_r$에 의하여 다음과 같이 나타낼 수 있다.

$$\begin{aligned} \cos\theta &= \frac{P}{P_a} = \frac{R}{Z} \\ \sin\theta &= \frac{P_r}{P_a} = \frac{X}{Z} \end{aligned} \tag{6.25}$$

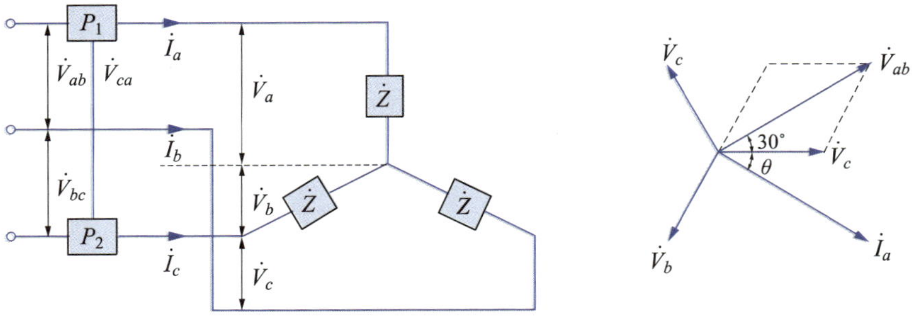

그림 6.10 3상 전력 측정

3상 교류 전력을 측정하기 위한 방법 중 단상 전력계 두 대를 사용하는 2전력계법을 사용하여 회로에 공급되는 전체 전력을 구할 수 있다. 3상 전원과 부하가 평형인 상태에서 각 상에서의 상전압과 상전류는 평형을 이루면서 θ만큼의 위상차가 발생한다. 두 대의 단상 전력계의 지시값을 P_1, P_2라고 하면 식 (6.26)과 같다.

$$\begin{aligned} P_1 &= \dot{V}_{ab}\dot{I}_a = V_{ab}I_a\cos\left(\frac{\pi}{6}+\theta\right) \\ P_2 &= \dot{V}_{ca}\dot{I}_c = V_{ca}I_c\cos\left(\frac{\pi}{6}-\theta\right) \end{aligned} \tag{6.26}$$

식 (6.26)과 $V_{ab} = V_{bc} = V_{ca} = V$, $I_a = I_b = I_c = I$을 이용하여 두 전력계 지시값의 합인 유효전력 P, 무효전력 P_r, 피상 전력 P_a, 역률 $\cos\theta$를 구하면 다음과 같다.

$$P = P_1 + P_2 = \sqrt{3}\,VI\cos\theta\,[\mathrm{W}] \tag{6.27}$$

$$\left(\begin{aligned} \because P_1 + P_2 &= VI\left[\cos\left(\frac{\pi}{6}+\theta\right)+\cos\left(\frac{\pi}{6}-\theta\right)\right] \\ &= 2VI\cos\frac{\pi}{6}\cos\theta \end{aligned}\right)$$

$$P_r = \sqrt{3}\,(P_1 - P_2) = \sqrt{3}\,VI\sin\theta\,[\mathrm{Var}] \tag{6.28}$$

$$\left(\begin{aligned} \because P_1 - P_2 &= VI\left[\cos\left(\frac{\pi}{6}+\theta\right)-\cos\left(\frac{\pi}{6}-\theta\right)\right] \\ &= 2VI\sin\frac{\pi}{6}\sin\theta = VI\sin\theta \end{aligned}\right)$$

$$P_a = \sqrt{P^2 + P_r^{\ 2}} = \sqrt{(P_1 + P_2)^2 + \left[\sqrt{3}(P_2 - P_1)\right]^2} \tag{6.29}$$

$$= \sqrt{P_1^{\ 2} + 2P_1P_2 + 3(P_1^{\ 2} - 2P_1P_2 + P_2)^2}$$

$$= \sqrt{4(P_1^{\ 2} + P_2^{\ 2} - P_1P_2)}$$

$$= 2\sqrt{P_1^{\ 2} + P_2^{\ 2} - P_1P_2}\ [\mathrm{VA}]$$

$$\cos\theta = \frac{P}{P_a} = \frac{P_1 + P_2}{2\sqrt{P_1^{\ 2} + P_2^{\ 2} - P_1P_2}} \tag{6.30}$$

예제문제 4. 3상 교류의 전력

6-12 선간 전압 100[V], 역률 60[%]인 평형 3상 부하에서 소비전력 $P_a = 10$[kW]일 때 선전류[A]는?

풀이 $P = \sqrt{3}\,VI\cos\theta$에서 $I = \dfrac{P}{\sqrt{3}\,V\cos\theta} = \dfrac{10 \times 10^3}{\sqrt{3} \times 100 \times 0.6} = 96.2\,[\mathrm{A}]$

6-13 △ 결선된 부하를 Y 결선으로 바꿀 때 소비전력은? 단, 선간 전압은 일정하다.

풀이 전력 $P = \sqrt{3}\,V_l I_l \cos\theta\,[\mathrm{W}]$에서 전력은 선전류에 비례($P \propto I_l$)하므로

Δ 결선 선전류 $I_\Delta = \dfrac{\sqrt{3}\,V}{R}$과 Y 결선 선전류 $I_Y = \dfrac{V}{\sqrt{3}\,R}$의 비는

$$\therefore \frac{P_Y}{P_\Delta} = \frac{I_Y}{I_\Delta} = \frac{\dfrac{V}{\sqrt{3}\,R}}{\dfrac{\sqrt{3}\,V}{R}} = \frac{1}{3}$$

6-14 역률이 0.8(지상), 소비전력이 1800[W]인 Δ 결선된 대칭 3상 부하가 있다. 선로의 저항이 0.5[Ω]에서 발생하는 선로 손실이 50[W]이면 부하단자의 전압[V]은?

풀이 $P_l = 3I^2R\,[\mathrm{W}]$에서 전류 $I = \sqrt{\dfrac{P_l}{3R}} = \sqrt{\dfrac{50}{3 \times 0.5}} = \dfrac{10}{\sqrt{3}}\,[\mathrm{A}]$

$P = \sqrt{3}\,VI\cos\theta\,[\mathrm{W}]$이므로

전압 $V = \dfrac{P}{\sqrt{3}\,I\cos\theta} = \dfrac{1800}{\sqrt{3} \times \dfrac{10}{\sqrt{3}} \times 0.8} = 225\,[\mathrm{V}]$

6-15 어떤 3상 평형 부하의 선간 전압은 200[V], 선전류는 10[A]이고 부하의 소비전력은 4[kW]이다. 부하의 등가 Y 회로의 각 상의 저항[Ω]은?

풀이 $Z = \dfrac{V_P}{I_P} = \dfrac{\frac{200}{\sqrt{3}}}{10} \fallingdotseq 11.55[\Omega]$ (Y 결선 $I_l = I_P$, $V_l = \sqrt{3}\,V_P$)

$P_a = \sqrt{3}\,VI = \sqrt{3} \times 200 \times 10 \fallingdotseq 3464[\text{VA}]$, $P = 4000[\text{W}]$

$\cos\theta = \dfrac{P}{P_a} = \dfrac{4000}{3464} \fallingdotseq 1.155$

$\cos\theta = \dfrac{R}{Z}$에서 $\therefore R = Z\cos\theta = 11.55 \times 1.155 \fallingdotseq 13.3[\Omega]$

6-16 2전력계법으로 3상 전력을 측정하였더니 한 쪽의 지시가 800[W], 다른 쪽의 지시가 1600[W]이었다. 피상 전력[VA]은?

풀이 $P = P_1 + P_2 = \sqrt{3}\,VI\cos\theta\,[\text{W}]$

$P_a = 2\sqrt{P_1^2 + P_2^2 - P_1P_2}$

$\cos\theta = \dfrac{P}{P_a} = \dfrac{P_1 + P_2}{2\sqrt{{P_1}^2 + {P_2}^2 - P_1P_2}}$이므로

피상전력 $P_a = 2\sqrt{800^2 + 1600^2 - 800 \times 1600} \fallingdotseq 2771[\text{VA}]$

5. 4단자망

5.1 2단자망과 4단자망

전원(또는 신호원)에 대응되는 것이 부하이다. 즉, 신호원 단에서 회로를 보았을 때 신호원 단은 구동점(driving point)이 되고 회로의 임피던스나 어드미턴스는 부하가 된다. 이때 신호원 단에는 2개의 단자를 이용하는(연결되는) 회로망을 2단자망(two-terminal network, 2TN)이라고 한다. 2개의 단자를 묶어서 한 개의 포트(port)로 간주하므로 1포트망(one port network)이라고도 한다. 2개의 입력 단과 2개의 출력 단으로 구성된 회로망을 4단자망(four-terminal network, 4TN)이라 하며, 증폭기, 변압기, 필터회로 등에서 사용된다. 4단자망에서 입력 단에서 유입 및 유출되는 전류가 반드시 같아야

하며, 출력 단에서 유입 및 유출되는 전류도 역시 같아야 한다. 회로망에 전원을 포함하는 경우를 능동 4단자망, 전원을 포함하지 않는 경우를 수동 4단자망이라고 한다.

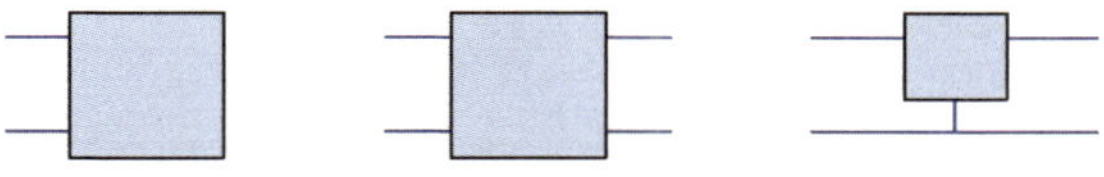

그림 6.11 회로망의 종류

5.2 4단자망의 파라미터

그림 6.12와 같은 4단자 회로망에 있어서 일반적으로 단자 $1-1'$을 입력 단자, $2-2'$를 출력 단자라 하며, 4단자 회로망의 특성은 두 단자간의 전압, 전류인 $\dot{V}_1$, $\dot{I}_1$, $\dot{V}_2$, $\dot{I}_2$의 상호관계로 벡터로 나타낸다. 회로망 내부는 무엇이 포함되었는지 상관하지 않는 암흑 상자(black box)로 생각한다. 이러한 선형 회로망의 경우, 이 4개의 변수에서 임의의 2개 변수는 나머지 2개 변수의 1차식으로 표현될 수 있으며, 이때는 그 변수들 상호간의 관계를 결정짓는 새로운 회로 정수(4단자 정수)가 필요하게 되는 데 다음의 다섯 가지 정수를 주로 사용한다.

(1) **어드미턴스 파라미터** : 양쪽의 단자 전류 $\dot{I}_1$, $\dot{I}_2$를 양 단자 전압 $\dot{V}_1$, $\dot{V}_2$로 표시

(2) **임피던스 파라미터** : 양쪽의 단자 전압 $\dot{V}_1$, $\dot{V}_2$를 양 단자 전류 $\dot{I}_1$, $\dot{I}_2$로 표시

(3) **전송 파라미터** : 입력 단의 전압 전류 $\dot{V}_1$, $\dot{I}_1$을 출력단의 전압, 전류 $\dot{V}_2$, $\dot{I}_2$로 표시

(4) **하이브리드 H 파라미터** : 입력 전압과 출력 전류 $\dot{V}_1$, $\dot{I}_2$를 입력 전류와 출력 전압 $\dot{I}_1$, $\dot{V}_2$로 표시

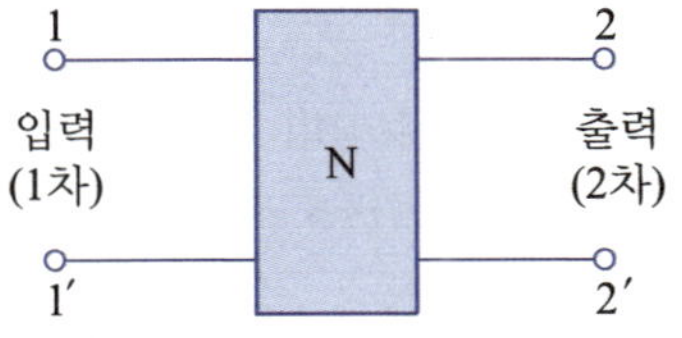

그림 6.12 4단자망

(5) **하이브리드 G 파라미터** : 입력 단의 전류와 출력단의 전압 $\dot{I}_1$, $\dot{V}_2$를 입력 단의 전압과 출력단의 전류 $\dot{V}_1$, $\dot{I}_2$로 표시

5.3 어드미턴스 파라미터

그림 6.13과 같은 4단자 선형 회로망에서 두 쌍의 단자 1, 1′와 2, 2′에 각각의 전압 $\dot{V}_1$, $\dot{V}_2$가 인가되었을 때, 폐로전류 $\dot{I}_1$, $\dot{I}_2$를 가정하면 다음과 같은 식을 얻을 수 있다.

$$\begin{aligned} \dot{I}_1 &= \dot{Y}_{11}\dot{V}_1 + \dot{Y}_{12}\dot{V}_2 \\ \dot{I}_2 &= \dot{Y}_{21}\dot{V}_1 + \dot{Y}_{22}\dot{V}_2 \end{aligned} \tag{6.31}$$

식 (6.31)을 행렬로 나타내면 다음과 같다.

$$\begin{bmatrix} \dot{I}_1 \\ \dot{I}_2 \end{bmatrix} = \begin{bmatrix} \dot{Y}_{11} & \dot{Y}_{12} \\ \dot{Y}_{21} & \dot{Y}_{22} \end{bmatrix} \begin{bmatrix} \dot{V}_1 \\ \dot{V}_2 \end{bmatrix} \tag{6.32}$$

모두 어드미턴스의 단위이므로 어드미턴스 파라미터(admittance parameter) 또는 Y 파라미터라고 하며, 고주파 증폭 회로에 많이 이용된다.

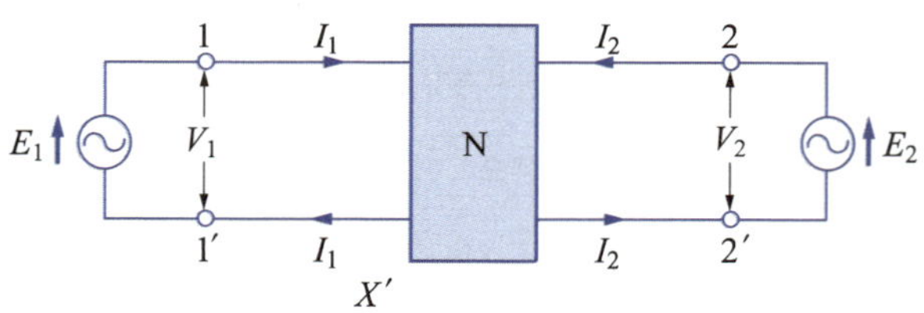

그림 6.13 어드미턴스 파라미터

예제문제 5.3 어드미턴스 파라미터

6-17 다음과 같은 2단자 쌍회로망의 어드미턴스 파라미터가 있다. aa' 단자간에 36[V], bb' 단자간에 24[V]의 정전압원을 연결하였을 때 I_1[A]과 I_2[A]는?

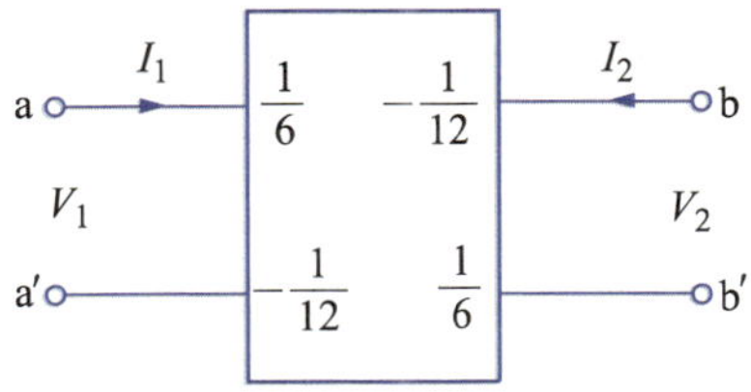

풀이 $\begin{bmatrix} I_1 \\ I_2 \end{bmatrix} = \begin{bmatrix} Y_{11} & Y_{12} \\ Y_{21} & Y_{22} \end{bmatrix} \begin{bmatrix} V_1 \\ V_2 \end{bmatrix} = \begin{bmatrix} \frac{1}{6} & -\frac{1}{12} \\ -\frac{1}{12} & \frac{1}{6} \end{bmatrix} \begin{bmatrix} 36 \\ 24 \end{bmatrix} = \begin{bmatrix} 4 \\ 1 \end{bmatrix}$

따라서 $I_1 = 4[\text{A}]$, $I_2 = 1[\text{A}]$

5.4 임피던스 파라미터

어드미턴스 파라미터로 나타낸 식 (6.32)를 변형하여 임피던스로 나타내면 다음과 같은 전압 방정식을 얻을 수 있다.

$$\begin{aligned} \dot{V}_1 &= \dot{Z}_{11}\dot{I}_1 + \dot{Z}_{12}\dot{I}_2 \\ \dot{V}_2 &= \dot{Z}_{21}\dot{I}_1 + \dot{Z}_{22}\dot{I}_2 \end{aligned} \tag{6.33}$$

이 식을 행렬로 나타내면 다음과 같다.

$$\begin{bmatrix} \dot{V}_1 \\ \dot{V}_2 \end{bmatrix} = \begin{bmatrix} \dot{Z}_{11} & \dot{Z}_{12} \\ \dot{Z}_{21} & \dot{Z}_{22} \end{bmatrix} \begin{bmatrix} \dot{I}_1 \\ \dot{I}_2 \end{bmatrix} \tag{6.34}$$

임피던스 행렬의 각 요소인 $\dot{Z}_{11}$, $\dot{Z}_{12}$, $\dot{Z}_{21}$, $\dot{Z}_{22}$는 4단자 회로망의 임피던스 파라미터(impedance parameter) 또는 Z 파라미터라고 하며 모두 임피던스의 단위를 갖고 있으며 다음과 같다.

- $\dot{Z}_{11} = \left.\dfrac{\dot{V}_1}{\dot{I}_1}\right|_{I_2=0}$ (출력측 개방시 입력측의 인가전압과 출력전류의 비)
(T형 회로에서 I_1만 흐르는 경우의 임피던스 합)
- $\dot{Z}_{22} = \left.\dfrac{\dot{V}_2}{\dot{I}_2}\right|_{I_1=0}$ (입력측 개방시 출력측의 인가전압과 출력전류의 비)
(T형 회로에서 I_2만 흐르는 경우의 임피던스 합)

- $\dot{Z}_{12} = \left.\dfrac{\dot{V}_1}{\dot{I}_2}\right|_{I_1=0}$ (입력측 개방시 출력측의 유입전류와 입력측 전압 강하의 비)
(T형 회로에서 $I_1 + I_2$만 흐르는 경우의 임피던스)
- $\dot{Z}_{21} = \left.\dfrac{\dot{V}_2}{\dot{I}_1}\right|_{I_2=0}$ (출력측 개방시 입력측 유입전류와 출력측 전압 강하의 비)
(T형 회로에서 $I_1 + I_2$만 흐르는 경우의 임피던스)

예제문제 5.4 임피던스 파라미터

6-18 다음과 같은 T형 회로의 임피던스 파라미터는?

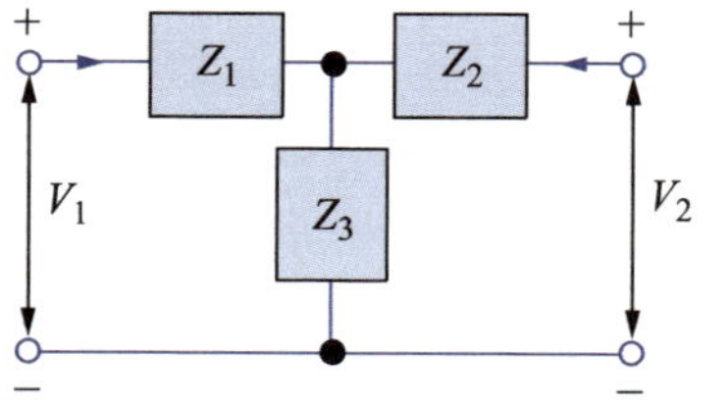

풀이 $Z_{11} = \left.\dfrac{V_1}{I_1}\right|_{I_2=0} = Z_1 + Z_3$ (T형 회로에서 I_1만 흐르는 경우의 임피던스 합)

$Z_{12} = \left.\dfrac{V_1}{I_2}\right|_{I_1=0} = Z_3$ (T형 회로에서 $I_1 + I_2$만 흐르는 경우의 임피던스)

$Z_{21} = \left.\dfrac{V_2}{I_1}\right|_{I_2=0} = Z_3$ (T형 회로에서 $I_1 + I_2$만 흐르는 경우의 임피던스)

$Z_{22} = \left.\dfrac{V_2}{I_2}\right|_{I_1=0} = Z_2 + Z_3$ (T형 회로에서 I_2만 흐르는 경우의 임피던스 합)

6-19 다음과 같은 임피던스 파라미터로 표시되는 4단자망의 $1-1'$ 단자간에 4[A], $2-2'$ 단자간에 1[A]의 정전류원을 연결하였을 때 $1-1'$ 단자간 전압 V_1[V]과 $2-2'$ 단자간 전압 V_2[V]는?

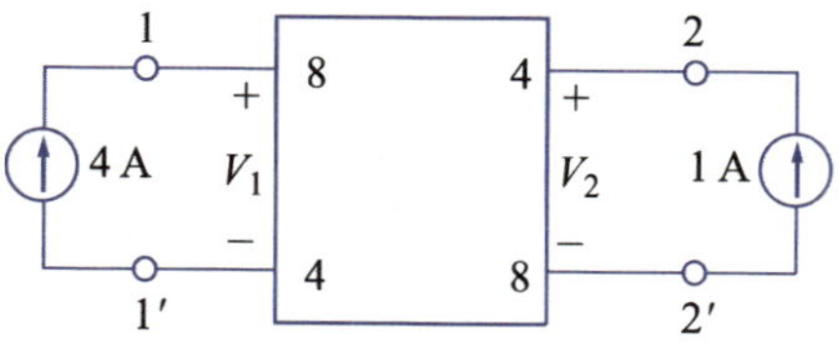

풀이 $\begin{bmatrix} V_1 \\ V_2 \end{bmatrix} = \begin{bmatrix} Z_{11} & Z_{12} \\ Z_{21} & Z_{22} \end{bmatrix} \begin{bmatrix} I_1 \\ I_2 \end{bmatrix} = \begin{bmatrix} 8 & 4 \\ 4 & 8 \end{bmatrix} \begin{bmatrix} 4 \\ 1 \end{bmatrix} = \begin{bmatrix} 36 \\ 24 \end{bmatrix}$

따라서 $V_1 = 36\,[\mathrm{V}]$, $V_2 = 24\,[\mathrm{V}]$

5.5 전송 파라미터

신호 전송의 경우 회로망 해석을 위해서는 한 쌍의 단자 전압, 전류를 다른 쌍의 전압, 전류로 표시하는 것이 편리하므로 그림 6.14와 같이 2차측 전류의 기준 방향이 바꾸면 다음과 같은 전류 방정식을 얻을 수 있다.

$$\begin{aligned} \dot{I}_1 &= \dot{Y}_{11}\dot{V}_1 + \dot{Y}_{12}\dot{V}_2 \\ -\dot{I}_2 &= \dot{Y}_{21}\dot{V}_1 + \dot{Y}_{22}\dot{V}_2 \end{aligned} \tag{6.35}$$

식 (6.35)를 1차측의 전압 $\dot{V}_1$과 전류 $\dot{I}_1$에 대하여 정리하면 다음과 같다.

$$\begin{aligned} \dot{V}_1 &= \dot{A}\,\dot{V}_2 + \dot{B}\,\dot{I}_2 \\ \dot{I}_1 &= \dot{C}\,\dot{V}_2 + \dot{D}\,\dot{I}_2 \end{aligned} \tag{6.36}$$

식 (6.36)을 행렬로 나타내면 다음과 같다.

$$\begin{bmatrix} \dot{V}_1 \\ \dot{I}_1 \end{bmatrix} = \begin{bmatrix} \dot{A} & \dot{B} \\ \dot{C} & \dot{D} \end{bmatrix} \begin{bmatrix} \dot{V}_2 \\ \dot{I}_2 \end{bmatrix} \tag{6.37}$$

여기서, 파라미터 $\dot{A}$, $\dot{B}$, $\dot{C}$, $\dot{D}$는 다음과 같다.

$$\dot{A} = \frac{-\dot{Y}_{22}}{\dot{Y}_{21}}, \quad \dot{B} = \frac{-1}{\dot{Y}_{21}}, \quad \dot{C} = -\frac{|\dot{Y}|}{\dot{Y}_{21}}, \quad \dot{D} = -\frac{\dot{Y}_{11}}{\dot{Y}_{21}} \tag{6.38}$$

식 (6.34)과 식 (6.38)을 이용하면 다음을 얻을 수 있다.

$$\dot{A} = \frac{\dot{Z}_{11}}{\dot{Z}_{21}}, \quad \dot{B} = \frac{|\dot{Z}|}{\dot{Z}_{21}}, \quad \dot{C} = \frac{1}{\dot{Z}_{21}}, \quad \dot{D} = \frac{\dot{Z}_{22}}{\dot{Z}_{21}} \tag{6.39}$$

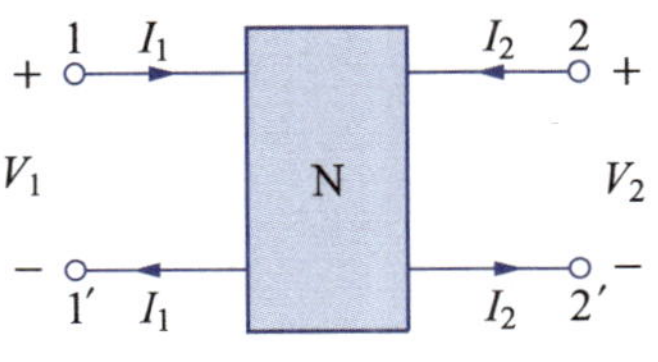

그림 6.14 4단자망

여기서, $\dot{A}$, $\dot{B}$, $\dot{C}$, $\dot{D}$를 $\dot{A}\,\dot{B}\,\dot{C}\,\dot{D}$ 파라미터 즉, 4단자 파라미터 또는 전송 회로에 자주 이용되기 때문에 전송 파라미터(transmission parameter)라고 부른다. $\dot{A}$와 $\dot{D}$는 단위가 없고, $\dot{B}$는 임피던스[Ω], $\dot{C}$는 어드미턴스[℧]의 단위를 갖으며 4단자 상수는 $\begin{vmatrix} A & B \\ C & D \end{vmatrix} = AD - BC = 1$의 관계를 갖는다.

- $\dot{A} = \left.\dfrac{\dot{V}_1}{\dot{V}_2}\right|_{I_2=0}$ (출력측 개방시 입력전압과 출력전압의 비)
- $\dot{B} = \left.\dfrac{\dot{V}_1}{\dot{I}_2}\right|_{V_2=0}$ (출력측 단락시 입력전압과 출력전류의 비)
- $\dot{C} = \left.\dfrac{\dot{I}_1}{\dot{V}_2}\right|_{I_2=0}$ (출력측 개방시 입력전류와 출력전압의 비)
- $\dot{D} = \left.\dfrac{\dot{I}_1}{\dot{I}_2}\right|_{V_2=0}$ (출력측 단락시 입력전류과 출력전류의 비)

예제문제 5.5 전송 파라미터

6-20 다음과 같은 4단자 회로망에서 출력측을 개방하였더니 $V_1 = 12$[V], $I_1 = 2$[A], $V_2 = 4$[V]이고 출력측을 단락시켰더니 $V_1 = 16$[V], $I_1 = 4$[A], $I_2 = 2$[A]였다. A, B, C, D는 얼마인가?

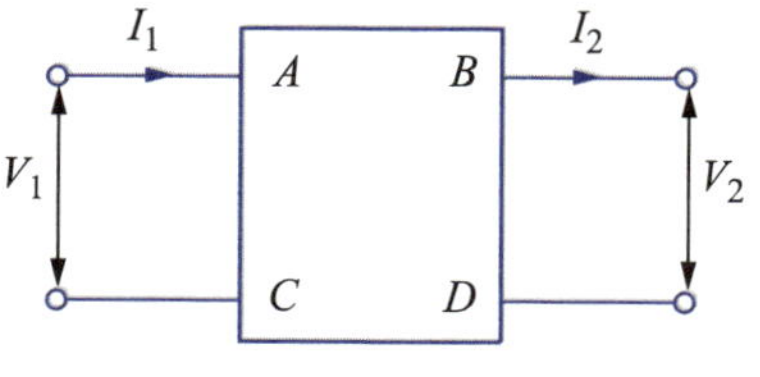

풀이 $A = \left.\dfrac{V_1}{V_2}\right|_{I_2=0} = \dfrac{12}{3} = 4$, $B = \left.\dfrac{V_1}{I_2}\right|_{V_2=0} = \dfrac{16}{2} = 8$

$C = \left.\dfrac{I_1}{V_2}\right|_{I_2=0} = \dfrac{2}{4} = 0.5$, $D = \left.\dfrac{I_1}{I_2}\right|_{V_2=0} = \dfrac{4}{2} = 2$

6-21 다음과 같은 회로에서의 4단자 정수는?

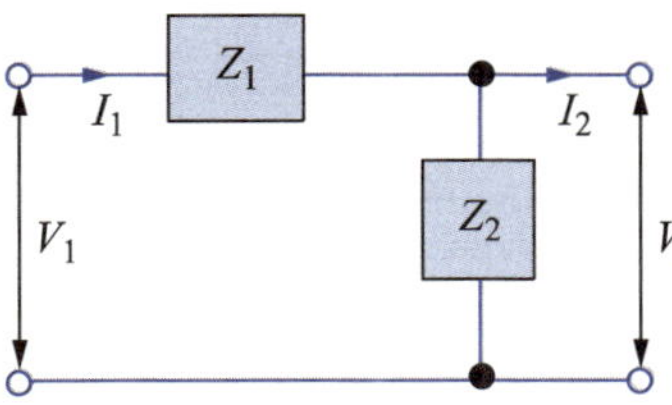

풀이 $A = \left.\frac{V_1}{V_2}\right|_{I_2=0} = \frac{I_1(Z_1+Z_2)}{I_1 Z_2} = 1 + \frac{Z_1}{Z_2}$, $B = \left.\frac{V_1}{I_2}\right|_{V_2=0} = \frac{I_1 Z_1}{I_1} = Z_1$

$C = \left.\frac{I_1}{V_2}\right|_{I_2=0} = \frac{I_1}{I_1 Z_2} = \frac{1}{Z_2}$, $D = \left.\frac{I_1}{I_2}\right|_{V_2=0} = \frac{I_1}{I_1} = 1$

6-22 다음과 같은 4단자 회로 중 출력단자 3, 4가 개방되었을 때의 A는?

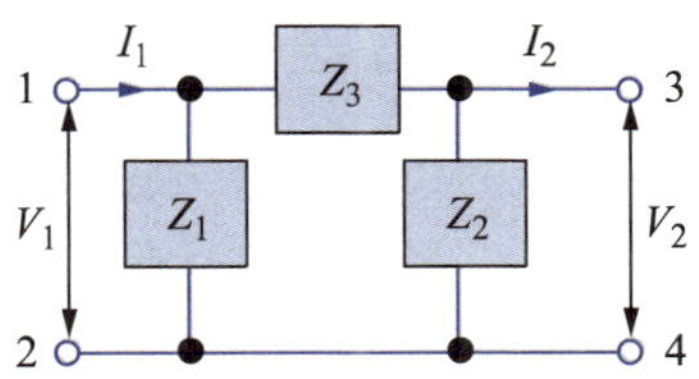

풀이 $A = \left.\frac{V_1}{V_2}\right|_{I_2=0} = \frac{V_1}{\frac{Z_2}{Z_2+Z_3}V_1} = \frac{Z_2+Z_3}{Z_2} = 1 + \frac{Z_3}{Z_2}$

5.6 영상 파라미터

외부 단자에 임피던스가 연결된 경우를 고려하여 선로의 특성을 파악할 수 있는 파라미터이다. 입력단자 $1-1'$에 Z_{01}을 접속하고 출력단자 $2-2'$에 임피던스 Z_{02}를 연결한 경우, 입력단자 $1-1'$에서 좌측에서 우측으로 본 임피던스가 Z_{01}이 되고 또한 출력단자 $2-2'$에서 좌측과 우측으로 본 임피던스가 Z_{02}이 된다면 각 단자는 거울의 영상과 같은 임피던스를 갖게 되므로 이 두 임피던스를 4단자망의 영상 임피던스라고 한다.

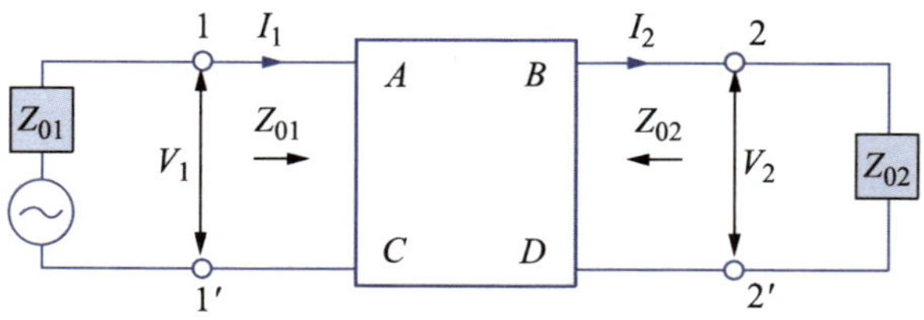

그림 6.15 영상 4단자망

단자 $1-1'$에서의 임피던스 Z_{01}은 다음과 같다.

$$Z_{01} = \frac{V_1}{I_1} = \frac{AV_2 + BI_2}{CV_2 + DI_2} \tag{6.40}$$

여기서, $V_2 = Z_{02}I_2$이므로

$$Z_{01} = \frac{AZ_{02}I_2 + BI_2}{CZ_{02}I_2 + DI_2} = \frac{AZ_{02} + B}{CZ_{02} + D} \tag{6.41}$$

또한, 단자 $2-2'$를 입력단으로 했을 경우의 임피던스 Z_{02}은 다음과 같다.

$$Z_{02} = \frac{V_2}{I_2} = \frac{DV_1 + BI_1}{CV_1 + AI_1} \tag{6.42}$$

여기서, $V_1 = Z_{01}I_1$이므로

$$Z_{02} = \frac{DZ_{01}I_1 + BI_1}{CZ_{01}I_1 + AI_1} = \frac{DZ_{01} + B}{CZ_{01} + A} \tag{6.43}$$

위의 식을 정리하면 식 (6.44)와 같으며, 대칭회로망의 경우 $A = D$이므로 식 (6.45)와 같다.

$$Z_{01} = \sqrt{\frac{AB}{CD}}, \quad Z_{02} = \sqrt{\frac{DB}{CA}} \tag{6.44}$$

$$Z_{01} = Z_{02} = \sqrt{\frac{B}{C}} \tag{6.45}$$

Chapter 7

전기 기기

1. 직류 발전기
2. 직류 전동기
3. 유도 전동기
4. 동기기
5. 변압기

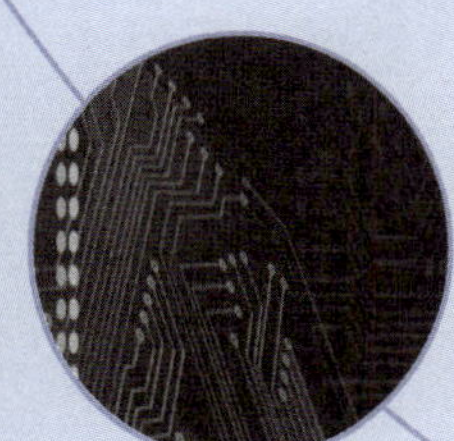

1. 직류 발전기

직류기(DC machine)에는 기계적 동력을 직류 전력으로 변환하는 직류 발전기(DC generator)와 직류 전력을 기계적 동력으로 변환하는 직류 전동기(DC motor)가 있다.

1.1 직류 발전기의 구조

직류 발전기의 자속을 끊어서 교류기전력을 유도하는 전기자(armature), 자속을 발생시키는 계자(field magnet), 전기자에서 발생된 교류기전력을 직류로 변환하는 정류자(commutator), 정류자에서 변환된 직류기전력을 외부로 인출하는 브러시(brush)로 구성되어 있다.

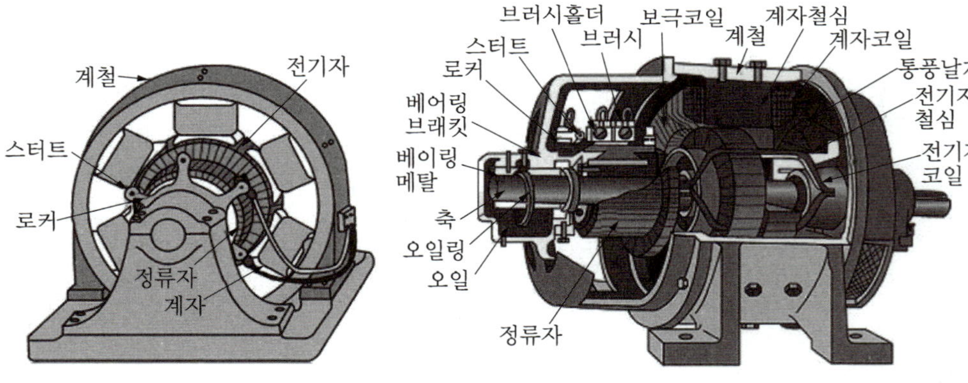

그림 7.1 직류 발전기 구조

(1) 전기자(armature)

전기자는 회전부로 자속을 끊어 기전력을 유도하는 부분으로 전기자 철심과 전기자 권선 등으로 구성되어 있다.

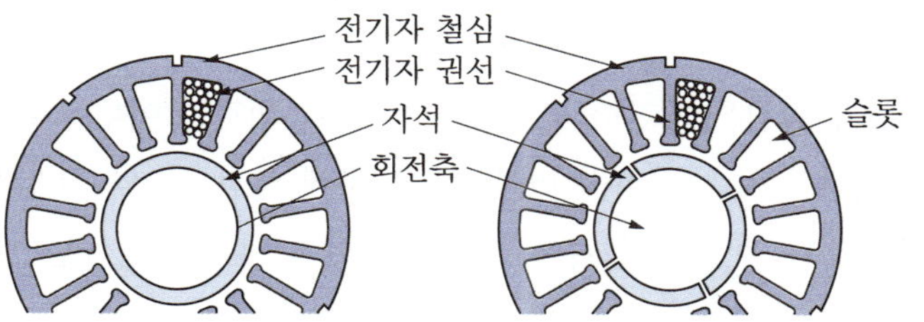

(a) 전기자 철심과 권선 모양(원통형, 돌극형)

(b) 슬롯의 종류

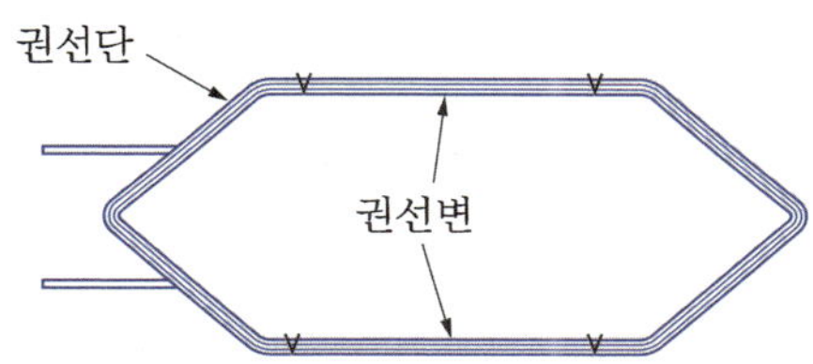

(c) 권선단과 권선변(반폐 슬롯형)

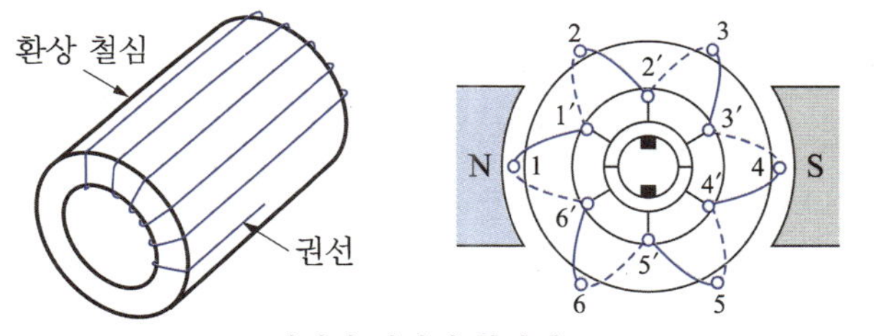

(d) 전기자 권선법(환상권)

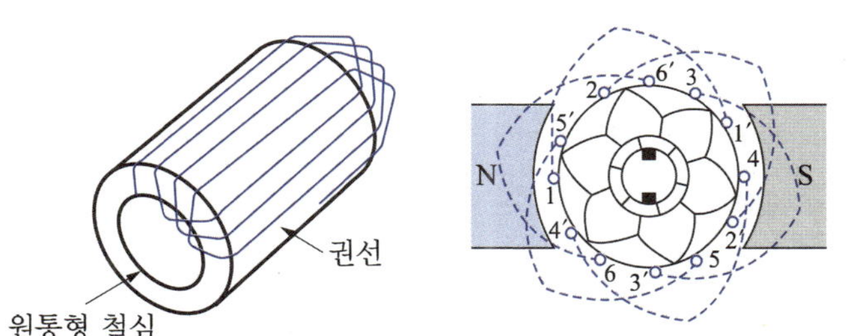

(e) 전기자 권선법(고상권)

그림 7.2 전기자

(가) 전기자 철심(armature core)

전기자 철심은 계자나 공극과 함께 자기 회로를 이루는 부분으로 전기자가 회전함에 따라 내부의 자속 방향이 변화하기 때문에 와전류[61]와 히스테리시스 현상에 의한 손실이 발생한다. 이러한 철손을 줄이기 위하여 전기자 철심은 0.35～0.5[mm]의 규소 강판(무방향성 규소강판)을 겹쳐서 쌓은 성층 철심(laminated core)의 구조를 갖는다. 이때 얇은 규소 강판(silicon steel sheets)을 사용하는데 이는 규소의 함유율이 높아지면 자기력 성질은 좋아지나 기계적 강도가 약해지므로 규소는 1～1.4[%] 정도의 저규소강이 사용된다. 또한 전기자 권선을 넣기 위한 홈을 슬롯(slot)이라 하며, 직류기의 용량에 따라 가지모양, 개방, 반폐, 쐐기 슬롯 등을 사용한다. 전기자 권선이 나오는 것을 방지하기 위하여 쐐기(wedge)를 사용하는데, 파이버, 목재, 합성수지 등의 비자성체 재료를 사용한다. 슬롯과 슬롯 사이 부분을 치(teeth)라고 한다.

(나) 전기자 권선(armature winding)

전기자에 배열된 코일을 총칭하여 전기자 권선이라고 한다. 전기자 권선의 도체로는 도전율 98[%] 이상의 둥근 연동선(소전류용)이나 평각 동선(대전류용)을 사용한다. 주로 사용되는 코일은 권선틀(former)에 의하여 일정한 치수로 만든 형권[型卷] 코일(former wound coil)이 사용되지만, 소형기의 경우에는 반폐 슬롯에 손으로 감아 넣는다. 이때 코일이 슬롯에 들어가는 부분을 권선 변(coil side), 슬롯 옆의 바깥 부분에 있는 부분을 권선 단(coil end)이라고 한다. 전기자 권선의 권선법에는 환상권(ring winding), 고상권(drum winding) 등이 있다.

(2) 정류자(commutator)

정류자는 브러시와 접촉하여 전기자에서 발생된 유도 기전력을 정류하여 직류로 변환하는 부분으로 직류기에서 가장 중요한 부분이다. 발전기가 운전하는 동안 항상 브러시와 접촉하므로 마찰이나 불꽃 등에 의하여 높은 온도로 되어 손상의 우려가 있다. 정류자편 재료는 경동을 사용하며, 회전 중 원심력으로 이탈되지 않도록 두께 1[mm] 정도의 V형 운모판을 교대로 끼워서 클램프링(clamp ring)으로 조여서 원통형으로 조

61) 자성체 중에서 자속이 변화하면 기전력이 발생하고, 이 기전력에 의해 자성체 중에 소용돌이 모양의 전류가 흐르는 것을 말하며, 맴돌이 전류라고도 한다.

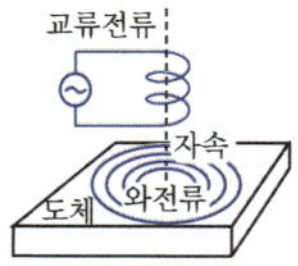

립한다. 정류자편 사이의 절연체인 운모는 정류자 면보다 낮게(0.5~0.8[mm]) 파져 있는 것을 언더 컷(under cut)이라고 한다. 이것은 브러시의 진동에 따른 접촉 불량방지와 브러시와 정류자가 손상되는 것을 방지하는 역할을 한다.

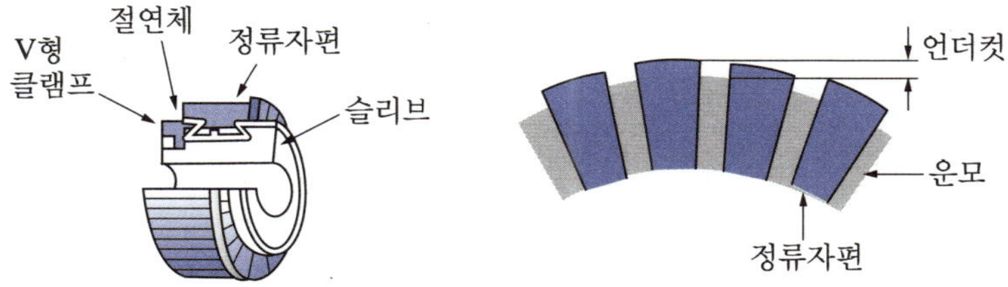

그림 7.3 정류자

(3) 계자(field magnet)

계자는 자속을 발생하는 부분으로 주로 전자석을 이용하며, 계철, 계자 철심, 계자 권선, 자극편 등으로 구성되어 있다. 계철, 계자 철심, 자극편, 전기자 철심은 직류기에서 자기 회로를 형성한다.

(가) 계철(yoke)

계철은 자속의 통로가 되면서 직류기의 바깥 틀을 형성하고, 계자 권선이 감긴 자극 철심을 지지해야 하므로 기계적 강도도 좋아야 한다. 계철은 주철제, 주강제 및 연강판을 용접하여 사용하는데, 연강판은 주철보다 가볍고 비투자율이 높으며 기계적 강도가 커서 주로 대형에 사용된다.

(나) 자극편(pole piece)

자극편은 공극을 일정하게 하여 자속을 공극 부분에 골고루 분포시키는 역할을 한다. 자극편을 만들 때 두께 0.8~1.6[mm] 강판을 성층하여 사용하는 데 그 이유는 전기자 슬롯이 많아 자속의 맥동 현상으로 자극편에 와류가 흘러 생기는 철손(와류손)을 감소시키기 위한 것이다.

(다) 주자극(main pole)

철심과 자극편으로 구성되어 있으며, 정류를 개선하기 위하여 특별히 설치하는 보극으로 보통의 자극을 말한다. 주자극은 철심과 자극편으로 구성되어 있다.

(라) 계자 철심(field core)

계자 철심은 주강이나 강판으로 사용하는 데 주강은 자극편을 성층하여 사용하고, 강판은 계자 자속이 일정하므로 성층하지 않고 자극편과 함께 강판을 찍어 만든다.

(마) 주계자 권선(field winding)

계자 철심에 감겨 있는 주계자 권선은 자속을 발생하는 부분으로 권선에 흐르는 전류의 크기에 따라 둥근 동선이나 평각 동선을 사용한다. 권선의 절연 피복은 에나멜, 2중 면권선[62], 유리섬유 등으로 한다. 절연한 동선을 형권으로 하여 계자 철심에 삽입한 다음 절연 니스에 함침[63]시킨 후 건조시킴으로써 내습성이 되도록 한다.

(바) 보극(interpole)

주자극의 중간에 있는 소자극으로 정류를 개선하기 위한 것이다. 보극 권선에는 전기자 전류가 흐르기 때문에 주자극의 직권권선과 비슷한 구조를 갖고 있다.

(4) 공극(air gap)

자극편과 전기자 철심 사이의 간격을 말하는 것으로 공극 간격이 좁을수록 계자 권선의 기자력이 적어도 되지만, 너무 좁으면 직류기의 특성이 나빠지고 기계적인 고장이 발생하기 쉽다. 소형기에는 3[mm], 중대형기에는 6~8[mm] 정도로 한다.

(5) 브러시(brush)

브러시는 정류자면과 접촉하여 전기자가 회전시 전기자 권선과 외부 회로를 연결하는 것이다. 접촉 저항이 크며, 마모성이 적어서 정류자면의 손상을 적게 하면서 기계적 강도도 큰 재료를 사용해야 한다. 브러시의 재료는 전류 용량이 적은 소형기에는 탄소 브러시(brush), 탄소를 전기로 속에서 성형 소결한 것으로 가장 널리 사용되는 전기 흑연 브러시(electro-graphite brush), 저전압·대전류 기기에 사용하는 금속 흑연 브러시(metalic carbon brush) 등이 있다.

브러시 홀더(holder)는 브러시를 바른 위치에 유지시키고 스프링에 의하여 0.15~0.45[kg_f/cm^2]의 적당한 압력으로 정류자면에 접촉시켜 주는 장치이다.

62) 도체에 면사를 한 겹 또는 두 겹으로 긴밀하게 옆으로 감은 것이다.

63) 가스 상태나 액체로 된 물질을 물체 안에 침투하게 하여 그 물체의 특성을 사용 목적에 따라 개선하는 것이다.

(6) 축(shaft)과 베어링(bearing)

전기자의 축은 연동으로 만들고, 축의 지름은 출력과 회전 속도에 의해 정해진다. 축은 베어링으로 지지되는 데 베어링 하부에 기름통(oil well)을 만들고 축에 황동제의 오일링(oil ring)을 걸어 둠으로써 축의 회전시 기름이 주입되어 마찰을 경감시킨다.

1.2 직류 발전기의 원리

외부에서 기계적인 동력을 가하여 직류 발전기를 회전시킬 때 직류 전기를 얻을 수 있는 기본 원리를 그림 7.4에 나타낸다. N극과 S극 사이에 전기자 코일을 놓고 도체의 두 끝을 브러시 B_1, B_2에 연결하여 반시계 방향으로 회전시키면, 도체는 자속을 끊게 되므로 플레밍의 오른손 법칙에 의하여 이들 도체에는 기전력이 유도되어 도체의 외부 단자에는 일정한 방향으로 전압이 발생된다.

만일, 2극의 직류 발전기에서 전기자 권선의 주변 속도를 v[m/s], 공극의 평균 자속 밀도를 B[Wb/m^2], 도체의 유효 길이를 l[m]이라 할 때, 전기자 도체 1개에 유도되는 기전력의 순시값 e[V]는 다음과 같다.

$$e = Blv\,[\mathrm{V}] \tag{7.1}$$

전기자의 지름을 D[m], 전기자의 회전수를 N[rpm]이라 하면, 전기자가 1회전 할 때 도체는 πD만큼 움직이므로 전기자의 주변속도 v는 식 (7.2)와 같다.

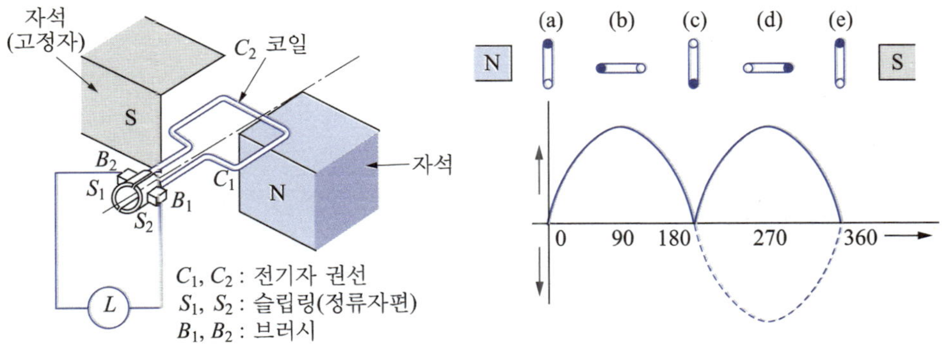

그림 7.4 직류발전기의 원리

$$v = \frac{\pi DN}{60} \text{ [m/s]} \tag{7.2}$$

식 (7.2)를 식 (7.1)에 대입하면 다음과 같다.

$$e = Bl\pi D\frac{N}{60} \text{ [V]} \tag{7.3}$$

자극수를 p, 매극당 자속을 ϕ[Wb]라고 할 때 계자에서의 총자속은 $p\phi$가 되며, 식 (7.3)에서 πDl은 전기자 주변의 전체 면적이 되므로 이것에 평균 자속밀도 B를 곱한 것도 $p\phi$가 된다. 즉, $p\phi = B\pi Dl$ [Wb]이 된다. 이것을 식 (7.3)에 적용하면 다음과 같다.

$$e = p\phi\frac{N}{60} \text{ [V]} \tag{7.4}$$

전기자에 있는 전기자 도체의 총수를 Z, 병렬 회로 수를 a라고 하면, 두 개의 브러시 사이에 직렬로 접속되는 도체 수는 Z/a가 되므로 브러시 사이에서 유도되는 총 유도 기전력 E는 다음과 같다.

$$E = e\frac{Z}{a} = p\phi\frac{N}{60}\frac{Z}{a} = \frac{pZ}{60a}\phi N = K\phi N \text{ [V]} \tag{7.5}$$

여기서, p, Z, a는 발전기 구조에서 결정되는 상수로서 $K = pZ/60a$는 일정한 값이 된다. 결국 직류 발전기의 유도 기전력 E는 자속 ϕ와 회전수 N의 곱에 비례하게 된다.

또한 발전기의 단자 전압 V는 기전력에서 전기자 저항의 전압 강하를 뺀 것으로 전기자 전류 I_a, 전기자 저항 R_a라고 하면 다음과 같다.

$$V = E - I_a R_a \tag{7.6}$$

예제문제 1.2 직류 발전기의 원리

7-1 전기자 지름 0.2[m]의 직류 발전기가 1.5[kW]의 출력에서 1800[rpm]으로 회전하고 있을 때 전기자 주변 속도[m/s]는?

풀이 $v = \pi D\frac{N}{60} = 3.14 \times 0.2 \times \frac{1800}{60} \fallingdotseq 18.84 \text{ [m/s]}$

7-2 매극 유효 자속 0.035[Wb], 전기자 총 도체수 152인 4극 중권 발전기를 매분 1200회의 속도로 회전할 때의 기전력[V]은? 단, 중권의 내부 병렬 회로수는 4이다.

풀이 $E = \dfrac{PZ\phi N}{60a} = \dfrac{4\times152\times0.035\times1200}{60\times4} \fallingdotseq 106.4\,[\mathrm{V}]$

1.3 직류 발전기의 종류와 특성

직류 발전기는 계자 자속을 만들기 위해 전자석을 사용한다. 여자[64] 방식에 따라 타여자 발전기, 자여자 발전기 등이 있다.

(1) 타여자 발전기(separately excited generator)

그림 7.5와 같이 별도의 독립된 직류 전원(축전기 또는 다른 직류 발전기)에서 계자 전류 I_f를 흘려 자속을 발생하는 여자 방식으로 계자 회로와 전기자 회로가 서로 독립된 회로이다. 계자 권선의 전원으로 축전지 등을 사용하여 전원 전압을 변화시키거나 계자 권선에 저항[65]을 접속하여 계자 전류를 변화시키면 광범위한 가변 전압을 얻을 수 있다. 단자전압은 다음과 같다.

$$V = E - I_a R_a - e_a - e_b \tag{7.7}$$

여기서, E는 유도 기전력, V는 단자전압, I_a는 전기자 전류, I_f는 계자 전류, I는 부하 전류, R_a는 전기자 권선저항, e_a는 전기자 반작용에 의한 전압 강하, e_b는 브러시의 접촉저항에 의한 전압 강하이다.

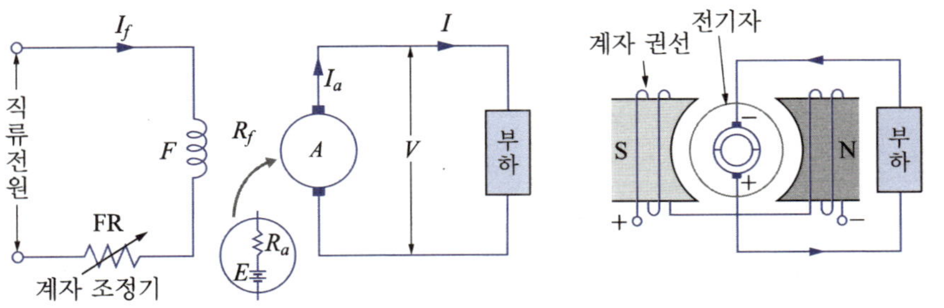

그림 7.5 타여자 발전기

64) 전자석의 권선에 전류를 흘리는 것을 여자(excitation)라고 한다.

65) 계자저항기(field rheostat)는 계자권선에 직렬로 접속한 가감 저항기로서 전압제어 또는 속도제어 등에 사용한다.

(2) 자여자 발전기(self-excited generator)

발전기 자체에서 발생한 유도 기전력에 의하여 계자 전류를 흘려 자속을 발생하는 여자 방식이다. 계자 권선과 전기자 권선의 상호 접속 방법에 따라 분권 발전기, 직권 발전기, 복권 발전기로 분류한다.

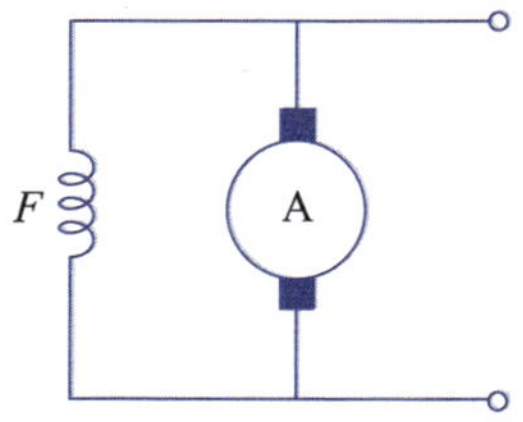

그림 7.6 자여자 발전기

(가) 분권 발전기(shunt generator)

그림 7.7과 같이 계자 권선 F와 전기자 A가 병렬로 접속된 것으로 계자 권선은 권수가 많고 저항이 높으며, 여자 전류는 부하 전류에 비하여 훨씬 크다. 전압 변동률은 타여자 발전기보다 좋지 않지만, 계자 저항기 FR로 상당한 범위까지 전압을 조절할 수 있어 많이 사용된다.

$$V = E - I_a R_a - e_a - e_b = E - R_a(I_f + I) - e_a - e_b \qquad (7.8)$$

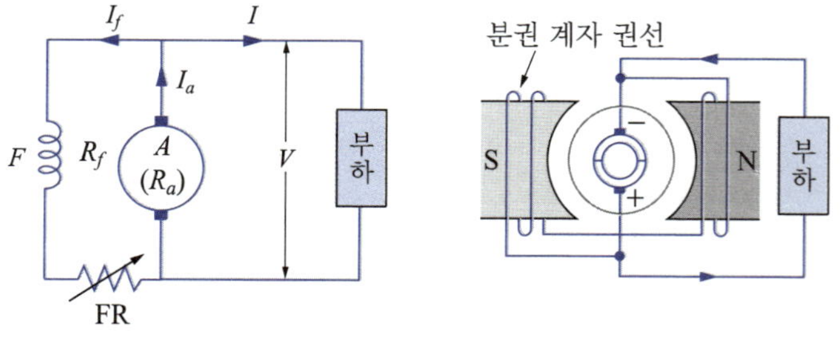

그림 7.7 분권 발전기

예제문제 **(가) 분권 발전기**

7-3 무부하전압 213[V], 정격전압 200[V], 정격출력 80[kW]인 분권 발전기가 있다. 계자 저항이 20[Ω], 전부하 때의 전기자 반작용에 의한 전압 강하가 4.8[V]라면 전기자 회로의 저항[Ω]은?

풀이 전기자 전류 $I_a = I + I_f = \dfrac{P}{V} + \dfrac{V}{R_f} = \dfrac{80 \times 10^3}{200} + \dfrac{200}{20} = 410[\mathrm{A}]$

$V = E - I_a R_a - e_a$에서

전기자 권선저항 $R_a = \dfrac{E - V - e_a}{I_a} = \dfrac{213 - 200 - 4.8}{410} = 0.02[\Omega]$

(나) 직권 발전기(series generator)

그림 7.8과 같이 계자 권선 F_s와 전기자 권선 A가 직렬로 접속된 것으로 계자 권선은 권수가 적고 저항이 낮으며 부하 전류에 의하여 여자 된다. 직권 발전기는 부하 전류에 의하여 여자가 되기 때문에 무부하인 경우에는 $I = I_a = I_f$에서 계자 전류가 0이 되어 발전할 수 없다. 즉, 전압이 발생되지 않고, 부하를 접속할 때 전압의 확립이 일어나서 부하 전류 I가 증가될 때 유도 기전력 E도 증가하여 단자 전압 V도 증가하므로 단자 전압 V는 식 (7.9)로 표시된다.

$$V = E - I(R_a + R_f) - e_a - e_b \,[\mathrm{V}] \tag{7.9}$$

여기서, R_a는 전기자 권선의 저항, R_f는 직렬 계자 권선의 저항, e_a는 전기자 반작용에 의한 전압 강하, e_b는 브러시와 그 접촉 저항에 의한 전압 강하이다.

부하 전압의 변동이 심하여 직류 전원으로는 사용하지 않지만, 부하 전류에 거의 비례하여 전압이 상승하는 특성을 이용하여 선로의 전압 강하를 보상하기 위한 장거리 송전선에 직렬로 삽입하여 승압기(booster)로 사용한다.

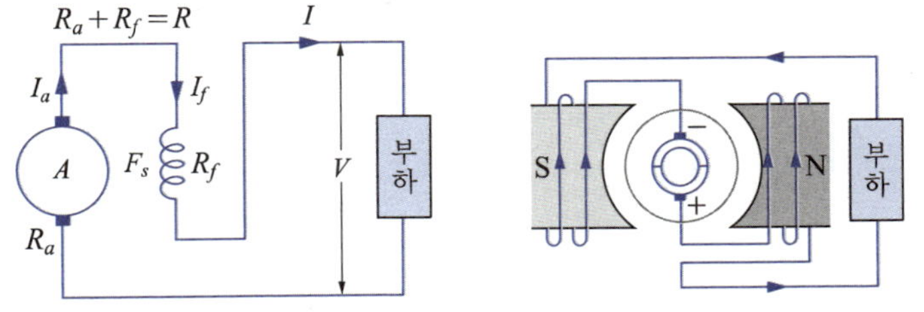

그림 7.8 직권 발전기

예제문제 (나) 직권 발전기

7-4 어떤 타여자 발전기의 부하 전류가 10[A]일 때 단자 전압이 100[V]이었다. 전기자 저항 0.2[Ω], 전기자 반작용에 의한 전압 강하가 2[V], 브러시의 접촉에 의한 전압 강하가 1[V]였다면 이 발전기의 유기 기전력[V]은?

풀이 타여자 발전기에 부하전류가 흐르면, 전기자 회로의 저항 R_a에 의한 전압 강하 I_aR_a, 브러시에서의 접촉 저항에 의한 전압 강하 e_b, 전기자 반작용에 의한 전압 강하 e_a가 발생한다.

$V = E - I_aR_a - e_a - e_b$에서

기전력 $E = V + I_aR_a + e_a + e_b = 100 + 0.2 \times 10 + 1 + 2 = 105\,[\mathrm{V}]$

(다) 복권 발전기(compound generator)

복권 발전기는 분권 계자 권선 F와 직권 계자 권선 F_s를 모두 포함하고 있는 것으로, 분권 발전기와 직권 발전기를 합한 특성이 나타난다. 복권 발전기에는 가동 복권 발전기와 차동 복권 발전기가 있다.

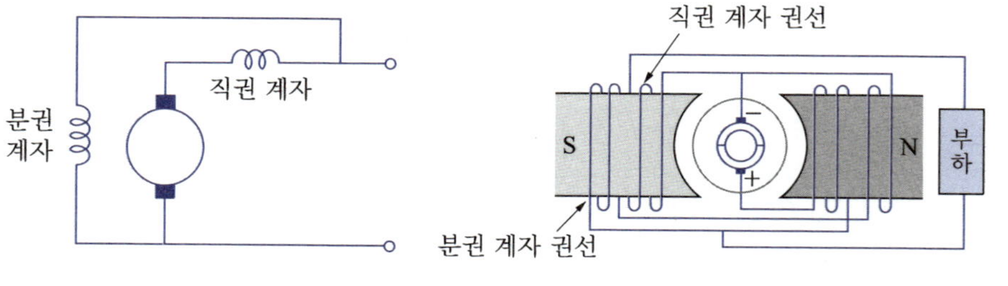

그림 7.9 복권 발전기

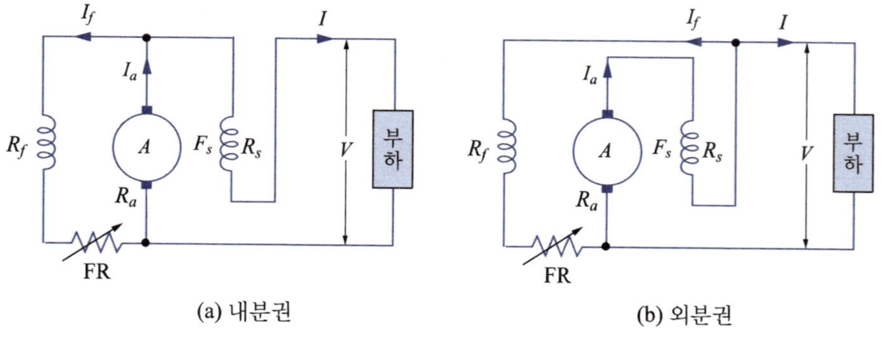

그림 7.10 복권 발전기의 종류

① **가동 복권 발전기**(cumulative compound generator)

가동 복권 발전기는 전기자와 직렬로 접속되어 있는 직권 계자 권선에 의한 기자력이 분권 계자의 기자력에 합해지도록 권선이 감겨 있는 방식으로, 단자 전압을 부하의 증감에 관계없이 거의 일정하게 유지할 수 있다.

② **차동 복권 발전기**(differential compound generator)

차동 복권 발전기는 분권 계자의 기자력을 직권 계자의 기자력으로 감소되게 한 것으로 단자 전압이 부하의 증가에 따라 현저하게 강하하고, 부하 저항을 어느 정도 감소시켜도 전류는 일정하게 된다. 이와 같은 특성을 수하 특성(dropping characteristics)이라 하고, 정전류를 만드는 데 이용한다. 수하 특성을 갖고 있고 때문에 전기 용접기 등의 전원으로 사용된다.

1.4 전압 변동률

발전기는 부하가 변하면 단자 전압이 변하는데 이 변화의 정도를 전압 변동률로 표시한다. 전압 변동률 ϵ은 발전기가 사용부하의 변동에 대하여 얼마나 일정한 전압을 유지, 공급하는가에 대한 지표로 사용된다. 발전기를 정격 속도, 정격 전류에서 정격 전압이 되도록 계자 저항을 조정한다. 발전기의 특성은 전압 변동률을 사용하여 무부하와 전부하시에 전압이 얼마나 변하는가를 나타낸다.

$$\epsilon = \frac{V_0 - V_n}{V_n} \times 100\ [\%] \tag{7.10}$$

여기서, V_0은 무부하 전압, V_n은 정격(전부하) 전압이다. 무부하시와 전부하시의 전압 차이가 없을 때 전압 변동률은 0이 된다. 발전기의 이상적인 특성은 부하의 변동에도 관계없이 일정한 전압을 제공하는 안정성이기 때문에 전압 변동률이 작을수록 좋다.

예제문제 1.4 전압 변동률

7-5 무부하 전압 250[V], 정격 전압 210[V]인 발전기의 전압 변동률[%]은?

풀이 $\epsilon = \frac{V_o - V_n}{V_n} \times 100 = \frac{250 - 210}{210} \times 100 = 19.05\,[\%]$

1.5 병렬 운전

2대 이상의 발전기를 병렬로 동일 모선에 접속하여 운전하고 공통의 부하에 전력을 공급하는 방식을 병렬 운전(parallel running)이라고 하며 다음과 같은 경우에 병렬 운전한다.

- 1대의 발전기로서는 용량이 부족할 경우
- 부하의 변동 폭이 클 경우 효율이 좋게 운전하기 위해 중부하일 때는 2대로 병렬 운전하고, 경부하일 때는 1대만으로 운전한다.
- 예비발전기를 설치한 경우(여러 대의 발전기를 병렬 운전할 경우 예비발전기의 용량이 작아도 된다.)

병렬 운전의 필요조건은 다음과 같다.

- 발전기의 전압의 크기나 극성이 일치할 것
- 외부특성 곡선은 어느 정도 수하특성[66]을 가지고 있어야 한다. 만일 이러한 특성이 아닌 경우에는 균압선[67]을 설치할 것
- 용량이 다른 기계인 경우 부하 전압이 같고 외부특성 곡선의 모양이 닮을 것
- 위의 조건이 아닌 경우 %부하전류로 나타낸 외부특성이 일치할 것
- 용량이 같은 기계인 경우 외부특성 곡선이 일치할 것

2. 직류 전동기

전동기는 전기적 에너지를 기계적 에너지로 변환하는 기계로서 사용전원에 따라 직류 전동기와 교류 전동기로 구분된다.

66) 두 개의 관계를 나타내는 특성 곡선에서 횡축량의 증가와 함께 종축량이 감소하는 것으로 부하 전류가 증가하면 단자 전압이 저하하는 특성을 말한다.

67) 직류기에서 브러시 손상을 막기 위하여 권선의 등전위점을 연결한 낮은 저항의 도선을 말한다. 직권과 복권에 있어 임의의 두 발전기 중에 어느 발전기가 부하분담을 혼자 하는 경우가 되면 위험하기 때문에 이것을 방지하기 위하여 설치한다.

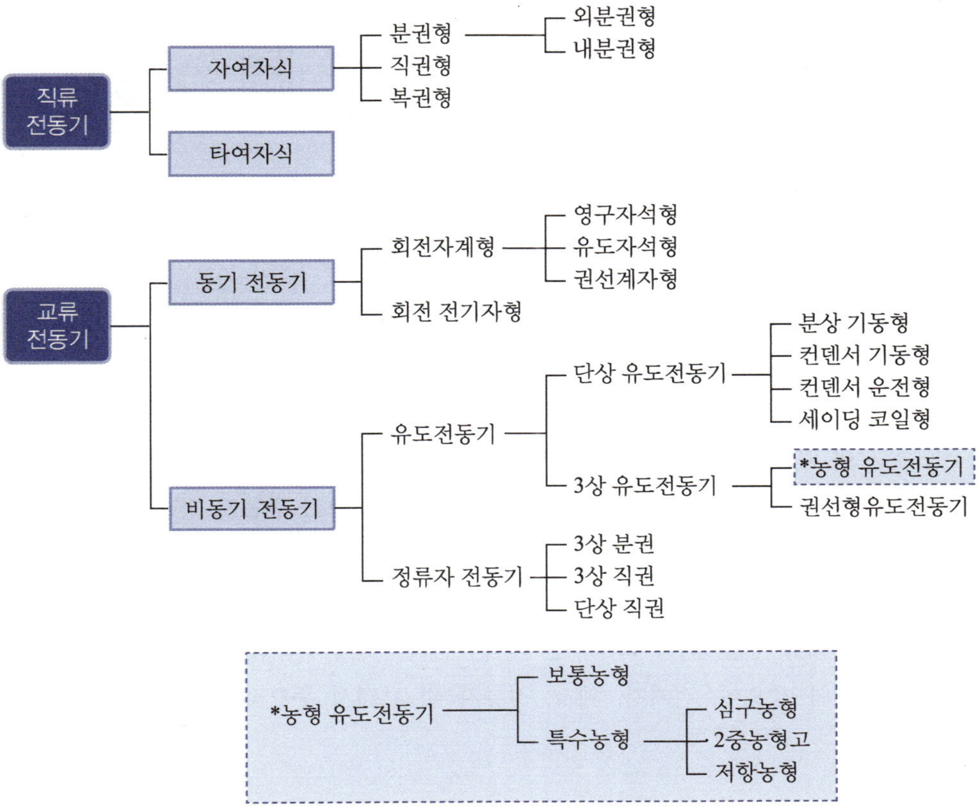

그림 7.11 전동기 종류

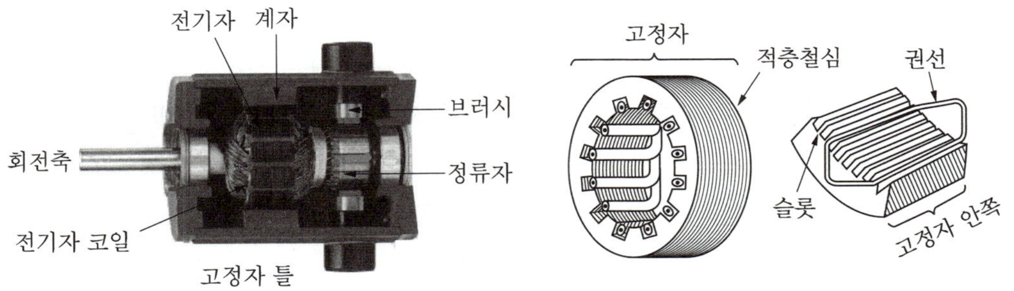

그림 7.12 직류 전동기의 구조

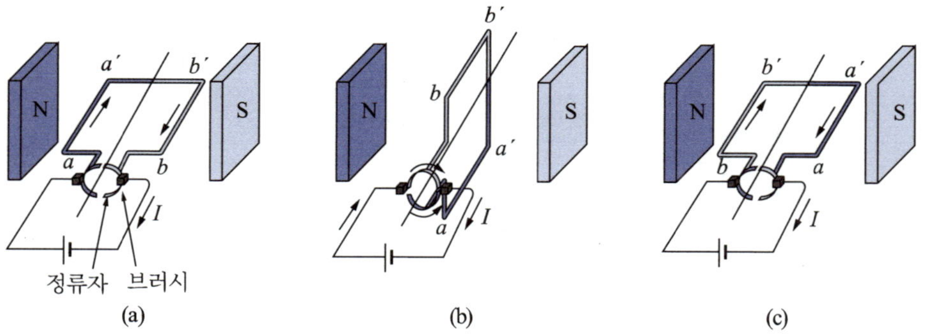

그림 7.13 직류 전동기의 회전

직류 전동기는 직류 전원장치가 필요하며, 정류나 보수가 어렵고 가격이 비싼 단점이 있으며 종류에는 직류 타여자 전동기, 직류분권 전동기, 직류직권 전동기, 직류복권 전동기가 있다. 교류 전동기는 유도 전동기, 동기 전동기, 정류자 전동기가 있으며, 동기전동기는 역률은 높지만 구조가 복잡하고 보수 점검도 불편하며 가격이 비싼 특징이 있다.

직류 전동기(DC motor)는 직류 전력을 기계적 동력으로 변환하는 장치로 직류 발전기와 같으며, 전기자, 계자, 정류자 및 브러시 등으로 구성되어 있다.

2.1 직류 전동기의 회전 원리

직류 전동기의 기본 원리는 플레밍 왼손 법칙에 따라 자계 B 중에 놓여진 도체에 전류 I가 흐르면 이 도체에 전자력 F가 발생하는 것이다. 그림 7.13처럼 자극 N, S를 고정자로 하고 그 사이에 회전자의 코일을 놓은 다음 정류자를 브러시에 접촉시켜 놓는다. 브러시에 직류 전압 V를 가하여 전류 I를 흘리면 플레밍의 왼손 법칙에 따라 도체 aa'는 위쪽 방향, bb'는 아래쪽 방향으로의 전자력 $F(=BIl)$가 발생된다. 이때 회전 토크(torque)[68]가 발생되어 전기자가 회전하기 시작한다.

브러시의 위치는 일정하고 도체가 회전하면 정류자 C_1은 브러시 B_2에 접속되고, 정류자 C_2는 브러시 B_1에 접속되므로 도체에 흐르는 전류의 방향이 바뀌게 되어 전자력 F는 항상 일정한 방향이 된다. 즉, 전기자가 오른쪽으로 회전하게 된다. 회전자의 코

68) 물체를 회전시키려는 회전력으로 힘과 받침점까지의 거리의 곱으로 나타낸다.

일은 정류자와 브러시의 작용으로 인하여 반 바퀴 회전할 때마다 전류의 방향이 바뀌게 되어 항상 같은 방향으로 토크가 생기므로 회전을 계속하게 된다.

정류자와 브러시의 스위칭 작용은 전기자의 자기 중성축을 중심으로 N극에서 S극으로 옮겨질 때 이루어지는 데 이를 정류작용(commutation action)이라고 한다.

(1) 역기전력

전기자 도체는 여러 개의 도체가 위치하고 있는 데 그림 7.14와 같이 시계 방향으로 전기자가 회전하게 되면 도체들이 자속을 끊고 있으므로 마치 발전기와 같이 기전력이 유도된다. 유도 기전력 E의 방향은 플레밍의 오른손 법칙에 따라 전동기에 가해진 단자 전압 V와 비교하여 크기는 같고, 극성이 반대 방향이 되므로 전기자 전류 $I_a[A]$를 방해하도록 흐르게 된다. 이 때문에 역기전력(counter electromotive force)이라고 한다.

직류 전동기에 발생되는 역기전력의 크기 E는 직류 발전기의 경우와 같다. 즉, 전동기의 자극 수 P, 한 극당의 자속 ϕ[Wb], 도체 수 Z, 병렬 회로수 a, 매분당 회전수를 N[rpm]이라 하면, 역기전력 크기 E는 다음과 같다.

$$E = \frac{P}{a} Z \phi \frac{N}{60} = K \phi N \, [\mathrm{V}] \tag{7.11}$$

전동기에 발생하는 회전력이 부하에서 필요한 회전력보다 크면 전동기는 가속되어 역기전력이 증가하므로 전동기 부하 전류는 감소되어 회전력은 평형을 이루게 된다. 즉, 전동기는 부하를 회전하는 데 필요한 전류가 흐를 수 있도록 역기전력을 발생하는 속도로 회전한다.

전기자 권선의 저항을 $R_a[\Omega]$라고 할 때, 직류 전동기의 단자 전압 V는 식 (7.12)와 같으며, 전기자 전류 I_a의 크기는 식 (7.13)과 같이 된다.

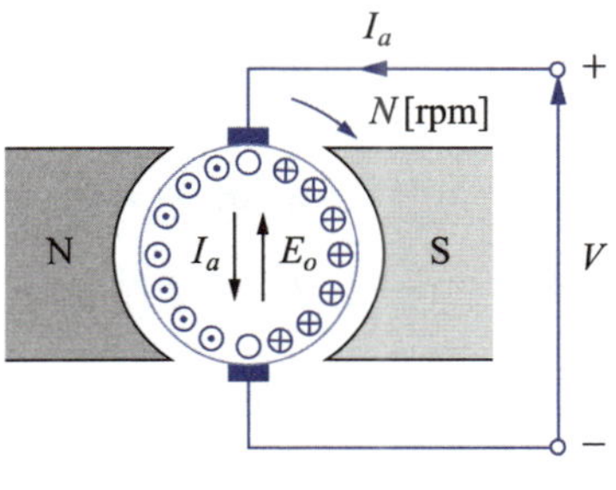

그림 7.14 역기전력

$$V = E + I_a R_a \,[\mathrm{V}] \tag{7.12}$$

$$I_a = \frac{V - E}{R_a} = \frac{V - K\phi N}{R_a} \,[\mathrm{A}] \tag{7.13}$$

따라서, 역기전력 E는 전기자의 회전 속도 N에 비례하므로, 전동기의 기계적 부하가 증가하여 전동기의 회전 속도가 감소하면 역기전력도 감소한다. 이때 식 (7.13)에서 역기전력이 감소하면 전기자 전류 I_a가 증가하여 직류 전동기의 입력이 자동적으로 증가하므로 기계적 부하의 증가에 대응할 수 있게 되는 것이다. 반대로 기계적 부하가 감소하여 회전 속도가 증가하게 되면 역기전력도 증가하게 되므로 전기자 전류는 감소하여 전동기의 입력이 자동적으로 감소하므로 기계적 부하의 감소에 대응할 수 있게 된다.

예제문제 (1) 역기전력

7-6 전기자 저항이 0.02[Ω]인 직류 분권 발전기가 있다. 회전수가 1,000[rpm], 단자 전압이 220[V]일 때 전기자 전류가 100[A]이었다. 이를 전동기로 사용하여 단자 전압과 전기가 전류가 위의 값과 같을 때의 회전수[rpm]는?

풀이 우선, 발전기의 경우 $E = V + I_a R_a = 200 + 100 \times 0.02 = 222\,[\mathrm{V}]$

전동기에서 $E = K\phi N$에서 $K\phi = \dfrac{E}{N} = \dfrac{222}{1000}$이 되고, 단자 전압, 회전 속도 및 전기자 전류가 같으므로

따라서, 회전수 $N = \dfrac{V - I_a R_a}{K\phi} = \dfrac{220 - 100 \times 0.02}{\frac{222}{1000}} = 982\,[\mathrm{rpm}]$

(2) 토크와 회전 속도

(가) 토크

전기자 회로에 직류 전압을 가하면 전기자 권선에 전기자 전류 I_a가 흐르므로 전자력이 발생하여 회전 토크($\tau = FD$)가 발생한다. 전동기의 전기자 총 도체수 Z, 극수 P, 매극당 자속 ϕ[Wb], 전기자 병렬 회로수 a라고 하면 $B = \dfrac{P\phi}{\pi D l}$, $I = \dfrac{I_a}{a}$이므로 이때 발생하는 토크 크기 T[Nm]는 다음과 같다.

$$T = \frac{Z}{2}\tau = \frac{Z}{2}BilD$$
$$= \frac{PZ}{2\pi a}\phi I_a = K'\phi I_a\,[\mathrm{N\cdot m}] \quad (7.14)$$

여기서, $K' = \dfrac{PZ}{2\pi a}$이다. 이러한 토크로 전동기는 회전하여 회전력과 전동기 축에 가해진 기계적 부하가 평형을 이루는 회전수 $N[\mathrm{rpm}]$으로 회전한다.

또한, 직류 전동기의 발생 토크 T는 매극당의 자속 ϕ와 전기자 도체에 흐르는 전류 I_a에 비례하게 된다. 이때 전기자 전류 I_a의 변화에 대한 토크 T의 변화를 나타낸 그림을 토크 특성 곡선(torque characteristic)이라고 한다.

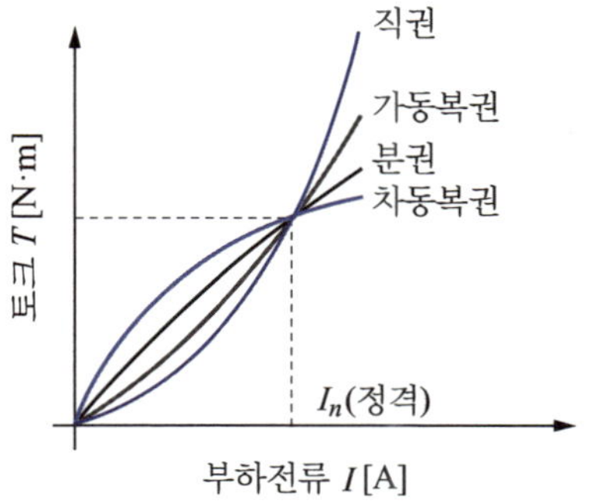

그림 7.15 토크 특성 곡선

예제문제 (가) 토크

7-7 직류 분권 전동기의 전체 도체수 100, 4극 중권으로 자속수는 극당 0.628[Wb]이다. 부하를 걸어 전기자에 5[A]가 흐르고 있을 때의 토크[Nm]는?

풀이 중권의 회로수 $a=4$이므로

토크 $T = \dfrac{PZ}{2\pi a}\phi I_a = \dfrac{4\times 100\times 0.628\times 5}{2\times 3.14\times 4} \fallingdotseq 50\,[\mathrm{Nm}]$

(나) 회전 속도

직류 전동기에 관한 식 (7.11)과 식 (7.12)를 이용하여 정리하면, 전동기의 회전 속도 N은 다음 식과 같다.

$$N = \frac{E}{K\phi} = \frac{V - I_a R_a}{K\phi} = K' \frac{V - I_a R_a}{\phi} \text{ [rpm]} \tag{7.15}$$

직류 전동기의 회전 속도는 역기전력 E에 비례하고 매극당의 자속 ϕ에 반비례한다. 이때 전기자 전류 I_a의 변화에 대한 회전 속도의 변화를 나타낸 그림을 속도 특성 곡선(speed characteristic curve)이라 한다. 이러한 특성 곡선은 광범위한 영역에서의 전동기의 특성을 파악할 수 있다. 간단하게 전동기의 특성을 나타내는 방법으로 속도 변동률을 사용한다. 속도 변동률은 기계적인 부하가 변할 때 얼마나 일정한 속도를 유지하는가에 대한 지표로 사용된다.

$$\epsilon = \frac{N_0 - N_n}{N_n} \times 100 \text{ [\%]} \tag{7.16}$$

여기서, N_0는 무부하 속도이고 N_n은 정격 속도이다. 무부하시와 전부하시의 속도차이가 없을 때 속도 변동률은 0이 된다. 전동기의 이상적인 특성은 부하의 변동에도 관계없이 일정한 속도를 제공하는 안정성이므로 속도 변동률이 작을수록 좋다.

예제문제 (나) 회전 속도

7-8 어떤 전동기의 정격 회전수가 1,500[rpm]이다. 속도 변동률이 5[%]이면 공급 전압과 계자 저항의 값을 변화시키지 않고 이것을 무부하로 하였을 때의 회전수[rpm]는?

풀이 $\epsilon = \dfrac{N_0 - N_n}{N_n} \times 100[\%]$에서 $5 = \dfrac{N_0 - 1{,}500}{1{,}500} \times 100[\%]$이므로 $N_0 = 1{,}575\text{[rpm]}$

(다) 출력

전동기의 출력 $P_a(= VI_a)$를 구하기 위하여, 식 (7.12)의 양변에 I_a를 곱하면 식 (7.17)과 같이 된다. 여기서, VI_a는 전기자의 입력이고, $I_a^2 R_a$는 전기자의 저항손이 되므로 EI_a가 전기자의 출력이 된다.

$$VI_a = EI_a + I_a^2 R_a \text{ [W]} \tag{7.17}$$

식 (7.17)을 다시 쓰면 다음과 같으며 VI_a는 전기자 입력, $I_a^2 R_a$는 전기자 저항에서 소비되는 동손이다.

$$EI_a = VI_a - I_a^2 R_a \text{ [W]} \tag{7.18}$$

전동기에서 기계적인 동력으로 변환되는 직류 전력 EI_a을 전기자 출력 P_a라고 하면 식 (7.11)과 식 (7.15)를 이용하여 다음과 같이 나타낼 수 있다.

$$P_a = EI_a = \frac{pZ}{60a}\phi N I_a = \frac{2\pi NT}{60} \text{ [W]} \tag{7.19}$$

따라서 전동기의 기계적인 동력으로 변환되는 전력 P_a는 역기전력과 전기자 전류의 곱과 같고, 또는 회전수 N과 토크 T의 곱에 비례한다. 결국 전동기의 출력 P는 기계적 동력(전기자 출력) P_a에서 회전부분의 마찰로 소비되는 전기자의 철손 P_i과 기계손 P_m을 뺀 것으로 식 (7.20)과 같이 나타낼 수 있다.

$$P = P_a - (\text{철손} + \text{기계손}) = P_a - (P_i + P_m) \text{ [W]} \tag{7.20}$$

2.2 직류 전동기의 특성

직류 전동기 구조는 직류 발전기와 같으며, 계자 권선과 전기자 권선의 접속 방식에 따라 분류하며, 그림 7.16에 나타내고 있다.

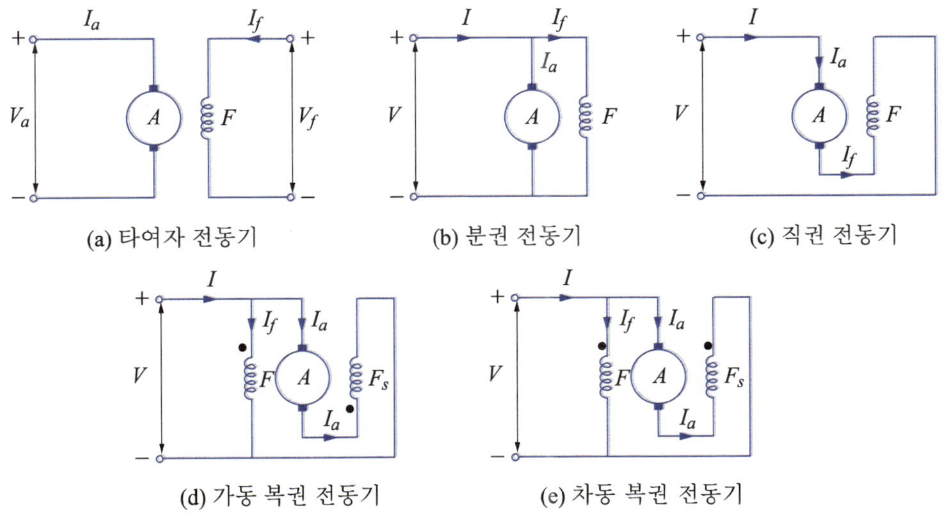

그림 7.16 직류 전동기의 종류

(1) 타여자 전동기(separately excited motor)

그림 7.16(a)와 같이 계자 전류 I_f를 별도의 여자 전원에서 흘릴 수 있도록 접속하는 방식이다. 직류 전동기의 속도 N[rpm]은 식 (7.15)에서 다음과 같이 나타냈다.

$$N = K' \frac{V - I_a R_a}{\phi} \text{ [rpm]} \tag{7.21}$$

타여자 전동기에서는 여자 전류 I_f, 즉 자속 ϕ는 일정하므로, 회전속도 N은 $V - I_a R_a$는 거의 비례한다.

타여자 전동기는 전기자 전압의 변화에 의해서 정·역회전으로 속도를 광범위하게 제어할 수 있으므로 대형 압연기, 엘리베이터 등에 사용되고, 일그너 방식(Ilgner system), 워드-레오나드 방식(Ward-Leonard system)의 주전동기로 사용된다.

(2) 자여자 전동기(self excited motor)

(가) 분권 전동기(shunt motor)

그림 7.16(b)과 같이 전기자 권선과 계자 권선이 병렬로 접속되어 전원에 연결된다. 식 (7.15)에서 계자 전류 $I_f(= V/R_f)$는 단자 전압 V이 일정하게 유지되면 부하에 관계없이 일정하므로 전기자 반작용을 무시하면 자속 ϕ는 일정하다. 부하가 증가하면 $I_a R_a$가 증가하여 속도 N은 감소한다. 따라서, 부하 전류 $I = I_a + I_f$으로 I_f는 정격 전류에 비하여 매우 적으므로 $I \fallingdotseq I_a$의 관계가 되므로 타여자 전동기와 비슷한 그림 7.17과 같은 속도 특성 곡선을 나타낸다.

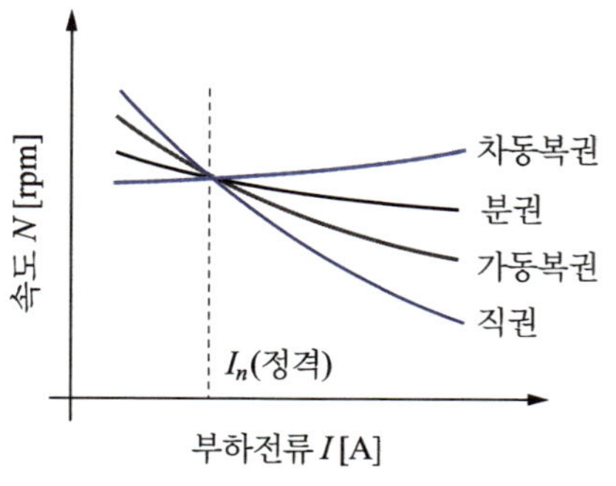

그림 7.17 속도 특성 곡선

분권 전동기의 회전수는 부하의 증가에 따라 다소 감소하지만 대체적으로 일정하고, 계자 저항기 FR로 쉽게 속도 제어를 할 수 있어 정속도 및 가감속도 전동기로 사용된다. 이러한 특성상 공작 기계, 압연기, 펌프 등에 사용되지만, 같은 특성의 3상 유도 전동기가 있어 거의 사용되지 않는다.

(나) 직권 전동기(series motor)

그림 7.16(c)와 같이 계자 권선과 전기자 권선이 직렬로 접속되어 있으므로, 부하 전류 I와 전기자 전류 I_a 및 계자 전류 I_f가 모두 같다($I = I_a = I_f$). 부하 전류가 작은 부분에서는 ϕ와 비례하지만, 부하 전류가 커지면 자기 포화로 인하여 ϕ의 증가는 둔화된다. 따라서, 직권 전동기의 속도 특성은 전류가 작은 범위에서는 쌍곡선이 되고, 전류가 큰 범위에서는 쌍곡선이 아닌 직선 형태가 된다.

직권 전동기는 부하가 증가함에 따라 속도가 현저하게 감소하는 가변 속도 전동기(variable speed motor)로서 부하가 감소하면 속도가 갑자기 상승하고, 무부하가 되면 속도가 매우 높아져서 무구속 속도(run away speed)가 되므로 매우 위험하다. 또한 회전력이 증가하면 속도가 낮아지기 때문에 출력도 어느 범위 안에서는 일정하고, 전류를 안전하게 제한하면 큰 회전력($\propto I^2$)을 얻을 수 있어 전철, 기중기, 권상기 등에 사용한다.

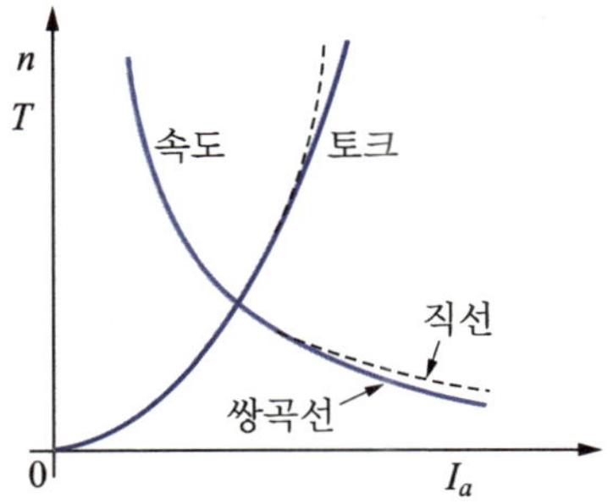

그림 7.18 속도 및 토크 특성 곡선

(다) 가동 복권 전동기(cumulative compound motor)

그림 7.16(d)와 같이 직권 계자 자속과 분권 계자 자속이 합해지도록 접속된 것으로 직권 계자와 분권 계자의 기자력 비율에 따라 속도 특성과 회전력 특성은 분권 전동기와 직권 전동기의 중간 특성을 갖고 있다.

계자 권선의 자속이 부하 전류에 의하여 증가되므로 속도 변화는 있으나 분권 전동기에 비하면 과부하 내력이 큰 특징이 있다. 보통 공작 기계, 권상기, 압연 보조용 등의 전동기로 사용된다.

(라) 차동 복권 전동기(differential compound motor)

그림 7.16(e)와 같이 직권 계자 기자력이 분권 계자 기자력을 상쇄하도록 접속한 것으로 부하 전류가 증가함에 따라 자속이 감소하여 속도를 상승시키는 작용을 하여 속도 저하를 보상해 준다. 즉, 계자 권선의 자속이 부하 전류에 의하여 감소되므로 속도의 변화는 작다. 그러나 과부하에서 계자 자속의 부족으로 운전이 불안정하게 된다.

차동 복권 전동기는 기동 회전력이 작고 운전상의 안전성이 없어 거의 사용하지 않기 때문에 복권 전동기라 하면 가동 복권 전동기를 말한다.

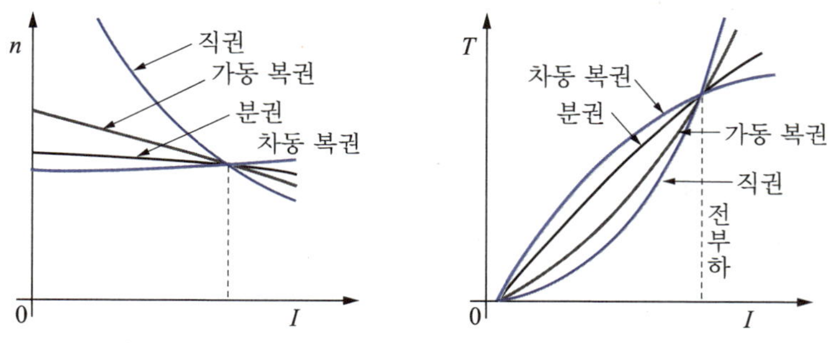

그림 7.19 전동기의 속도 및 토크 특성 곡선

2.3 직류 전동기의 기동 및 속도 제어

(1) 기동

정지된 상태에 있는 전동기가 운전하여 움직이기 시작하는 것을 기동(starting)이라고 한다. 직류 전동기가 운전 중에 전기자에 흐르는 전류 I_a는 식 (7.13)에 의하여 다음과 같이 나타낼 수 있다.

$$I_a = \frac{V-E}{R_a} = \frac{V-K\phi N}{R_a} [\text{A}] \quad \left(K = \frac{PZ}{a}\right) \tag{7.22}$$

여기서, 전기자 저항 R_a는 매우 작은 값이지만, 운전 중에는 전기자에 역기전력 E가 발생하기 때문에 전기자 전류 I_a는 적당히 흐른다. 그러나 전동기가 기동되는 순간에는 역기전력 $E=0$이므로 전원 전압 V가 전기자에 모두 가해져서 전기자 전류(기동 전류) I_a는 식 (7.23)과 같이 큰 전류가 흐르게 된다.

$$I_a = \frac{V}{R_a}[\text{A}] \tag{7.23}$$

이처럼 전기자 회로의 동손을 감소시켜 효율을 높이기 위하여 매우 작은 전기자 저항을 사용하기 때문에 큰 기동 전류가 흘러 전기자 권선, 브러시, 정류자 등에 충격이나 불꽃이 발생된다. 이러한 손상을 줄이기 위해 기동 전류를 정격 전류(전부하 전류)의 125～200[%] 정도로 제한하고자 전기자 회로에 적당한 저항을 직렬로 접속하게 된다. 이와 같은 목적으로 사용하는 가감 저항기를 기동 저항(starting rheostat) R_{st}이라고 하고, 그 부품을 기동기(starter)라고 한다. 전동기를 기동하면 기동 순간에 정격 전류보다 큰 전류가 흐르지만 전동기가 회전하기 시작하면 역기전력($K\phi N$)이 발생하여 전기자 전류가 감소하기 시작한다. 전류가 정격 전류로 감소할 경우 기동기를 조작하여 기동 저항을 감소시키면 전류는 다시 증가하지만 회전수가 계속 상승하고 있으므로 전류는 다시 감소하기 시작한다. 다시 기동 저항을 감소시켜 기동 저항이 0이 되면 기동은 끝나게 된다.

(2) 속도 제어

회전 중인 직류 전동기의 회전 방향을 반대로 전환시키기 위해서는 전기자 회로의 단자 또는 계자 회로의 단자를 바꾸어 주면 된다. 왜냐하면 단자가 바뀜으로써 전기자 회로의 도체에 흐르는 전류 I_a의 방향이 바뀌거나, 계자 회로에서 발생되는 자속의 방향이 바뀌게 되기 때문이다.

직류 전동기는 사용하는 곳에 따라 회전 속도를 변화시킬 필요가 있는 데 이를 속도 제어(speed control)라고 한다. 직류 전동기의 회전 속도 N을 변화시키기 위해 식 (7.15)인 $N=K'\dfrac{V-I_aR_a}{\phi}$로 속도를 변화시킬 수 있다. 즉, ϕ, R_a, V을 변화시키면 된다.

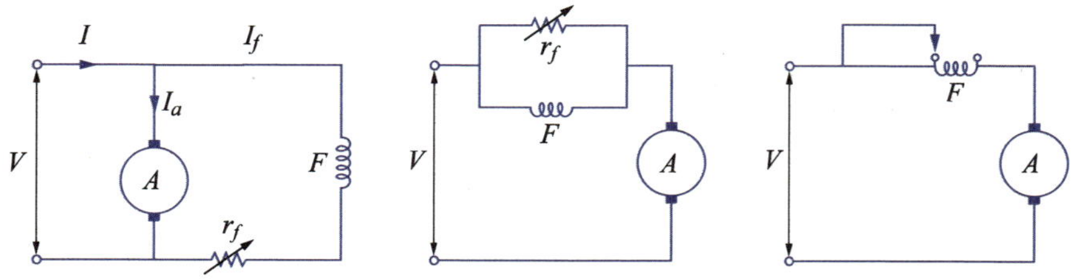

(a) 계자 제어

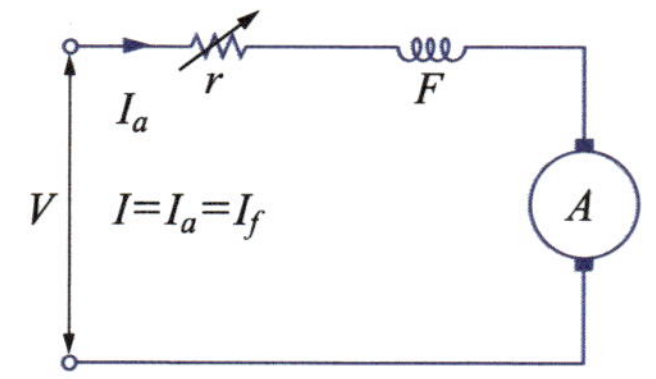

(b) 저항 제어

그림 7.20 속도 제어법

(가) 계자 제어법(field control)

분권이나 복권 전동기의 분권 계자 권선에 직렬로 저항을 삽입하여 계자 전류 I_f를 조정함으로써(자속 ϕ가 바뀜) 전동기의 속도를 제어하는 방법이다. 속도 제어 범위는 최저 최고비가 1 : 2∼1 : 4(보상권선이 있는 경우) 정도이다.

(나) 저항 제어법(rheostatic control)

전기자 회로에 직렬로 가변 저항을 접속하여 저항 R_a 값의 변화 조정에 의하여 전압 강하 I_aR_a 값을 변화시킴으로써 전동기의 속도를 제어하는 방법이다.

(다) 전압 제어법(voltage control)

전기자 회로에 가하는 전압 V를 변화시키는 방법으로 계자 제어법이나 저항 제어법에 비하여 고가이지만 광범위한 속도 제어가 가능한 특징이 있다.

2.4 직류 전동기의 정격과 손실

(1) 직류 전동기의 정격

전동기의 전압, 전류, 속도 등에는 정해진 한도가 있지만, 그 한도를 넘어서면 손실이 증가하거나 효율이 저하되는 등의 좋지 않은 현상이 발생한다. 그래서 이들의 제한 범위 내에서 낼 수 있는 최대 출력에 적당한 여유를 두고 효율도 고려한 출력, 전압, 전류, 속도, 온도 등을 정격(rating)이라고 한다.

기기를 조건 이하에서 연속 사용할 때 그 기기에 규정된 온도 상승, 기타의 제한을 넘지 않는 정격을 연속 정격이라고 한다. 기기를 냉상태로부터 시작하여 일정한 시간 동안, 지정된 조건하에서 사용할 때 그 기기에 관한 규정된 온도 상승, 기타의 제한을 초과하는 일이 없는 정격을 단시간 정격이라고 한다. 보통의 기계는 연속적으로 사용하는 데 적합한 연속 정격으로 하지만 기중기용이나 전차용 전동기에는 단시간 정격이 사용된다.

정격으로 연속으로 사용하여 기기의 온도가 최종으로 일정한 값이 된 후 정격 출력의 1.5배의 부하로 2시간 연속 사용할 때 그 기기에 관한 규정된 온도 상승, 기타의 제한을 초과하는 일이 없으며 또한 계속하여 정격출력의 2배의 부하를 1분 동안 가해도 이상이 발생하지 않고 그 후 정격 부하를 계속하여 사용해도 지장이 없는 정격을 공칭 정격이라고 한다. 보통 전기 철도용 발전기에서 적용한다.

(2) 직류 전동기의 손실

모든 전기 기기는 기계적 에너지와 전기적 에너지 사이에 변환이 될 때 일부 에너지 손실(loss)이 발생한다. 무부하손(no load loss)은 부하의 변화에 관계없이 거의 일정한 손실로서 고정손(constant loss)이라고도 하는데, 기계손(마찰손, 풍손), 철손(와류손, 히스테리시스손) 등이 있다. 부하손(load loss)은 전동기 부하의 크기에 따라 변화하므로 가변손(variable loss)이라고 하며 동손(전기자 권선 · 계자 회로 · 브러시 접촉 저항에 의한 손실) 등이 있다.

(3) 직류 전동기의 효율

전기 기기에 공급되는 전력(기계적 동력)을 입력, 전기 기기에서 인출되는 전력(기계적 동력)을 출력이라고 할 때 입력에 대한 출력의 비를 효율(efficiency)이라고 하며 단위는 η를 사용하고, 백분율로 표시한다.

$$\eta = \frac{\text{출력}}{\text{입력}} \times 100\,[\%] \tag{7.24}$$

기기에 실제로 부하를 걸어 입력 및 출력을 실측하여 구한 효율을 실측 효율(measured efficiency)이라 하며, 어느 출력에 대한 각종 손실을 규격 등으로 미리 정해진 방법에 의해 측정 또는 산정하여 구한 효율을 규약 효율(conventional efficiency)이라 한다. η_g는 발전기의 효율, η_m은 전동기의 효율이다.

$$\eta_g = \frac{\text{출력}}{\text{출력}+\text{손실}} \times 100\,[\%] = \frac{VI}{VI + (P_0 + I_a^2 R)} \times 100\,[\%] \tag{7.25}$$

$$\eta_m = \frac{\text{입력}-\text{손실}}{\text{입력}} \times 100\,[\%] = \frac{VI - (P_0 + I_a^2 R)}{VI} \times 100\,[\%] \tag{7.26}$$

여기서, V는 직류 발전기와 전동기 단자 전압, I는 부하전류, P_0는 무부하손, $I_a^2 R$은 부하손을 말한다.

실측 효율을 구하는 경우에는 기계적인 입·출력을 정확히 측정하는 것이 곤란하며, 대용량의 기계에서는 실부하를 거는 것을 실현하기 어렵기 때문에 실부하를 거는 일 없이 정확히 효율을 산정할 수 있는 규약 효율이 일반적으로 자주 사용된다.

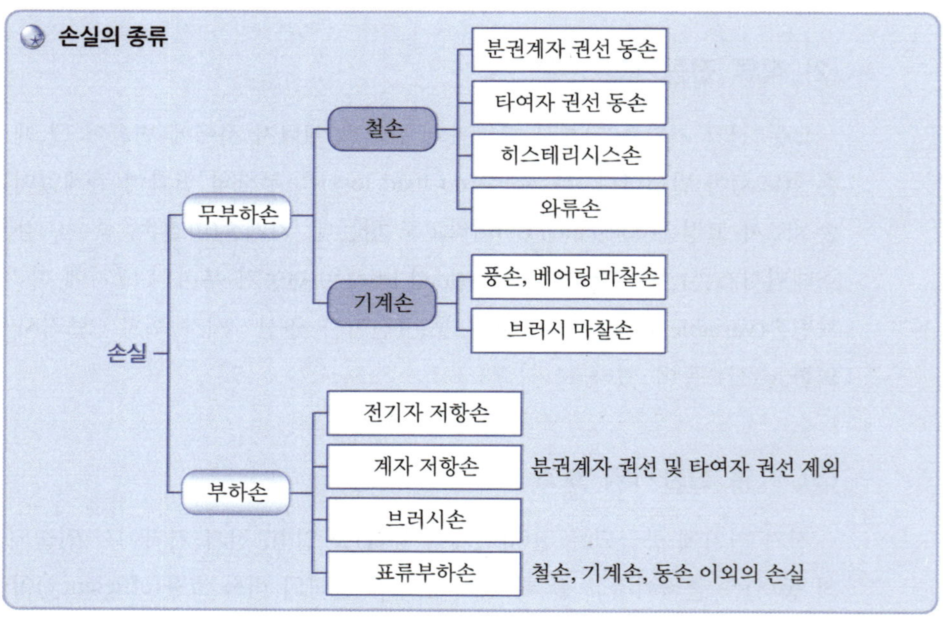

예제문제 (3) 직류 전동기의 효율

7-9 200[V], 10[kW]의 직류 분권 발전기가 있다. 전부하에서 운전하고 있을 때 전 손실이 500[W]일 때의 규약 효율[%]은?

풀이 발전기 효율 $\eta_g = \frac{\text{출력}}{\text{출력}+\text{손실}} \times 100 = \frac{10 \times 10^3}{10 \times 10^3 + 500} \times 100 \fallingdotseq 95.24[\%]$

3. 유도 전동기

산업용으로 널리 사용되고 있는 유도 전동기는 분상기동형, 콘덴서기동형, 반발기동형, 쉐이딩코일형 등 단상 전원을 사용하는 단상 유도 전동기와 3상 전원을 사용하는 3상 유도 전동기로 분류된다. 3상 유도 전동기는 회전자에 의해 농형과 권선형으로 분류되며, 사용전압에 의해 고압, 저압으로 분류된다.

유도 전동기는 견고한 구조, 경제성, 운전특성이 우수하여 3상 설비 동력원으로 널리 사용되고 있지만 기동시 많은 전류가 흐르고 부하에 따라 역률이 낮고 기동 토크가 적은 단점이 있다. 소방용으로 많이 사용되고 있는 농형 유도 전동기의 기동방식은 전전압 기동과 감압 기동으로 분류한다.

3.1 유도 전동기의 원리

유도 전동기는 그림 7.21과 같이 영구자석을 화살표 방향으로 회전시키면 아라고의 원판(Arago's disk)도 같은 방향으로 회전하는 원리를 이용한 것이다. 자석을 회전시키면 원판을 통과하는 자속이 변화하게 되는 데 플레밍의 오른손 법칙에 따른 유도 기전력이 원판에 발생한다. 이 유도 기전력으로 인한 원판의 맴돌이 전류(eddy current)와 영구자석에 의한 각각의 자력선 사이에 플레밍의 왼손법칙에 의한 전자력이 발생하여 원판이 회전하게 된다. 이때 원판은 영구자석의 속도보다 느리게 회전하게 되는 데 만약 원판과 자석의 속도가 같게 되면 원판을 지나는 자속은 일정하게 된다. 자속이 변하지 않으면 맴돌이 전류가 발생되지 않고 원판은 더 이상 회전하지 않게 된다.

그림 7.22(a)에서 도체를 사다리 모양으로 구성한 후 도체와 수직이 되게 배치한 자석을 오른쪽으로 이동시키게 되면, 도체가 오른쪽으로 이동하게 된다. 사다리 모양의 도체 양끝을 붙여서 원통형(농형)으로 만든 도체 주위에 자석을 배치하여 회전시키면 농형의 도체도 회전하게 된다.

아라고 원판을 대체하기 위해 그림 7.23(a)와 같은 원통형 도체를 이용하는 데 도체만으로는 회전은 되지만 누설 자속이 많이 발생하여 효율이 떨어진다. 그러므로 그림 7.23(b)과 같이 규소 강판을 성층한 철심에 원통형의 도체를 결합하여 그림 7.23(c)와

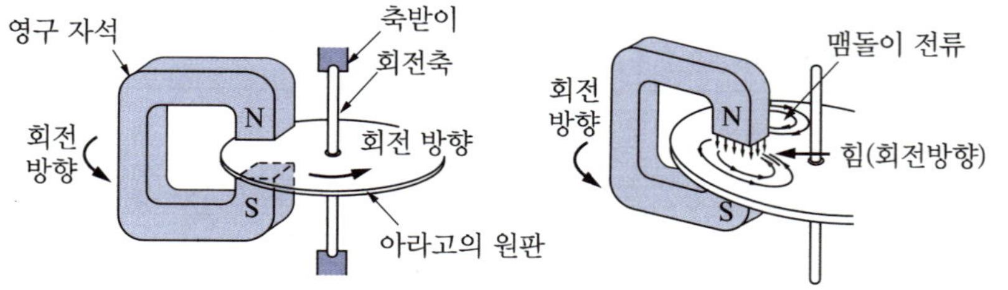

(a) 원판의 회전 (b) 맴돌이 전류

그림 7.21 아라고의 원판

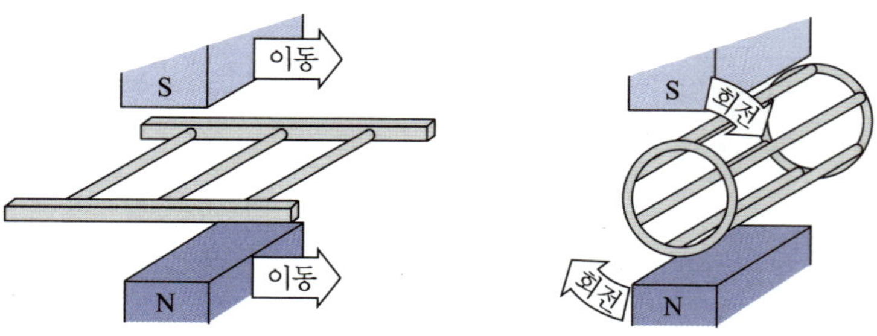

(a) 사다리 모양의 도체 (b) 농형 회전자

그림 7.22 유도 전동기의 회전자

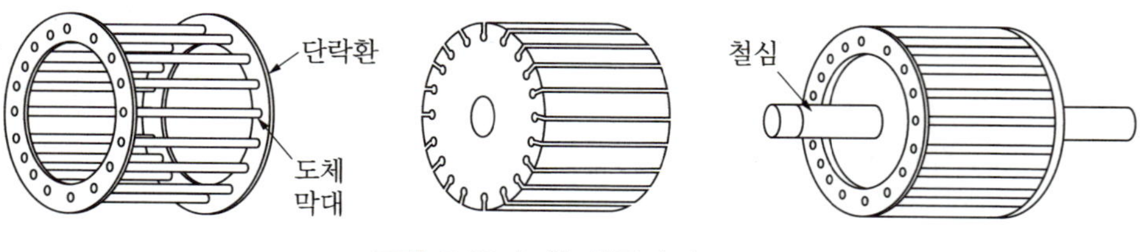

그림 7.23 농형 회전자의 구조

같은 회전자(rotor)를 만든다. 이와 같은 구조의 회전자를 농형이라 하며 유도 전동기는 대부분 농형 회전자(squirrel type rotor)를 사용한다.

아라고 원판에서 영구자석을 돌리면 원판이 따라 회전하지만, 실제 전동기에서 자석을 돌려 회전력을 얻는 것은 무의미하므로 이를 해결하기 위해 전자석을 이용한다. 그림 7.24와 같이 고정자 철심에 권수, 선의 굵기, 크기가 같은 코일 a, b, c를 120° 간격으로 배치하고 대칭인 3상 전류를 흘리면 자석을 돌리는 것과 같은 효과를 얻을 수 있는 데 이를 회전자계(rotating magnetic field)라고 한다. 농형 회전자 주위에 철심을 배치하고 권선을 감아 3상 교류전원을 공급함으로써 쉽게 회전자계를 얻을 수 있다. 단상 교류에서는 교번 자계[69]가 만들어진다.

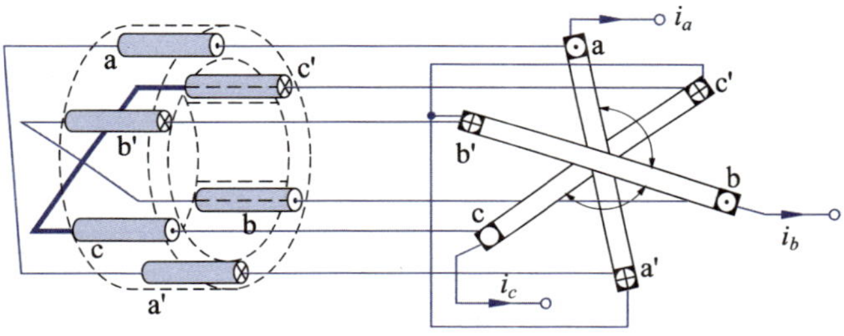

(a)

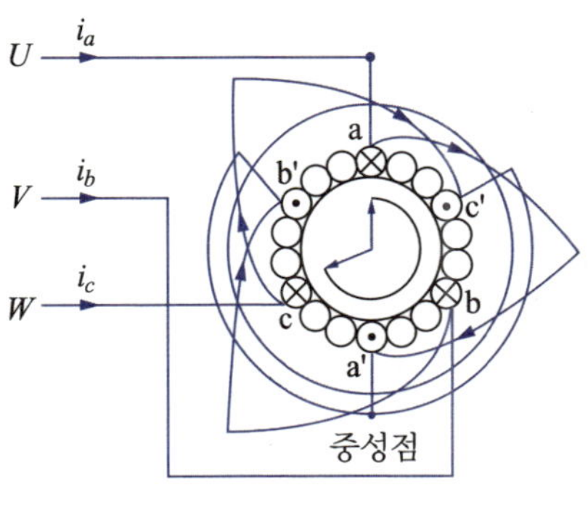

(b)

그림 7.24 고정자 권선 배치

69) 자계의 세기가 시간과 더불어 양 혹은 음의 방향으로 증감하고, 방향을 바꾸지 않는 것을 말한다. 이러한 자계는 교류에 의해서 만들어지는데, 보통은 정현파 교류에 의해서 만들어지는 정현파 교번 자계를 가리키는 경우가 많다.

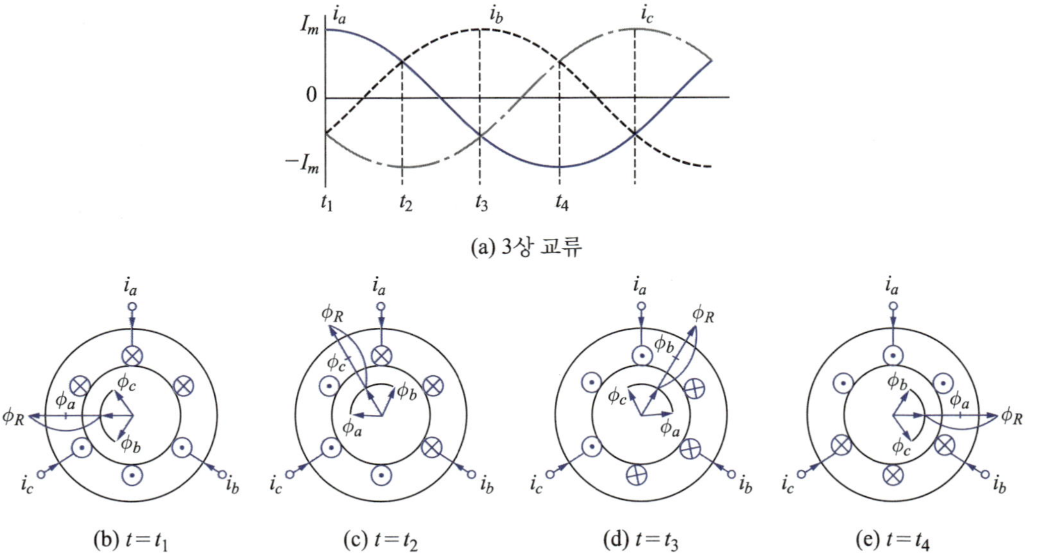

그림 7.25 회전자계

그림 7.25(a)의 3상 교류를 인가하면, 시간 $t = t_1$인 순간에 전류 i_a는 최대가 되고, i_b와 i_c는 i_a와는 방향이 반대가 되면서 크기는 절반이 된다. 이 세 전류가 만드는 각각의 자속의 크기와 방향 및 이들의 합성자속 ϕ_R을 벡터로 표시하면 그림 7.25(b)와 같이 된다. 같은 방법으로 시간 t_2, t_3, t_4인 순간의 전류 i_a, i_b, i_c가 만든 합성 자속을 그림 7.25(c), (d), (e)와 같이 된다. ϕ_R은 시계방향으로 회전하며, 1주기가 되면 완전히 1회전을 하게 된다.

2극 유도 전동기에서 회전자계는 교류의 1주기 동안에 고정자 내부를 1회전 하게 된다. 회전자계의 속도를 늦추려면 고정자 철심에 있는 홈 수를 늘리고, 각 상의 코일군의 수를 늘임으로써 극수를 증가시키면 된다. 따라서 극수가 P이면 회전자계는 교류 파형 1주기(1[Hz]) 마다 $2/P$ 회전을 하게 된다. 전원 주파수를 f[Hz]라고 하면 회전자계의 회전수 N_s는 식 (7.27)과 같다.

$$N_s = \frac{2}{P} \times f \times 60 = \frac{120f}{P}\ [\mathrm{rpm}] \tag{7.27}$$

여기서, 회전자계의 회전수를 동기 속도(synchronous speed, N_s[rpm])라고 한다.

3.2 3상 유도 전동기 구조

3상 유도 전동기의 구조를 그림 7.26에서 나타내고 있으며, 3상 전원에 의해 쉽게 회전자계를 얻을 수 있어 비교적 구조가 간단하다. 회전자계를 발생시키기 위해 3상 권선을 권선한 부분을 고정자, 원판 부분을 회전자라고 하며, 고정자 권선을 1차 권선, 회전자 부분을 2차 권선이라고도 한다.

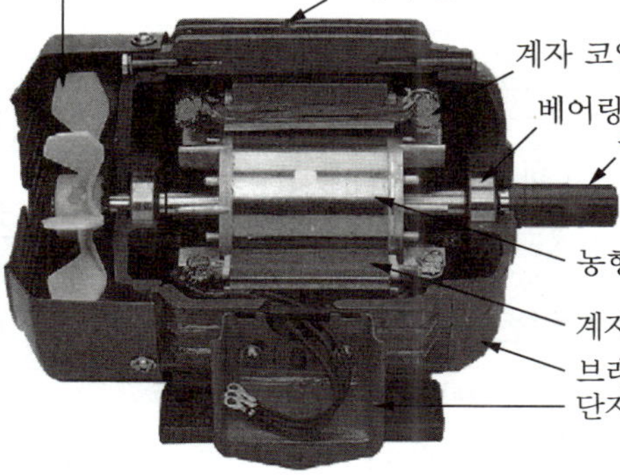

그림 7.26 3상 유도 전동기의 구조(농형 회전자)

(1) 고정자(stator)

회전자계를 만드는 고정자 권선, 자기회로를 만들고 고정자 권선을 감는 지지물 역할을 하는 고정자 철심, 고정자 철심을 고정시키는 고정자 틀로서 구성된다. 고정자는 회전기의 주요 정지부분으로 얇은 규소강판을 겹쳐 쌓아서 만든 고정자 철심의 홈 속에 전류를 통하는 고정자 권선을 설치하고 3상 교류를 인가함으로써 회전자계를 얻는다. 고정자의 철심은 규소 함유율이 2~3[%]인 0.35~0.5[mm] 두께의 규소강판을 사용한다.

(가) 고정자 틀(stator frame)은 고정자 철심을 지지하는 전동기의 가장 바깥쪽 부분으로 소형은 주철을 사용하고, 대형은 압연 강판을 사용한다.

(나) 고정자 철심(stator core)은 규소 강판을 성층하여 사용하며 철심과 권선 사이에는 절연을 해야 한다.

(다) 고정자 권선(stator coil)은 회전자계를 만들기 위한 것으로 고정자 홈에 권선을 삽

입하여 권선들을 적절한 방법으로 결선하여 완성한다. 1개의 홈에 하나의 코일변을 넣는 단층권과 두 개가 들어가는 2층권이 있다. 3상 유도 전동기는 대부분 2층권을 사용한다. 3상 유도 전동기에서 고정자 권선은 각 상의 시작선과 끝선의 연결방법에 따라 Y 결선(star connection)(그림 7.27(a))은 각 상의 끝점을 함께 한 점에 접속하고 시작점을 전원에 연결하고, Δ 결선(delta connection)(그림 7.27(b))은 한 상의 끝점을 다음 상의 시작점에 연결하여 각각을 전원에 연결한다. 각 상의 결선에서 고압용은 Y 결선, 저압용은 Y 결선이나 Δ 결선을 사용한다.

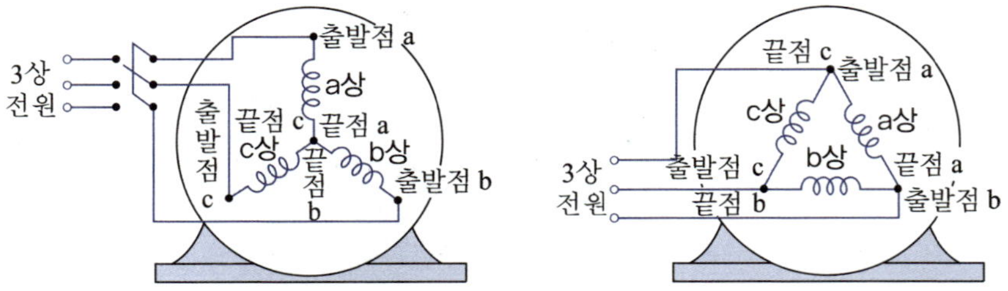

(a) Y 결선 (b) Δ 결선

그림 7.27 3상 유도 전동기의 고정자 권선 결선법

(2) 회전자(rotor)

회전기의 주요 회전부분으로 도체의 구조에 따라 농형 회전자(cage rotor)와 권선형 회전자(wound rotor)가 있다. 농형 회전자는 원형 규소 강판을 적층하여 원통형 자로를 만들고, 원형 철심 내에 구리로 된 막대 도체를 삽입하여 만든다. 농형 회전자는 권선형에 비해 구조가 간단하고 취급하기 쉽지만, 기동 전류가 크고 기동 회전력이 적어 주로 소형 전동기에 사용되어 왔다.

권선형 회전자의 경우도 규소 강판을 적층하여 회전자 철심을 만들고, 절연코일을 삽입할 수 있는 반폐홈을 만든 후, 이곳에 3상 권선을 하게 된다. 회전자 권선에는 많은 전류가 흐르므로 평각 동선을 절연하여 사용되는 데, 각 상의 결선은 보통 Y 결선이지만 극수가 많고 대형인 것은 Δ 결선도 한다.

이 밖에, 회전자 철심을 지지하고 회전의 중심이 되는 축, 회전축을 지지하는 베어링, 베어링을 지지하고 고정자와 회전자를 결합시키는 브래킷, 내부에서 발생되는 열을 냉각시켜주는 냉각 팬 등으로 구성되어 있다.

3.3 3상 유도 전동기의 특성

(1) 기동

유도 전동기의 기동전류는 정격전류의 5∼10배가 되는 큰 전류가 흐르기 때문에 용량이 큰 전동기의 경우 적절한 기동장치를 사용하여 기동전류를 제한할 필요가 있다.

일반적으로 3상 농형 유도 전동기의 기동법에는 직접 기동법(전전압 기동법), 1차 저항 기동법, 리액터 기동법, Y-Δ 기동법, 기동 보상기법 등이 있다. 3상 권선형 유도 전동기는 2차 저항 기동법을 사용한다.

(가) 전전압 기동법(line starting, 직입 기동)

5[kW][70](6.7[HP]) 이하의 소용량(충압펌프 등) 농형 유도 전동기는 기동장치를 따로 쓰지 않는다. 직접 정격전압을 인가하면 정격전류의 약 4∼6배 정도의 기동전류가 흐르지만, 용량이 작기 때문에 직접 전전압을 인가해도 지장이 없다. 가장 간단하고 경제적이지만 전압 강하가 크게 발생하고 큰 토크가 갑자기 부하에 가하여 충격을 주는 특징이 있다.

(나) Y-Δ 기동법(star-delta starting)

농형 유도 전동기의 용량(출력)이 커지면(5∼15[kW]) 전전압 기동이 곤란하므로 기동할 때 1차 권선을 Y 결선하여 정격 속도로 가속되었을 때 Δ 결선으로 변환하는 방법을 Y-Δ 기동이라고 한다. 일종의 감압 기동기이다. 그림 7.28(a)와 같이 기동할 때에는 고정자 권선을 Y 결선(성형 결선)으로 하여 기동하고 정상 속도에 도달하면 Δ 결선으로 전환한다. 이 방법에 의해 기동 시에는 고정자 각상의 권선(Y 결선)에는 정격전압의 $1/\sqrt{3}$ 의 전압이 가해지므로 기동전류가 Δ 결선으로 기동할 때의 1/3 이 되기 때문에 기동전류는 전부하 전류의 200∼250[%]로 제한한다. 하지만 토크는 전압의 제곱에 비례하므로 기동 토크는 1/3 로 감소하므로 작은 부하를 기동할 때만 사용한다. 15∼30[HP] 정도의 주펌프에 주로 사용된다.

70) 1[HP] = 746[W] = 0.746[kW]

동작과정은 그림 7.28(b)와 같이 먼저 MC1, MC2를 투입하여 Y 결선으로 기동(MC3는 off 상태)하고, 회전속도가 어느 정도 가속된 이후에 (MC1은 on 상태) MC2는 open(off), MC3를 투입(on)하여 Δ 결선으로 운전한다.

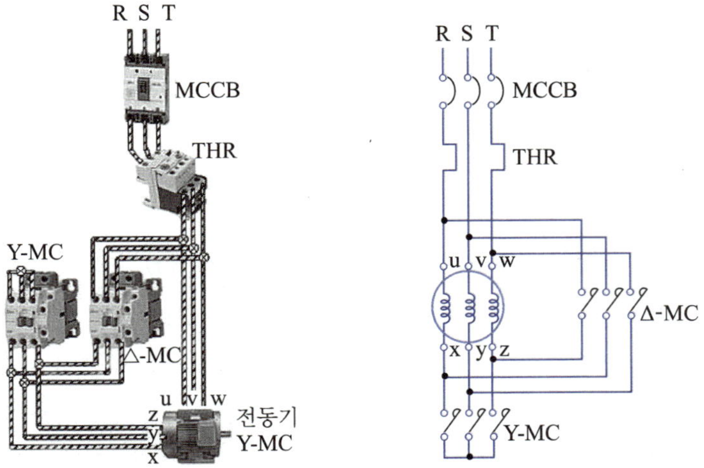

(a) 기본 회로도

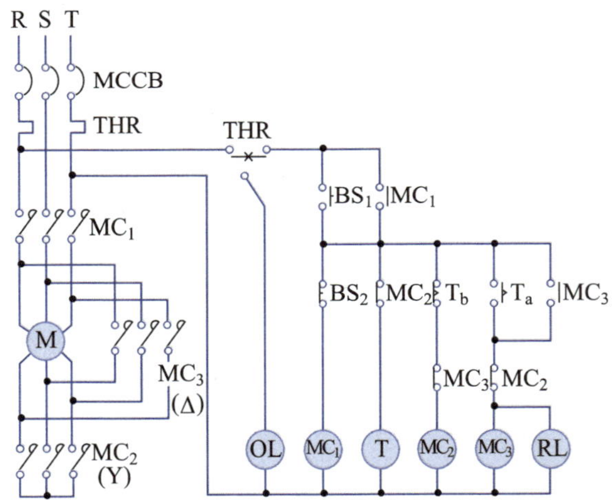

	MC(Y)	MC(Δ)	접속
기동	ON	OFF	Y접속
운전	OFF	ON	Δ접속

(b) 기동 회로도

그림 7.28 Y-Δ 기동

표 7.1 유도 전동기 기동법 비교

기동법	회로구성	적용대상
전전압 기동	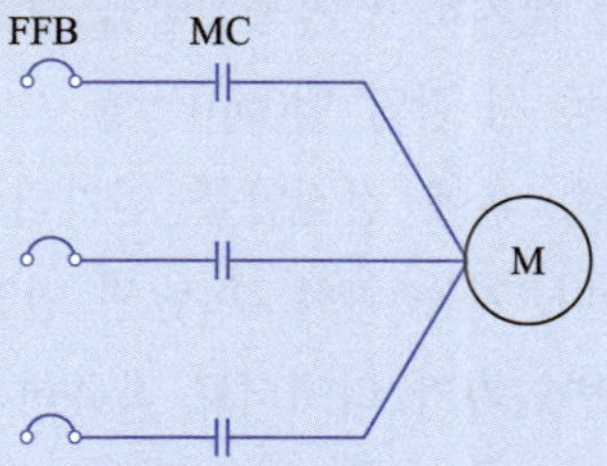	전원용량이 허용되는 범위 내에서 사용
Y-Δ 기동	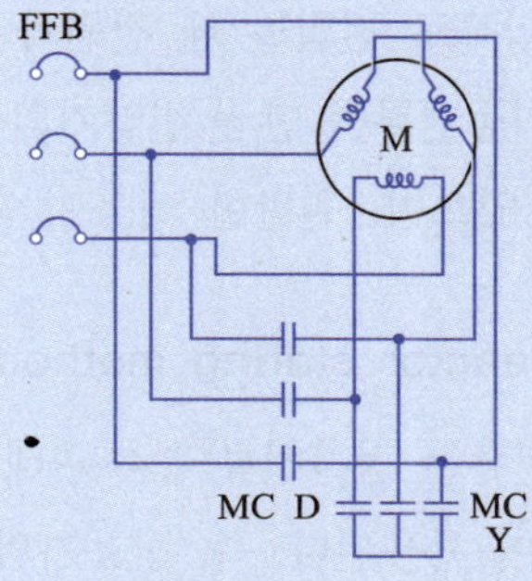	무부하 또는 경부하에서 기동되는 75[kW] 이하의 가능한 것 (공작기계 등)
콘돌파 기동	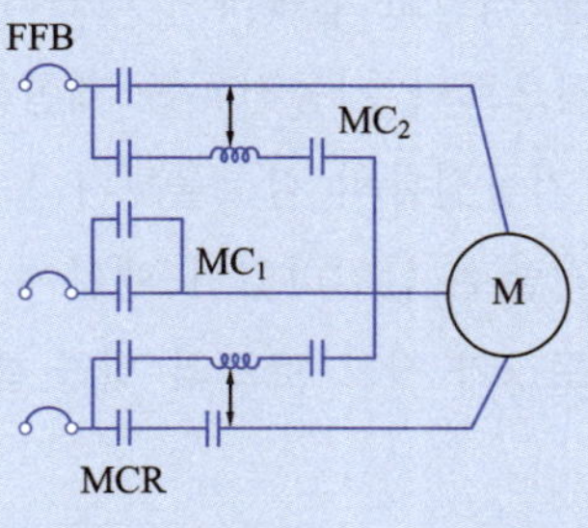	특별히 기동전류를 제한하고 싶을 때 (펌프, 팬 등)
리액터 기동	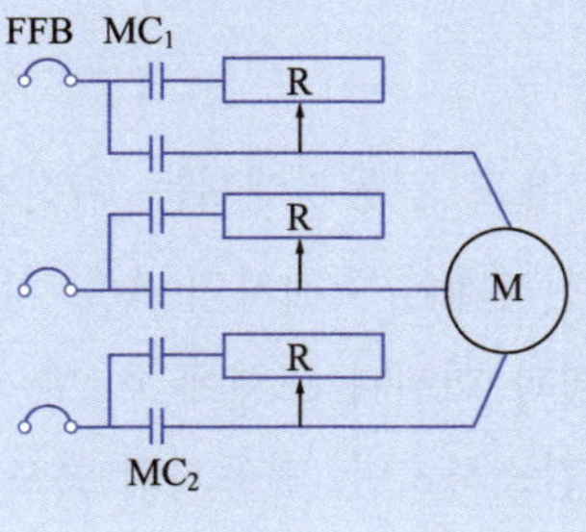	Y-Δ 기동에서 가속이 곤란한 것 또는 기동 시의 쇼크를 방지하고 싶을 때 (펌프, 팬 등)

(다) 기동 보상기법(starting compensator method)

약 15[kW] 정도의 농형 유도 전동기를 기동할 때 기동전류를 제한하기 위하여 전원 측에 3상 단권 변압기를 설치하고 기동전압을 낮추어 기동전류를 제한하는 장치를 기동 보상기라고 한다. 기동 시 감압 탭(tap)[71]을 사용하여 전압을 내려서 기동(정격전압의 40∼85[%])하고 가속 후에 전전압을 인가하지만 탭 전압은 일반적으로 50[%], 65[%], 80[%]를 사용한다. 기동 완료 후 단권 변압기를 전원에서 분리시키지 않고 중성점을 개방하면 단권 변압기가 리액터로 작용하게 되므로 이때 탭(리액터)을 단락시키면 전동기에 정격전압이 인가된다. 이 방식을 콘돌파 방식(kondorfer system)이라고 하고, 탭 전압에서 전전압으로 전환할 때 전원과 전동기가 분리되지 않으므로 충격이 감소되는 특징이 있다. 기동전류를 단권 변압기의 탭으로 바꿀 수 있으며, 기동 토크도 요구에 따라 설정할 수 있으며, 원활한 기동이 가능하다.

(라) 리액터 기동법(reactor staring method)

전전압 기동 시 기동전류는 정격전류의 4∼9배 정도의 기동전류가 흐르는 데 이 기동전류를 제한하기 위하여 사용된다. 즉, 전동기의 1차 권선(고정자 권선)에 철심이 들어있는 리액터(reactor)를 직렬로 접속하여 리액터의 전압 강하에 의한 전동기 단자에 인가되는 전압이 감압됨으로써 기동전류를 제한하는 기동방법이다.

리액터 기동의 경우 기동전류의 감소율보다 토크의 감소율이 크게 되고, 전동기의 1차 회로에 리액터를 직렬로 삽입하였기 때문에 회전수 상승과 더불어 토크가 약간 증대하게 되므로 기동 토크가 작고 토크의 제곱 특성을 지닌 펌프나 송풍기 등에 사용된다.

(2) 슬립

무부하로 운전 중인 유도 전동기에서는 회전자의 속도 N[rpm]이 동기 속도 N_s[rpm]에 가까워지면 회전자계와 회전자의 속도 차가 줄고, 도체를 관통하는 자속의 수도 줄어들게 된다. 그 결과 회전자 도체에 흐르는 전류도 감소하여 회전자에서 발생하는 토크[72]는 초기보다 감소하지만, 전동기의 속도는 거의 감소하지 않는다. 그러나 부하가 증가하여 부하 토크가 증가하게 되면, N은 점차 낮아져서 N_s와의 차이는 커지

71) 권선의 권수 또는 저항기의 저항값을 변화시키기 위하여 중간에 설치한 인출선이다.
72) 회전자의 토크는 회전자 도체에 흐르는 전류와 자속과의 곱에 비례한다.

고, 도체를 관통하는 자속의 수도 증가한다. 그 결과 회전자에서 발생되는 토크도 증가하여 속도를 다시 증가시킨다.

따라서, 유도 전동기는 고정자에서 생기는 회전자계의 속도, 즉 동기 속도에 따라 회전자가 회전하지만 전동기를 실제로 운전할 경우 그 회전은 동기 속도보다는 약간 늦어진다. 만일 전동기의 회전이 회전자계와 동일한 속도라고 하면 회전자는 자속을 끊지 못하게 된다. 따라서 회전자가 자기 스스로 토크를 발생하기 위해서는 반드시 회전자계보다 속도가 늦어야만 한다. 이때, 회전자 회전수가 동기 속도보다 늦어지는 비율을 슬립(slip)이라고 하며, 유도 전동기의 특성을 해석하는데 중요한 요소가 된다.

$$s = \frac{(N_s - N)}{N_s} \times 100 \tag{7.28}$$

$$\Rightarrow N = (1-s) \times N_s \,[\mathrm{rpm}], \qquad N = \frac{120f}{P}(1-S)\,[\mathrm{rpm}]$$

여기서, N_s는 회전자계의 속도(동기 속도), N은 정격속도(회전자의 회전 속도)이다.

슬립은 $0 < s < 1$의 범위로서, s가 커지면 회전자 속도는 감소하고 s가 작아지면 회전자 속도가 증가하게 된다. 그리고 유도 전동기가 정지해 있을 경우(구속 상태)에는 $s = 1$이고, 무부하일 경우에는 $s \fallingdotseq 0$이 된다. 전부하에서의 슬립은 소용량의 경우 5~10[%], 중용량 및 대용량의 경우 2.5~5[%] 정도이다.

예제문제 **(2) 슬립**

7-10 50[Hz], 4극의 유도 전동기의 슬립이 4[%]일 때의 회전수[rpm]는?

풀이 동기 속도 $N_s = \frac{120f}{P} = \frac{120 \times 50}{4} = 1{,}500\,[\mathrm{rpm}]$

따라서, 회전수 $N = (1-s) \times N_s = (1-0.04) \times 1500 = 1{,}440\,[\mathrm{rpm}]$

(3) 토크(torque)

전동기의 토크는 그 회전수나 전동기의 종류에 따라 다르다. 토크는 전동기의 속도가 증가하면 크게 되고 토크가 최대가 된 후에는 급격히 감소하여 동기 속도가 되었을 때, 즉 $s = 0$이 되었을 때 토크는 0이 된다. 그림 7.29에서 유도 전동기의 속도-토크 특성곡선을 나타내고 있다.

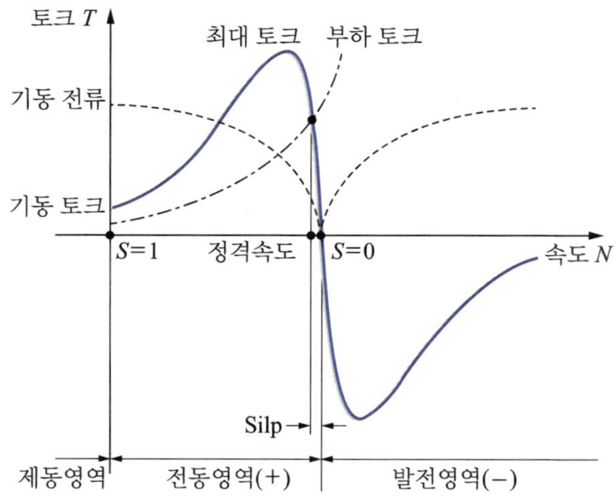

그림 7.29 유도 전동기의 속도-토크 특성곡선

모터가 기동할 때의 토크를 기동 토크(starting torque)라 하고, 토크가 최대일 때의 토크를 정동 토크(stalling torque)라 한다. 이러한 기동 토크와 정동 토크의 크기는 일반적으로 전부하 토크 T를 100[%]로 하여 각각 몇 [%]인가에 따라 나타내는 방법이 사용되고 있다. 여기서 P_0는 전동기출력[W]이고, N은 회전자 속도[rpm]이다.

$$T = 0.975 \times \frac{P_0}{N}\ [\mathrm{kgm}] \tag{7.29}$$

예제문제 (3) 토크

7-11 4극 60[Hz]의 3상 유도 전동기에서 1[kW]의 전부하 토크[kgm]는?

풀이 $N_s = \frac{120f}{P} = \frac{120 \times 60}{4} = 1{,}800\,[\mathrm{rpm}]$이므로

따라서, 토크 $T = 0.975 \times \frac{1 \times 10^3}{1800} \fallingdotseq 0.542\,[\mathrm{kgm}]$

(4) 유도 기전력

권선형 3상 유도 전동기에서 고정자 권선을 1차 권선, 회전자 권선을 2차 권선이라고 하면, 1차 권선과 2차 권선에 기전력이 유도되는 것은 변압기와 동일한 전자유도작용 때문이다. 1차 권선의 한 상에 직렬로 감긴 권수를 N_1, 1차 권선의 계수를 k_{w1},

한 극당 평균 자속을 ϕ[Wb], 전원의 주파수를 f[Hz]라고 하면 1차 권선의 한 상에 유도되는 자기유도 기전력의 실효값 E_1[V]는 식 (7.30)과 같다.

$$E_1 = 4.44 k_{w1} f_1 N_1 \phi \,[\mathrm{V}] \tag{7.30}$$

또한 회전자가 정지해 있을 때, 1차 권선을 쇄교[鎖交](interlinkage)[73)]하는 회전자계는 고정자 공간을 회전하면서 2차 권선과도 쇄교하므로 2차 권선의 한 상에 유도되는 유도 기전력의 실효값 E_2는 식 (7.31)과 같다

$$E_2 = 4.44 k_{w2} f_2 N_2 \phi \,[\mathrm{V}] \tag{7.31}$$

여기서, k_{w2}는 2차 권선의 계수, N_2는 2차 권선의 한상에 직렬로 감긴 권수, f_2는 2차 권선에 유도되는 기전력의 주파수이다.

회전자가 회전하고 있다면, 동기 속도와 회전자 속도의 차인 상대 속도는 식 (7.28)이므로 동기 속도의 s배가 된다. 따라서 슬립 s로 회전하는 2차 권선에 유도되는 기전력 E_{2s}와 주파수는 식 (7.32)의 관계를 갖는다.

$$\begin{aligned} E_{2s} &= sE_2 \,[\mathrm{V}] \\ f_2 &= s f_1 \,[\mathrm{Hz}] \end{aligned} \tag{7.32}$$

(5) 전기적 제동

유도 전동기의 제동에는 회전부와 정지부 사이의 마찰을 이용하여 제동하는 기계적 제동과 다음과 같은 전기적 제동이 있다.

(가) 회생제동 : 유도 전동기를 유도 발전기로 동작시켜 그 발생 전력을 전원에 반환하면서 제동하는 방법

(나) 발전제동 : 전동기를 전원으로부터 분리한 후 1차측에 직류 전원을 공급하여 발전기로 동작시킨 다음 발생된 전력을 저항에서 열로 소비시키는 방법

(다) 역전제동 : 회전 중인 전동기의 1차 권선(전원측) 3단자 중 임의의 2단자의 접속을 바꾸면 역방향의 토크가 발생되어 제동하는 방법으로 급속하게 정지시키고자 하는 경우에 사용하는 방법

73) 자력선 등이 코일과 교차하는 것을 말한다.

(라) 단상제동 : 권선형 유도전동기의 1차측을 단상교류로 여자하고 2차측에 적당한 크기의 저항을 넣으면 전동기의 회전과는 역방향의 토크가 발생되어 제동하는 방법

(6) 사용 정격

(가) 연속 정격 : 전부하 전류로 연속 사용할 때, 표준 규격에 정해져있는 온도상승 한도를 초과하지 않고 기타의 제한에 벗어나지 않는 정격

(나) 단시간 정격 : 전부하 전류로 냉상태에서 시작하여 지정된 일정한 단시간 조정 조건하에서 사용할 때, 표준 규격에 정해져있는 온도상승 한도를 초과하지 않고 기타의 제한에 벗어나지 않는 정격(원칙적으로 시간은 10분간, 30분간, 60분간 또는 90분간으로 한다.)

(다) 반복 정격 : 운전, 정지의 주기적인 반복사용 또는 연속운전 중의 부하, 무부하의 반복사용 조건하에서 사용할 때, 표준규격에 정해져 있는 온도상승 한도를 초과하지 않고 기타의 제한에 벗어나지 않는 정격

(라) 반복 등가정격 : 사용조건에 따라 이를 등가의 연속사용 또는 단시간 사용정격으로 치환한 것

3.4 단상 유도 전동기

단상 교류전원에 접속하여 사용할 수 있는 가정이나 사무실과 같은 소용량 전동력이 요구되는 곳에서 사용된다. 그림 7.30과 같이 회전자는 농형이고, 고정자는 단상으로 권선된다. 3상 유도 전동기와는 달리 회전자계가 만들어지지 않고 교번 자계가 발생된다. 교번 자계에서는 토크가 발생되지 않아 회전자를 기동시킬 수 없어 스스로 기동할 수 없고 임의의 방향으로 회전시키면 그 방향으로 가속토크가 발생하여 회전하기 시작한다.

단상 유도 전동기의 기동은 회전자계가 발생할 수 있도록 주권선 외에 기동권선(보조권선)을 배치하여 불평형의 2상 상태를 만들어야 한다. 일반적으로 주권선과 전기각으로 90°만큼 되도록 배치하고 고저항 또는 콘덴서를 접속하여 주권선의 전류보다 앞선 위상의 전류가 흐르도록 하여 회전자계를 발생시켜야 한다.

단상 유도 전동기는 회전자계를 발생시키는 기동 방식을 그림 7.31에서 나타내고 있으며, 특징은 다음과 같다.

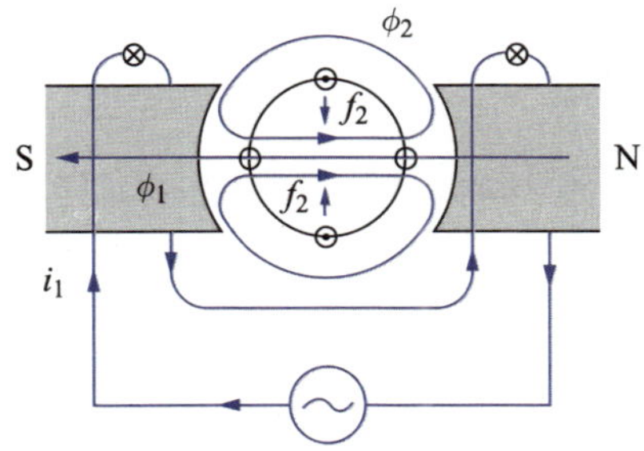

그림 7.30 단상 유도 전동기 원리

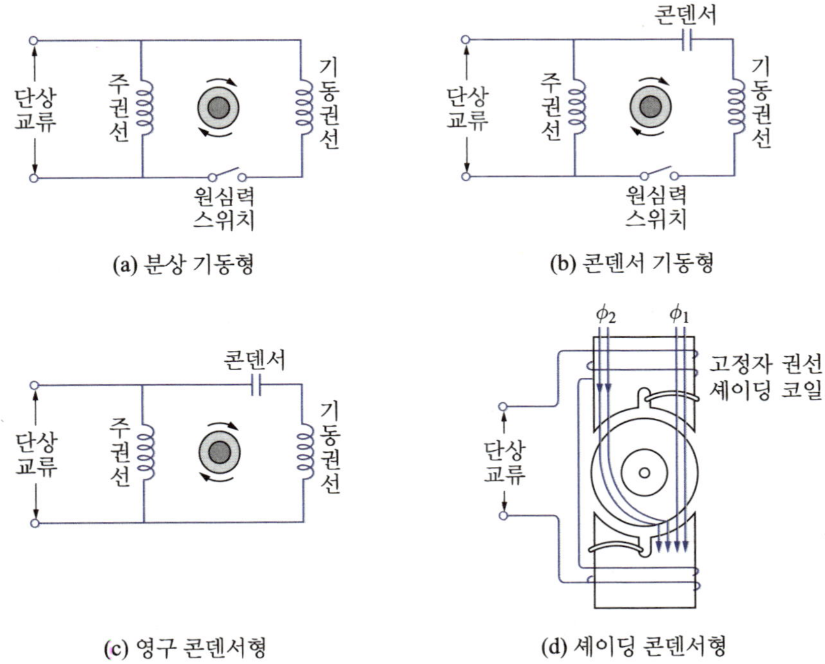

그림 7.31 단상 유도 전동기

(1) 분상 기동형(split-phase ac induction motor)

서로 자기적인 위치를 달리하면서 병렬로 연결되어 있는 주권선과 보조권선이 내장된 전동기이다. 주권선과 보조권선에 의해 회전자계를 만들어 기동시킨다. 기동 후 속도가 점차 증가하여 동기 속도의 70~80[%]가 되면 원심력 스위치(centrifugal switch, CS)가 작동하여 보조권선 회로가 개방되고 전동기는 주 권선에 의해서 동작한다. 주로 펌프, 소형 공작 기계, 공업용 재봉틀, 세탁기 등 소용량의 여러 분야에 가장 광범위하게 사용되는 전동기이다.

(2) 콘덴서 기동형(capacitor ac induction motor)

분상 기동형의 저항 대신 보조권선에 콘덴서가 직렬로 연결되어 있는 것으로, 콘덴서가 연결된 권선과 주권선 사이의 위상차(주권선보다 전류 위상이 앞선다)로 회전자계가 만들어져 회전자를 기동시킨다. 기동할 때만 콘덴서를 사용하는 콘덴서 기동형 전동기(capacitor starting motor), 운전 중에도 콘덴서를 사용하는 영구 콘덴서 전동기(permanent capacitor motor), 2중 콘덴서 전동기(two-value capacitor motor) 등이 있다.

콘덴서 기동형은 전해 콘덴서를 사용하며 정격 속도에 도달하면 회로에서 콘덴서를 개방시켜야 한다. 주로 농사용 펌프, 냉장고, 공업용 재봉틀 등에 사용된다. 영구 콘덴서형은 기동 토크가 낮으며 오일콘덴서를 사용하는 데 주로 펌프, 세탁기, 선풍기 등에 사용된다. 2중 콘덴서 전동기는 기동 토크가 매우 높다. 운전용으로는 오일콘덴서를 사용하고 기동용으로 전해 콘덴서가 쓰인다. 회전수가 일정 속도가 되면 전해 콘덴서를 회로에서 개방시킨다.

(3) 셰이딩 코일형(shaded-pole motor)

고정자의 주 자극 옆에 홈을 파고, 여기에 저항이 큰 나동선으로 수회 감아 단락시킨 구조의 링 코일(셰이딩 코일)을 설치한 전동기이다. 셰이딩 코일 쪽으로만 회전하기 때문에 회전 방향을 바꿀 수 없는 특징이 있다. 구조가 간단하고 기동 토크가 적으므로 소형 선풍기, 전축 등의 소용량 부하에 주로 사용된다.

(4) 반발 기동형(repulsion motor)

반발형 전동기는 고정자에 주권선을 감고, 회전자에 직류 정동기와 같은 정류자를 갖는 권선을 감는 구조로써 고정자 권선과 회전자 권선에서 발생하는 자계 사이의 반발력을 이용한다. 기동토크가 가장 커서 부하를 걸어둔 상태로 기동할 수 있다. 주로 영업용 냉장고, 컴프레서, 펌프 등에 사용된다.

4. 동기기

동기기(synchronous machine)란 정상 운전 상태에 있어서 동기 속도로 회전하는 교류기이며, 동기 발전기와 동기 전동기가 있다. 동기 발전기(synchronous generator)는 발전소의 교류 발전기로 사용되며, 동기 전동기(synchronous motor)는 일정한 동기 속도를 갖고 효율이 좋아 큰 출력의 전동기로 널리 이용된다.

4.1 동기 발전기

(1) 동기 발전기의 원리

교류 발전기를 사용하여 기전력을 발생하는 방법에는 회전 계자형과 회전 전기자형이 있다(그림 7.32). 전기자를 고정하고 자극을 회전시키는 회전 계자형(rotating field method)은 회전자 도체에 슬립 링과 브러시를 통하여 직류 전류를 흐르게 하고 회전자 도체를 일정 속도로 회전시키면 전기자 권선에는 교류 기전력이 유도된다. 전기자(고정자) 권선은 고전압이고 결선이 복잡하고, 계자 회로는 직류 저압이고 인출선이 2개만 있으면 되기 때문에 회전 계자형이 많이 사용된다.

자극이 고정되고 전기자가 회전하는 회전 전기자형(rotating armature method)은 고정자 권선에 직류 전류를 흐르게 하여 평등 자계를 만들고, 회전자 도체를 일정 속도로 회전시키면 회전자 도체에는 교류 기전력이 유도된다. 이 유도 기전력은 슬립 링과 브러시를 통하여 외부 회로에 접속된다.

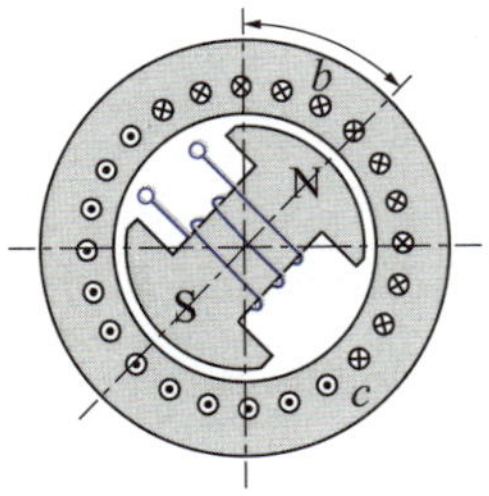

(a) 회전 계자형

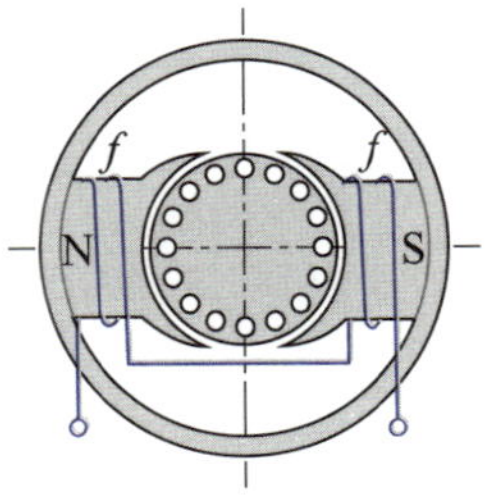

(b) 회전 전기자형

그림 7.32 동기 발전기의 종류

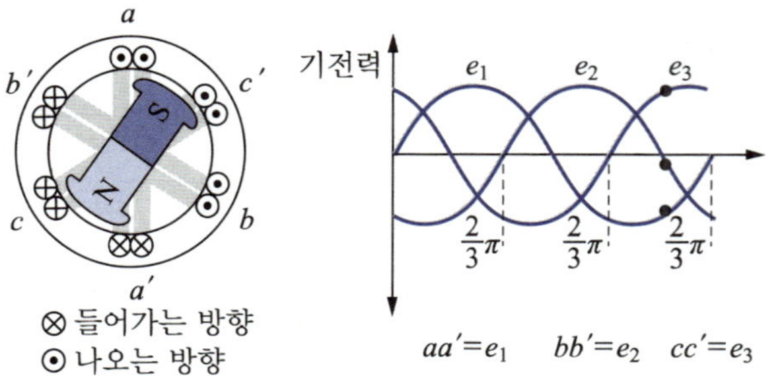

그림 7.33 동기 발전기의 원리

3상 교류 기전력의 발생 원리를 그림 7.33에서 나타내고 있다. 고정자 철심의 홈에 3개의 권선 aa', bb', cc'를 $2\pi/3$[rad] 만큼의 위치에 위치시킨 후 회전자를 회전시키면 120° 위상차가 있는 3상 교류가 발생하게 된다.

2극 발전기는 권선이 1회전할 때마다 1[Hz]의 기전력이 발생하지만 P극인 발전기에서 발생하는 기전력은 권선이 1회전하는 사이 $P/2$의 기전력을 발생하므로, 발전기의 회전수를 N, 극수를 P라고 하면 이때 발생되는 주파수 f[Hz]는 다음과 같다.

$$f = \frac{P}{2} \times \frac{N}{60} = \frac{PN}{120} \text{ [Hz]} \tag{7.33}$$

즉, 극수가 P인 교류 발전기로 일정한 주파수 f[Hz]의 교류를 발생시키기 위한 회전수를 동기속도 N_s[rpm]라고 한다. 이렇게 동기속도로 회전하는 교류 발전기를 동기 발전기(synchronous generator)라고 한다. 이때 동기 발전기의 회전수는 이것을 구동시키는 원동기의 속도에 의하여 결정된다. 수력 발전소에서 수력을 이용한 수차용 발전기는 원동기에 비하여 수차의 회전 속도가 늦어 6극에서 48극의 많은 극수가 필요하다. 화력 발전소에서 증기력을 이용한 증기 터빈용 발전기는 터빈의 회전 속도가 매우 빠르므로 2극이나 4극 발전기가 적합하다.

(2) 동기 발전기의 구조

동기 발전기는 고정자(stator)와 회전자(rotor)로 되어 있다. 고정자는 전기자 철심(armature core)과 전기자 권선(armature winding) 등으로 되어 있고, 회전자는 자극 철심(pole core)과 계자 철심(field winding) 등으로 되어 있다. 그리고 회전자 축을 놓는 방법에 따라 고소 회전의 소형기에 사용되는 횡축형(horizontal shaft type)과 저속 회전의 대형기에 사용되는 종축형(vertical shaft type)이 있다.

(3) 동기 발전기의 병렬 운전

2대 이상의 동기 발전기를 같은 모선에 연결하여 운전하는 것을 병렬 운전이라고 하며, 병렬 운전하기 위한 발전기 조건은 우선 기전력의 크기, 위상, 주파수, 파형, 상회전 방향이 같아야 한다. 원동기의 조건은 균일한 각속도와 적당한 속도 변동률을 가져야 한다.

4.2 동기 전동기

(1) 동기 전동기의 원리

동기 전동기(synchronous motor)는 회전 계자형의 동기 발전기와 거의 같은 구조로 되어 있다. 3상 동기기의 전기자 권선에 평형 3상 교류전원을 인가하면 동기속도로 회전하는 회전자계가 고정자인 전기자 권선에서 발생된다.

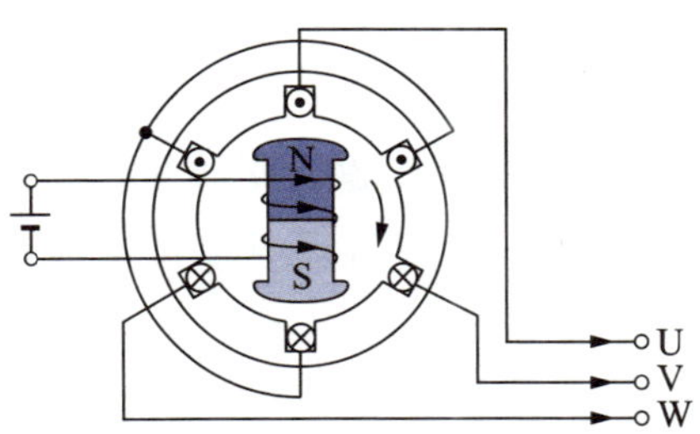

(a) 3상 동기 전동기 구조(회전 계자형)

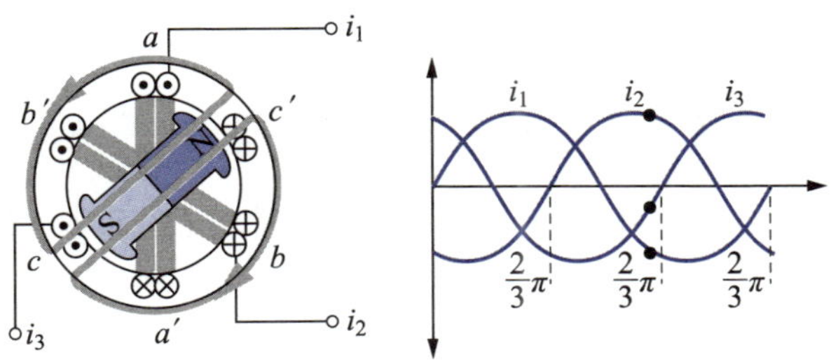

⊗ 들어가는 방향
⊙ 나오는 방향

$aa'=i_1$ $bb'=i_2$ $cc'=i_3$

(b) 3상 동기 전동기 원리

그림 7.34 3상 동기 전동기

그림 7.34와 같이 고정자의 3상 권선에 3상 교류 전압을 가하여 3상 교류 전류 i_a, i_b, i_c가 흐르게 되면, 임의의 시간 t_1에서 고정자 철심으로부터 자속이 발생되어 공극을 지나 회전자를 거쳐 다시 고정자 철심으로 돌아가는 자속 분포를 이루게 된다. 결국, 시간의 변화에 따라 시계 방향으로 회전하는 회전자계가 발생되고, 고정자의 3상 권선에 3상 교류 전류를 계속 흘려주면 회전자계의 속도는 동기 속도가 될 것이다. 이러한 회전자계 내에 N극과 S극을 갖는 회전자를 놓으면 이 회전자(계자)는 동기 속도로 계속하여 회전하게 되는 것이 3상 동기 전동기의 원리이다. 동기 전동기는 회전자를 동기 속도까지 회전시키지 않으면 토크가 발생하지 않으므로 특별한 기동 방법을 필요로 한다.

(2) 동기 전동기의 구조와 특성

동기 전동기는 고정자와 회전자로 되어 있으며, 고정자는 3상 유도 전동기와 똑같은 구조이다. 그러나 회전자는 자극과 여자 권선으로 구성되어 이것이 슬립 링과 브러시에 접촉됨으로써 외부로부터 여자 권선에 직류 전류를 공급받아 여자하게 되어 있다.

동기 전동기는 일정한 속도로 회전하므로 역률이 항상 1이고 필요에 따라 진상 역률을 취할 수 있고, 저속의 동기 전동기는 유도 전동기에 비하여 효율이 좋은 점이 있다. 또한 전원의 주파수가 변하지 않는 한 동기 속도로 항상 일정하게 운전할 수 있으며, 정상 운전 시에는 전압의 변동에 관계없이 운전을 계속 할 수 있다. 그러나 기동 토크가 작고 구조 및 취급이 복잡하여 시동 및 정지가 빈번한 용도에는 부적합하며, 별도의 직류 전원을 필요로 하는 등의 단점이 있다. 동기 전동기는 소형은 전기 시계, 오실로스코프 등에 사용하지만, 주로 공기 압축기, 송풍기, 분쇄기, 제철소의 압연기, 시멘트 공장의 볼밀 등에 저속도 대용량에 사용된다.

(3) 동기 전동기의 기동 방법

동기 전동기는 회전자가 동기 속도로 회전하고 있을 때만 토크를 발생하므로 기동 토크는 0이다. 따라서, 동기 전동기에서는 스스로 기동을 할 수 없기 때문에 별도의 기동 방법이 필요하다. 이에는 자기 기동법과 기동 전동기법이 있다.

자기 기동법은 회전자 자극 표면에 홈을 파고 도체를 넣어 도체 양 끝에 2개의 단락 고리를 접속한 기동 권선을 설치하고 여기서 발생하는 토크를 이용하는 방법이고, 기동 전동기법은 동기 전동기의 축에 유도 전동기나 직류 전동기 등 기동용 전동기를 접속하고 이를 이용하여 기동시키는 방법이다.

5. 변압기

5.1 변압기

변압기(transformer)는 전자유도작용을 이용한 것으로써 교류 회로에 이용되며, 높은 전압 작은 전류의 교류 전력을 동일 주파수의 낮은 전압·높은 전류의 교류 전력으로 변성하는 전기 기기의 일종이다. 변압기는 얇은 규소 강판을 성층하여 만든 철심에 2개의 권선을 감아 놓은 형태로서 2개 이상의 전기회로(권선)와 1개의 자기회로(철심)로 결합하여 전자유도작용을 이용하고 있다. 전원에 접속되어 있는 권선을 1차 권선(primary winding), 부하에 접속되어 있는 권선을 2차 권선(secondary winding)이라고 한다.

그림 7.35와 같이 철심에 1차 권선수 N_1, 2차 권선수 N_2를 감고 1차 권선에 교류 전원을 인가하면 크기와 방향이 주기적으로 변하므로 교번 자속이 발생된다. 발생된 자속이 1차 권선과 2차 권선을 지나게 되면 두 권선에 시간에 대한 자속 변화율에 의한 전자유도작용으로 유도 기전력이 발생한다. 1차 권선과 2차 권선에 발생되는 유도되는 기전력은 다음과 같다.

$$E_1 = -N_1 \frac{d\phi}{dt}\,[\mathrm{V}], \qquad E_2 = -N_2 \frac{d\phi}{dt}\,[\mathrm{V}] \tag{7.34}$$

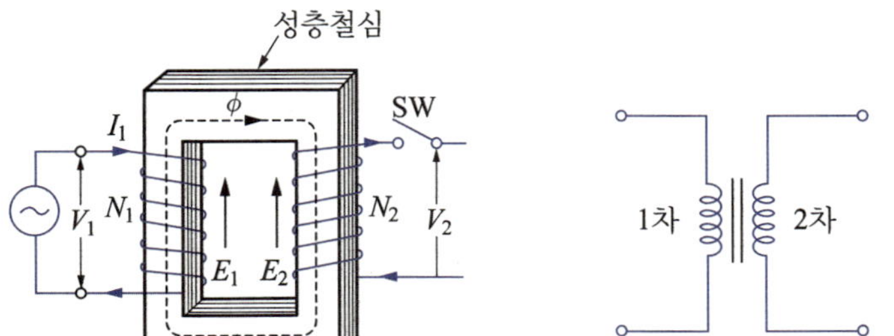

(a) 부하시 변압기 (b) 변압기 등가회로

그림 7.35 변압기의 원리

5.2 변압기의 구조

변압기를 구성하고 있는 중요한 부분으로는 철심(iron core)과 권선(코일)이다. 변압기의 구조는 철심과 권선의 배치방식에 따라 내철형, 외철형 및 권철심형으로 나눌 수 있다. 내철형(core type)은 그림 7.36(a)와 같이 철심이 안쪽에 있도록 권선을 감아 놓은 형태이고, 외철형(shell type)은 그림 7.36(b)와 같이 철심이 바깥쪽에 있도록 권선을 안에 감아 놓은 형태이다. 권철심형(wound core type)은 철심을 연결한 자리가 전혀 없도록 규소 강대를 나선형으로 감아서 만든 형식이다.

변압기의 철심은 히스테리시스손을 감소하기 위하여 두께는 0.35∼0.5[mm], 규소 함량이 4∼4.5[%]인 규소 강판을 하용하고, 와류손을 억제하기 위하여 철심을 성층(lamination)하여 사용한다. 각 층 사이의 절연을 위하여 강판의 표면에 니스를 칠하거나 얇은 종이를 붙이기도 한다.

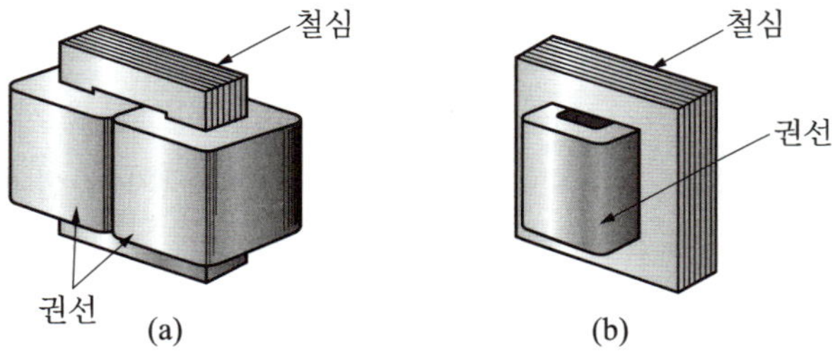

그림 7.36 변압기 구조

5.3 이상 변압기

변압기에서 권선의 저항이나 누설 자속 등을 가정한 이상 변압기(ideal transformer)의 조건은 다음과 같다.

- 변압기 권선의 저항은 0이며, 동손이 없다.
- 변압기 철심 내부에서 발생되는 철손이 없다.
- 철심의 투자율이 매우 크고, 자속 ϕ는 철심 내부에만 통하며 외부로의 누설자속은 없다.

이상 변압기의 경우에 2차측에 부하가 접속되지 않은 경우와 접속된 경우로 나눌 수 있다.

(1) 부하가 접속되지 않는 경우

그림 7.37과 같이 변압기의 2차측에 부하를 접속하지 않은 상태에서 1차측에 교류 전압 $\dot{V}_1$을 가하면, 1차 권선에는 $\dot{V}_1$보다 위상이 90° 늦은 교류 전류 $\dot{I}_0$가 흐른다. 이 전류를 여자 전류(exciting current)라고 하며, 이 여자 전류에 의하여 철심에는 교번 자속 $\dot{\phi}$가 생긴다.

교번 자속 $\dot{\phi}$의 변화에 따라 1차 권선에는 유도 기전력 $\dot{E}_1$이 발생하고, 유도 기전력 $\dot{E}_1$은 공급 전압 $\dot{V}_1$과 위상이 반대이고 크기는 같다. 그리고 교번 자속 $\dot{\phi}$는 2차 권선에도 동시에 쇄교하므로, 1차 유도 기전력 $\dot{E}_1$과 동상인 2차 유도 기전력 $\dot{E}_2$가 발생된다.

자속 ϕ와 유도 기전력 E 사이의 관계는 다음과 같다.

$$E_1 = \omega N_1 \phi = 2\pi f N_1 \phi = 4.44 f N_1 \phi_m \tag{7.35}$$

$$E_2 = \omega N_2 \phi = 2\pi f N_2 \phi = 4.44 f N_2 \phi_m \tag{7.36}$$

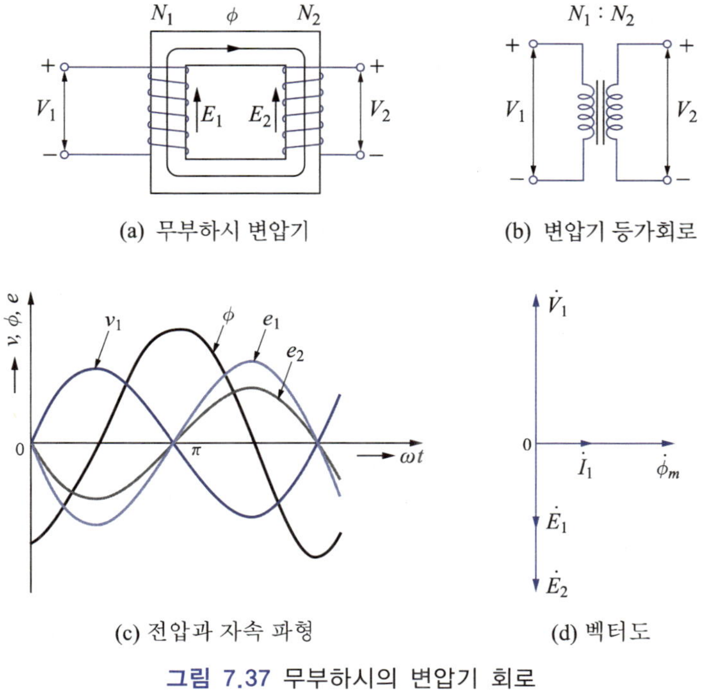

그림 7.37 무부하시의 변압기 회로

식 (7.35)와 식 (7.36)을 E_1과 E_2으로 정리하면 다음과 같다.

$$\frac{E_1}{E_2} = \frac{N_1}{N_2} \fallingdotseq \frac{V_1}{V_2} = a \qquad (7.37)$$

즉, 변압기의 1차와 2차 권선에 유도되는 기전력의 비는 그 권수의 비와 같음을 알 수 있으며, α로 표시하고 권수비(turn ratio) 또는 변압비(transformation ratio)라고 한다. 1차 권선수 N_1과 2차 권선수 N_2의 비를 적당히 조절함으로써, 일정한 공급 전압 V_1에 대하여 원하는 2차 전압 V_2값을 얻을 수 있다.

권수비는 보통 정격 전압이 낮은 권선을 기준으로 나타낸 두 권선의 권수의 비를 말한다. 따라서, $E_2 < E_1$인 경우의 변압기는 강압 변압기(step-down transformer)라고 하고, 반대로 $E_2 > E_1$인 경우의 변압기는 승압 변압기(step-up transformer)라고 한다.

예제문제 (1) 부하가 접속되지 않는 경우

7-12 1차 전압 6,900[V], 1차 권선 3,000회, 권수비 20의 변압기가 60[Hz]에 사용할 때 철심의 최대 자속[Wb]은?

풀이 $E_1 = 4.44 f N_1 \phi_m$에서

최대 자속 $\phi_m = \dfrac{E_1}{4.44 f N_1} = \dfrac{6900}{4.44 \times 60 \times 3000} = 8.63 \times 10^{-3}$[Wb]

7-13 다음과 같은 변압기에서 1차 전류[A]는?

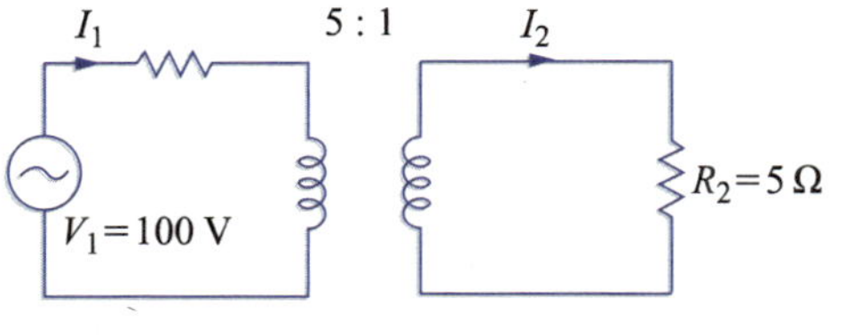

풀이 권수비 $a = \dfrac{N_1}{N_2} = \dfrac{V_1}{V_2} = \dfrac{I_2}{I_1} = \sqrt{\dfrac{R_1}{R_2}}$ 에서 $I_1 = \dfrac{I_2}{a} = \dfrac{\frac{100}{25}}{5} = 0.8$ [A]

(2) 부하가 접속된 경우

그림 7.38과 같이 변압기의 2차측에 부하 Z_L을 접속하게 되면, 2차측에 흐르는 전류 $\dot{I}_2$는 $\dot{I}_2 = \dot{E}_2 / \dot{Z}_L$ [A]가 된다. 이때 2차 권선에 전류 $\dot{I}_2$가 흐르면 2차 권선에 기자력 $N_2\dot{I}_2$가 생기고, 자속 ϕ_2가 새로운 자기 회로에 발생된다. 따라서 무부하 상태에서 $\dot{V}_1$ 전압에 의해 존재하고 있는 자속 $\dot{\phi}$에 대하여 자기적인 균형이 깨지며, 철심 내의 자속은 $\acute{\phi}(=\dot{\phi}+\dot{\phi}_2)$로 변한다. 그러나 1차 공급 전압 $\dot{V}_1$은 변함없는 데 자속은 $\acute{\phi}$가 되므로, 원래대로 자속 ϕ가 되기 위해서는 1차 권선에서 ϕ_2를 상쇄시키는 전류 $\acute{I}_1$가 흘러 식 (7.38)과 같이 된다.

$$N_1\dot{I}_1' + N_2\dot{I}_2 = 0 \tag{7.38}$$

여기서, 전류 $\dot{I}_1'$를 1차 부하 전류(primary load current)라고 하며, 1차 총 전류 $\dot{I}_1$은 그림 7.38(c)와 같이 여자 전류 $\dot{I}_0$과 1차 부하 전류 $\dot{I}_1'$의 벡터합이 되어야 한다.

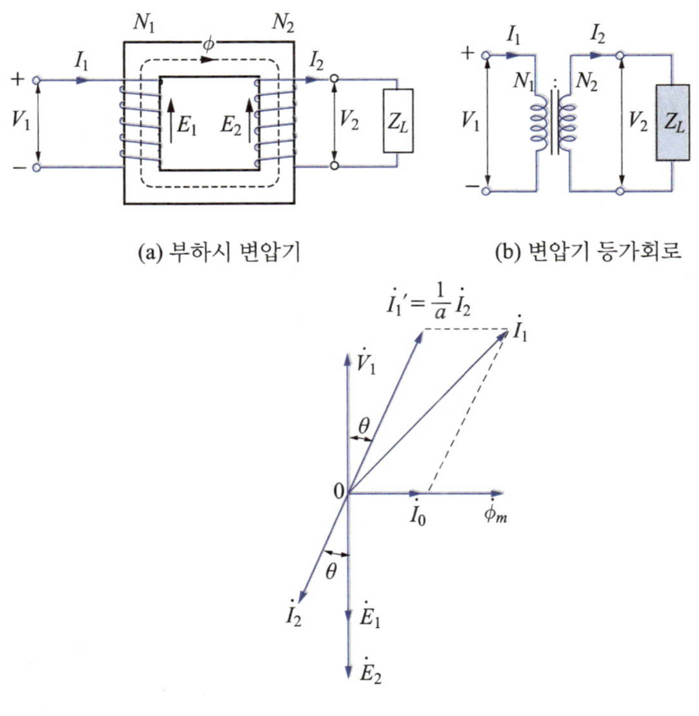

(a) 부하시 변압기

(b) 변압기 등가회로

(c) 벡터도

그림 7.38 부하 접속 시 변압기 회로

$$\dot{I}_1 = \dot{I}_0 + \dot{I}_1' \tag{7.39}$$

권수비를 이용하여 식 (7.38)을 다시 쓰면 식 (7.40)과 같이 된다.

$$\frac{I_1'}{I_2} = -\frac{N_2}{N_1} = -\frac{1}{a} \tag{7.40}$$

여기서, $1/a$을 전류비(current ratio)라고 한다. 또한 식 (7.39)에서 여자 전류 $\dot{I}_0$는 1차 부하 전류 I_1'보다 매우 적기 때문에($\dot{I}_1 \approx I_1'$) 식 (7.41)과 같이 된다.

$$\frac{I_1}{I_2} = \frac{N_2}{N_1} \tag{7.41}$$

따라서, 1차측에서 $\dot{V}_1\dot{I}_1$의 피상 전력이 공급되면 식 (7.37)과 식 (7.41)에서 $\dot{V}_1\dot{I}_1 = \dot{V}_2\dot{I}_2$가 되고, 입력 전력은 부하에 공급되는 피상 전력 $\dot{V}_2\dot{I}_2$와 같다. 즉, 이상 변압기 내에서는 손실 없이 전력이 1차측에서 2차측으로 모두 전송된다고 생각할 수 있다.

5.4 실제 변압기

실제의 변압기에는 권선 저항, 권선과 쇄교하지 않는 누설 자속, 철심의 포화, 철손 등이 존재하고 있다.

(1) 권선의 저항

일반 변압기는 권선에 저항이 존재하고 여자 전류 I_0 및 1차 부하 전류 I_1'에 의한 전압 강하와 동손이 발생되므로 이상 변압기와는 다른 기전력이 발생한다. 즉, 권선의 저항을 고려하기 위해서는 1차 권선과 2차 권선의 저항 r_1, r_2를 각각 이상 변압기의 1차와 2차 권선에 직렬로 접속된 것으로 생각할 수 있다.

(2) 누설 자속

이상 변압기에서는 1차 권선에 흐르는 전류 $\dot{I}_1$에 의해 발생한 자속 ϕ는 모두 2차 권선과 쇄교하고, 부하 전류 $\dot{I}_2$에 의해 2차 권선에서 발생한 자속 ϕ_2는 모두 1차 권선과 쇄교한다고 하였다. 그러나 실제의 변압기에서는 1차 권선과는 쇄교하지만 2차 권선과는 쇄교하지 않는 자속(ϕ_1), 또는 이것과는 역으로 2차 권선과는 쇄교하지만 1차 권선과 쇄교하지 않는 자속(ϕ_1)이 존재한다. 이와 같은 자속을 누설 자속(leakage flux)이라 부른다. 그림 7.39(a)에서 ϕ_1, ϕ_2를 각각 1차 누설 자속, 2차 누설 자속이라고 하며 1차 전류 또는 2차 전류에 비례한다.

따라서, 누설 자속 ϕ_1과 ϕ_2에 의해 발생되는 기전력 $\dot{E}_1$과 $\dot{E}_2$는 누설 자속보다 $\pi/2$ 만큼 뒤지고, 누설 자속의 크기에 비례한다.

$$\dot{E}_1 = -jx_1\dot{I}_1, \quad \dot{E}_2 = -jx_2\dot{I}_2 \tag{7.42}$$

여기서 x_1, x_2은 누설 자속은 변압 작용에는 전혀 도움이 되지 않는 1차와 2차 누설 리액턴스(leakage reactance)로 생각할 수 있다. 그리고 전원측에서 $\dot{E}_1$과 $\dot{E}_2$는 전압 강하로 볼 수 있으므로 그림 7.39(b)와 같이 x_1, x_2가 각 권선에 직렬로 접속된 것으로 나타낼 수 있다. 결국, 권선의 저항과 누설 자속을 고려하면 식 (7.43) 만큼의 1차 누설 임피던스와 2차 누설 임피던스가 발생한다.

$$\begin{aligned} \dot{Z}_1 &= r_1 + jx_2 \\ \dot{Z}_2 &= r_2 + jx_2 \end{aligned} \tag{7.43}$$

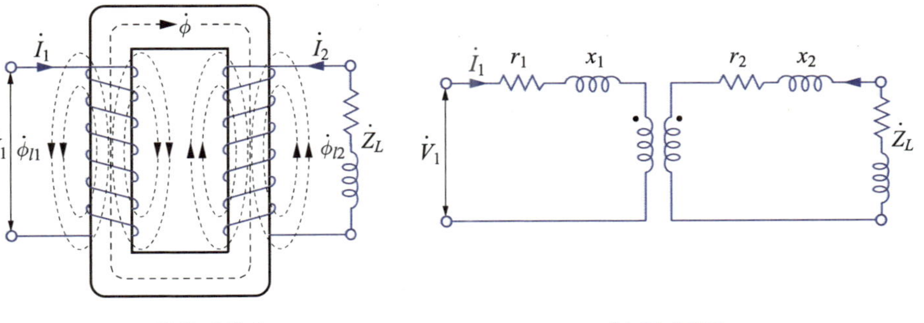

(a) 실제 변압기　　　(b) 등가회로

그림 7.39 실제 변압기 회로

(3) 여자 전류

그림 7.40에서 변압기의 1차 권선에 정현파 교류 전압 v_1을 가해 주면 전류 i_0가

흐르고, 철심 내에는 정현파 교번 자속 ϕ가 생긴다. 그러나 실제의 변압기에서는 변압기 철심에 자기 포화 현상과 히스테리시스 현상이 있기 때문에 1차 권선에 공급된 전원이 정현파이더라도 자속 ϕ가 발생하는 1차 권선에 흐르는 전류 i_0은 정현파가 될 수 없고 고조파를 포함한 비정현파 여자 전류 i_0가 된다. 이 여자 전류는 일그러진 왜형파로 제3고조파를 가장 많이 포함하고 있다.

히스테리시스 현상으로 여자 전류는 일그러지고 자속 ϕ보다 위상이 앞서게 되므로 i_0와 v_1에서 전력이 발생하여 히스테리시스손이 생기게 된다. 또한 철심에는 자속의 변화로 인하여 와류가 흘러 와류손이 발생한다. 또한 변압기 철심에는 히스테리시스 현상에 따른 손실이 생기며, 자속 변화로 인한 맴돌이 전류 때문에도 손실이 생긴다. 이 두 가지의 손실을 각각 히스테리시스손(hysteresis loss) 및 맴돌이 전류손(eddy current los)이라고 하며, 두 손실을 합하여 철손(iron loss)이라고 한다.

그림 7.41에서 여자 전류 $\dot{I}_0$는 주자속과 동상인 무효분 $\dot{I}_\phi$와 직각인 유효분 $\dot{I}_i$의 두 성분으로 분리할 수 있다. $\dot{I}_i$는 무부하 상태의 변압기 공급 전압 $\dot{V}_1'$와 동상으로서 철손을 공급하는 철손 전류(iron loss current)이고, $\dot{I}_\phi$은 ϕ와 동상으로서 자속을 유지하는 자화 전류(magnetizing current)라고 한다.

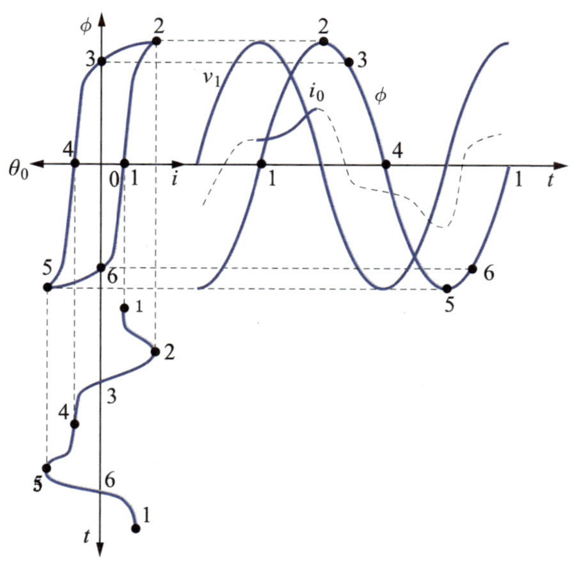

그림 7.40 여자 전류와 자속의 파형

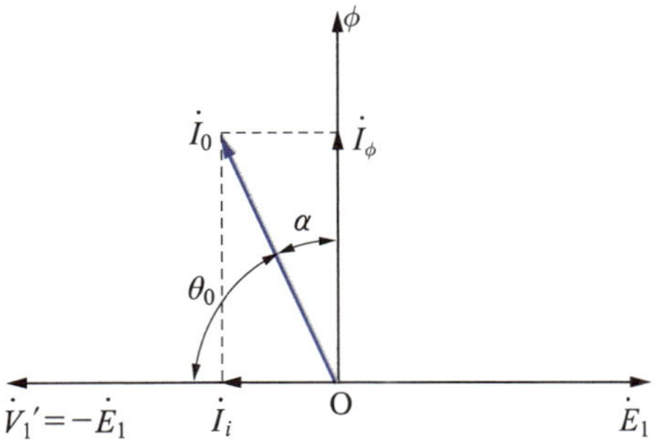

그림 7.41 여자 전류의 벡터도 등가 회로

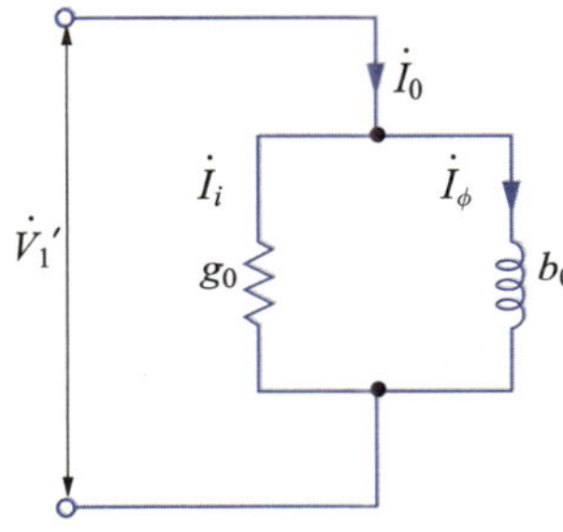

그림 7.42 등가 여자 회로

무부하인 변압기의 1차 권선에 여자 전류 $\dot{I}_0$만이 흐른다고 하면, 1차 권선에는 $\dot{I}_\phi$와 $\dot{I}_i$의 두 전류가 나뉘어 흐르고, 그림 7.42와 같은 등가 회로로 나타낼 수 있으며 이와 같은 회로를 여자 회로(exciting circuit)라고 한다. 여자 회로에서 g_0는 여자 컨덕턴스, b_0는 여자 서셉턴스, 이들을 합성한 $\dot{Y}_0 = g_0 - jb_0$는 여자 어드미턴스(exciting admittance)라 한다.

5.5 변압기의 등가 회로

이상 변압기에서는 권선의 저항, 누설 리액턴스, 철손 등을 무시하고 전압, 전류, 자속 등을 계산하였다. 그러나 실제의 변압기에서 이들을 고려하여 전압, 전류 등을 계산하기 위한 실제의 변압기 회로를 그림 7.43에서 나타내고, 여자 전류 I_0는 여자 어드미턴스 Y_0에 흐른다. 부하가 접속되어 2차 권선에 부하 전류 I_2가 흐르면 이에 대응하는

1차 권선에 1차 부하 전류 I_1'이 흐른다.

따라서, 등가 회로에서 1차 임피던스 $\dot{Z}_1[\Omega]$, 2차 임피던스 $\dot{Z}_2[\Omega]$, 부하 임피던스 $\dot{Z}_L[\Omega]$, 그리고 여자 어드미턴스 $\dot{Y}[\mho]$는 다음과 같다.

$$\begin{aligned} \dot{Z}_1 &= r_1 + jx_1, \quad \dot{Z}_2 = r_2 + jx_2 \\ \dot{Z}_L &= R + jX, \quad \dot{Y} = g_0 - jb_0 \end{aligned} \tag{7.44}$$

1차 및 2차 단자 전압과 1차 전류는 다음과 같다.

$$\begin{aligned} \dot{V}_1 &= \dot{V}_1' + \dot{Z}_1\dot{I}_1 = -\dot{E}_1 + \dot{Z}_1\dot{I}_1 \\ \dot{V}_2 &= \dot{E}_2 - \dot{Z}_2\dot{I}_2 = \dot{I}_2\dot{Z}_L \\ \dot{I}_1 &= \dot{I}_0 + \dot{I}_1' \end{aligned} \tag{7.45}$$

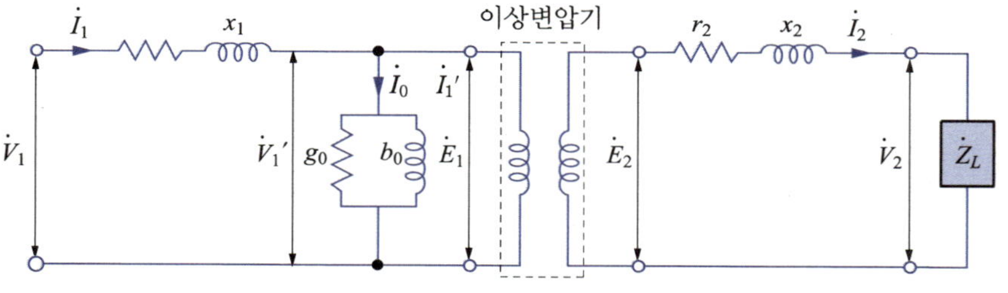

그림 7.43 실제 변압기의 등가 회로

5.6 변압기의 정격과 전압 변동률

변압기의 정격(rating)이란 주어진 변압기가 정해진 규정에 적합한 범위 내에서 사용될 수 있는 한도를 말한다. 사용 한도는 피상 전력으로 나타내고 이것을 정격 용량(rated capacity)이라고 한다. 지정된 조건은 정격 용량에 대한 전압, 전류, 주파수 그리고 역률을 말하며, 이것을 각각 정격 전압, 정격 전류, 정격 주파수 그리고 정격 역률이라고 한다.

(1) 정격 전압

변압기의 2차 정격 전압이란 정격 출력을 내고 있을 때 2차 권선의 단자 전압 실효값을 말한다. 여기에 권수비 a를 곱한 것을 정격 1차 전압이라고 한다. 3상 변압기에서의 정격 전압은 선로 단자간의 전압으로 표시한다.

(2) 정격 전류

변압기에 지나치게 큰 전류가 흐르면 절연물이 손상될 경우가 있으므로 정격 전류를 표시해야 한다. 변압기의 정격 2차 전류는 정격 용량을 정격 2차 전압으로 나눈 값이고, 정격 1차 전류는 정격 2차 전류를 권수비로 나눈 값이 된다.

(3) 정격 용량

변압기의 정격 용량은 정격 2차 전압, 정격 2차 전류, 정격 주파수 그리고 정격 역률에서 2차 단자간에서 얻어지는 피상 전력으로 표시한다. 여기서, 정격 역률은 그 역률에서 사용되게 변압기가 설계된 역률을 말한다.

(4) 전압 변동률

변압기의 2차 단자 전압은 정격 부하를 접속하면 무부하일 때 보다 다소 감소한다. 부하 전류가 증가함에 따라 2차 전압은 강하하는 데 이와 같이 부하의 증감에 따라 2차 단자 전압이 변화하는 정도를 전압 변동률(voltage regulation)이라고 한다.

5.7 변압기의 손실과 효율

(1) 변압기의 손실

변압기가 1차 쪽에서 2차 쪽으로 전력을 전달할 때, 변압기 내부에서 생기는 전력 손실을 변압기의 손실이라 하고, 이 손실에는 무부하손(no-load loss)과 부하손(load loss)이 있다. 무부하손(철손)은 변압기가 무부하 상태에 있을 때 일어나는 손실이고, 부하손(동손)은 2차 쪽에 부하가 있을 경우에 전류가 흐름으로 인해 발생하는 손실이다. 이와 같은 무부하손과 부하손은 전압계, 전류계, 전력계 등을 사용하여 측정할 수 있다.

철손(iron loss) P_i는 1차측이 전원에 접속되어 있으면 부하의 접속 유무에 관계없이 철심에서 생기는 것으로, 철심의 자기포화와 히스테리시스 현상에 의해 축적된 에너지가 열로 방출되는 히스테리시스손(hysteresis loss) P_h와 철심 내부에서 교번 자속에 의해 발생하는 맴돌이 전류에 의해 줄열을 발생시켜 전력손실을 일으키는 와류손(eddy current loss) P_e로 나뉘어진다. 대부분 무부하손을 차지하는 것으로 변압기의 효율에 큰 영향을 미치게 된다.

철손은 다음과 같은 실험식으로 나타낸다.

$$P_h = \eta f B_m^{1.6 \sim 2} \, [\mathrm{W}]$$
$$P_e = \eta f^2 B_m^2 \, [\mathrm{W}] \tag{7.46}$$

변압기 공급 전압 $V = 4.44 f N \phi_m$에서 $\phi_m = B_m \propto \dfrac{V}{f}$이므로 정리하면 히스테리시스손은 주파수에 반비례하고 와류손은 무관하다. 그리고 철손은 공급 전압의 제곱에 비례한다.

$$P_h = \eta f B_m^2 = \eta \frac{V^2}{f}$$
$$P_e = \eta V^2 \tag{7.47}$$

동손(copper loss) P_c은 저항손(ohmic loss)이라고도 하며, 1차 및 2차 권선에 전류가 흐를 때 발생하는 줄열에 의한 손실을 말하며, 무부하시나 부하 접속 시 생긴다. 단, 무부하시에는 1차 권선에 여자 전류만 흐르기 때문에 그 크기는 아주 작다.

유전체손(dielectric loss)은 변압기의 전압이 높을 때 절연물의 유전체로 인해서 생기는 손실이고, 표류 부하손(stray loss)은 누설 자속 또는 변압기의 구조에 따라 예측할 수 없이 생기는 손실을 말한다.

변압기는 무부하손과 부하손에 의해 열이 발생한다. 이중 일부는 대기로 방출되고, 일부는 변압기의 온도를 높이게 된다. 이러한 열을 냉각시키고 권선의 절연을 유지하기 위해 사용되는 것이 변압기유이다. 변압기의 냉각 방식으로는 공랭식, 풍랭식, 유입자냉식, 유입수냉식, 유입풍랭식, 유입송유식 등이 있다. 변압기유의 구비조건은 다음과 같다.

- 절연내력이 커야 한다.
- 점도가 낮고, 비열이 커서 냉각효과가 커야 한다.
- 인화점은 높고(130℃ 이상) 응고점은 낮아야(−30℃ 이하) 한다.
- 절연 재료나 금속과 접촉해도 화학 반응을 일으키지 않아야 한다.
- 고온에서 석출물이 생기거나, 산화하지 않아야 한다.
- 열전도율이 커야 한다.

변압기유는 외기온도나 부하변동에 따라 온도가 변하여 부피가 변하므로 기압차에 의해 변압기 내부에 공기가 출입하는 것을 호흡작용이라고 한다. 이 호흡작용으로 인하여 변압기유의 절연내력을 저하시키고, 냉각작용의 감소 및 침식작용을 일으키는 현상을 변압기유의 열화라고 한다.

(2) 변압기의 효율

변압기는 전력을 취급하기 때문에 효율(efficiency)은 매우 중요한 특성 중의 하나이다. 변압기는 정지 기기이므로 전기 기기 중에서 효율이 가장 좋아서 약 97[%] 정도 된다. 변압의 효율을 나타내는 방법으로는 실측 효율과 규약 효율이 있다.

(가) 실측 효율(measured efficiency)

실측 효율은 실제로 부하를 접속하고 정격 전압을 가했을 때 변압기의 1차측 전력계에 나타난 전력 P_1[W]를 측정하고, 2차측 전력계에 나타난 전력 P_2[W]를 측정함으로써 식 (7.48)과 같이 효율 η 를 구한다. 그러나 실제로 정격 전압을 가해 주고 정격 전류를 흘려주어야 하기 때문에 시설이 많이 필요하고 필요 없이 큰 전력이 소모된다. 이러한 이유 때문에 실측 효율 방법은 거의 사용되지 않는다.

$$\eta = \frac{\text{출력}}{\text{입력}} \times 100\ [\%] \tag{7.48}$$

(나) 규약 효율(conventional efficiency)

변압기이 효율은 매우 높아서 입력과 출력 사이에 큰 차이가 없으므로 일반적으로는 규약 효율을 사용한다.

$$\eta = \frac{\text{출력}}{\text{출력} + \text{손실}} \times 100\ [\%] \tag{7.49}$$

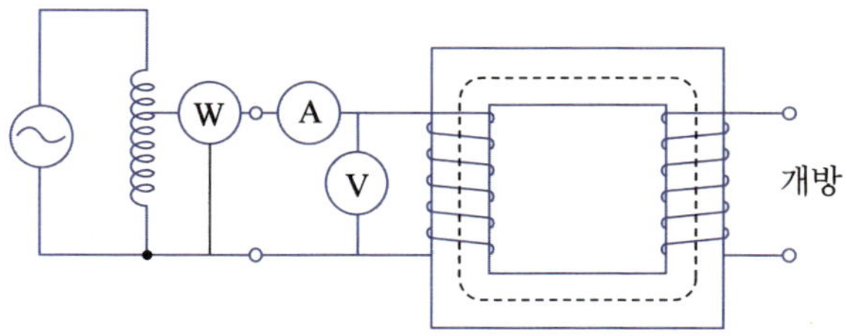

(a) 무부하 시험회로

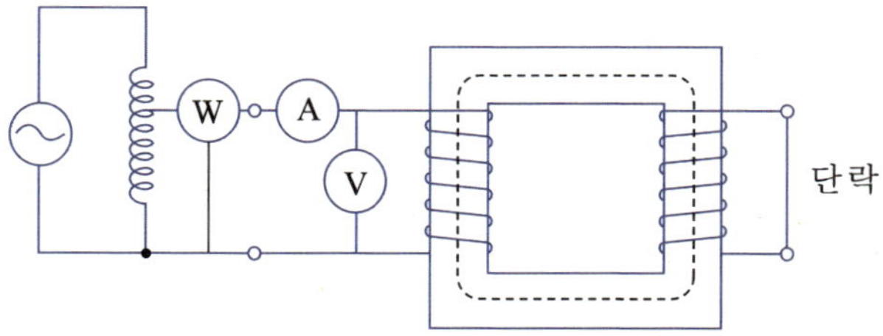

(b) 단락 시험회로

그림 7.44 무부하 시험 및 단락 시험 회로

여기서, 손실이란 변압기의 무부하손과 부하손을 말하며, 변압기의 무부하 시험이나 단락 시험을 통해서 구할 수 있다.

변압기의 정격 2차 전압 V_2, 정격 2차 전류 I_2, 부하 역률 $\cos\theta$, 철손 P_i[W], 2차 쪽으로 환산한 전체 저항 $r_{21}[\Omega]$이라 하면, 규약 효율 η는 다음과 같다.

$$\begin{aligned}\eta &= \frac{\text{출력}}{\text{출력}+\text{무부하손}+\text{부하손}} \times 100\,[\%] \\ &= \frac{V_{2n}I_{2n}\cos\theta}{V_{2n}I_{2n}\cos\theta + P_i + r_{21}{I_{2n}}^2} \times 100\,[\%]\end{aligned} \tag{7.50}$$

이와 같이, 정격 출력과 무부하손 및 부하손을 알고 식 (7.50)에 따라 계산한 효율을 규약 효율이라고 하며, 변압기의 효율을 계산하는 데 사용한다.

(다) 전일 효율(all-day efficiency)

변압기에 접속되어 있는 부하의 크기는 일정하지 않고 하루 종일 끊임없이 변하기 때문에 변동 부하에 대해서 하루 종일 적산 출력과 적산 입력의 비를 생각하고 시간 T에 대하여 고려한 것을 전일 효율 η_d라고 한다.

$$\eta_d = \frac{V_2 I_2 \cos\theta \times T}{V_2 I_2 \cos\theta \times T + 24P_i + r_{12} I_2^2 \times T} \times 100\ [\%] \tag{7.51}$$

5.8 단상 변압기의 결선

(1) 변압기의 극성

대부분의 송배전 방식은 3상 교류 방식이므로 3상 변압기를 사용하거나 단상 변압기 3대를 사용한다. 이때, 2대 이상의 단상 변압기를 결선하는 경우, 결선이 잘못되면 변압기가 파손되므로 변압기의 극성을 미리 알아두어야 한다.

1차 단자와 2차 단자의 유도 기전력의 상대적 방향을 표시하는 것을 변압기의 극성이라고 하는 데 변압기를 단독으로 사용하는 경우는 문제가 없지만 3상 결선을 하거나 병렬 운전을 하는 경우 극성을 알아야 한다.

그림 7.45에서 변압기 외함의 같은 쪽에 있는 고・저압 단자인 A와 a를 접속하고, 다른 단자 B와 b 사이에 전압계 ⓥ를 연결한다. 고압측인 AB간에 전압 V_1을 인가했을 때의 저압측 ab간의 전압을 V_2, 그리고 전압계 ⓥ의 지시값을 V_0라고 한다. 이때 변압기의 지시가 $V_0 = V_1 - V_2$이면 A와 a 그리고 B와 b는 같은 극성이 되고, 변압기의 1차와 2차 권선은 그림 7.46(a)의 관계가 된다. 이와 같이 고전압 단자의 극성이 같은 쪽에 있는 변압기를 감극성(subtractive polarity)이라고 한다. 그림 7.46(b)는 그림 7.46(a)와는 반대로 $V_0 = V_1 + V_2$로 되어 A와 a, 그리고 B와 b의 극성이 다른 변압기를 가극성(additive polarity)이라고 한다.

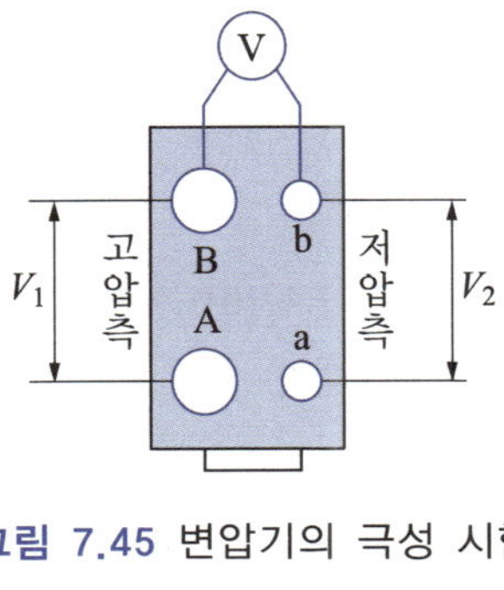

그림 7.45 변압기의 극성 시험

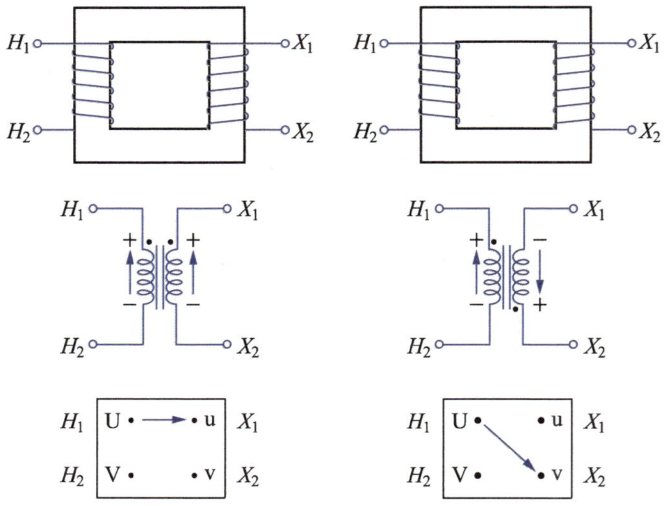

(a) 감극성 (b) 가극성

그림 7.46 변압기의 극성

따라서, 국내는 감극성을 표준으로 하는 데 가극성과 가극성의 극성을 쉽게 구별하기 위하여 변압기 외함에 그림 7.46과 같이 단자 기호를 붙이는 데 대문자 U, V는 고압 단자, 소문자 u, v는 저압 단자를 나타낸다.

(2) 단상 변압기의 3상 결선

3상 변압기 대신에 단상 변압기 3대를 사용하여 3상 변압을 하는 경우 3대의 단상 변압기의 정격 용량, 정격 전압, 정격 주파수, 권선의 저항, 누설 리액턴스 등이 같아야 한다. 단상 변압기를 이용한 3상 결선 방법은 그림 7.47과 같이 Y-Y 결선, Δ-Δ 결선, Δ-Y 결선, Y-Δ 결선 등의 방법이 있다.

Y-Y 결선(그림 7.47(a))은 변압기의 1차 및 2차 측 모두에 Y 결선을 하는 방식으로 상전압이 선간 전압의 $1/\sqrt{3}$ 이므로 절연이 쉬운 특징이 있다. 그러나 전력에 고조파를 포함하고, 중성점이 접지되어도 선로에 주로 제3고조파의 충전전류가 흘러 통신 장해를 준다. Δ-Δ 결선(그림 7.47(b))은 변압기의 1차 및 2차 측 모두에 Δ 결선을 하는 방식이다. 제3고조파 전류는 각 상이 동상이므로 권선에 순환 전류가 흐르지만, 송전 선로에는 흐르지 않으므로 고조파 전류에 의한 통신 장해가 적다. 또한 중성점 접지가 불가능하고 동일 선간 전압에 대하여 Y 결선보다 상전압이 높다.

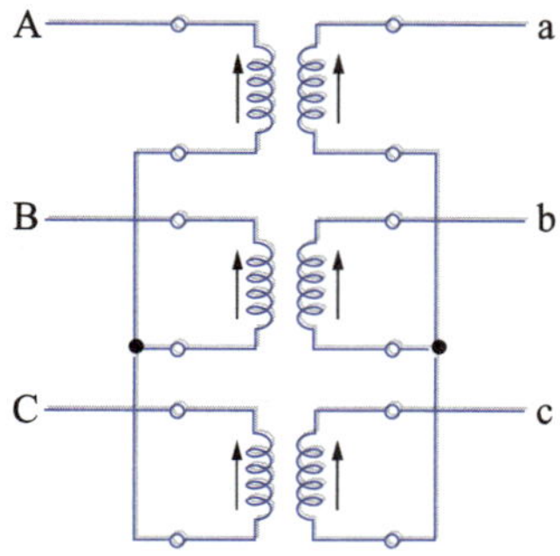

(a) Y-Y 결선

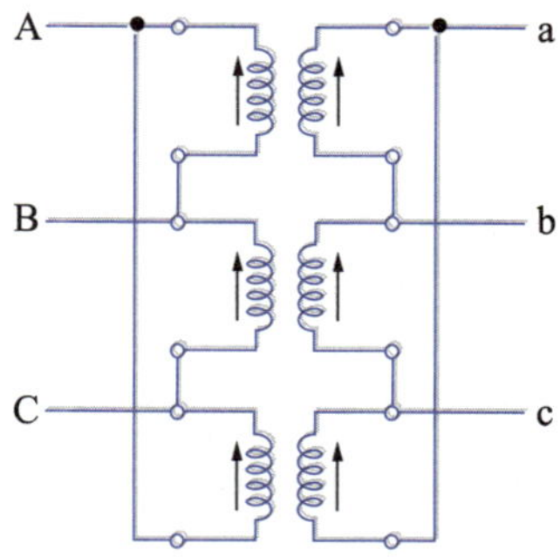

(b) Δ-Δ 결선

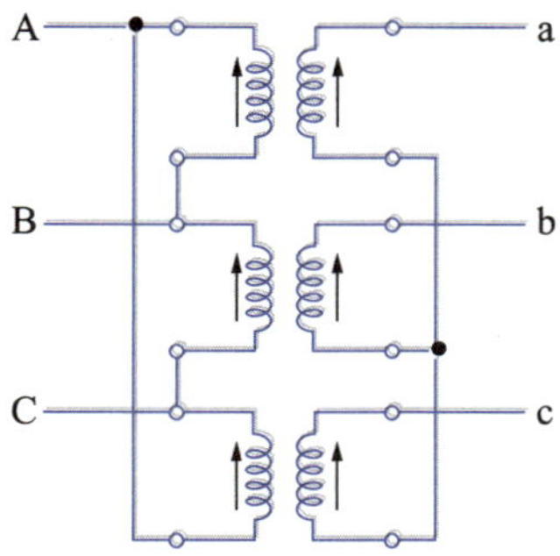

(c) Δ-Y 결선

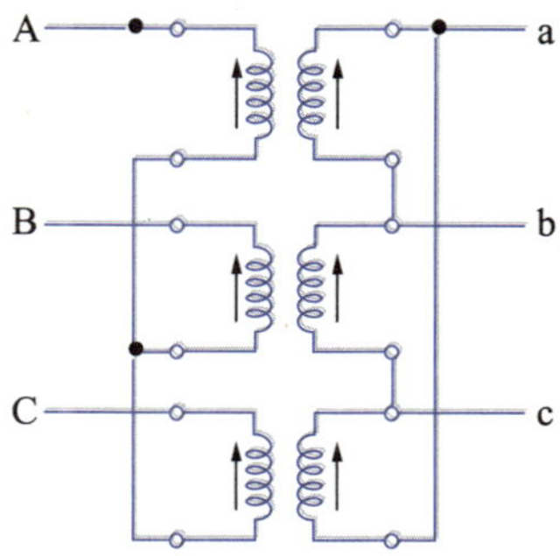

(d) Y-Δ 결선

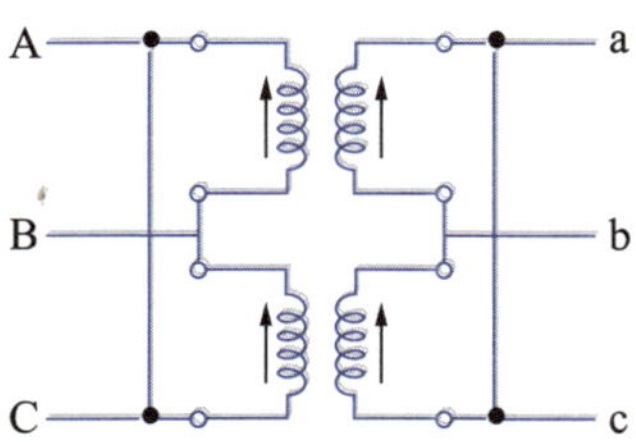

(e) V-V 결선

그림 7.47 단상변압기의 3상 결선

Δ-Y 결선(그림 7.47(c))은 변압기의 1차 측은 Δ 결선, 2차 측은 Y 결선으로 결선하는 방식으로 주로 발전소에서 전력 전송을 위해 전압을 올릴 때 사용된다. Y-Δ 결선(그림 7.47(d))은 변압기의 1차 측은 Y 결선, 2차 측은 Δ 결선으로 결선하는 방식으로 전송되어 온 전력을 낮은 전압으로 수전하기 위한 수전 설비에 주로 사용된다. Δ-Δ 결선으로 한 단상 변압기 3대 중 한 대를 제거하여 변압기 2대로 3상 결선을 한 것이 V-V 결선인데 주로 Δ-Δ 결선으로 운전 중 변압기 1대가 고장일 경우 남은 2대의 변압기로 전력을 공급할 때 사용한다. 주상 변압기에서는 설치 방법이 간단하며 3상

부하에 많이 사용된다.

(3) 단상 변압기의 병렬 운전

부하가 증대되어 새로운 변압기를 증설하거나 경제적 운전을 위하여 2대 이상의 단상 변압기의 1차 단자와 2차 단자를 각각 병렬로 접속하여 운전하는 것을 병렬 운전(parallel running)이라 한다. 이때 단상 변압기 2대 이상으로 병렬 운전을 하고자 할 때는 다음 조건을 만족해야 한다.

- 권수비 및 1차와 2차 정격 전압이 같을 것
  권수비가 다른 경우에는 2차 기전력의 크기가 다르므로 1차 권선에 의한 순환전류가 흘러서 권선이 과열되고 온도가 상승되어 사용할 수가 없다
- 각 변압기의 극성이 일치할 것(단상 변압기의 경우)
  극성이 반대로 되면 2차 권선의 순환회로에 2차 기전력의 합이 가해지고 권선의 임피던스는 작으므로 큰 순환전류가 흘러 권선을 소손 시키게 된다.
- %임피던스 강하와 저항과 리액턴스의 비가 같고 임피던스 전압이 같을 것
  - %임피던스 강하가 같지 않을 경우 부하의 분담이 용량의 비[比]가 되지 않아 부하의 분담이 균형을 이룰 수 없어 사용 할 수가 없다.
  - 저항과 임피던스 비가 같지 않을 경우 각 변압기의 전류간에 위상차가 발생되어 동손이 급격히 증가하게 된다.
- 상회전 방향 및 각 변위가 일치할 것(3상 변압기의 경우)

3상 변압기의 결선에 따른 병렬 운전 가능한 조합과 불가능한 조합은 표 7.2에 나타내고 있다.

표 7.2 병렬 운전 가능 및 불가능 조합

가능		불가능
Δ-Δ와 Δ-Δ Δ-Y와 Δ-Y Y-Δ와 Y-Δ	Y-Y와 Y-Y Δ-Δ와 Y-Y Δ-Y와 Y-Δ	Δ-Δ와 Δ-Y Δ-Y와 Y-Y

5.9 3상 변압기

단상 변압기 3대를 사용하여 각종 결선 방법에 의하여 3상 전원의 변압을 하였지만 1대의 3상 변압기(three phase transformer)를 사용하면 편리하다. 그림 7.48과 같이 단상 변압기 3대를 조합할 경우 중앙의 공통 자기회로를 생략할 수 있다. 이것은 중앙부 자기 회로에 비하여 외측부 자기 회로가 길어지고, 여자 전류가 약간의 불평형을 일으키지만 부하 전류와 비교하면 작기 때문에 큰 지장은 없다.

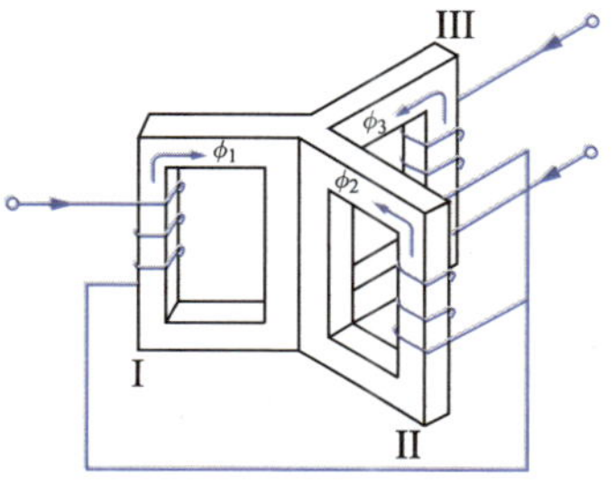

그림 7.48 내철형 3상 변압기 구조

5.10 단권 변압기

단상 변압기의 1차 전압과 2차 전압 크기가 큰 차이가 없을 때는 기존 변압기 방식 대신에 1차 권선과 2차 권선을 공용으로 사용하면 경제적이다. 이렇게 권선을 직렬로 연결한 변압기를 단권 변압기(auto-transformer)라고 한다.

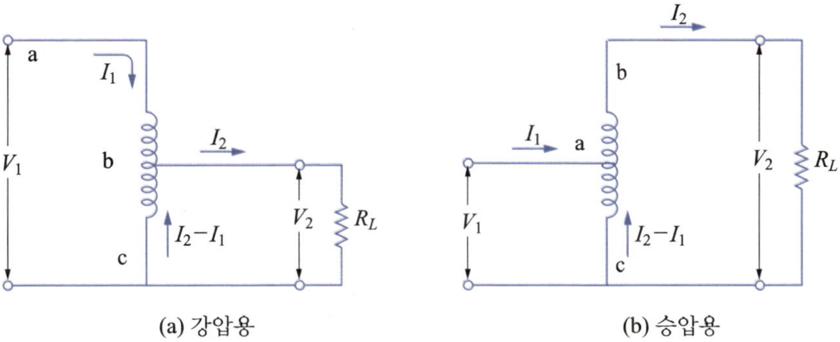

그림 7.49 단권 변압기 결선도

그림 7.49(a)와 같이 강압용 단권 변압기에서 ab 부분의 권선을 직렬 권선(shunt winding), bc 부분의 권선을 분로 권선(shunt winding)이라 한다. 그림 7.49(a)에서 ac (=ab+bc) 사이의 권수 n_1, bc 사이의 권수 n_2, 1차 권선에 전압 $\dot{V}_1$을 공급하였을 때 ab, bc 사이에 유도되는 기전력 $\dot{E}_1$, $\dot{E}_2$, 2차 단자 전압 $\dot{V}_2$라고 할 때 권선의 저항, 누설 리액턴스 및 여자 전류를 무시하면 식 (7.52)의 관계가 성립한다.

$$\frac{V_1}{V_2} = \frac{E_1 + E_2}{E_2} = \frac{n_1}{n_2} = a \tag{7.52}$$

여기서, a는 변압비로 $a > 1$이면 강압(step down), $a < 1$이면 승압(step up) 변압기가 된다.

5.11 누설 변압기 및 계기용 변성기

누설 변압기(leakage transformer)는 정전류 변압기라고 하며, 자기 회로 중에 공극을 두어 자속이 누설될 수 있도록 한 구조로 부하가 변화해도 전류가 거의 일정한 특성을 가지는 변압기이다. 방전등, 아크등, 아크 용접기들과 같이 기동 순간에는 높은 전압을 요구하고, 운전 중에는 낮은 전압을 요구하는 부하, 즉 전압과 전류의 관계가 수하 특성으로 부하를 정전류원으로 동작시키는 데 사용된다.

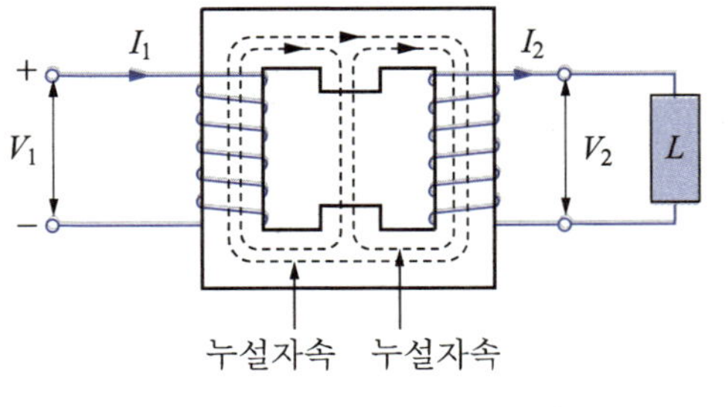

그림 7.50 누설 변압기 결선도

계기용 변성기(instrument transformer)는 고전압 회로에서 전압이나 전류를 측정하거나 저압 회로에서 대전류를 측정하려고 할 때 측정하는 사람과 계측기의 안전을 위해 계기에 접속하는 변압기이다. 전압의 변성에 사용되는 계기용 변압기 PT(potential transformer)와 전류의 변성에 사용되는 변류기 CT(current transformer)가 있다.

계기용 변압기는 1차 쪽을 측정하려는 회로에 병렬로 연결하고 2차 쪽에 전압계를 접속하여 사용한다. 1차 쪽과 2차 쪽이 충분히 절연되어 있어도 두 권선 사이에 존재하는 분포 용량 때문에 고전압이 2차 쪽으로 넘어올 수 있어서 반드시 2차 권선은 접지를 하여야 한다. 변류기는 1차 쪽을 측정하려는 회로에 직렬로 연결하고 2차 쪽에 전류계를 접속하여 사용한다. 2차 쪽에 연결된 전류계를 떼어낼 때 먼저 2차 쪽을 단락한 다음 전류계를 떼어내야 한다. 2차 쪽을 개방한 채로 1차 쪽에 큰 전류가 흐르게 되면 자기포화로 인해 2차 기전력이 높게 유도되어 변류기가 소손될 위험이 있다. 또한, 1차 권선과 2차 권선 사이의 분포용량 때문에 2차 권선은 반드시 접지하여야 한다.

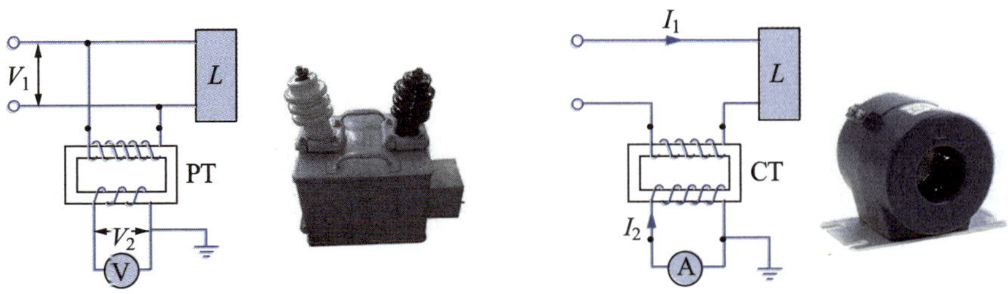

(a) 계기용 변압기 (b) 변류기

그림 7.51 계기용 변성기

Chapter 8

시퀀스

1. 자동제어

동작을 원하는 대로 처리하도록 만들어진 임의의 대상 장치에 조작을 가하는 것을 제어(control)라고 한다. 제어는 인간이 어떤 의도를 가지고 시스템을 조작하는 수동제어와 인간을 대신하여 시스템의 동작이나 상태를 목적에 따라 자동으로 제어하는 자동제어가 있다.

1.1 자동제어계의 구성

자동제어계는 미리 정해진 순서나 일정한 논리에 따라 제어의 각 단계를 차례로 진행해 가는 제어를 말한다. 즉, 미리 정해진 제어동작에 따라 다음 단계로 이행하는 제어 형태이다. 신호의 흐름 방향이나 목표값과 제어량 상호간에 제어동작의 인과관계에 따라 시퀀스 제어, 피드백 제어로 구분한다. 현재 소방설비의 자동기동 시 제어수단으로 시퀀스 제어를 많이 이용하고 있으며 양수펌프, 자동판매기, 교통신호, 승강기 등 일상생활 주변에서도 많이 이용되고 있다. 이러한 자동제어계는 명령처리부, 조작부, 제어대상, 검출부 등으로 구성되어 있다.

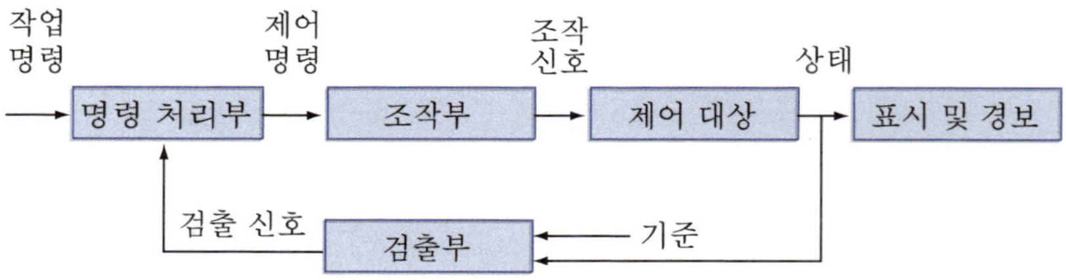

그림 8.1 자동제어계

(1) 시퀀스 제어계(Sequence control)

시퀀스 제어(open-loop control system, 순차제어)는 미리 정해진 순서에 따라 각 단계의 제어를 순서대로 진행하는 제어로서 불연속적인 작업을 행하는 공정제어 등에 널리 이용(엘리베이터, 세탁기, 자동판매기, 교통신호기 등에 사용)하는 것으로 일종의 스위치나 버튼을 사용하여 전기회로의 부하를 운전, 부하의 운전상태나 고장상태를 알리는 일련의 제어형태를 말한다. 이에는 무접점 소자를 이용한 제어회로(PLC 등의 전자회로를 사용)와 유접점 소자를 이용한 제어회로(버튼스위치나 각종 계전기를 사용)가 있다.

그림 8.2는 물을 끓이는 시퀀스 제어계로 배선용 차단기(MCCB)를 닫아 물을 끓이라는 작업명령을 내리면 타이머 스위치(S/W$_1$)에 설정된 시간만큼 닫혀 있게 된다. 이것은 계전기 스위치(S/W$_2$)를 닫게 하여 주전자의 물을 끓게 한다. 이 때, 물의 끓는 정도와는 무관하게 타이머의 설정 시간이 끝나면 시퀀스 제어계의 동작은 멈추게 된다. 이러한 조작은 순차적이고 자동적으로 일어나며 제어계의 입력과 출력이 서로 독립인 제어계이다. 부정확하고 신뢰성은 없지만 가장 간단한 제어계이다.

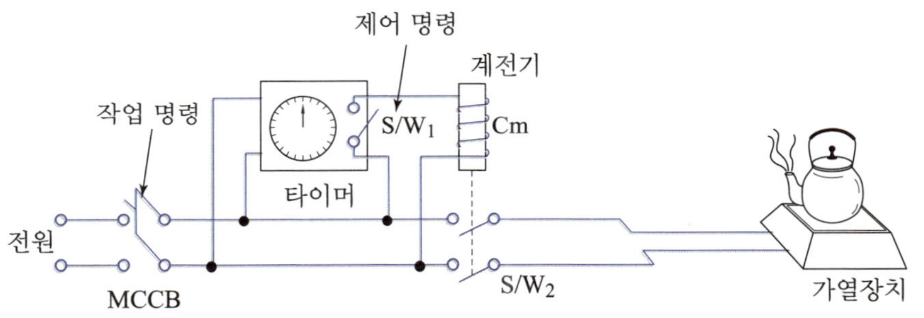

(a) 시퀀스 제어 사례

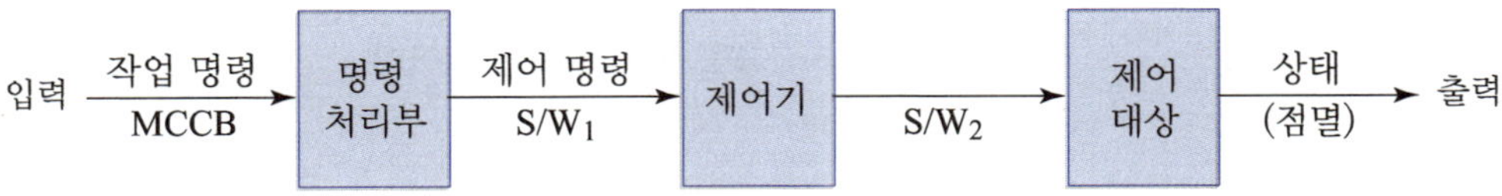

(b) 시퀀스 제어계

그림 8.2 시퀀스 제어계

(2) 피드백 제어계(Feedback control)

피드백 제어(closed-loop control system, 궤한제어)는 제어량(출력)을 측정하여 목표값과 비교하고, 그 편차를 적절한 정정 신호로 교환하여 제어장치로 되돌리며, 제어량이 목표값과 일치할 때까지 수정 동작을 하는 제어로서 제어장치는 검출부, 조절부, 조작부 등으로 구성되어 있다. 외부의 조건 변화에 대응이 가능하여 대부분의 자동제어에 사용된다. 그림 8.3은 전기로의 온도 제어를 하는 피드백 제어의 예를 나타내고 있다. 제어계의 제어명령인 목표 값에 도달했을 때, 온도의 자동제어를 위하여 전압조정기를 목표값에 대응하여 움직이기 위해서는 매시간 조작하지 않고, 자동온도조절기에 프로그램을 미리 입력시켜 전기로 온도를 목표 값과 비교하여 정밀하게 자동제어를 한다.

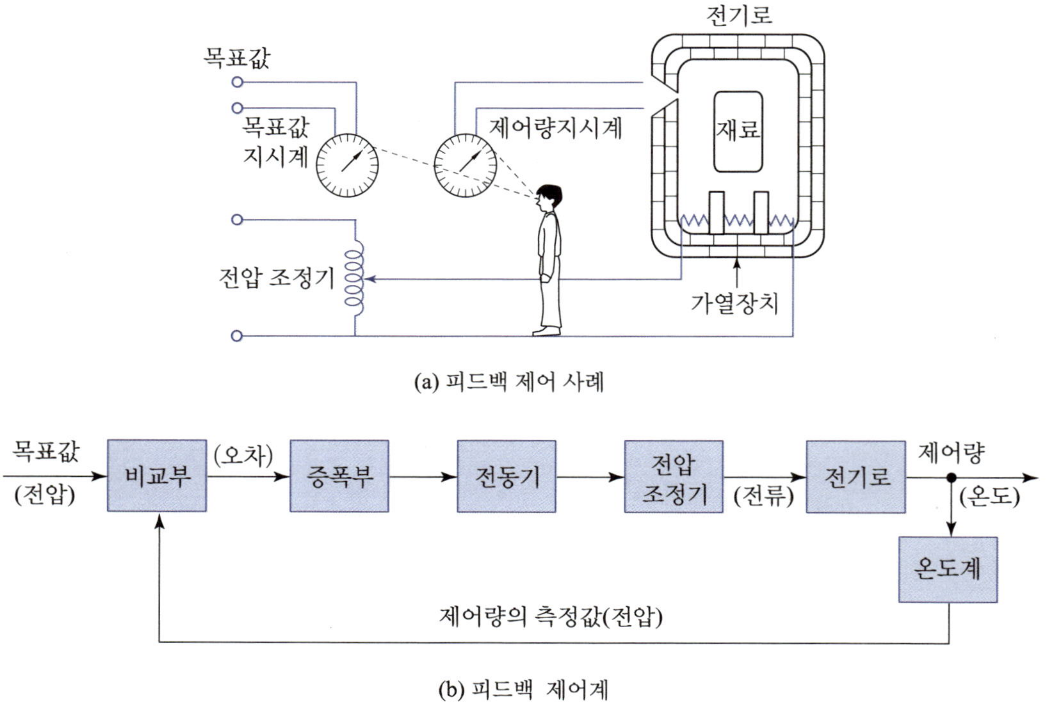

그림 8.3 피드백 제어계

피드백 제어계의 기본 요소와 구성을 그림 8.4에 나타내고 있다.

(가) 제어대상은 제어량을 발생시키는 장치로 직접 제어를 받는 장치의 전체 또는 일부분을 말한다.

(나) 제어장치는 제어를 위해 제어대상에 부착되는 장치(조절부, 설정부, 검출부)를 말하며 여기서, 제어요소는 제어동작 신호를 조작량으로 변환시켜 제어대상에 공급하고, 조절부부는 제어계가 동작에 필요한 신호를 만드는 부분이다.

(다) 조작부는 조절부로부터 받은 신호를 조작량으로 변환하여 제어대상(플랜트)에 보내주는 역할을 한다.

(라) 제어량은 제어대상에 속하는 물리량이다.

(마) 목표값은 제어량을 유지하도록 목표로서 외부에서 주어지는 값(설정값)이다.

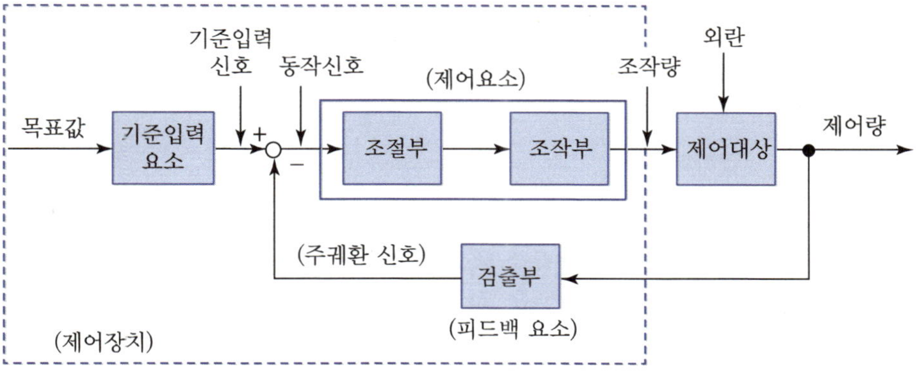

그림 8.4 피드백 제어계의 기본요소와 구성

표 8.1 시퀀스 제어의 비교

시퀀스 제어(개루프 제어계)		피드백 제어(폐루프 제어계)	
미리 정해진 순서에 따라 제어 단계를 순차적으로 제어하는 것으로 구조가 간단하고 경제적인 제어계		출력신호를 입력신호로 돌려 제어량의 목표값과 비교하여 정확한 제어가 가능하도록 한 것	
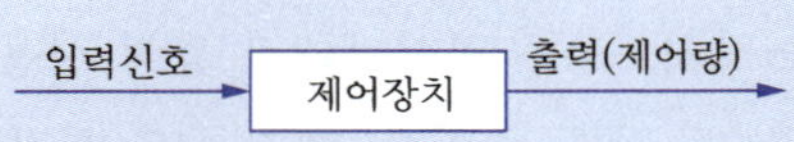		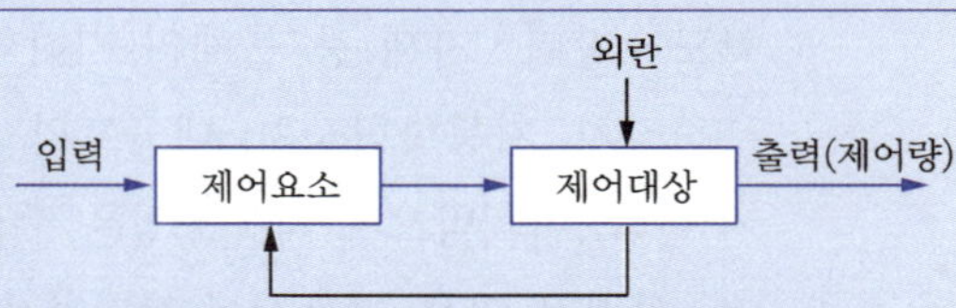	
장점	• 간단한 구조 • 용이한 조작 • 입·출력 비교장치가 필요 없음	장점	• 외란에 대해 정확한 제어 가능 • 균일한 제품 생산으로 생산품질 향상 • 생산속도 증대로 생산량 증가 • 에너지 절약과 인건비 절감 • 대역폭이 증가 • 특성 변화에 대한 입력 대 출력비의 감도가 감소
단점	• 외란에 대해 정확한 제어가 불가능(큰 오차가 발생) • 정확도와 품질이 떨어짐	단점	• 구조가 복잡하고 많은 설치비 필요 • 고도의 기술이 필요

(바) 기준제어는 제어계를 동작시키는 기준으로 직접 제어계에 가하는 입력신호(기준입력)를 말한다.

(사) 기준입력요소는 목표값과 일정한 관계를 유지하는 입력신호를 발생하는 요소(설정부)를 말한다.

(아) 검출부는 제어량을 직접 검출하여 주 피드백 신호를 생성하는 부분을 말한다.

(자) 외란은 제어장치로부터 제어대상에 가해지는 양을 말한다.

(차) 조절기는 제어계가 작용하는 데 필요한 신호를 만들어 조작부에 보내는 부분을 말한다.

(카) 피드백 요소는 제어량을 검출하여 주 피드백 신호로 변환하는 것을 말한다.

(타) 비교부는 제어량과 목표값을 비교하여 제어장치에 신호를 만드는 부분으로 제어동작을 일으키는데 필요한 정보를 만들어 내는 부분을 말한다.

(파) 조작량은 제어요소가 제어대상에 주는 양을 말한다.

(3) 자동제어계의 분류

제어량의 성질에 의한 분류에는 프로세스제어, 서보기구, 자동조정 등이 있다. 프로세스제어는 제어하는 양이 공업 프로세스에 있어서의 상태량인 압력・온도・점도・유량・전력・액위・농도・밀도 따위일 때의 제어 방식(온도조절이나 압력제어 등에 사용, 석유공정, 화학공정)이다. 서보기구는 피드백과 오차 보정신호를 이용하여 위치・각도・방위・자세 등 물체의 기하학적 상태를 제어(위성추적 안테나, 망원경의 천체추적장치, 자동항법장치, 대공포의 제어장치, 자동 평형기록계 등에 사용, 선박, 항공기)한다. 마지막으로 자동조정은 주로 전압, 전류, 주파수, 회전속도, 회전력 등의 전기적, 기계적 양을 자동제어(정전압장치, 발전기의 조속기 등에 사용)한다.

제어의 목표값에 의해서는 정치제어와 추지제어가 있다. 정치제어는 목표값이 시간에 대해 일정하게 유지하는 것(프로세스제어, 자동조정)을 말하며, 발전소의 자동전압조정, 보일러의 자동압력조정, 터빈의 속도제어 등이 있다. 목표값이 시간에 따라 변하는 추치제어(자동추종)는 추종제어, 프로그램제어, 비율제어가 있다. 추종제어는 목표값이 임의의 시간적 변화를 하는 것으로 대공포의 포신제어, 자동평형계기, 자동아날로그 선반 등이 있다. 프로그램제어는 목표값이 시간적으로 미리 정해진대로 변화하고 제어량이 이것에 일치되도록 제어하는 것으로 열처리 로[爐]의 온도제어, 열차의 무인운전 등이 있다. 비율제어는 목표값이 어떤 양에 일정한 비율로 변화하는 경우로서 보일러의 자동연소 제어, 암모니아의 합성 프로세스 제어 등이 있다.

제어동작에 의한 분류는 연속 제어와 불연속 제어가 있으며, 표 8.2에 나타내고 있다.

표 8.2 제어동작에 의한 분류		
연속 제어	비례제어 (P동작)	잔류편차(off-set)가 있는 제어
	미분제어 (D동작)	오차가 커지는 것을 방지하고 진동을 억제하는 제어(rate 동작)
	적분제어 (I동작)	잔류편차를 제어하기 위한 제어
	비례적분제어 (PI동작)	비례동작으로 발생하는 잔류편차를 소멸시키기 위해 적분종작을 첨가시킨 동작으로 잔류편차가 적으나 제어결과가 진동으로 발생
	비례적분 미분제어 (PID동작)	비례적분제어에 미분동작을 추가시킨 것으로 가장 정교하다. 미분동작은 시정수가 큰 프로세스제어의 오버슈트를 감소시키는 역할을 하고 적분동작은 잔류편차를 없애는 역할
	특징	연속적인 선형제어가 가능하고 정정시간을 단축하며, 정상특성과 응답속도 향상
불연속 제어	샘플값제어	일정 시간간격을 두고 샘플값 신호에 의해 제어동작을 하는 제어
	위치제어	동작신호가 연속적인 변화일지라도 조작량이 단계적으로 변하는 제어

(4) 접점

수동스위치는 사람이 직접 조작하여 작업 명령을 내리거나 명령 처리의 방법을 변경하는데 사용되는 것으로 동작 기능에 따라 복귀형과 유지형이 있다. 복귀형은 사람이 조작할 동안에만 회로가 닫히거나 열려 있고, 손을 떼면 원래의 상태로 복귀하는 것으로 누름버튼스위치가 대표적인 것이다. 기본 접점[接點]은 a 접점, b 접점 및 c 접점이 있다.

(가) a 접점(arbitral contact, make contact)

평상시 열려 있는 접점으로 물리적으로 외부에서 힘을 주거나 전기적으로 계전기에 전류가 흐르면 작동하여 접점이 폐로[閉路](close, On) 되는 것으로 상시개접점[常時開接點](normally open contact)이라고 한다.

(나) b 접점(break contact)

평상시 닫혀 있는 접점으로 물리적으로 외부에서 힘을 주거나 전기적으로 계전기에 전류가 흐르면 작동하여 접점이 개로[開路](open, Off) 되는 것으로 상시폐접점[常時閉接點](normally closed contact)이라고 한다.

(다) c 접점(change-over contact)

a 접점과 b 접점이 동시에 동작(가동접점부 공유)하는 것으로 변환접점 또는 절체접점이라고 하며, transfer contact라고 한다.

표 8.3 기본 접점의 기호

	기호		개폐상태
a 접점	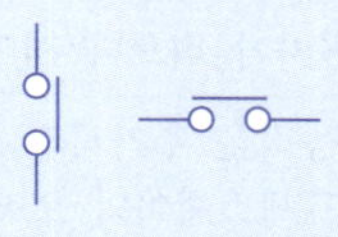	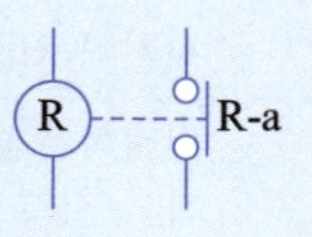	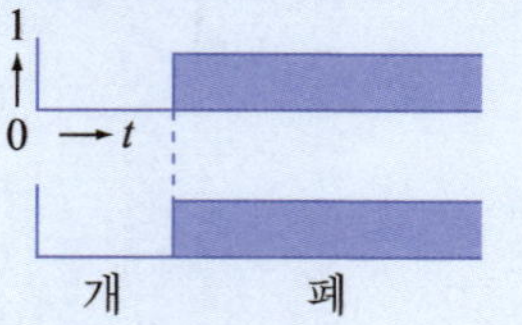
b 접점	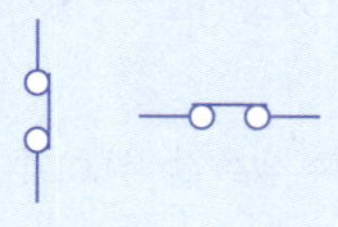	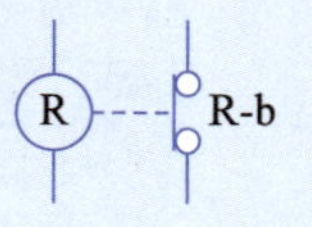	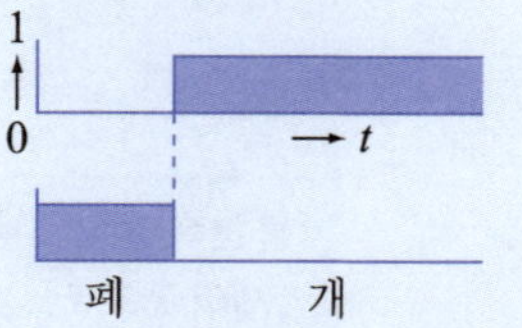
c 접점	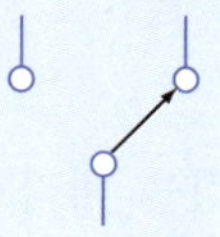	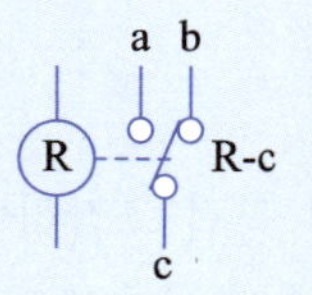	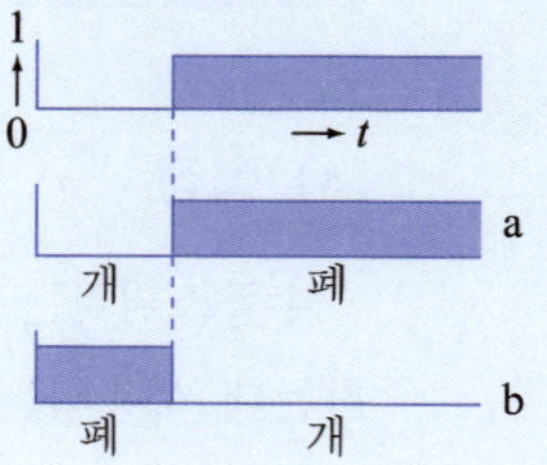

1.2 제어요소

시퀀스 제어계에서 제어기기 및 기구는 각각의 작동과 기능이 주어져 있으며, 자주 사용하고 있는 기기 및 기구의 동작과 기호를 살펴보고자 한다.

(1) 전자계전기(electromagnetic relay)[유접점 릴레이]

전자계전기는 철심에 코일을 감은 전자코일과 가동접점, 고정접점으로 구성되어 있으며 전자코일에 전류가 흐르면 전자력에 의한 철편의 자기력(전자석)에 흡인되는 접촉자에 의해 개폐되는 접점을 응용한 것이다. 전자 코일에 전류가 흐르면 전자계전기의 a 접점은 가동 접점과 고정 접점이 떨어져 있어서 개로상태에서 폐로상태가 되고,

b 접점은 폐로상태에서 개로상태가 된다.

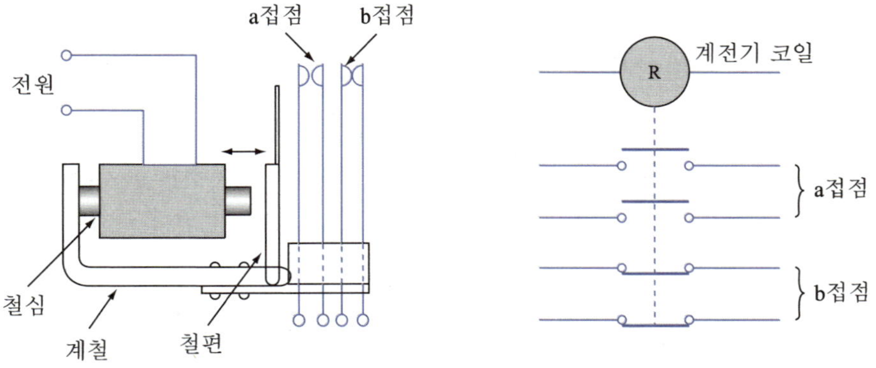

그림 8.5 전자계전기의 구조

(2) 푸시버튼 스위치(push button switch)

푸시버튼 스위치는 자동 복귀형 수동 스위치로 물리적 힘을 가하는 동안만 동작을 하고 힘이 없어지면 동작이 복귀되는 접점이다.

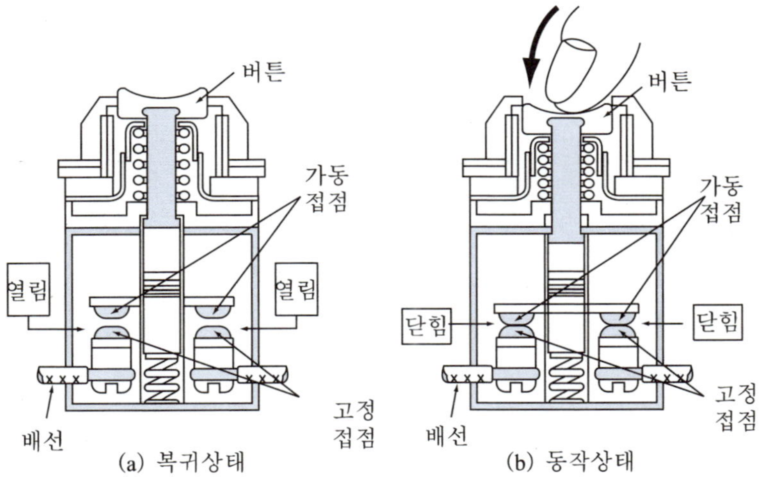

그림 8.6 푸시버튼 스위치 구조

(3) 유지형 수동 스위치

수동 조작을 하면 반대로 조작할 때까지 접점의 개폐상태가 유지되는 것으로 상하 또는 좌우로 움직여서 On/Off 하는 토글 스위치, 손잡이를 좌우로 회전하는 셀렉터 스위치, 손잡이를 회전하여 접점을 접속하는 캠 스위치 등이 있다.

(4) 한시계전기(timer)

입력신호를 받아 설정된 시간이 경과한 후 동작이 되는 일종의 계전기로 시간을 계산할 때에는 소형의 전동기를 사용하는 방법과 전자회로를 사용하는 방법이 있다. 접점 등은 계전기와 같지만 접점의 동작 시간을 두고 동작하는 차이가 있다. 접점의 동작

표 8.4 한시계전기의 접점과 타임차트

구 분	접 점	동 작
한시동작 (시한동작 순시복구형)	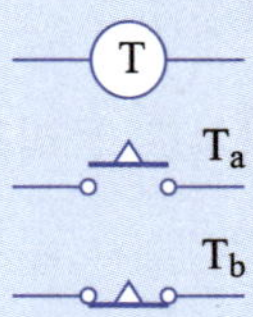	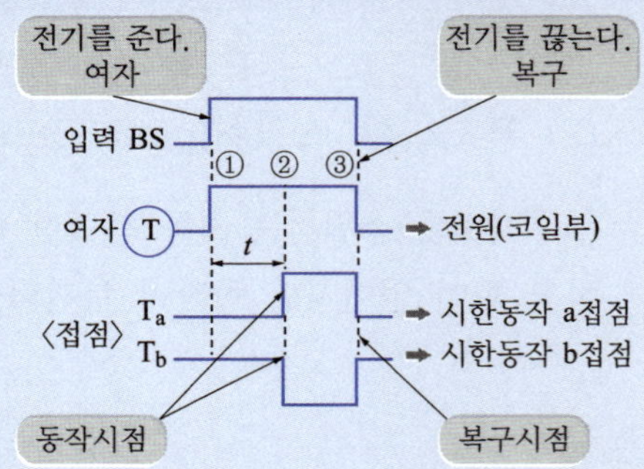
한시복귀 (순시동작 시한복구형)	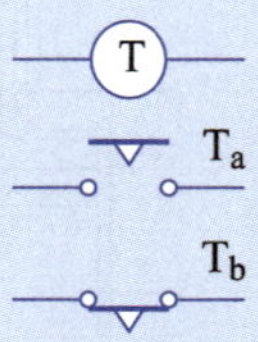	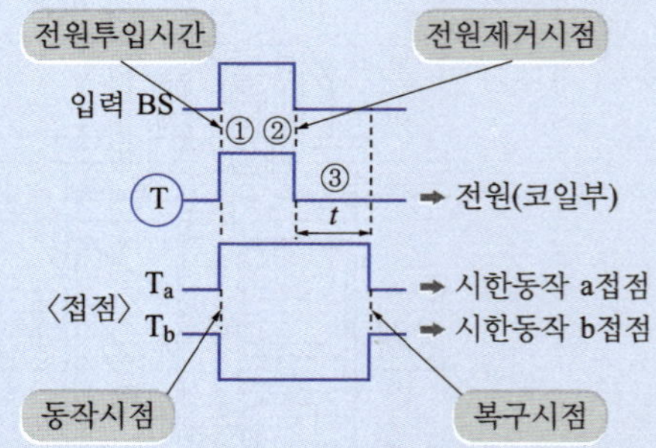
순한시 (시한동작 시한복구형)	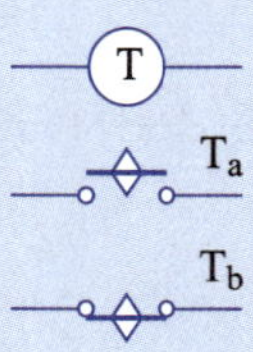	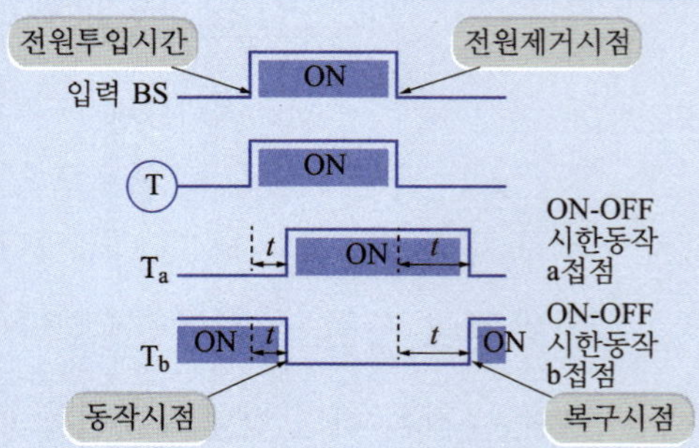

에는 전압을 인가하면 일정시간이 경과하여 접점이 닫히고(또는 열리고) 전압이 제거되면 순시에 접점이 열리는(또는 닫히는) 한시동작, 전압을 인가하면 순시에 접점이 닫히고(또는 열리고) 전압이 제거된 후 일정시간이 경과하여 접점이 열리는(또는 닫히는) 한시복귀, 전압을 인가하면 일정시간이 경과하여 접점이 닫히고(또는 열리고) 전압이 제거되면 일정시간이 경과하여 접점이 열리는(또는 닫히는) 순한시동작이 있다.

무접점 릴레이(No-contact sequence)

가동접점 부분이 없는 계전기를 말하며, 동작에서는 유접점 계전기와 다름이 없으나 반도체 기술이 현저하게 발전함과 더불어 신뢰성이 높고 뛰어난 성능(스위치 및 증폭)을 가진 다이오드, 트랜지스터, IC(집적회로) 및 SCR 등 반도체 스위치소자를 사용한 계전기가 있다. 무접점 릴레이는 장치의 소형화가 가능하고, 회로변경이 용이하며, 긴 수명과 빠른 동작속도를 갖는 특징이 있는 반면 노이즈, 서지, 온도 변화에 약하고 별도의 전원 필요하며 신뢰성이 떨어지는 단점이 있다.

(5) 전자접촉기(electromagnetic contactor)

전자석의 동작에 의해 접점을 개폐하는 기구로서 계전기의 동작과 같고 전동기 등의 동력부하에 사용된다. 접점은 주접점과 보조접점으로 나뉘어 있어 주접점은 부하의 전원을 개폐하며 보조접점은 계전기와 동일하게 제어회로에 사용된다.

전자접촉기와 열동(과부하)계전기가 일체화 된 것으로 전자접촉기에 의한 부하의 On/Off 조작과 열동계전기에 의한 과부하 보호기능을 함께 갖는 기구를 전자개폐기(electromagnetic switch)라고 한다.

(6) 열동계전기(thermal relay)

과부하[74] 전류가 흐르면 내부에서 발생된 열에 의해 바이메탈이 작동하여 접점이 차단되고 전자접촉기의 회로를 차단하여 부하와 전선의 과열을 방지하는데 사용(과부하 보호에 사용)된다.

74) 회로에 정격을 초과하여 전류가 지속적으로 흐르는 상태를 말한다.

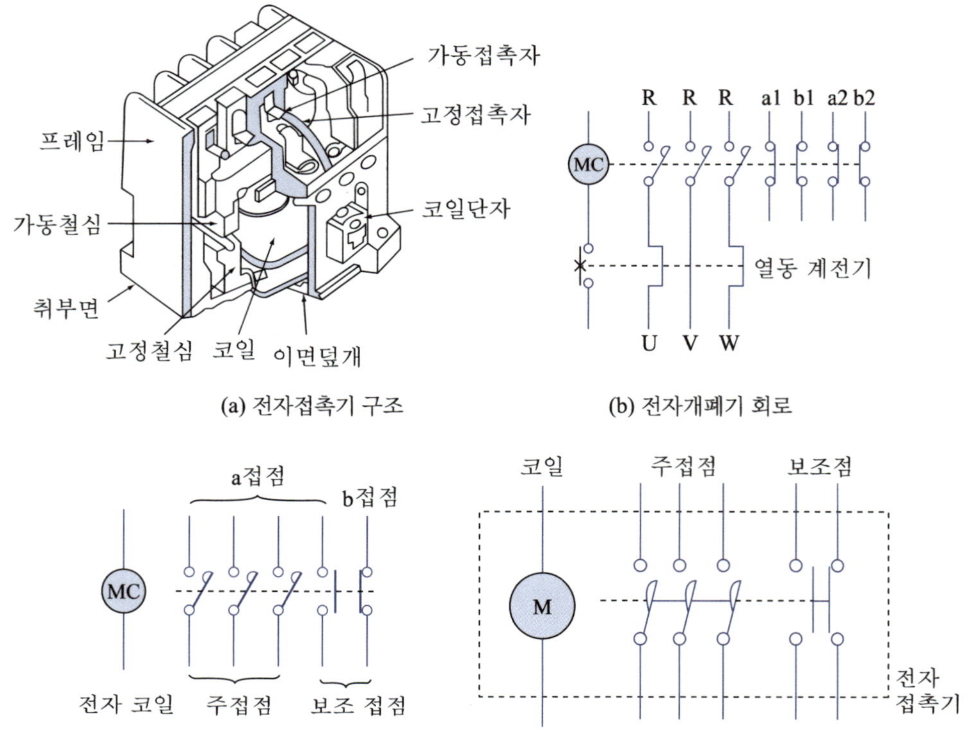

(a) 전자접촉기 구조 (b) 전자개폐기 회로

(c) 전자접촉기 기호

그림 8.7 전자접촉기 구조 및 기호

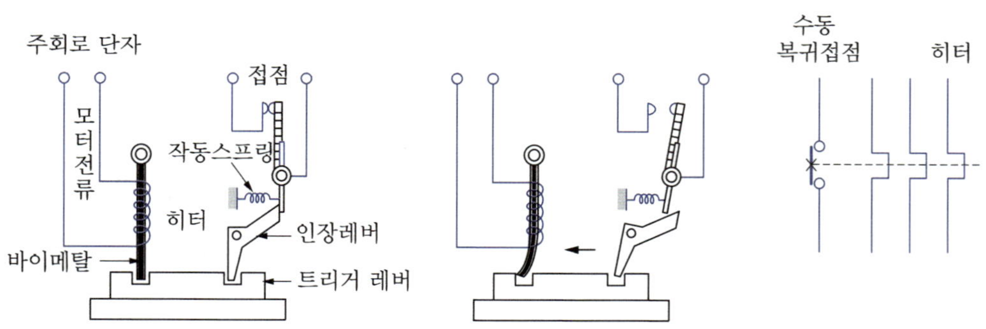

(a) 정상상태 (b) 동작상태 (c) 기호

그림 8.8 열동계전기의 작동

(7) 전자개폐기(magnetic switch)

전자접촉기(MC)와 열동형 과부하계전기(THR)를 조합하여 일체화한 것으로 전자접촉기에 의한 부하의 On, Off 조작과 열동계전기에 의한 과부하 보호기능을 함께 갖추고 있다.

표 8.5 접점의 종류와 명칭

심벌		명 칭	비 고
a 접점	b 접점		
		일반 접점(수동접점)	조작을 하면 그 상태로 유지하는 접점(텀블러 스위치, 토글 스위치)
		수동조작 자동복귀 접점	손을 떼면 복귀되는 접점 (푸시버튼 스위치)
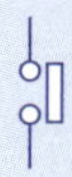		기계적 접점	접점의 개폐가 전기적 이외의 원인에 의한 것 (리미트 스위치)
		조작스위치 잔류 접점	-
		계전기 접점, 보조스위치 접점	-
		한시 동작 접점	일정시간 지연 후 작동하는 접점 (타이머)
		한시 복귀 접점	
		수동 복귀 접점	인위적으로 복귀시키는 것으로 전자석으로 복귀가능 (열동계전기)
	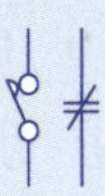	전자접촉기 접점	혼동될 우려가 없는 경우 우측 심벌도 사용 가능
		제어기 접점(드럼형, 캠형)	-

2. 기본논리회로

2.1 부울대수

임의의 회로에서 연속적인 기능을 수행하기 위한 가장 최적의 방법을 결정하기 위하여 이를 수식적으로 결정하는 방법이다.

표 8.6 부울대수의 정리

정리1	$X+0=X$	$X\cdot 0=0$
정리2	$X+1=1$	$X\cdot 1=X$
정리3	$X+X=X$	$X\cdot X=X$
정리4	$X+\overline{X}=1$	$X\cdot \overline{X}=0$
정리5	$X+Y=Y+X$	$X\cdot Y=Y\cdot X$ (교환법칙)
정리6	$X+(Y+Z)=(X+Y)+Z$	$X\cdot(Y\cdot Z)=(X\cdot Y)\cdot Z$ (결합법칙)
정리7	$X(Y+Z)=XY+XZ$	$(X+Y)\cdot(Z+W)=XZ+XW+YX+YW$
정리8	$X+XY=X$	$X+\overline{X}Y=X+Y$ (흡수법칙)
정리9	$\overline{(X+Y)}=\overline{X}\cdot\overline{Y}$	$\overline{(X\cdot Y)}=\overline{X}+\overline{Y}$

2.2 기본논리회로

논리회로는 전압이나 전류의 높고 낮음 중에서 어느 것을 0 또는 1로 선택하느냐 하는 것은 설정자가 임의로 선택할 수 있지만, 일반적으로 높은 레벨 H(high)를 1로, 낮은 레벨 L(low)을 0으로 사용되거나 On을 1로 Off를 0으로 표현하게 된다. 이러한 논리를 정논리(positive logic)라 한다. 이와 반대인 H=0, L=1로 취하면 부논리(negative logic)가 된다. 일반적으로 특별한 명시가 없으면 정논리가 사용된다.

(1) AND 회로(논리적 회로)

입력단자 A, B 중 모두 On 되어야 출력이 On 되고 그 중 어느 한 단자라도 Off

되면 출력이 Off 되는 회로로서 논리식은 $X = \mathrm{A} \cdot \mathrm{B}$이다.

표 8.7 AND 회로

유접점	무접점	진리표

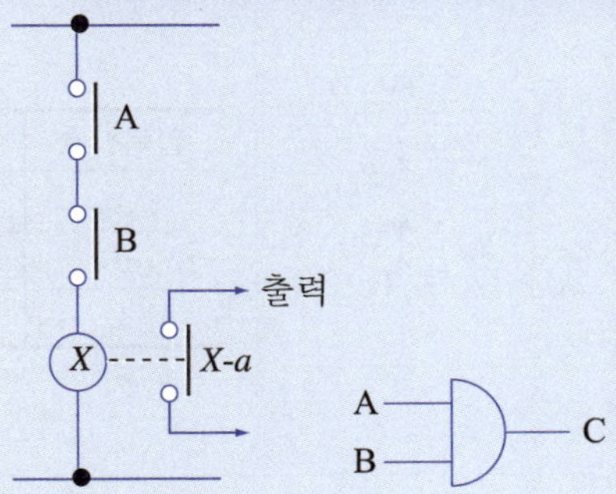

(a) AND 회로 (b) AND 게이트

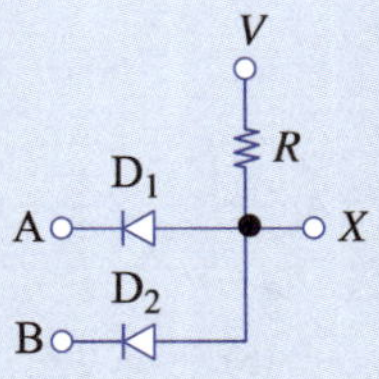

입력신호		출력신호
A	B	C
0	0	0
1	0	0
0	1	0
1	1	1

(2) OR 회로(논리화 회로)

입력단자 A, B 중 어느 하나라도 On 되면 출력이 On 되고 A, B 모든 단자가 Off 되어야 출력이 Off 되는 회로로서 논리식은 $X = \mathrm{A} + \mathrm{B}$이다.

표 8.8 OR 회로

유접점	무접점	진리표

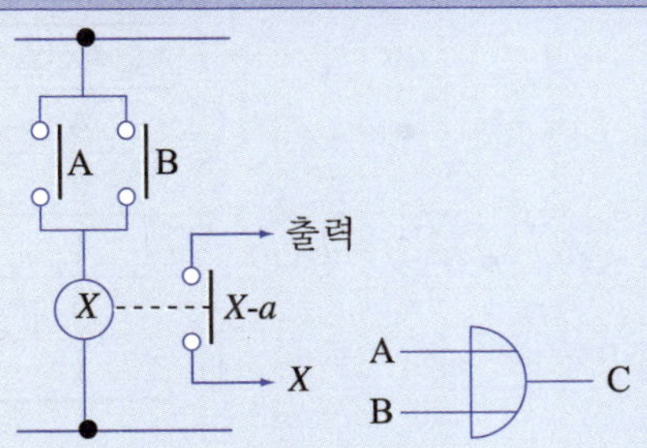

(a) OR 회로 (b) 논리기호

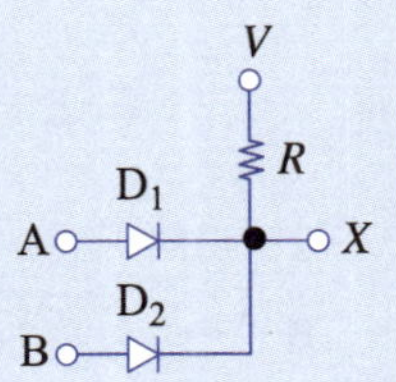

입력신호		출력신호
A	B	C
0	0	0
1	0	1
0	1	1
1	1	1

(3) NOT 회로(부정회로)

입력이 On 되면 출력이 Off 되고 입력이 Off 되면 출력이 On 되는 회로로서 논리식은 $X=\overline{\mathrm{A}}$ 이다.

표 8.9 NOT 회로

유접점

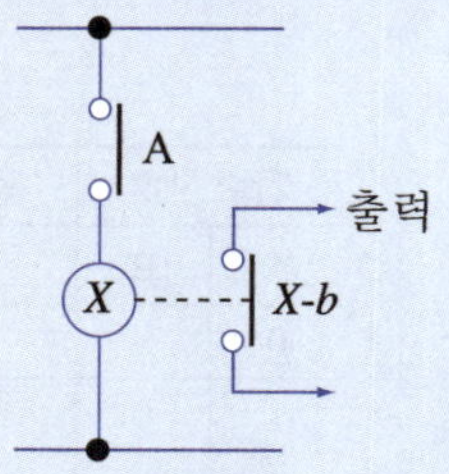

(a) NOT 회로

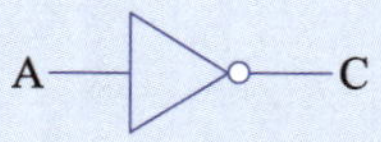

(b) 논리기호

무접점

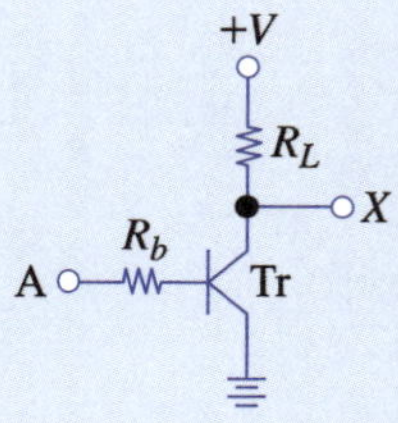

진리표

입력신호	출력신호
A	C
0	1
1	0

(4) NAND 회로(논리적 부정회로)

입력단자 A, B 중 어느 하나라도 Off 되면 출력이 On 되고, 입력단자 A, B 모두가 On 되어야 출력이 Off 되는 회로로서 논리식은 $X=\overline{\mathrm{A}\cdot\mathrm{B}}$ 이다.

표 8.10 NAND 회로

유접점

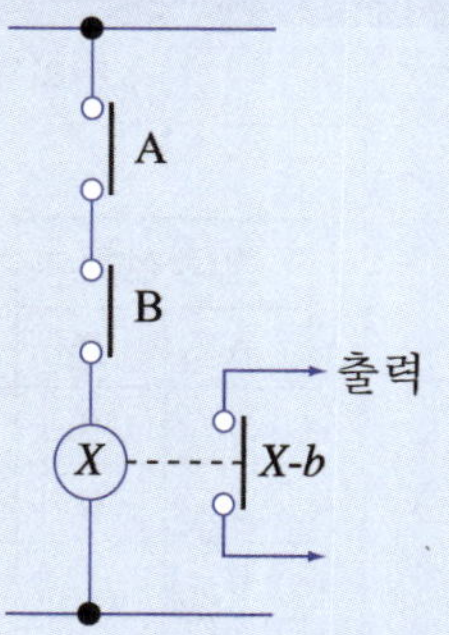

(a) NAND 회로

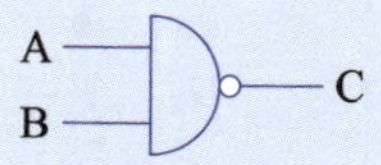

(b) 논리기호

무접점

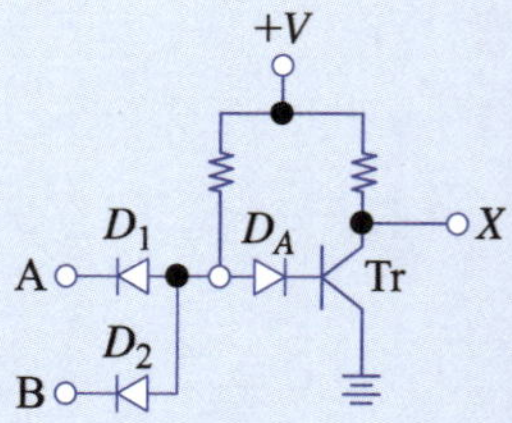

진리표

입력신호	출력신호
A	B
0	0
1	0
0	1
1	1

(5) NOR 회로(논리화 부정회로)

입력 A, B 중 모두 Off 되어야 출력이 On 되고 그 중 어느 입력단자 하나라도 On 되면 출력이 Off 되는 회로로서 논리식은 $X=\overline{\mathrm{A}+\mathrm{B}}$ 이다.

표 8.11 NOR 회로

유접점

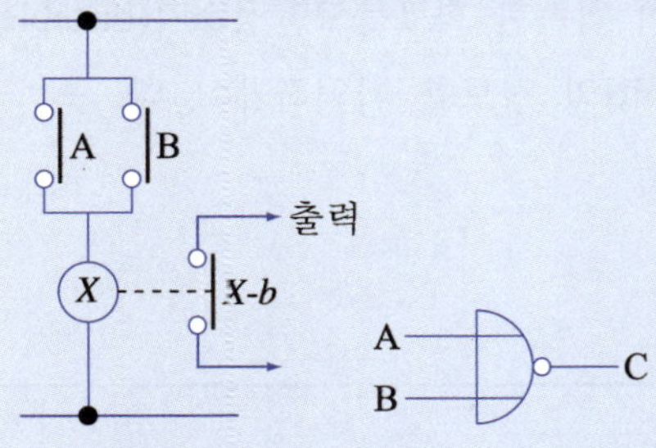

(a) NOR 회로 (b) 논리기호

무접점

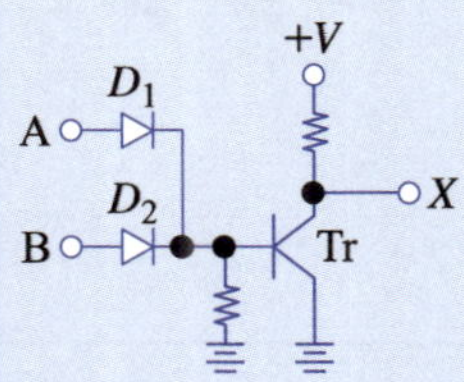

진리표

입력신호		출력신호
A	B	C
0	0	1
1	0	0
0	1	0
1	1	0

(6) Exclusive OR(배타적인 논리회로)

A, B 두 개의 입력 중 어느 하나만 입력할 때 출력이 On 상태가 나오는 회로로서 논리식은 $X = \overline{A} \cdot B + A \cdot \overline{B}$ 이다.

표 8.12 ExOR 회로

유접점

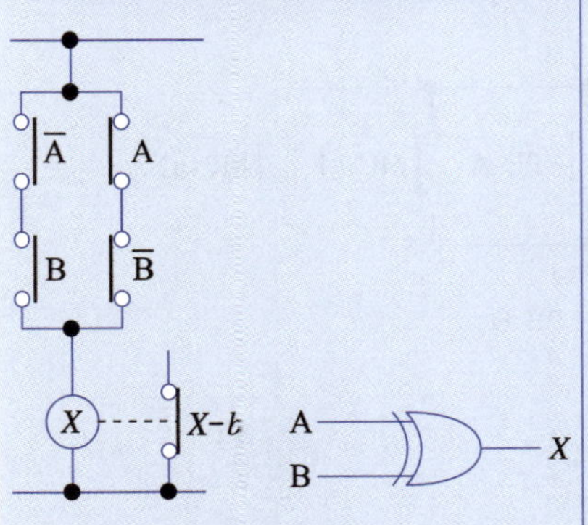

(a) ExOR 회로 (b) 논리기호

무접점

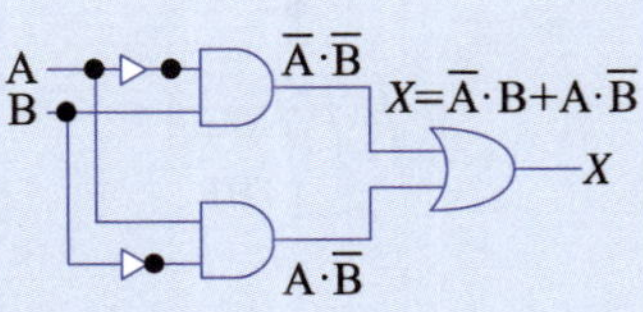

진리표

입력신호		출력신호
A	B	C
0	0	0
0	1	1
1	0	1
1	1	0

(7) Flip Flop 회로

어떤 상태를 바꾸도록 명령하는 입력이 있을 때까지 현재의 상태를 유지하는 것을 Flip Flop이라고 한다. 릴레이 회로에서 접점을 사용할 경우 1, 사용하지 않을 경우를

0으로 하는 2가지 상태가 있는 데 1의 상태를 set, 0의 상태를 reset이라고 한다. set 또는 reset을 입력할 때 다음에 반대의 입력이 있을 때까지 0 또는 1의 상태를 계속 유지한다. 유지된 상태를 출력으로 하여 접속한 회로를 2안정소자(bistable element) 또는 flip-flop(FF)이라고 하며, FF는 1[bit]의 정보를 기억하게 된다.

3. 시퀀스 기본 제어회로

3.1 자기유지 회로(self holding circuit)

자기유지 회로는 푸시버튼 등의 순간동작으로 만들어진 입력신호가 계전기에 가해지면 입력신호가 제거되어도 계전기의 동작을 계속적으로 지켜주는 회로이다. 이 회로는 제어계의 가장 기본이며 유지형 스위치를 사용하지 않고 자기유지 회로를 이용하는 이유는 공급 전원이 무단으로 차단된 후 재공급될 경우의 회로를 보호하기 위함이다.

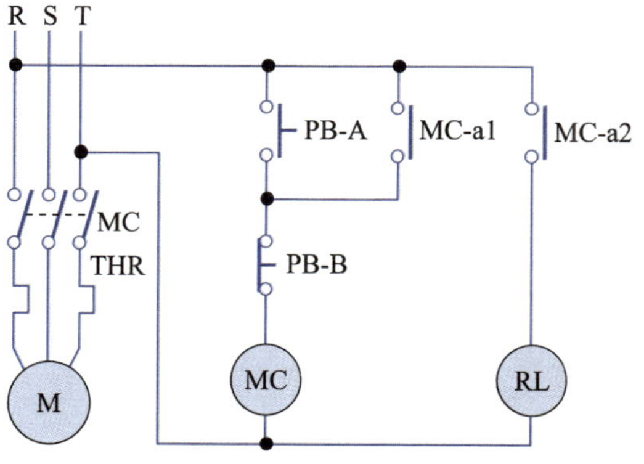

그림 8.9 자기유지 회로

(1) 정지우선회로

SET(기동)와 RESET(정지) 신호가 동시에 입력될 경우 자기유지 회로가 출력을 나타내지 않는 회로이다. 회로 동작은 먼저 SET 버튼 스위치(기동신호)를 누르면 릴레이

Ⓧ가 여자되어 기억접점 X와 출력접점 X가 On 된다.

SET 버튼이 복귀되어도 기억접점 X로 릴레이 Ⓧ를 계속 여자[勵磁]시키므로 출력이 나오게 되며, RESET 버튼 스위치(정지신호)를 누르면 Ⓧ가 소자[消磁]되어 출력이 끊긴다. 따라서 이것을 정지우선회로 또는 RESET 우선회로라고 한다. 논리식은 $X = (SET + X) \cdot \overline{RESET}$ 이다.

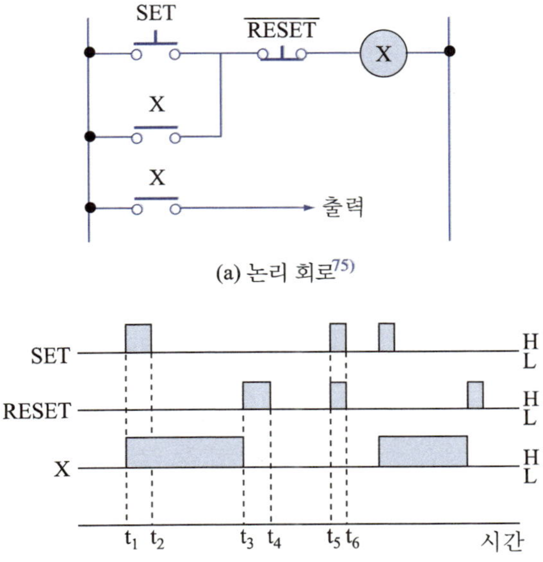

(a) 논리 회로[75)]

(b) 타임 차트[76)]

그림 8.10 정지우선회로

(2) 기동우선회로

SET와 RESET 버튼을 동시에 누르면 즉, 기동과 정지신호가 동시에 입력될 경우 기동신호가 우선하여 출력신호를 내는 회로이다. 즉, SET 우선이 된다. 이와 같은 회로는 정보회로에 사용되며, 논리식은 $X = SET + (X \cdot \overline{RESET})$이다.

75) 논리 기호를 사용하여 신호처리회로를 그림으로 나타낸 것이다.

76) 제어계의 각 접점 및 제어장치의 시간적인 동작 상태를 그림으로 표현한 것(제어요소간의 동작 상황 비교 가능)이다.

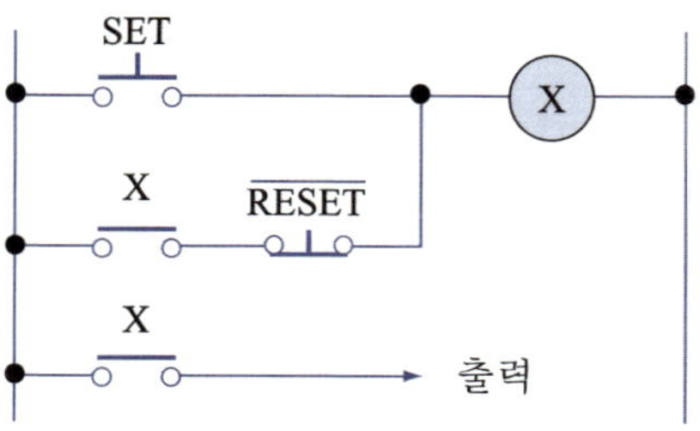

(a) 논리 회로

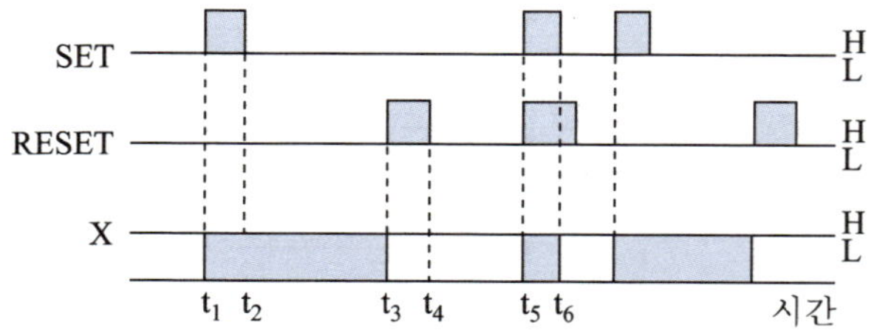

(b) 타임 차트

그림 8.11 기동우선회로

3.2 인터로크 회로(선행우선 기억회로)

입력에 들어가는 여러 신호 중 가장 먼저 들어간 신호를 우선으로 하고 뒤에 들어간 것을 금지하는 회로이다. 이 회로는 기기의 보호와 조작자의 안전을 목적으로 기기의 동작상태를 나타내는 접점을 사용하여 관련된 기기의 동작을 금지하는 회로로 주로 전동기의 정역전 운전회로에 이용되며, 논리식은 $X_A = A \cdot \overline{X_B}$, $X_B = B \cdot \overline{X_A}$ 이다.

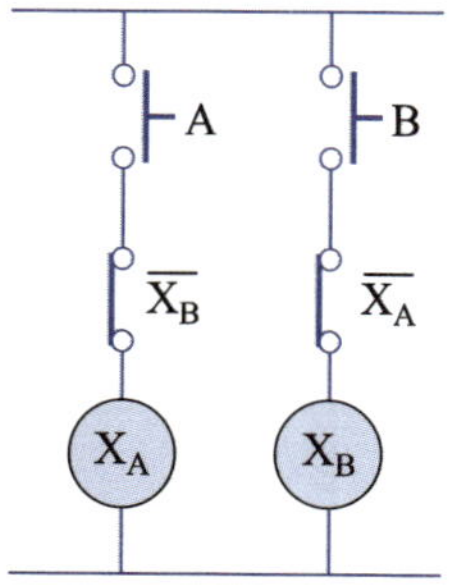

(a) 논리 회로

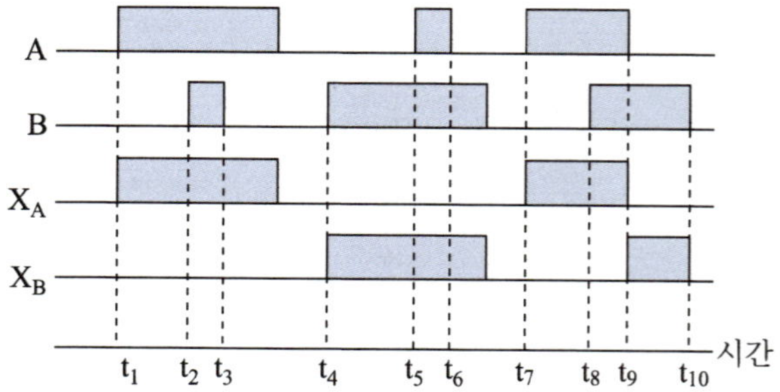

(b) 타임 차트

그림 8.12 인터로크 회로

3.3 시간지연 동작회로

그림 8.13(a)는 타이머에 전압이 가해지고 일정시간 경과 후 접점(한시동작 순시복귀접점)이 닫히고(b 접점의 경우 열린다) 전압이 끊기면 접점이 순시에 복귀되며, 그림 8.13(b)는 타이머에 전압이 가해지면 접점(순시동작 한시복귀접점)이 순시에 닫히고 타이머에 전압이 끊기면 일정시간 후에 접점이 복귀된다. 시간지연 동작에 대한 신호, 접점 및 동작을 표 8.13에 나타내고 있다.

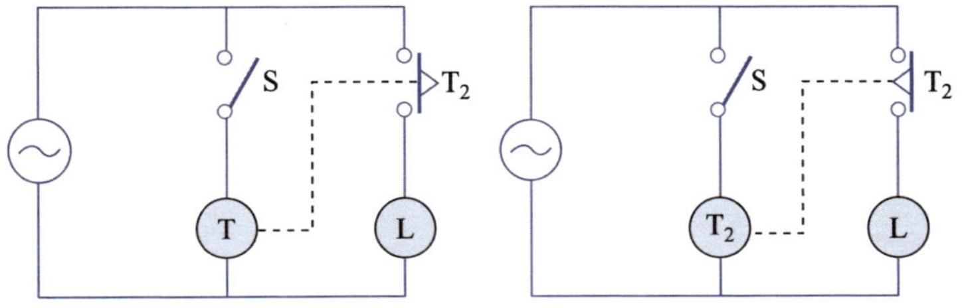

(a) On delay (b) Off delay

그림 8.13 시간지연 동작회로

표 8.13 시간지연 동작

신 호			접점심벌	동 작
입력신호(코일)			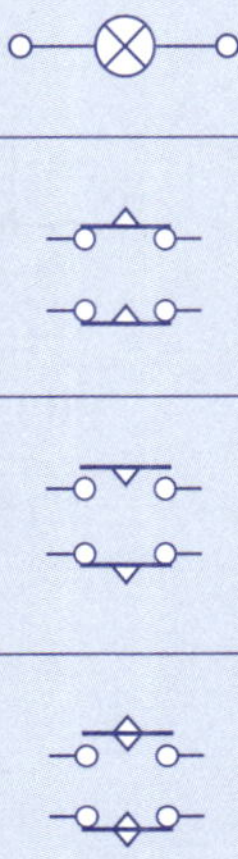	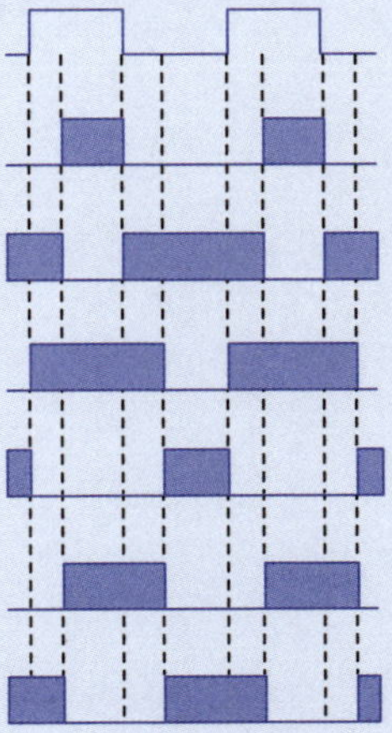
출력신호	시한동작 회로	a 접점		
		b 접점		
	시한복귀 회로	a 접점		
		b 접점		
	뒤진 회로	a 접점		
		b 접점		

4. 시퀀스 제어

제어의 대상에 대해서 제어하고자 하는 양을 계측하여 목표값과 비교하고, 그 사이의 차이를 자동적으로 맞도록 조정하는 제어로서 제어방법에는 인간의 판단과 조작으로 제어하는 수동제어와 제어장치에 의해 자동으로 제어하는 자동제어가 있다. 신호의 유, 무의 제어명령만을 자동으로 행하는 정성적 제어(2진 신호)와 신호가 적은 값부터 높은 값까지 여러 가지 형태로 제어(아날로그 신호)하는 정량적 제어가 있다.

4.1 시퀀스 표시

시퀀스 제어에 사용되는 각종 기기들은 정해진 기호를 사용하여 시퀀스도[77]에 표시하는 데 일반적으로 기호 옆에 시퀀스 제어의 기호를 표시한다. 시퀀스도의 주회로는 보통 굵은 선을 사용하고 제어 회로는 가는 선을 사용하며, 기기 상호간의 접속은 그림 8.14의 그림처럼 실선으로 표시된다. 도선의 분기나 접속은 검게 칠한 작은 원을 그려서 그 부분이 접속되어 있다는 것을 표시한다. 그리고 그림 8.15에서처럼 전원은 생략하는 데 직류전원은 위쪽에 양극, 아래쪽에 음극으로 표시하고, 교류전원은 각 R, S, T 상으로 표시한다.

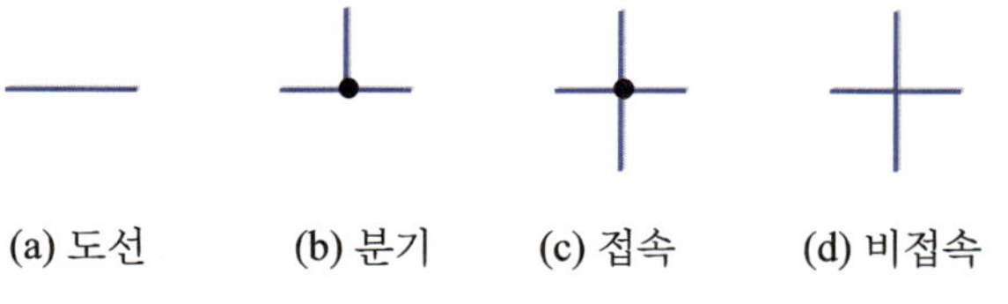

그림 8.14 도선 표시

77) 가장 많이 사용하는 방법으로 시퀀스 제어를 사용한 전기장치 및기기 기구의 동작을 기능 중심으로 표시한 도면으로 시퀀스 제어기호를 사용하여 작성한다.

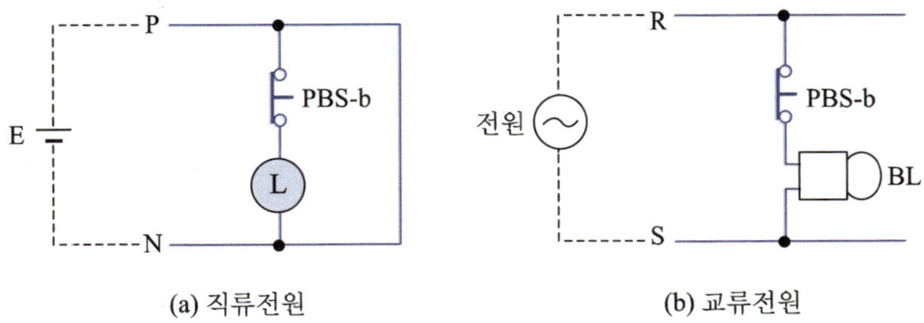

그림 8.15 전원 표시

4.2 시퀀스도 작성

시퀀스도 작성은 제어기기를 연결하는 접속선이 수평이나 수직으로 표시하는 횡서와 종서가 있으며 회로도는 반드시 동작 전의 상태로 나타낸다. 횡서 시퀀스도는 접속선 내에 대부분의 신호흐름이 좌우방향으로 그리며 접속선은 좌우방향, 즉 제어 전원

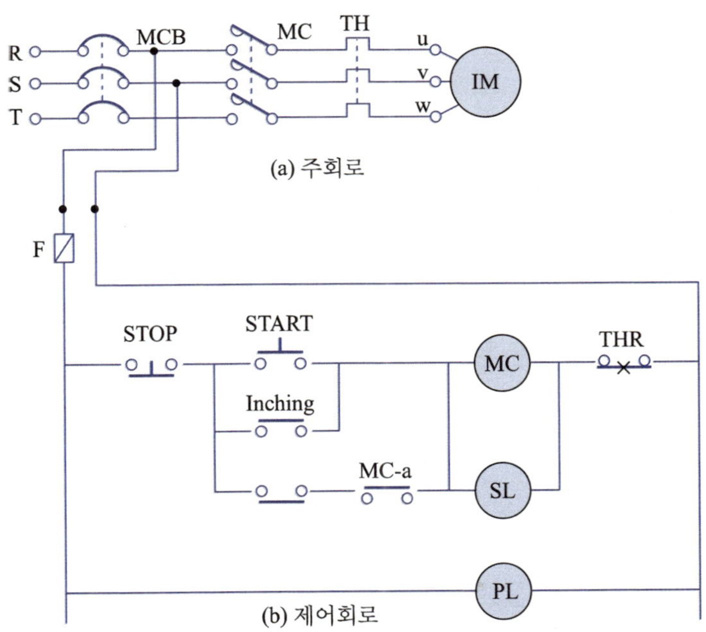

그림 8.16 주회로 및 제어회로 연결 예

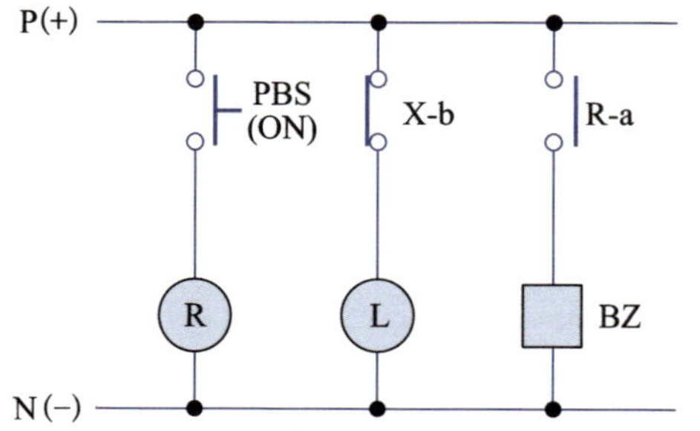

그림 8.17 종서 시퀀스도의 제어기기 접속 예

모선사이에 횡선으로 표시하고 동작 순서에 따라 위에서 아래로 그린다. 그리고 주회로의 차단기, 접촉기, 전동기 등의 기호를 그리고 부호를 붙여 주회로를 그린다. 마지막으로 푸시버튼 스위치, 접촉기 코일 등을 도면에 간격을 두면서 제어회로를 완성한다. 주의할 것은 먼저 회로의 전압과 +, −극성을 우선 구분하고, 제어회로 전압(약전)과 동력회로(강전)를 구분한다. 일반적으로 스위치, 센서 등 입력부는 좌단(혹은 상단)에 표시하고 출력부에 속하는 구동부(동작부)는 우단(혹은 하단에 표시)하는 데 논리의 전개 순서대로 좌에서 우로(혹은 상에서 하단으로) 표시한다. 입력부와 출력부의 구분을 뚜렷이 하고 논리의 전개, 단자 접속을 명확히 해야 한다.

4.3 시퀀스 제어회로

(1) 단상 전동기

자기유지 회로를 응용한 단상 전동기의 기동 회로와 타임 차트는 그림 8.18과 같으며 동작은 다음과 같다.

(가) 먼저 전원의 투입과 차단은 배선용 차단기(MCCB)를 이용한다.

(나) 누름버튼스위치를 누르면(PB-On) 전자접촉기(MC)에 전류가 흘러 여자 되며, 이와 연동하여 자기유지접점(보조접촉기, MC-a)이 폐로 되어 자기유지 회로가 구성됨과 동시에 전자접촉기가 동작하여 주접점(MC)이 On 되어 전동기가 작동한다.

(다) PB-On에서 손을 떼어도 자기유지접점(MC-a)이 계속 폐로 되어 있어 전동기가 계속 작동한다.

(라) 운전 중인 전동기를 정지시키기 위해 PB-Off를 누르면 전자접촉기(MC) 코일에 전류가 흐르지 않게 되어 소자되고 이와 연동하여 보조접촉기(MC-a)가 개로 되어 자기유지 회로가 취소됨과 동시에 전자접촉기(MC)가 개로 되어 전동기가 정지하게 된다.

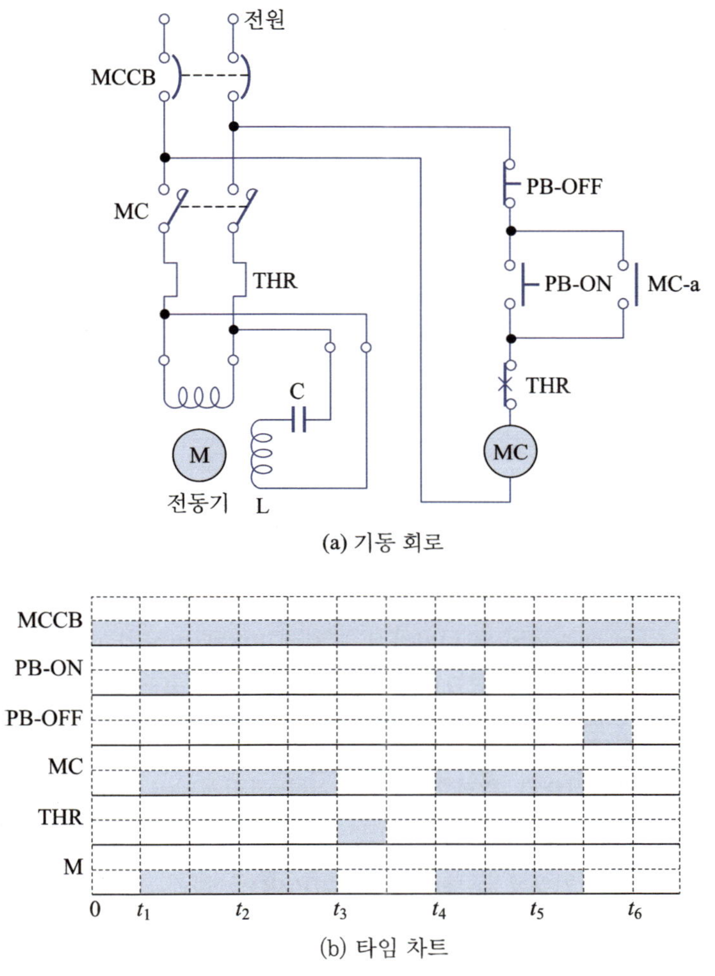

그림 8.18 단상 전동기의 기동 회로 및 타임 차트

(2) 3상 전동기의 정 · 역전 회로

인터로크 회로를 이용한 3상 전동기의 정 · 역전 운전 제어회로를 그림 8.19에 나타내고 있으며 동작은 다음과 같다.

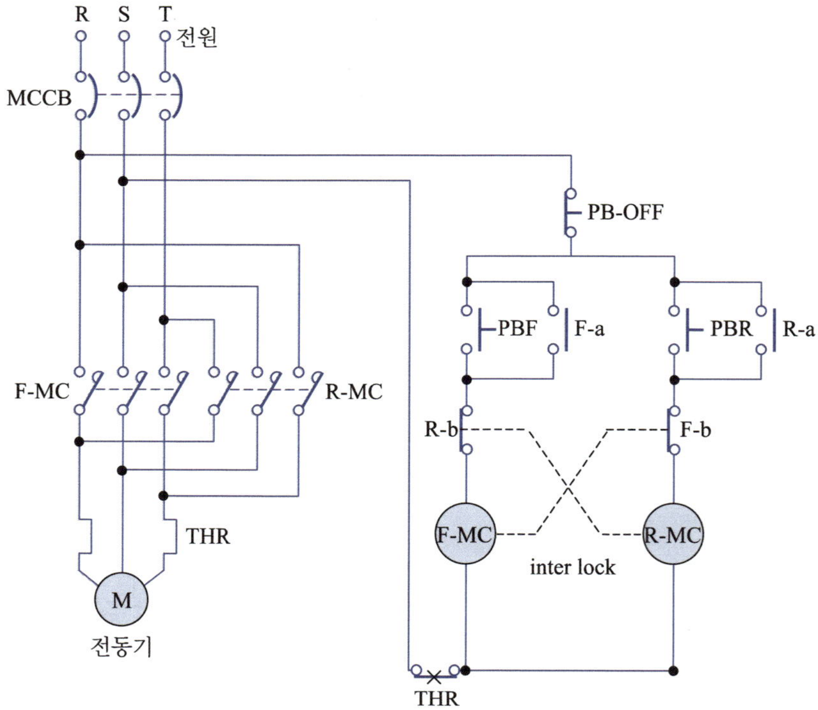

그림 8.19 3상 전동기의 정·역전 회로

(가) 배선용 차단기(MCCB)를 누른 후 정회전 기동용 누름버튼스위치(PBF)를 누르면 전동기가 정회전함과 동시에 F-b가 떨어져 인터로크 회로를 구성하므로 역회전 기동용 누름버튼스위치(PBR)를 눌러도 역회전 전자코일에는 전류가 흐르지 않아 여자 되지 않는다.

(나) 정회전으로 운전 중에 전동기를 역회전시킬 필요가 있는 경우에는 먼저 정지용 스위치(PB-Off)를 눌러 각 접점(F-MC)을 소자시켜 원 상태로 복귀시킨 후 역회전 기동용 누름버튼스위치(PBR)를 눌러 인터로크 회로에 내장된 R-MC를 여자 시키면 된다.

(다) 이 때 누름버튼스위치(PBF)를 눌러도 R-b가 열려 있어 정회전용 인터로크 회로에 내장된 F-MC는 여자 되지 않는다. 3상 유도 전동기의 회전 방향을 바꾸려면 3선의 입력 전원 중 2선을 바꾸어 주면 회전 방향이 바꾸어진다.

(3) 3상 유도 전동기의 기동정지회로

3상 유도 전동기를 기동 및 정지시킬 수 있는 회로를 그림 8.20에서 나타내고 있으며 동작은 다음과 같다.

(가) 배선용 차단기(MCCB)를 투입하면 정지표시등(GL)이 점등된다.

(나) 누름버튼스위치(PB_2)를 누르면 전자접촉기(MC)가 여자 되어 전자접촉기의 보조접점(MC-a)이 폐로 되어 자기유지 되며, 보조접점 a, b에 의해 정지표시등(GL)은 소등되고 기동표시등(RL)은 점등된다.

(다) 이와 동시에 전자접촉기(MC)의 주접점이 닫혀 3상 유도 전동기(IM)가 기동하게 된다.

(라) 운전 중 PB_1을 누르거나 전동기에 과부하가 발생되어 THR이 작동하면 전자접촉기가 소자 되어 자기유지가 해제되고, 주접점이 열려 유도 전동기는 정지한다. 또한 정지표시등(GL)이 점등되고 기동표시등(RL)이 소등된다.

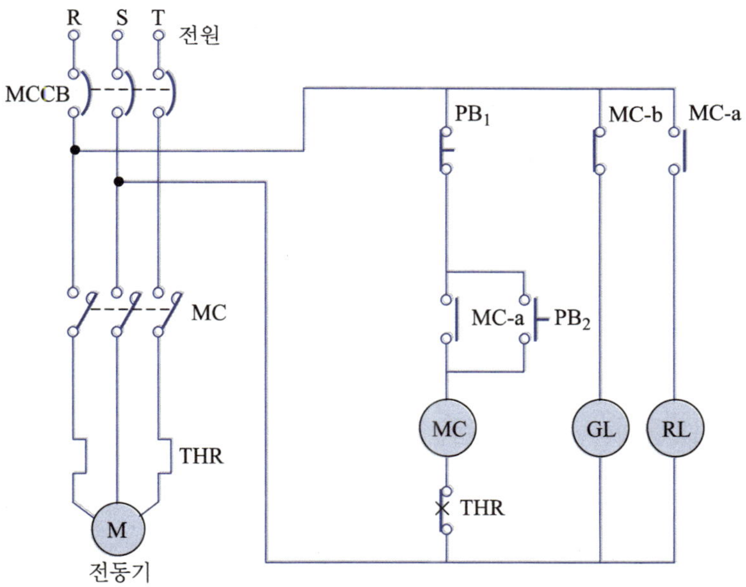

그림 8.20 3상 유도 전동기의 기동정지회로

그림 8.21의 기동정지회로의 동작은 다음과 같다.

(가) 배선용 차단기(MCCB)를 누르면 정지표시등(GL)이 점등되는 데 이때 PB_3 또는 PB_4를 누르면 전자접촉기(MC)가 여자 되는 데 보조접점(MC-a)이 폐로 되어 자기유지 된다.

(나) 표시등(GL)이 소등되고 기동표시등(RL)이 점등되며 전자접촉기 주접점이 닫혀

3상 유도 전동기(M)가 기동하게 된다.

(다) 운전 중 PB_1 또는 PB_2를 누르거나 전동기에 과부하가 발생되어 THR이 작동하면 전자접촉기(MC)가 여자 되어 자기유지가 해제되고, 주접점이 열려 유도 전동기는 정지한다(이때 GL은 점등되고, RL은 소등된다.).

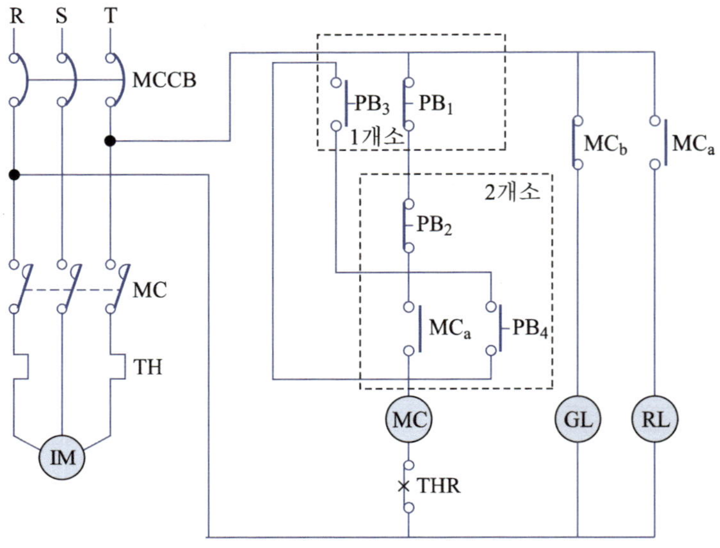

그림 8.21 3상 유도 전동기의 기동정지회로(2개소)

(4) 자동화재탐지설비의 회로

자동화재탐지설비의 회로를 그림 8.22에서 나타내고 있다.

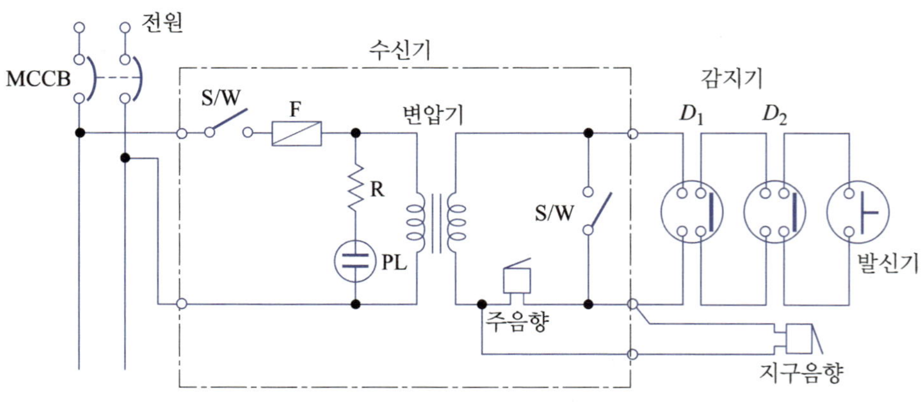

그림 8.22 자동화재탐지설비 회로

(가) 회로에 전원이 공급되고, 수신기의 스위치(S/W)를 누르면 전원램프(PL)가 점등된다.

(나) 화재가 발생하여 주위 온도가 상승되거나 연기 농도가 많아지면, 감지기(D_1 및 D_2) 접점이 폐로 되어 수신기 내부의 주음향장치(BZ_1) 및 경계구역의 지구음향장치(BZ_2)가 동시에 화재 경보를 울린다.

(다) 수동 발신기 내의 누름스위치를 누르면 신호가 수신기로 보내지면서 주음향장치(BZ_1) 및 지구음향장치(BZ_2)가 동작하여 화재 경보를 울린다.

(5) 비상전원의 자동절환회로

비상전원의 자동절환회로를 그림 8.23에서 나타내고 있다.

(가) 배선용 차단기(MCCB)로 전원을 공급한 후 누름버튼스위치(PB_1)를 누르면 전자접촉기(MC_1)가 여자 되고 운전표시등(RL)이 점등되며, 보조접점(MC_1-a)이 폐로 되어 자기유지 되면서 주접점(MC_1)이 닫히고 상용전원에 의해 유도 전동기(M)가 운전하게 된다.

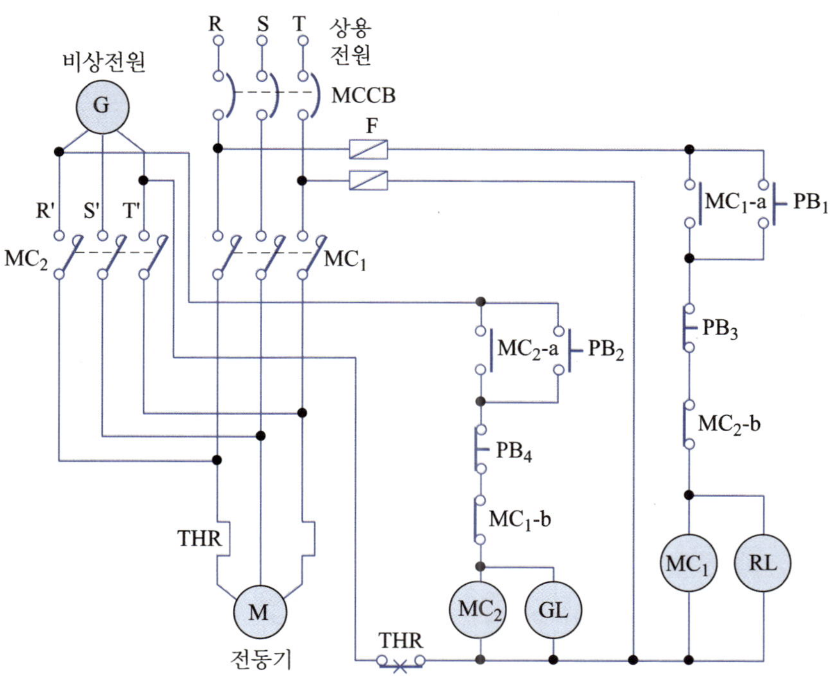

그림 8.23 비상전원 자동절환회로

(나) 보조접점(MC_1-a)이 폐로 되면서 자기유지 회로가 구성될 때 보조접점(MC_1-b)이 개로 되어 전자접촉기(MC_2)가 동작되지 못하도록 한다.

(다) 상용전원으로 운전 중에 누름버튼스위치(PB_3)를 누르면 전자접촉기(MC_1)에 소자 되어 3상 유도 전동기는 정지하고, 상용전원 운전표시등(RL)이 소등된다.

(라) 상용전원 정전 시 비상전원으로 절환하기 위하여 PB_2를 누르면 MC_2가 여자 되어 전동기(M)가 회전하고, 표시등(GL)이 점등되며, 보조접점(MC_2-a)이 폐로 되어 자기유지 회로를 구성하게 된다. 또한 보조접점(MC_2-b)이 개로 되어 전자개폐기(MC_1)에 전기가 공급되지 못하게 한다.

(마) 예비전원으로 운전 중 상용전원으로 절환하기 위하여 PB_4를 누르면 MC_2가 소자되어 유도 전동기는 정지하고, 예비전원 운전표시등(GL)은 소등된다. 그리고 상용전원으로 운전을 재개하려면 앞의 수행 과정으로 돌아가 반복하면 된다.

(6) 3상 유도 전동기의 Y-Δ 기동 회로

3상 유도 전동기의 Y-Δ 기동 회로를 그림 8.24에서 나타내고 있다.

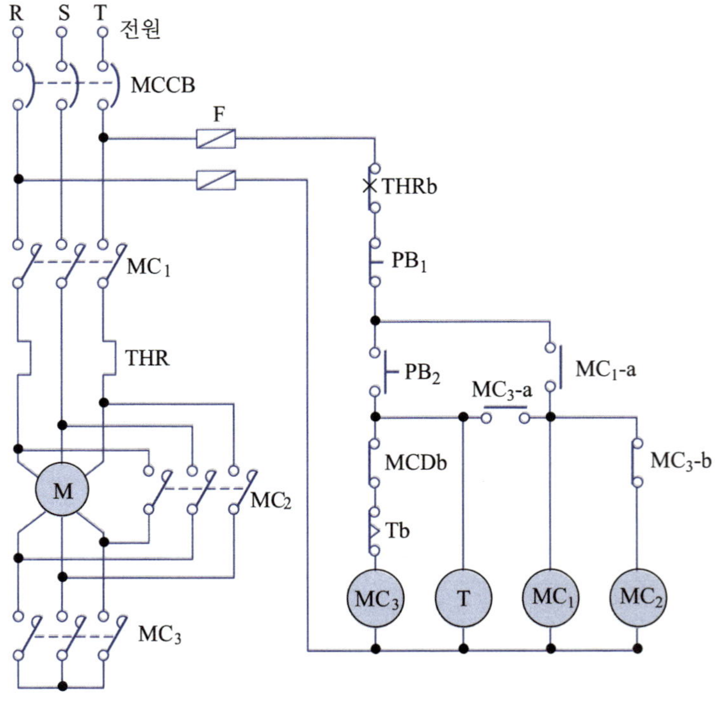

그림 8.24 3상 유도 전동기의 Y-Δ 기동 회로

(가) 배선용 차단기(MCCB)를 투입하고 누름버튼스위치(PB_2)를 누르면 여자코일(MC_3) 및 타이머(T)가 여자 된다. 전자접촉기 보조접점(MC_3-a)이 개로 되어 MC_1이 여자 되고, MC_1-a가 폐로 되어 자기유지 회로를 구성한다. 그러나 MC_3-b가 개로 되어 코일(MC_2)에는 전기가 공급되지 않는다.

(나) 주접점(MC_3) 및 전자접촉기(MC_1)가 닫히게 되어 3상 유도 전동기는 Y 결선으로 기동한다.

(다) 타이머의 전기공급 상태에서 타이머(T)의 설정시간이 지나면 한시동작 순시복귀 Tb가 개로 되면서 코일(MC_3)이 자력을 잃어(소자) 주접점(MC_3)이 열리고, 코일(MC_2)이 여자 되어 주접점(MC_2)이 폐로 되어 전동기는 Δ 결선으로 운전하게 된다.

(라) 정상 운전 중에 누름버튼스위치(PB_1)를 누르거나 전동기에 과부하가 걸려 열동계전기(THR)가 작동하면 동작 중에 있는 코일 MC_1, MC_2, T 등이 자력을 잃어 전동기는 정지한다. 이와 같은 반복적인 과정으로 3상 유도 전동기의 기동과 정지가 이루어진다.

(7) 한시동작 운전회로

기동스위치를 누르면 즉시 전동기가 기동하여 운전하다가 설정시간 후에는 자동으로 정지하고, 설정된 정지시간 이후에 자동으로 재기동하여 기동과 정지 동작이 반복 운전되는 회로이다. 한시동작 회로는 그림 8.25와 같다.

(가) 기동용 스위치(PBS(on))를 누르면 계전기(ST)가 동작하는 데 전자접촉기(MC)가 여자 되어 전동기의 주접점(MC)을 폐로 시켜 전동기가 기동한다.

(나) 한시동작계전기(TR_1)의 설정시간(T_1)이 경과하면 한시동작 a 접점 TR_1-a는 폐로 되어 전자계전기(MR)가 여자 됨과 동시에 전자접촉기(MC)가 소자 되어 주접점(MC)은 개로 되고 전동기는 정지한다.

(다) 한시동작계전기(TR_2)의 설정시간(T_2)이 경과하면 한시동작 b 접점 TR_2-b가 개로 되면서 전자계전기의 b 접점이 복귀하고 전자접촉기(MC)가 여자 되어 전동기는 운전하게 된다.

(라) 이때 한시동작계전기(TR_1)도 여자 되어 (가)의 전동기 기동과 같이 반복 동작되며 시한 운전, 시한정지가 반복적으로 계속된다.

(마) 운전 중에 정지용 스위치(PBS(Off))를 누르면 계전기(ST)가 소자 되어 접점

(ST-a)이 복귀되고 전자접촉기(MC)가 소자되어 주접점(MC)이 개로 되면서 전동기가 정지한다. 또는 운전 중에 과부하가 발생되면 열동계전기(TH)에 의해 열동계전기 접점(TH-b)이 개로 되어 전동기는 정지한다.

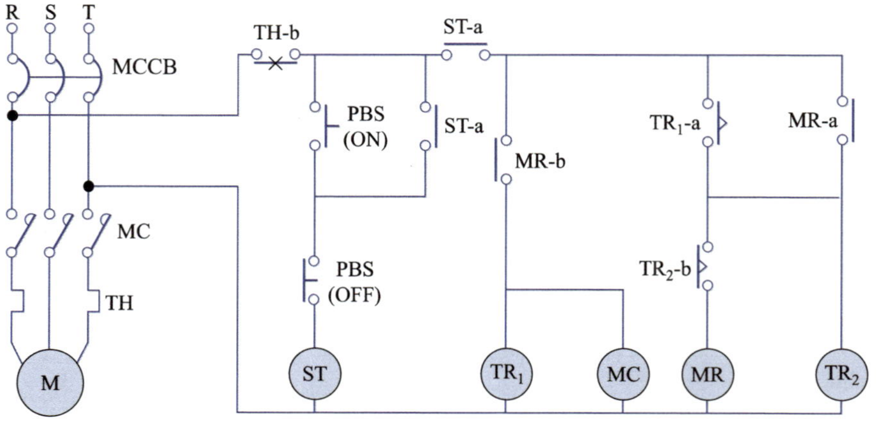

(a) 한시동작 운전회로

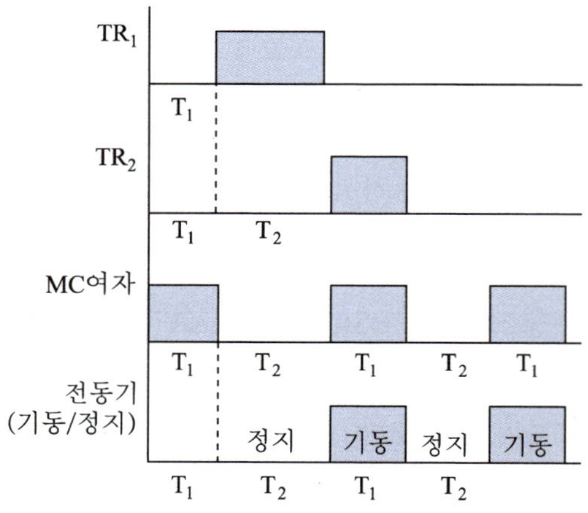

(b) 한시동작계전기의 타임 차트

그림 8.25 한시동작 운전회로 및 타임 차트

Chapter 9

전기계측

1. 전기측정 기초

1.1 단위

전기적인 양의 크기를 측정하기 위해서는 계측기가 필요하다. 전기회로에서 R, L, C 소자의 용량, 직류 및 교류 회로의 전류·전압·전력 등의 각종 전기량이 시간에 따라 변할 경우에는 이에 적당한 전기 계측기를 사용해야 한다.

측정(measurement)이란 어떤 물리량이나 변수의 크기를 결정하여 수량적으로 나타내는 것을 말하며, 측정에 필요한 장치를 측정기, 계측기 또는 계기라고 한다.

물리적인 양을 수량적으로 나타내려면 측정하고자 하는 양과 종류가 같은 비교 기준이 필요한데, 이 비교 기준을 단위(unit)라고 한다. 길이, 질량, 시간을 기본 단위(fundamental unit)라 하며, 기본 단위를 [m], [kg], [s]로 하는 단위계를 MKS 단위계라고 하고, [cm], [g], [s]로 하는 단위계를 CGS 단위계라고 한다. 기본 단위로부터 이론적으로 유도된 단위를 유도 단위라고 한다.

전기 공학에서는 MKS 단위계를 주로 사용하며, 전기에 자주 사용되는 MKS 단위의 예를 표 9.1에 나타낸다. MKS 단위는 실용적으로 차원(dimension)[78]이 너무 크기 때문에 CGS 단위계를 사용하기도 하는데, CGS 단위계에는 CGS 정전 단위와 CGS 전자 단위가 있다.

표 9.1 MKS 단위의 예

양	단위명	기호	양	단위명	기호
길이	미터	m	전압	볼트	V
질량	킬로그램	kg	전류	암페어	A
시간	초	s	저항	옴	Ω
광도	칸델라	Cd	전기량	쿨롱	C
압력, 응력	파스칼	Pa	정전용량	패럿	F
힘	뉴턴	N	인덕턴스	헨리	H
전력	와트	W	자속	웨버	Wb
에너지	줄	J	자속밀도	테슬라	T
주파수	헤르쯔	Hz	기자력	암페어횟수	AT

78) 유도 단위 속에 기본 단위가 어떻게 포함되어 있는가를 기호로서 나타낸 것이다.

1.2 지시계기의 구성 요소

지시계기(indicating instrument)는 측정하려는 전기량인 전압, 전류, 전력, 주파수 등을 지침 등으로 직접 눈금판에 지시함으로써 그 값을 읽을 수 있다. 지시계기는 보조 전원이나 특별한 조작이 필요 없고, 측정이 간편하고, 취급이 쉬우며 구조가 비교적 간단하다. 수명이 길고 가격이 싸서 정밀 측정을 요구하지 않는 현장 계측이나 공업 계측에 많이 사용된다.

지시계기는 고정 부분과 가동 부분으로 되어 있으며, 계기의 기능상으로 구분하면 구동 장치, 제어 장치, 제동 장치[79]로 되어 있다.

구동 장치(driving device)는 측정하고자 하는 전기량에 비례하는 구동력 또는 구동 토크(torque)를 발생하여 가동부를 변위시키기 위한 장치이다. 구동 토크를 발생시키는 방법은 다음과 같이 전자력, 정전력, 유도작용, 열작용 등이 있다.

- 자기장과 전류 사이에 작용하는 힘
- 두 전류 사이에 작용하는 힘
- 충전된 두 물체 사이에 작용하는 힘
- 자기장 내에 있는 철편에 작용하는 힘
- 회전 자기장 및 이동 자기장 내에 있는 금속 도체에 작용하는 힘
- 줄열에 의한 금속선의 팽창에 의한 기전력의 힘
- 전류에 의한 전기 분해 작용을 이용

제어 장치(controlling device)는 구동 장치에 전류를 흘려 구동 토크가 발생되어 가동부의 지침이 회전한다. 이러한 힘을 제어하기 위해 반대 방향으로 작용하는 제어력 또는 제어 토크를 발생시키는 장치이다. 제어 장치에는 스프링 제어(대부분의 지시계기), 중력 제어(배전반용 가동 철편형계기), 전기적 제어(적산계기), 자기적 제어(가동 지침형 검류계), 맴돌이 전류 제어(적산 전력계) 등이 있다.

제동 장치(damping device)는 구동력과 제동력이 평형이 될 때 지침은 좌우로 잠시 진동하다가 정지하게 된다. 이를 위하여 가동부에 적당한 제동력 또는 제동 토크를 가하기 위한 장치이다. 제동 장치가 없으면 지시값 근처에서 지침이 진동을 반복하여 정지할 때까지 상당한 시간이 걸린다.

제동 장치로서는 공기 제동, 액체 제동, 맴돌이 전류 제동이 있다. 공기 제동은 지시

79) 지시계기의 3대 요소이다.

계기에 가장 많이 쓰이는 방법으로 물체가 운동할 때 받는 공기 저항을 이용한다. 액체 제동은 공기 대신 글리세린과 같은 액체 속에서 움직이게 하여 강한 제동력을 얻는 것으로 기록 계기나 정전형 계기에 주로 사용된다. 맴돌이 전류 제동은 계기의 회전축에 장치한 알루미늄 원판을 영구자석의 강한 자기장 내에 회전시키면 원판에 맴돌이 전류가 흐르게 된다. 이 맴돌이 전류와 자기장이 상호 작용을 하여 원판의 운동을 방해하는 방향으로 전자력을 발생시켜 제동하는 방식으로 가동 코일형 계기와 적산 전력계에 주로 사용된다.

지시 장치는 가동부가 정지한 회전각 또는 변위를 읽기 위해 지침과 눈금으로 구성되어 있다. 지시계기에 사용되는 지침(pointer)은 지침의 몸체는 가볍고 튼튼하며, 관성이 작아지도록 알루미늄이나 두랄루민 등을 얇은 판 또는 가는 판으로 만들어 사용한다. 지침의 끝 부분은 칼날형, 활형, 창형, 솔잎형 등 여러 가지 모양으로 사용한다. 지시계기의 눈금(scale)은 일반적으로 정확하게 읽기 위하여 균등 눈금을 사용하며, 불균등 눈금이나 대수 눈금도 사용된다.

1.3 오차와 측정

어떤 양을 측정할 때 참값을 구하기 어렵기 때문에 측정결과에서 반드시 그 양의 참값보다 다소의 차이가 포함되는 것을 오차라고 한다. 오차(error) ϵ은 참값 T와 측정값 M의 차이를 말하며, 보정(correction) α는 참값과 측정값 사이의 차를 말한다.

$$\epsilon = M - T \tag{9.1}$$

$$\alpha = T - M \tag{9.2}$$

또한, 오차를 참값에 대하여 백분율로 표시한 백분율 오차(percentage error)와 백분율 보정(percentage correction)은 다음과 같다.

$$\text{백분율 오차} = \frac{M - T}{T} \times 100\,[\%] \tag{9.3}$$

$$\text{백분율 보정} = \frac{T - M}{M} \times 100\,[\%] \tag{9.4}$$

확도(accuracy)는 측정값이 참값에 가까운 정도를 나타내고, 정도(precision)는 측정기로 어떤 양을 측정할 때 어느 정도까지 미세하게 측정할 수 있는가를 나타낸다. 감도(sensitivity)는 측정기의 지시로 나타낼 수 있는 최소의 측정량을 말한다. 측정할 때 일어날 수 있는 오차는 측정법이나 측정하는 방법, 측정 계기 등에 의해 발생될 수 있다. 먼저, 측정법이나 측정하는 방법에 의한 오차에는 측정자의 부주의에 의해 발생되는 개인 오차, 측정기의 결함이나 측정하는 곳의 환경 영향 등에 의한 계통오차, 측정 조건의 미세한 변화, 측정자의 주의력 변화 등 개인 오차와 계통 오차를 제거해도 발생되는 우연 오차 등이 있다. 또한, 계기로 인한 오차에는 부정확한 눈금, 베어링에서의 마찰, 스프링의 피로, 자기 가열, 외부 자기장, 정전계, 온도 변화 등에 의해 발생된다.

측정에는 직접측정과 간접측정이 있다. 먼저 직접측정은 측정하고자 하는 양을 같은 종류의 기준량과 직접 비교하여 그 양의 크기를 결정하는 방법으로 자(ruler)로 길이 재기, 전압계로 전압 측정, 전류계로 전류 측정 등이 있다. 간접측정은 측정하고자 하는 양과 일정한 관계가 있는 다른 종류의 양을 각각 직접 측정하고, 그 결과로부터 계산에 의해 측정량의 값을 결정하는 방법으로 부하전력을 측정하는 경우가 있다. 또한 측정하려고 하는 양과 미리 값이 알려진 표준량을 비교하는 방법인 비교측정이 있으며, 측정량과 표준량이 종류나 성질이 서로 다른 경우에 길이, 질량 시간을 측정함으로써 구하고자 하는 측정량을 얻어내는 방법인 절대측정이 있다.

편위법(deflection method)은 측정량의 크기에 따라 지침 등을 편위시켜 측정량을 구하는 방법으로 전압계, 전류계 등이 있다. 취급이 용이하고 신속하게 측정할 수 있어 각종 공업량 측정 등에 적합하지만, 측정감도가 떨어지는 특성이 있다. 영위법(null method)은 측정량을 같은 종류의 기준량과 비교하여 측정량과 똑같이 되도록 기준량을 조정한 후 기준양의 크기로부터 측정량을 구하는 방법으로 휘스톤 브리지, 전위차계 등이 있다. 이 방법은 측정감도가 좋고, 정밀한 측정에 적합하지만 측정조건이 안정되어야 완전한 영위를 구하므로 공업량 측정에는 부적합한 특성이 있다.

1.4 지시계기의 분류

지시계기는 전류, 전압, 전력 및 전기 저항 등의 전기적 양, 자기장, 자속 등의 자기적 양, 광속, 조도 등의 광학적 양, 온도, 열량 등의 열적 양, 변위, 속도 등의 역학적 양 등을 전기적으로 측정하는 장치이다.

계기는 측정하고자 하는 대상물에 따라서 계기의 정확도가 각각 다르게 되는데 정확도에 따라 표 9.2와 같이 5계급으로 분류하고 있다. 전기 계기를 동작 원리에 따라 분류하면 표 9.3과 같이 된다. 직류 및 교류에 따라 계기의 동작 원리와 구조가 달라진다.

표 9.2 계기의 정확도에 대한 분류

계급	허용오차(%)	용도
0.2	±0.2	초정밀급으로 정밀 실험 또는 교정을 위한 표준(부표준기)으로 사용
0.5	±0.5	정밀급으로 정밀 측정에 사용(휴대용 계기)
1.0	±1.0	준정밀급으로 소형 휴대용 및 대형 배전반용으로 사용
1.5	±1.5	보통급으로 공업용의 보통 측정에 사용(배전반용 계기)
2.5	±2.5	준보통급으로 정확도를 중요시 하지 않는 측정에 사용(소형 배전반용 계기)

표 9.3 동작 원리에 의한 분류

종류	기호	회로	눈금	사용범위		
				전압	전류	주파수
가동 코일형(M)		직류	평균값	10^{-2}~10^2	3×10^4~10^2	-
가동 철편형(S)	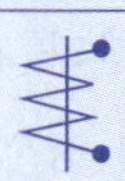	교류	실효값	10~10^2	10^{-2}~3×10^2	<500
전류력계형(D)	공심  철심 	교류 (직류)		1~10^2	10^{-2}~20	<10^2
유도형(I)	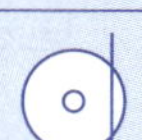	교류			1~10^2	30~10^2
정전형(E)	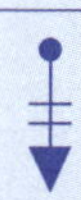	교류 (직류)	실효값 (평균값)	1~5×10^2	고압용	<10^2
열전형(T)	공심 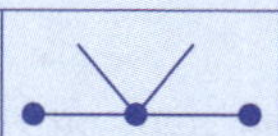 철심 	교류 (직류)	실효값 (평균값)	<10^2	0.1~5	0.5~150
정류형(R)		교류	실효값	1~10^3	3×10^{-4}~10^{-1}	<10^4

(1) 가동 코일형 계기(permanent magnet moving-coil type instrument, PMMC)

영구자석이 만드는 자기장 내에 가동 코일 놓고, 가동 코일에서 측정할 전류를 흘리면 이 전류와 자기장 사이에 발생하는 전자력을 구동 토크로 이용한 계기이다. 지시계기 중에서 감도나 정확도가 가장 좋고, 소비전력이 대단히 작고, 제작이 간단하면서 가격이 저렴하다. 동작 원리상으로는 직류 전용이지만, 이 계기에 정류기나 열전쌍을 조합하여 교류용으로도 이용하고 있다. 직류 전류계는 대부분 가동 코일형으로 감도가 좋아서 [μA] 정도의 미세전류를 측정할 수 있고, 전류의 방향에 의해서 바늘의 이동 방향이 일정하므로 많이 사용되고 있다.

구조는 그림 9.1과 같이 영구자석에 의한 강력한 자기장에 마찰력이 작은 축에 가동 코일(moving coil)이 감겨져 있는데, 가동 코일에 직류 전류를 흘리면 플레밍의 왼손 법칙에 따라 전자력이 발생되어 가동 코일이 회전하게 된다. 가동 코일의 상하에는 제어 스프링(전류를 통하는 리드선을 겸한다)이 있으며, 이들은 반대 방향으로 되어 있어서 가동 코일을 일정한 위치에 있게 한다. 이때 가동 코일이 회전하면 스프링은 정상 위치에서 벗어나므로 원래 위치로 돌아오려는 힘이 작용한다. 결국 코일은 회전력과 되돌아오려는 힘이 균형이 되는 위치에 항상 멈추게 된다. 회전력은 코일에 흐르는 전류에 비례하기 때문에 회전 위치(각도)로써 전류의 크기를 알 수 있다.

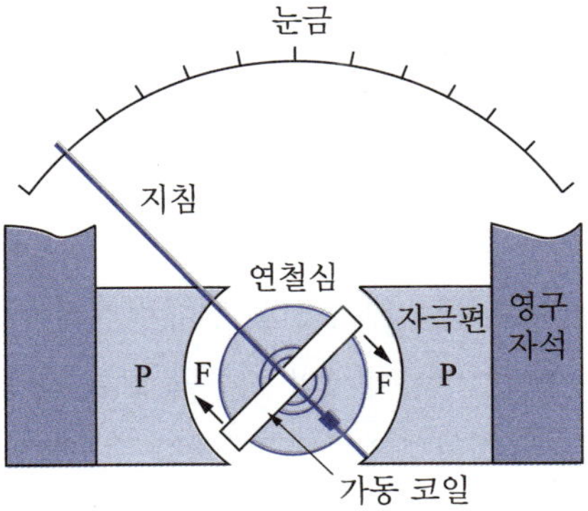

그림 9.1 가동 코일형 계기

(2) 가동 철편형 계기(moving-iron type instrument)

코일에 전류가 흐를 때 발생하는 자기장의 세기는 전류의 세기에 비례한다. 이 자기장 중에 한 쌍의 철편인 고정 철편과 가동 철편을 놓으면 두 철편에는 각각 자기장의 세기, 즉 전류에 비례하는 흡인력 또는 반발력이 작용하는 원리를 응용한 계기이다. 주로 상용 주파수용의 전압계 및 전류계에 이용된다. 가동 철편형 계기는 구조가 간단하고 견고하며, 큰 전류까지 측정이 가능하고, 취급이 용이하고, 가격이 저렴하다. 하지만, 직류 측정이 곤란하고, 오차가 많고 감도가 낮으며, 외부 자기장의 영향을 받기 쉬운 단점이 있다.

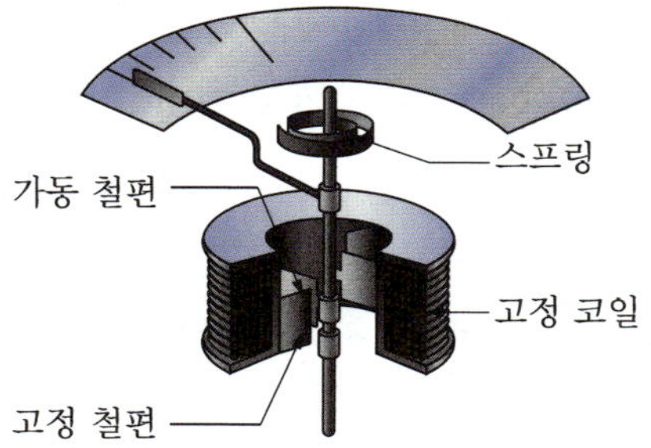

그림 9.2 가동 철편형 계기

(3) 전류력계형 계기(electrodynamometer type instrument)

측정한 전류를 고정 코일 앞에 흘려 자기장을 만들고, 그 자기장 중에 가동 코일을 설치하여 여기에도 피측정 전류를 흘린다. 이 전류와 자기장 사이에 작용하는 전자력을 구동 토크로 이용하는 계기이다. 전류력계형 계기는 교류(실효값 지시)에서도 사용할 수 있으므로 전압, 전류에서의 직류와 교류 측정값이 같다. 또한 전류력계형 계기는 직류 전위차계로서 정확하게 눈금을 매길 수 있기 때문에 정밀 측정이 가능하며, 이로 인해 상용 주파수 교류의 부표준기(0.2급)로 사용되는 전류계, 전압계 및 전력계를 만들 수 있다. 그러나 소비전력이 크고, 구조가 복잡하며, 자기장에 약하고, 가격이 비싸기 때문에 0.2급 이하의 전류계 및 전압계로서는 거의 사용되지 않고 휴대용 전력계로 이용되고 있다.

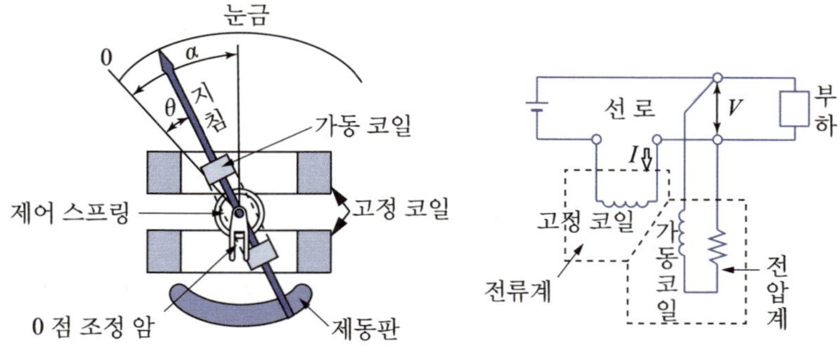

그림 9.3 전류력계형 전력계

(4) 유도형 계기(induction type instrument)

피측정 전류 또는 전압을 여자 코일에 공급하여 자기장을 만들고, 이 자기장과 가동부의 전자유도작용에 의해서 생기는 유도 전류와 상호 전자력에 의해서 가동부에 구동 토크를 발생시키도록 한 계기이다. 유도형 계기는 구조가 간단하고 견고하며, 조정이 쉽다. 그리고 외부 자기장의 영향이 작고, 넓은 범위의 눈금으로 사용할 수 있다. 그러나 정밀급 계기에는 사용이 곤란하고 교류용으로 직류에는 사용이 불가능하다.

유도형 계기는 자기장의 양상에 따라 회전 자기장 방식과 이동 자기장 방식이 있는데, 회전 자기장 방식은 알루미늄 회전 원판을 회전 자기장 속에 장치한 것이고, 이동 자기장 방식은 이동 자기장 속에 장치한 것이다.

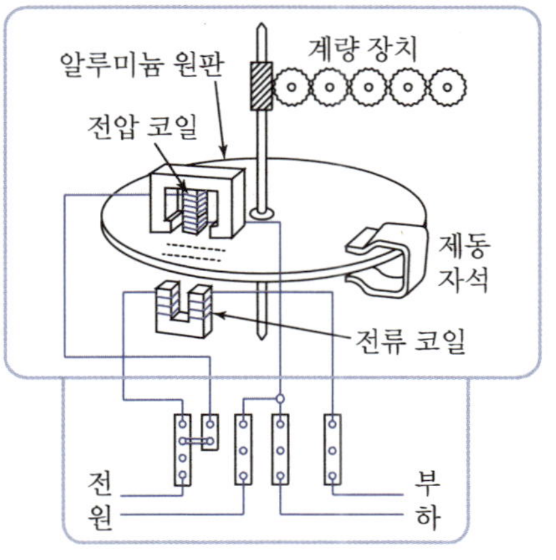

그림 9.4 유도형 계기

(5) 정전형 계기(electrostatic type instrument)

두 대전체 사이에 작용하는 흡인력을 이용하는 계기로 직류와 교류 전압계로만 사용이 가능하다. 고전압용으로 사용하고 입력 임피던스가 높고, 소비전력이 극히 적다. 정전 전압계(electrostatic voltmeter) 또는 전위계(electrometer)는 전압을 직접 측정하는 유일한 계기이다.

그림 9.5와 같이 고압 단자는 고정 전극에 접속하고 접지 단자는 가동 전극에 접속한다. 내압을 높이기 위하여 평행판의 고정 전극을 절연 막대에 고정하고 있어 수 [kV]의 고압을 측정할 수 있다. 눈금은 읽기 쉬운 균등 눈금을 사용하기 위해 전극의 모양이 변형되어 있다. 그리고 고압 단자에는 계기 내부에 보호 저항을 넣어 과전류에 의한 계기의 파손을 방지한다.

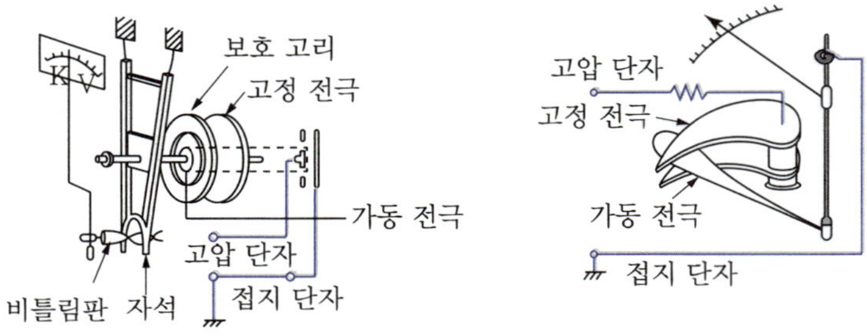

(a) 전극 변위 방식 (b) 전극 회전 방식

그림 9.5 정전형 계기

(6) 열전형 계기(thermal electric type instrument)

전류의 열작용에 의한 금속선의 팽창 또는 종류가 다른 금속의 접합점의 온도차에 의한 열기전력으로 가동 코일형 계기를 동작하게 한 계기이다. 금속선의 팽창을 이용한 열선형(hot wire type)은 현재 사용되고 있지 않으며, 열전형(thermocouple type)은 고주파 전류계로 널리 사용되고 있다. 지시는 직류, 교류의 실효값을 표시하고, 인덕턴스가 매우 작은 장점이 있지만, 과전류에 약하고 대전류의 경우 지시 시간이 지연되는 단점이 있다.

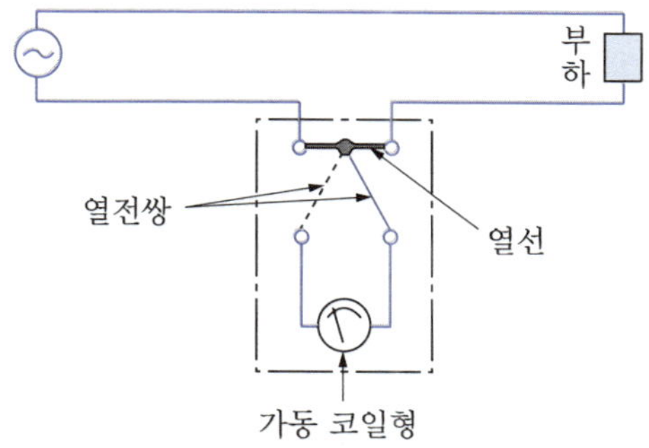

그림 9.6 열전형 계기

열전형 계기의 구조를 나타내는 그림 9.6은 열선에 열전쌍을 접속시킨 것으로 열선에 전류가 흐르면 가열되고, 열전쌍 양단에 열기전력이 생긴다. 이 기전력을 가동 코일형 전류계로 측정하는 것이다. 이때 전류에 의하여 발생되는 열은 전류의 제곱(i^2R)에 비례하고, 열기전력은 열량에 비례하므로 지시값은 제곱 눈금으로 된다.

열전쌍의 재료로는 구리-콘스탄탄, 철-콘스탄탄, 망가닌-콘스탄탄 또는 크로멜-알루멜 등의 합금이 쓰이고, 열선에는 백금, 콘스탄탄, 망간, 나트륨 등이 사용된다. 열전형 계기는 직류 혹은 실효값을 표시하며, 파형의 오차가 없다. 인덕턴스가 매우 작아 교류와 직류가 같은 값을 지시한다. 직류에서 약 300[MHz] 교류까지는 동일 눈금으로 측정이 가능하다. 주로 전류계, 전압계, 전력계로 이용된다.

(7) 정류형 계기(rectifier type instrument)

측정할 교류를 반도체 정류기에 의해 직류로 변환한 후 가동 코일형 계기로 지시시키는 계기이다. 일반적으로 교류용 계기(예, 전류력계형, 가동 철편형)는 직류용 계기에 비하여 감도가 낮기 때문에 정류형 계기는 가동 코일형 계기가 가지는 정도와 감도를 교류 측정에 이용하는 것으로서 교류 계기 중 가장 감도가 좋다. 배전반용 등의 교류 전류계(500[μA]~100[mA]) 및 교류 전압계(1[V]~1[kV])로 많이 이용되고 있다. 전류계의 경우 변류기와 함께, 전압계의 경우 배율기와 함께 사용함으로써 측정 범위를 확대할 수 있다.

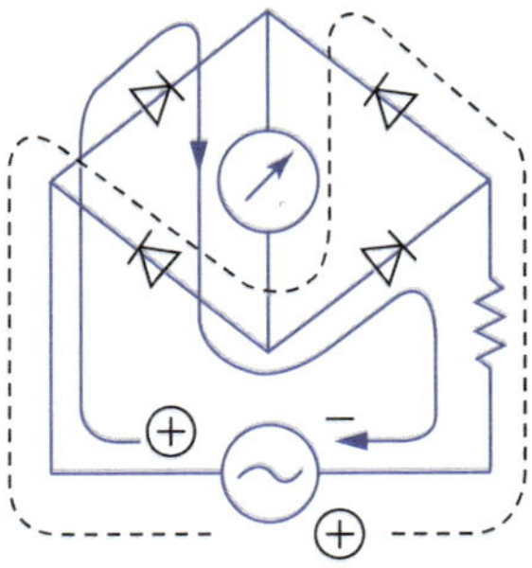

그림 9.7 정류형 계기

일반적으로 정류 회로는 반파 정류[80]보다 계기의 지시를 2배로 할 수 있는 전파 정류[81]를 사용한다. 특징은 선로를 끊어 전류계를 직렬로 접속하는 것이 아니라 U자형 자기 회로 속에 통전 중의 한쪽 도선을 끼워 넣어 코일에 유기된 전압을 전류형 전류계로 선로 전류를 측정한다. 특히, 전력 계통에서 선전류를 측정하는 데 사용되는 데 유기 전압이 주파수에 비례하므로 규정 외의 주파수에서는 사용할 수 없다.

(8) 검류계(galvanometer)

미소한 전류나 전압의 유무를 검출하는 데 사용되는 고감도의 계기로서 동작 원리에 따라 직류용, 교류용, 직 · 교류용으로 분류한다. 직류용 검류계는 감도가 매우 높은 가동 코일형 검류계, 제어 토크에 비하여 관성을 크게 한 충격 검류계, 정전용량, 자속 측정에 적합한 가동 코일형 충격 검류계가 있다. 교류용 검류계는 미소한 교류를 검출하거나 교류전원을 사용하는 교류용 브리지의 검류계에 사용하는 진동 검류계가 있다. 그리고 직 · 교류용 검류계에는 가동 코일형 검류계의 영구자석을 전자석으로 대치한 직류 · 교류 겸용 전류력계형 검류계가 가장 많이 사용된다.

---

80) 교류 전압의 정(+) 또는 부(−)의 한 쪽만을 이용하는 정류 방식이다.

81) 교류의 정(+) 또는 부(−)의 양파를 이용한 정류로, 반파 정류에 대비되는 것이다.

2. 전압 및 전류 측정

2.1 전압 측정

전기회로의 전압 측정 시 전압계에는 전압 강하의 원인이 되는 미소 전류가 흘러 실제 전압보다 낮은 전압이 측정된다. 이러한 오차를 감소시키기 위해서는 계측기의 입력 저항이나 입력 임피던스가 큰 것을 사용해야 한다.

가동 코일형 전압계(0.2~0.5급)가 많이 사용되는 데 이것은 가동 코일형 전류계에 직렬 저항을 조합시킨 것으로 측정 범위는 20[mV]~1,000[V]이며, 동작 전류는 보통 1[mA] 정도이다.

전압을 측정하기 위해서는 그림 9.8과 같이 전압계를 회로에 병렬로 접속하여야 하며, 직류 전압계는 극성에 주의하는 것이 중요하다.

전압계의 측정 범위를 확대하기 위해서는 그림 9.9와 같이 전압계 외부에 직렬로 저항기(배율기)를 접속하게 된다. 전압계의 내부저항을 r_v, 배율기 저항을 R_m이라고 하면 전압 V는 다음과 같다.

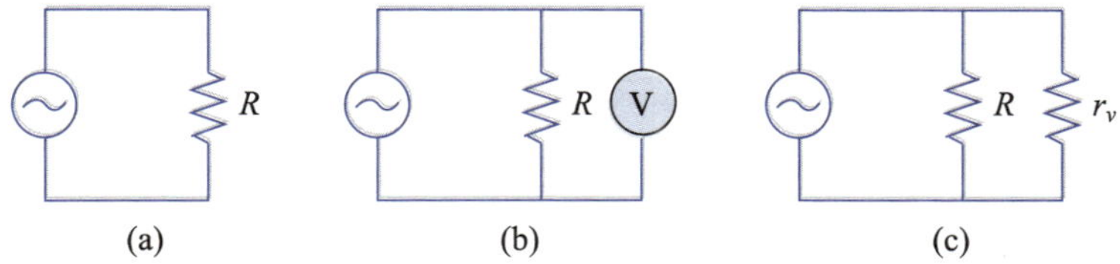

그림 9.8 전압 측정

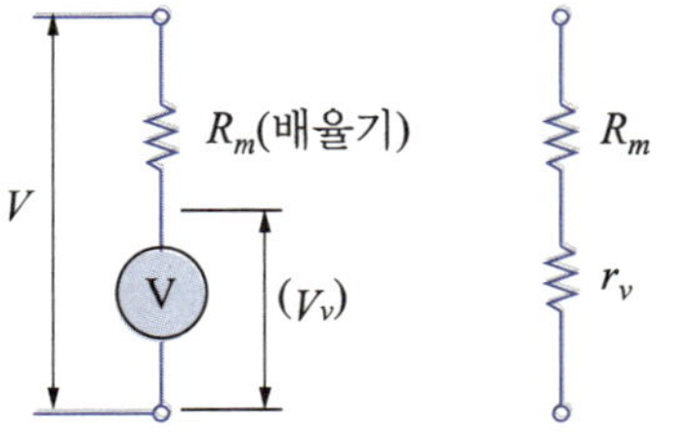

그림 9.9 배율기

$$V_v = I r_v = \frac{V}{R_m + r_v} r_v$$
$$\therefore \ V = \left(1 + \frac{R_m}{r_v}\right) V_v = m V_v \tag{9.5}$$

여기서, $m = 1 + \dfrac{R_m}{r_v}$에서 $R_m = (m-1) r_v$가 되고 m을 배율기의 배율이라고 한다.

1[V] 이하의 정밀 직류 전압을 측정할 때는 전위차계(DC potentiometer)를 사용한다. 직류 전위차계는 직류용 전압계로서 영위법에 의해 0～1.6[V] 정도까지 측정한다. 미소한 직류 전압($\pm 30[\mu V] \sim \pm 30[V]$)을 측정할 수 있는 것을 직류 전자 전압계(DC electronic voltmeter)라고 한다. 직류 고전압 측정은 가동 코일형 계기의 직렬로 접속된 저항(배율기)을 사용하지만, 전압이 아주 높아지면 저항값이 커져 열손실도 커지므로 적당한 냉각 장치를 부착해야 한다. 10[kV] 이상 되는 직류 전압의 측정에서는 직류 계기용 변압기(potential transformer)를 사용한다.

교류 전압의 크기만을 측정할 때 사용되는 계측기는 진공관 전압계와 전자 전압계가 있으며, 전압의 크기와 위상을 측정할 경우에는 교류 전위차계가 사용된다. 교류 전압 측정에는 휴대용으로 가동 철편형 전압계를 사용하고, 배전반용으로는 정류형과 유도형 교류 전압계가 주로 사용된다. 이외에 직류에서 고주파 전압까지 측정할 수 있는 열전형 전압계 및 전자 전압계, 측정값이 숫자로 나타나는 디지털 전압계가 있다.

교류 미소 전압 측정은 피측정 전압을 교류 증폭기로 증폭한 후 정류하여 직류 지시 계기로 측정하는 방법과 피측정 전압을 정류한 후 직류 증폭기로 증폭하여 직류 지시 계기로 측정하는 방법이 있다. 이외에 진동 검류계를 이용하는 방법, 교류 전위차계를 이용하는 방법 등이 있다.

교류 고전압 측정 시에는 계기용 변압기로 전압의 크기를 바꾸어 가동 철편형, 유도형, 정류형 등의 전압계로 측정하는 방법이 이용되고 있다. 또한 정전 전압계로 직접 측정하는 방법, 용량 분압기와 정전 전압계를 조합시켜 측정하는 방법도 있다.

2.2 전류 측정

전류를 측정하기 위해서는 그림 9.10과 같이 전류계를 회로에 직렬로 접속하여야 한다. 직류 전류의 측정에는 일반적으로 가동 코일형 전류계가 사용되고 있다. 가동 코일

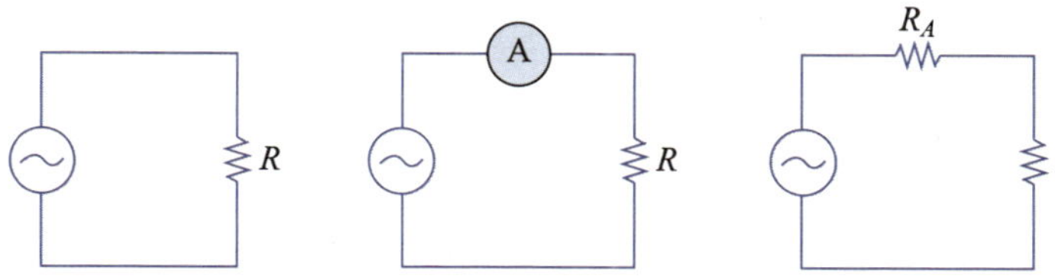

그림 9.10 전류 측정

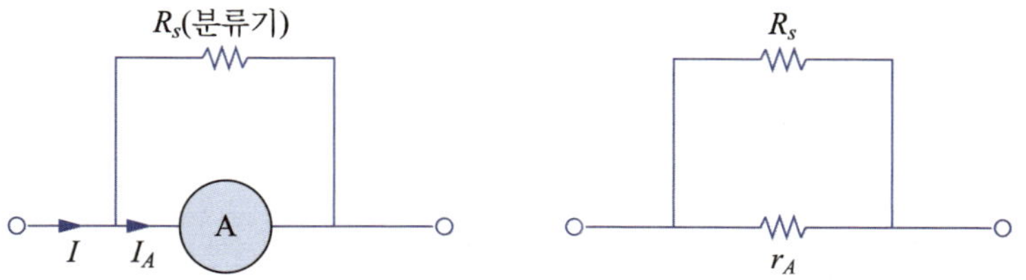

그림 9.11 분류기

에 직접 전류를 흘려 측정할 수 있는 범위는 0.1[mA]~50[mA]로서 그 이상의 전류를 측정하는 경우에는 분류기를 조합하여 측정 범위를 확대시킨다. 측정 범위가 30[A] 이하인 계기는 분류기를 계기 내부에 설치하고, 30[A] 이상인 경우에는 외부에 설치한다.

전류계의 측정 범위를 확대하기 위해서는 그림 9.11과 같이 전류계 외부에 병렬로 저항기(분류기)를 접속한다. 전압계의 내부저항을 r_a, 분류기 저항을 R_s라고 하면 피측정 전류 I는 다음과 같다.

$$I_a = \frac{R_s}{R_s + r_a} I$$
$$\therefore \ I = \left(1 + \frac{r_a}{R_s}\right) I_a = n I_a \tag{9.6}$$

여기서, I_a는 전류계를 통과하는 전류이고, $n = 1 + \dfrac{r_a}{R_s}$이고, n을 분류기의 배율이라고 한다.

직류 저전류 측정에는 MOS-FET(metal oxide silicon field effect transistor)를 사용한 피코암미터(picoammeter)를 사용하는데, 전류계의 측정 범위는 10^{-12}[A]~10^{-2}[A] 정도이며, 전류 측정이 쉬워서 광전류 및 트랜지스터의 전류 측정, 이온 전류의 측정, 절연 재료의 누설 전류 측정 등에 사용된다. 직류 대전류 측정에서 수천[A]까지는 분류기와 가동 코일형 계기 등을 이용하여 측정한다. 분류기에 피측정 전류를 흘리고 분류기에 나타나는 전압 강하를 밀리볼트계[82)]로 측정함으로써 전류를 측정한다. 보통 분류기의 정격 단자 전압은 50[mV]~100[mV] 정도이므로 10[kA] 이상이 되면 분류기의 소비 전력이 커져서 발열량이 증가하기 때문에 분류기의 제작이 어렵다.

교류 전류의 측정에는 가동 철편형, 유도형, 정류형, 전류력계형 등의 전류계가 이용되고 있다. 가동 철편형은 주로 휴대용의 정밀 계기로, 유도형과 정류형은 배전반용 계기로 주로 이용되고 있다. 또한, 전류력계형은 부표준기 또는 직류 전류와 비교할 때 이용된다.

3. 저항의 측정

저항 측정은 전압계와 전류계에 의하여 미지 저항에 흐르는 전류와 전압을 측정하고 옴의 법칙에 의해 구하는 방법과 브리지 회로를 만들어 표준 저항과의 비로 구하는 방법이 있다.

1[Ω] 이하의 저저항 측정은 전압단자를 만들어 완전 접속한 켈빈 더블 브리지, 전압 강하법(전압 전류계법), 전위차계법을 이용한다. 중저항 측정은 전압 강하법, 브리지법(휘스톤 브리지, 습동선 브리지), 옴계법이 있다. 1[MΩ] 이상의 고저항이나 절연저항을 측정하는 방법은 직편법, 전압계법, 진공관법, 충격 전류계법이 있고, 계측기로는 메거(megger)를 사용한다.

특수저항 측정방법으로 전지 내부저항을 측정하는 전압계법, 맨스법(Mance's method), 코올라시 브리지법(Kohlrausch bridge)이 있다. 검류계 내부저항은 중저항에 해당되므로 휘스톤 브리지를 사용한다. 전해액 저항의 측정은 코올라시 브리지법과 스트라우드와 핸더슨법이 있다. 접지저항은 코올라시 브리지법, 접지저항계에 의한 측정, 비헤르트법(Wiechert method)이 있다. 선로의 고장위치 측정은 머레이 루프법(Murray's loop method)과 발리 루프법(Varley's loop method)이 있다.

82) 직류용이 보통인데, 교류는 직류로 정류해서 측정한다.

4. 전력의 측정

4.1 직류 전력의 측정

(1) 직접 측정법

직류 전력을 직접 측정하는 방법은 전류력계형 전력계를 사용하는 것이다. 즉, 그림 9.12와 같이 전력계의 고정 코일에 부하 전류를 흘리고 가동 코일에 전압을 가한다.

부하 전압 E, 부하 전류 I, 전압 코일의 저항 r_e, 전류 코일의 저항 r_i라고 하면, 전력계의 지시가 W일 때 전력 P[W]는 다음과 같다. 식 (9.7)은 큰 부하의 전력이고 식 (9.8)은 작은 부하의 전력을 나타내고 있다.

$$P = W - I^2 r_i \,[\mathrm{W}] \tag{9.7}$$

$$P = W - \frac{E^2}{r_e} \,[\mathrm{W}] \tag{9.8}$$

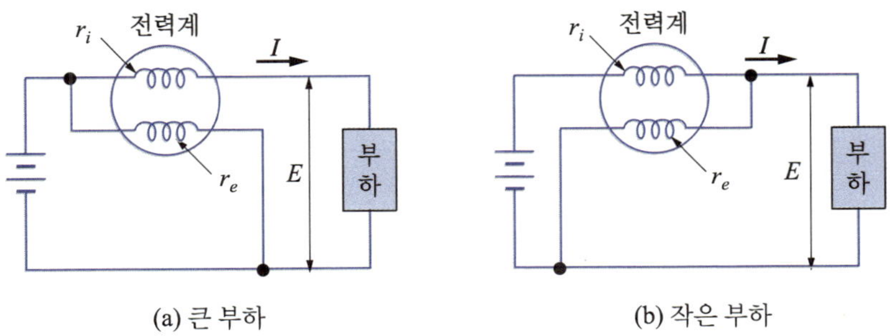

그림 9.12 직접 측정법

(2) 간접 측정법

직류 회로에서 전력은 전압과 전류의 곱으로 주어지므로 부하의 전압, 전류를 각각 전압계와 전류계로 측정함으로써 계산에 의해 전력을 구할 수 있다. 전압계의 지시값 E, 전류계의 지시값 I, 전압계의 내부저항 r_v, 전류계의 내부저항 r_i라고 하면 전력 P[W]는 다음과 같다. 식 (9.9)는 저전압 전력이고, 식 (9.10)은 고전압 전력을 나타내고 있다.

$$P = EI - \frac{E^2}{r_e}\,[\mathrm{W}] \tag{9.9}$$

$$P = EI - r_i I^2\,[\mathrm{W}] \tag{9.10}$$

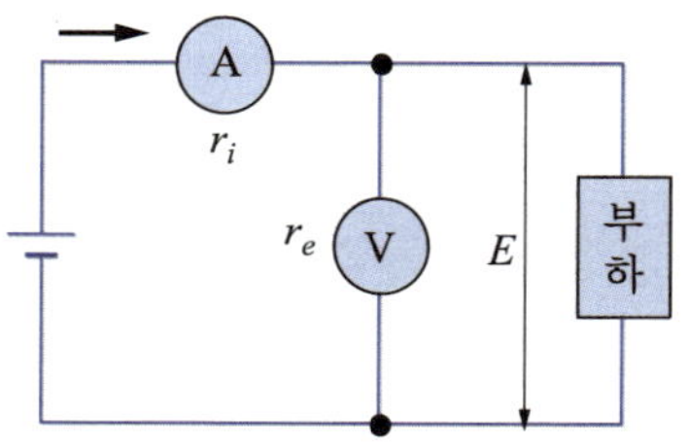

(a) 저전압 대전력

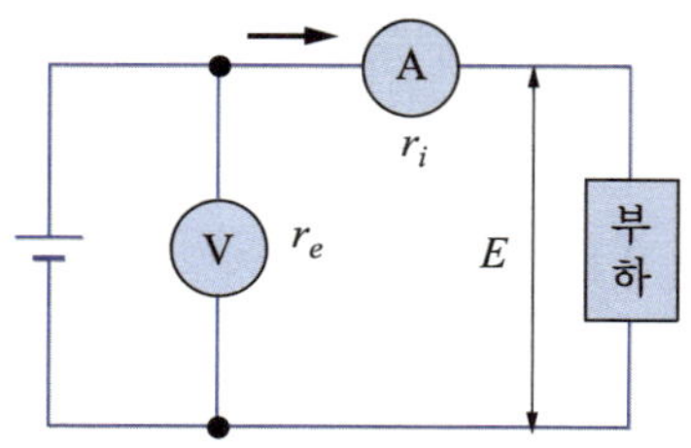

(b) 고전압 소전력

그림 9.13 간접 측정법

4.2 단상 교류 전력의 측정

교류 회로의 단상 전력 측정에는 전류력계형 전력계를 사용하는 직접 측정법과 3대 전류계 또는 전압계를 사용하는 간접 측정법이 있다.

(1) 직접 측정법

단상 실효 전력의 측정에는 그림 9.14(a)와 같이 전압 코일(*pc*, potential coil)을 전원측에 접속(아날로그형 단상 전력계)하거나 그림 9.14(b)와 같이 부하측에 접속하여 측정(디지털형 단상 전력계)하는 데, 정밀급 계기일 경우에는 전류 코일(*cc*, current coil)의 손실과 전압 코일의 손실을 지시값에서 제외해야 한다. 디지털형 전력계는 전력, 전류, 전압, 역률, 무효 전력 등을 측정할 수 있다. 또한 부하에 리액턴스가 있을 때 그 역률 $\cos\theta$를 측정하려면 그림 9.14(c)와 같이 전압계, 전류계 및 전력계를 접속한다. 전압계의 지시를 E, 전류계의 지시를 I라고 하면, 전력계의 지시 P는 식 (9.11)과 같으며, 역률 $\cos\theta$을 구할 수 있다.

$$P = EI\cos\theta\,[\mathrm{W}] \tag{9.11}$$

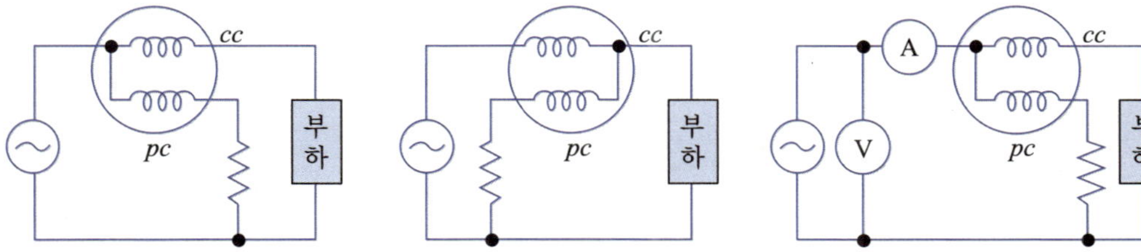

(a) 부하에 접속　(b) 전원에 접속　(c) 부하에 리액턴스 접속

그림 9.14 직접 측정법

(2) 간접 측정법

단상 전력을 간접적으로 측정하기 위해서는 그림 9.15(a)와 같이 3대의 전류계를 사용하는 3전류계법과 그림 9.15(b)와 같이 3대의 전압계를 사용하는 3전압계법이 있다.

우선, 그림 9.15(a)에서 각 3개의 전류계 지시값을 각각 I_1, I_2, I_3라 하고, 부하 전압 $E(=rI_2)$, 위상 θ라고 하면 다음과 같다.

$$I_3^2 = I_1^2 + I_2^2 + 2I_1 I_2 \cos\theta \tag{9.12}$$

$$P = EI_1 \cos\theta = rI_2 I_1 \cos\theta \tag{9.13}$$

식 (9.12)과 (9.13)에서 교류 전력 $P[\mathrm{W}]$는 식 (9.14)와 같다.

$$P = \frac{r}{2}(I_3^2 - I_1^2 - I_2^2)\,[\mathrm{W}] \tag{9.14}$$

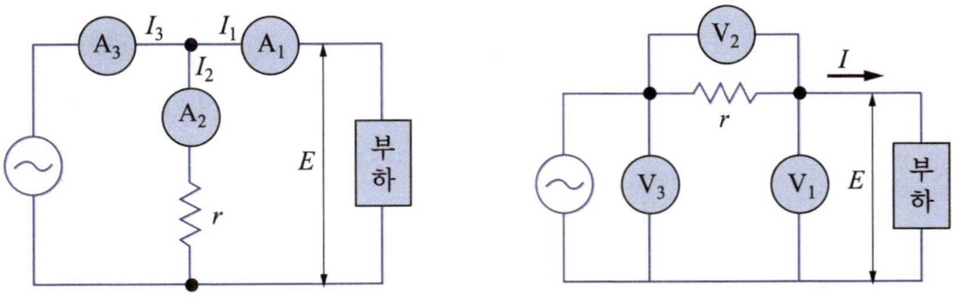

(a) 3전류계법　(b) 3전압계법

그림 9.15 간접 측정법

그림 9.15(b)에서 각 3개의 전압계 지시값 V_1, V_2, V_3라고 하면, $V_2 = rI$가 되고, V_2는 I와 동상이며, V_3는 V_2와 V_1의 백터합이 되므로 다음과 같다.

$$V_3^2 = V_1^2 + V_2^2 + 2V_1V_2\cos\theta \tag{9.15}$$

$$P = V_1 I\cos\theta = \frac{V_1V_2\cos\theta}{r} \tag{9.16}$$

식 (9.15)과 (9.16)에서 교류 전력 P[W]는 다음과 같다.

$$P = \frac{1}{2r}(V_3^2 - V_1^2 - V_2^2)\,[\mathrm{W}] \tag{9.17}$$

4.3 3상 교류 전력의 측정

3상 교류 전력을 측정하기 위한 방법으로는, 단상 전력계 2대를 사용하는 2전력계법과 단상 전력계 3대를 사용하는 3상 전력계법 및 3상 전력계를 사용하는 방법이 있다.

(1) 2전력계법

2전력계법은 3상 3선식 회로에서 부하의 전력을 측정할 때 단상 전력계 2대를 사용하여 그림 9.16과 같이 측정한다.

(2) 3전력계법

3전력계법은 단상 전력계 3대를 그림 9.17과 같이 접속하여 측정하는 방법으로 각 전력계는 각 상의 전력을 지시하므로 3상 부하 전력 W는 다음과 같다.

$$W = W_1 + W_2 + W_3\,[\mathrm{W}] \tag{9.18}$$

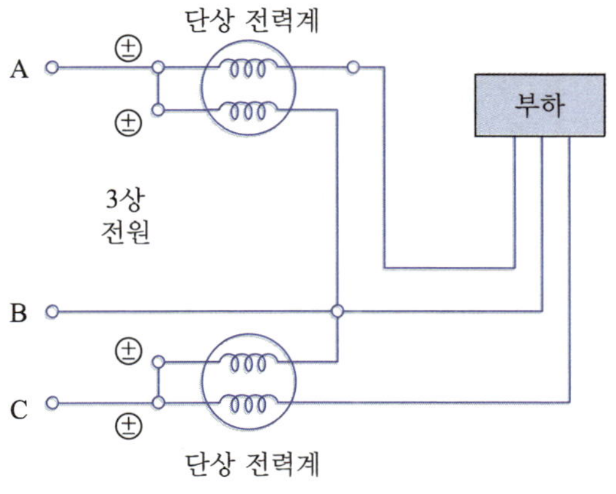

그림 9.16 2전력계법

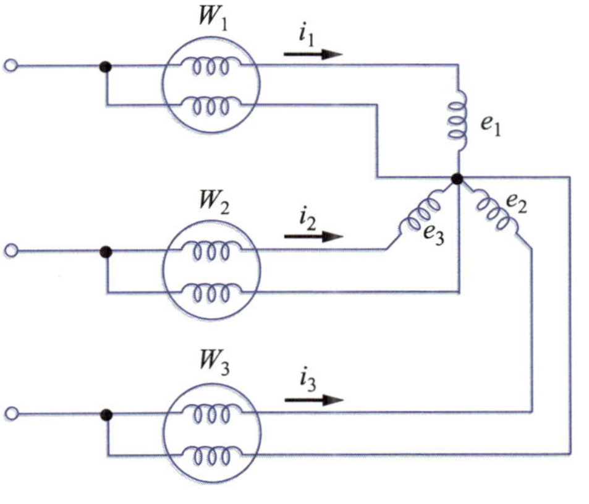

그림 9.17 3전력계법

4.4 전력량의 측정

교류 전력과 시간을 곱한 것이 전력량인데 이 교류의 전력량은 전력량계로 측정하며, 특히 전기 요금 산출 시에는 적산 전력량계를 사용한다. 그림 9.18에서와 같이 부하 전류가 흐르는 전류 코일의 철심과 전압 코일의 철심 사이에 알루미늄 회전 원판을 넣은 것으로 이 원판의 회전 속도는 사용 전력에 비례한다.

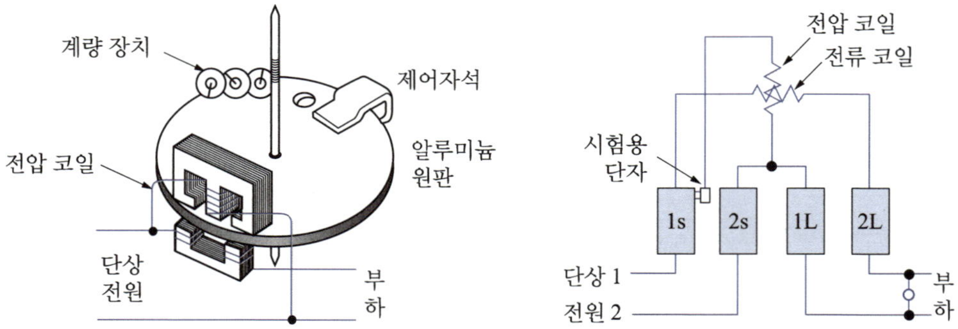

(a) 실체도 (b) 접속도

그림 9.18 단상 전력량의 측정

5. 회로 시험기

회로 시험기(circuit tester)는 전기, 전자, 통신 기기 등의 회로를 측정, 점검하는 데 필수적인 기본 측정기로서 테스터라고도 한다.

회로 시험기는 측정된 전기량을 나타내는 방법에 따라 아날로그형(analog type; 계량형)과 디지털형(digital type; 계수형)이 있다. 아날로그형은 그 구조에 따라 전환 스위치식(rotary switch)과 단자 선택식(jack)으로 나뉜다. 회로 시험기(테스터)는 전기 회로의 전압, 전류, 저항 등을 한 대의 계측기로서 쉽게 측정할 수 있으며, 그 용도는 매우 광범위하여 직류 전류, 직류 전압, 교류 전압 및 저항 등을 측정할 수 있고, 측정 범위는 표 9.4에 나타낸다.

표 9.4 회로 시험기

종류	측정 범위
DC V	1－2.5－10－50－250－500－1,000[V] (내부저항 : 2.5[V] 이하 10[kΩ/V], 10[V] 이상 4[kΩ/V])
AC V	10－50－250－1,000[V] (내부저항 : 4[kΩ/V])
DC A	0.1－2.5－25－250[mA]
OHMS	R－100, R－1,000, R－10,000[Ω]
μF 또는 H	0.001～0.3[μF], 20～1,000[H] (AC V 10[V] 범위)
dB	－10～＋22[dBm]

Chapter 10 전기설비

1. 전기설비 개요

전기설비는 전기를 사용하는 시설을 말하는 것으로 전원 공급에서부터 사용설비에 이르는 기능상의 분류는 전원설비, 전력공급설비, 전력부하설비, 승강기설비, 정보설비, 방재설비, 조명설비 등이 있다. 전기설비에서 제외하는 설비는 선박・차량 또는 항공기에 설치되는 전기설비, 전압 30[V] 미만의 전기설비로서 전압 30[V] 이상의 전기설비와 전기적으로 접속되지 않은 것, 전기통신설비(수전설비 제외)가 있다.

전원설비란 일반 전기사업자(전력회사)로부터 전력을 공급받는 수전설비, 수전된 고압을 사용전압으로 강압하는 변전설비, 전력회사의 정전 사고에 대비한 비상발전설비, 축전지설비, 무정전전원설비로 구성되는 예비전원설비가 있다.

전력공급설비인 배전설비는 건물 내의 변전실로부터 모든 전력부하설비에 전력을 공급해 주는 설비로 주로 간선설비와 분기회로 등으로 구성되어 있다. 전력부하설비는 전기에너지를 소비하는 설비로 동력설비, 조명설비, 콘센트설비 등이 있다.

승강기설비는 엘리베이터, 에스컬레이터, 덤웨이터[83], 에어 슈터[84] 등과 같이 건물 내에서 사람이나 물건을 운반하기 위한 설비이다. 정보설비는 정보전달설비인 각종 통신설비, 음성정보수단인 확성설비 등이 있으며, 건축물에서 발생하는 도난 사고나 화재 사고를 방지하기 위하여 필요한 방재설비는 화재관련 설비, 방범설비, 피뢰설비, 접지설비 등이 있다.

전류에 의한 분류는 강전류설비와 약전류설비로 구분된다. 전력회사로부터 공급되는 전원을 공급하는 시설인 강전류설비는 전등, 전동기, 자가발전, 수변전설비, 피뢰침설비, 접지공사 등이 있으며, AC 60[V] 이하의 전압으로 공급되거나 축전지로 이용하는 약전류설비는 구내 통신설비, 방송설비, 자동화재탐지설비 등이 있다.

83) 덤웨이터(dumbwaiter)는 엘리베이터와 같은 구조로 식품・소화물 등을 위층으로 들어 올리는 운반기이다. 수동식과 전동식이 있으며, 일반적으로 리프트(lift)라고 부르며, 주방이나 공장・창고 등에서 이용하고 있다.

84) 에어 슈터(air shooter)는 각종 재료 등을 공기 압력 또는 흡인력을 이용하여 송출하는 장치를 말한다.

전기사업법에 의한 전기설비

전기설비는 발전・송전・변전・배전 또는 전기 사용을 위하여 설치하는 기계・기구・댐・수로・저수지・전선로・보안통신선로 및 그 밖의 설비로서 다음과 같다.

(1) 전기사업용전기설비 : 전기사업자가 전기사업에 사용하는 전기설비

(2) 일반용전기설비 : 소규모의 전기설비로서 한정된 구역에서 전기를 사용하기 위하여 설치하는 전기설비

① 전압 600[V] 이하로서 용량 75[kW](제조업 또는 심야전력을 이용하는 전기설비는 용량 100[kW]) 미만의 전력을 타인으로부터 수전하여 그 수전장소(담・울타리 또는 그 밖의 시설물로 타인의 출입을 제한하는 구역을 포함)에서 그 전기를 사용하기 위한 전기설비

② 전압 600[V] 이하로서 용량 10[kW] 이하인 발전기

(3) 자가용전기설비 : 전기사업용전기설비 및 일반용전기설비 외의 전기설비

「법 제2조, 시행령 제2조, 시행규칙 제3조」

2. 전력공급설비

2.1 배선용 전선

(1) 전선

옥내 배선 설비에 사용되는 전선을 선택하기 위하여 고려할 사항으로는 허용전류, 전압 강하, 기계적 강도, 전력 손실, 경제성 등이 있다. 그리고 전선의 구비조건은 기계적 강도 및 도전율이 커야 하고, 비중이 작고, 가설이 쉬우면서 가격이 저렴해야 한다. 전류가 흐르는 전선은 줄열에 의해 전선 온도가 상승하면서 절연물이 손상되어 감전이나 화재 등이 발생될 수 있다. 따라서 전선의 손상 없이 안전하게 흘릴 수 있는 최대 전류의 값을 허용전류(allowable current)라고 하며 KS C IEC60364-5-52에 의한 배선 공사 방법에 따른 전선 종류별 허용전류를 표 10.1과 같이 정해 놓고 있다.

전선의 굵기 선정 시 허용전류, 전압 강하, 기계적 강도, 전력 손실, 경제성 등을 고려하여 선정하여야 한다.

표 10.1 허용전류 간략화(구리도체)[KS C IEC60364-5-52])

설치 방법	절연체의 종류와 부하도체의 수																
A1	PVC 2본	PVC 3본	XLPE 2본	XLPE 3본													
A2					XLPE 2본	XLPE 3본											
B1							PVC 2본	PVC 3본	XLPE 2본	XLPE 3본							
B2											XLPE 2본	XLPE 3본					
E													XLPE 2C	XLPE 3C			
F															XLPE 2본	XLPE 3본 (3각형)	XLPE 3본 (밀착)
단면적																	
1.5	14.5	13.5	19	17	18.5	16.5	17.5	15.5	23	20	22	19.5	26	23	-	24	-
2.5	19.5	18	26	23	25	22	24	21	31	28	30	26	36	32	-	33	-
4	26	24	35	31	33	30	32	28	42	37	40	35	49	42	-	45	-
6	34	31	45	40	42	38	41	36	54	48	51	44	63	54	-	58	-
10	46	42	61	54	57	51	57	50	75	66	69	60	86	75	-	80	-
16	61	56	81	73	76	68	76	68	100	88	91	80	115	100	-	107	-
25	80	73	106	95	99	89	101	89	133	117	119	105	149	127	161	135	141
35	99	89	131	117	121	109	125	110	164	144	146	128	185	158	200	169	176
50	119	108	158	141	145	130	151	134	198	175	175	154	225	192	242	207	216
70	151	136	200	179	183	164	192	171	253	222	221	194	289	246	310	268	279
95	182	164	241	216	220	197	232	207	306	269	265	233	352	298	377	328	342
120	210	188	278	249	253	227	269	239	354	312	305	268	410	346	437	382	400
150	240	216	318	285	290	259	-	-	-	-	-	-	473	399	504	441	464
185	273	245	362	324	329	295	-	-	-	-	-	-	542	456	575	506	533
240	321	286	424	380	386	346	-	-	-	-	-	-	641	538	679	599	634
300	367	328	486	435	442	396	-	-	-	-	-	-	741	621	783	703	736
400	-	-	-	-	-	-	-	-	-	-	-	-	-	-	940	823	868
500	-	-	-	-	-	-	-	-	-	-	-	-	-	-	1083	946	998
630	-	-	-	-	-	-	-	-	-	-	-	-	-	-	1254	1088	1151

A1: 단열벽 속의 전선관에 설치한 절연전선, A2: 단열벽 속의 전선관에 설치한 다심케이블
B1: 목재 벽면의 전선관에 설치한 절연도체, B2: 목재 벽면의 전선관에 설치한 다심케이블
E: 자유 공기 중의 다심케이블, F: 단심케이블로 자유 공기와 접촉

배선용 전선의 형태에 따라 단선과 연선으로 구분하고, 그 용도에 따라 코드, 절연전선, 케이블 등으로 구분한다. 단선(solid wire)이란 전선의 도체가 한 가닥으로 된 전선을 말한다. 전선의 굵기는 지름을 [mm]로 나타내며, 주로 1.6~3.2[mm]의 것이 많이 사용된다. 연선(stranded wire)이란 전선의 도체가 여러 가닥으로 꼬아져서 된 전선

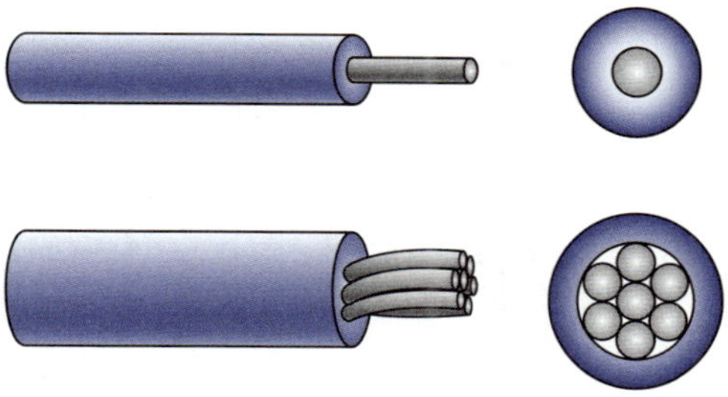

그림 10.1 단선과 연선

을 말하는데, 전선의 굵기는 도체의 단면적을 [mm^2]로 나타내거나, 또는 소선의 가닥수와 소선의 지름으로 나타내기도 한다. 단선은 가요성(flexibility)이 적으며, 연선은 가요성이 풍부하다.

연선을 구성하는 각 단선인 소선의 총수 N, 연선의 직경 D, 공칭단면적 S는 다음과 같이 나타낸다. 여기서, n은 소선의 층수, d는 소선 1가닥의 지름이다.

$$N = 3n(1+n)+1 \tag{10.1}$$

$$D = (1+2n)d\,[\mathrm{mm}] \tag{10.2}$$

$$S = \frac{\pi d^2}{4} \times N\,[\mathrm{mm}^2] \tag{10.3}$$

절연전선(insulated wire)이란 도체의 표면에 합성수지, 면, 고무 등의 절연물로 피복을 한 것으로 옥외용 비닐절연전선(OW), 인입용 비닐절연전선(DV), 600[V] 비닐절연전선(IV), 600[V] 2종 비닐절연전선(HIV), 접지용 비닐절연전선(GV) 등이 있다.

케이블(cable)은 소선을 꼬아서 단일 도체로 정리하여 만든 것을 한 개 또는 복수개로 하여 서로 절연시키고 이것을 하나로 합친 것으로 전체를 공통의 절연물로 덮을 때도 있고, 그렇지 않을 때도 있다. 보통 고전압용으로 많이 사용된다.

(2) 전압 강하

전기회로에 전류가 흐르면 전선의 저항(임피던스)에 의하여 전위차가 생기는 현상으로 그림 10.2와 같이 전압 강하가 발생하면 전원측 전압 V_1보다 부하측 전압 V_2의 전압이 IR만큼 낮아지기 때문에 b점의 전위는 $V_2 = V_1 - IR$이 된다.

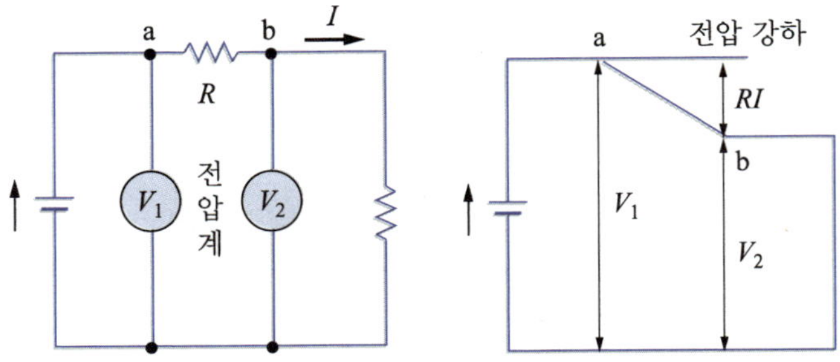

그림 10.2 전압 강하

단상 2선식의 전압 강하 e는 다음 식과 같으며 표준연동의 고유저항[85)]을 $\frac{1}{58}$[Ω mm²/m], 전선의 도전율을 97%로 가정한다.

$$e = V_1 - V_2 = (I \times R) \times 2$$
$$= \frac{1}{58} \times \frac{100}{97} \times \frac{L}{A} \times I \times 2 = \frac{35.6LI}{1{,}000A}\ [\mathrm{V}] \tag{10.4}$$

여기서, A는 전선의 단면적[mm²], L은 선로의 길이[m], I는 전부하 전류[A], R은 저항($R = \rho\frac{L}{A}$), e는 선간 전압 강하[V](간선 및 분기회로의 전압 강하 : 표준전압의 2[%] 이내)이다.

허용전압 강하는 전력을 공급하는 기기의 출력측에서 부하측까지의 전압 강하 허용치를 말하며, 전압 강하율은 전압 강하의 수전단 전압에 대한 백분율로 표시한다. 저압 배선 중의 전압 강하는 간선 및 분기회로에서 각각 표준전압의 2[%] 이하로 하는 것을 원칙으로 하며, 수용가 내에 설치한 변압기에 의하여 공급되는 경우에 간선의 전압 강하는 3[%] 이하로 할 수 있다. 송전[86)]선로 전압 강하율의 최대치는 공칭전압에 대하여 10[%], 5[%] 정도이다.

$$\text{전압 강하율} = \frac{\text{송전단전압} - \text{수전단전압}}{\text{수전단전압}} \times 100\ [\%] \tag{10.5}$$

85) 단위길이[m]와 단위면적[mm²]을 가진 도체의 전기저항을 말한다.

86) 송전[松田]은 발전소에서 발생된 전력을 수송하는 것을 송전이라 하며, 이 송전선로에 접속되는 발전소, 변전소 등을 송전계통이라 한다. 송전선로에는 가공송전선로와 지중송전선로가 있으며, 우리나라의 송전전압은 154[kV]와 최고압인 345[kV] 송전망이 주류를 이루고 있다.

표 10.2 전선의 고유저항과 %도전율

전선	용도	고유저항[$\Omega mm^2/m$]	%도전율[%]	인장강도[kg/mm^2]
경동선	옥외	$\rho=\frac{1}{55}$	96~98	35~48
연동선	옥내	$\rho=\frac{1}{58}$	98~102	20~25
경알루미늄 연선	옥내	$\rho=\frac{1}{35}$	61	15~20

표 10.3 전선의 단면적 및 전압 강하

배전방식	전압 강하	전선의 단면적
단상 2선식 직류 2선식	$e=\frac{35.6LI}{1,000A}$	$A=\frac{35.6LI}{1,000e}$
3상 3선식	$e=\frac{30.8LI}{1,000A}$	$A=\frac{30.8LI}{1,000e}$
단상 3선식 3상 4선식 직류 3선식	$e=\frac{17.8LI}{1000A}$	$A=\frac{17.8LI}{1,000e}$

(3) 설비 부하평형

저압수전의 단상 3선식에서 중성선과 각 전압측 전선 간의 부하는 평형이 되게 하는 것이 원칙이다. 그렇지 않을 경우, 변압기 내부에 순환전류가 발생하여 온도상승이 발생되고 열화가 되어 변압기 수명이 짧아지게 된다. 부득이한 경우 설비불평형률을 40[%]까지 할 수 있다. 이 경우 설비불평형률이란 중성선과 각 전압측 전선 간에 접속되는 부하설비용량의 차[VA]와 총 부하설비용량[VA]의 평균값의 비(%)를 말한다.

$$\frac{\text{중성선과 전압측 전선간에 접속되는 부하설비용량의 차}}{\text{총 부하설비용량}\times 1/2}\times 100[\%]$$

저압, 고압 및 특고압수전의 3상 3선식 또는 3상 4선식에서 불평형부하의 한도는 단상 접속부하로 계산하여 설비불평형률을 30[%] 이하로 할 수 있다.

$$\frac{\text{각 선간에 접속되는 단상부하 총 설비용량의 최대와 최소의 차}}{\text{총 부하설비용량}\times 1/3}\times 100[\%]$$

다만, 저압 수전에서 전용 변압기를 사용하는 경우, 고압 및 특고압 수전에서 100[kVA] 이하의 단상 부하의 경우, 고압 및 특고압 수전에서 단상 부하 용량의 최대와 최소의 차가 100[kVA] 이하인 경우, 특고압 수전에서 100[kVA] 이하의 단상 변압기 2대를 역V 결선하는 경우에는 이 제한을 따르지 않을 수 있다.

(4) 배선용 기구

우선, 개폐기는 부하전류를 흐르게 하거나 차단할 필요가 있는 곳에 설치하는 일종의 스위치로서 컷아웃 스위치, 나이프 스위치, 커버 나이프 스위치, 텀블러 스위치, 로터리 스위치, 푸시버튼 스위치 등이 있다.

차단기는 회로를 수동으로 개폐할 수 있고 단락 및 누전 등이 발생할 경우 자동으로 회로를 차단하는 기구로서 배선용 차단기(no fuse breaker, NFB), 누전차단기 등이 있다. 배선용 차단기(분기용개폐기, 과전류차단기)는 전기기구를 많이 사용하거나 단락될 경우에 즉시 전기를 차단하여 사고를 방지하기 위한 장치를 말한다(단상 3선식, 3상 4선식 중성선에는 설치하지 않는다.). 부하 차단능력이 우수하고 바이메탈이나 전자식으로 회로를 차단하므로 반영구적으로 사용할 수 있다. 충전부가 케이스 내에 수용되어 있어 안전하게 사용이 가능하고, 소형경량으로 사용이 간편하다. 또한 신뢰성이 높으며 트립(trip)시 즉시 재투입이 가능하고 회로의 차단여부를 쉽게 확인할 수 있는 특징이 있다.

접속기는 옥내 배선 도체와 전기 기기를 접속해 주는 배선 기구로 소켓, 콘센트, 플러그, 리셉터클 등이 있다.

2.2 배전설비

열이나 기계에너지 등을 전기에너지로 변환시켜 전력을 생산하는 것을 발전이라고 하고, 발전소에서 생산된 전력은 송전과 배전을 통해 수용가로 공급되게 된다. 전력 손실을 줄이기 위해 발전소에서 생산된 전력은 발전소 가까이에 있는 변전소에서 승압하여 도시 인근지역의 1차 변전소까지 공급된다. 1차 변전소는 강압하여 전력 사용이 매우 큰 공장으로 직접 보내기도 하고, 도시에 있는 2차 변전소까지 전력을 공급하게 된다. 여기까지를 송전(power transmission)이라고 한다. 즉, 송전은 대전력을 고전압으로 장거리 수송하는 것을 말하며, 송전 선로를 통해 이루어진다. 2차 변전소는 전압을

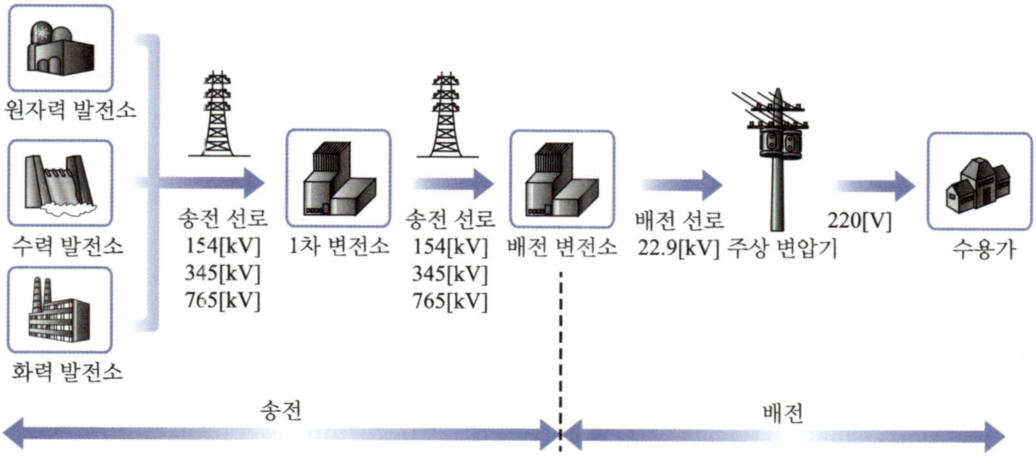

그림 10.3 전력계통

22.9[kV]까지 낮추어 수용가로 보내게 된다. 이를 배전(Power distribution)이라고 한다. 즉, 배전이란 소전력을 저전압으로 단거리 수송 후 전력을 분배하는 것이다.

전력 수요가 적은 일반 가정집들은 주상 변압기 등을 통해 220[V]까지 강압한 전력을 직접 공급받게 되며, 전력 사용이 많은(계약전력이 100[kW] 이상) 수용가는 22.9[kV]로 직접 받아 이를 수전설비를 통해 220[V]나 380[V] 등으로 낮추어 사용한다.

부하설비를 운용하기 위해서는 전기에너지를 공급하는 설비가 필요하고, 전원설비로부터 부하설비에 전원을 공급하는 설비를 배전설비라고 하고, 배전이란 배전 선로를 사용하여 직접 수용가에게 전력을 공급하는 것을 말한다. 구내의 배전 선로는 전원설비와 부하설비를 연결하는 배선으로 간선과 분기회로로 구성된다.

변전소에서 수용가에 이르는 배전 선로 중 분기선 및 배전용 변압기가 없는 부분을 급전선(feeder)라고 하며, 부하가 접속되지 않은 선로이다. 수용가 지점에서 부하에 따라 급전선에 접속하여 각 수용가에 공급하는 주요 선로를 간선(main line)이라고 하며, 간선으로부터 분기하여 변압기에 이르는 부분으로 부하설비에 전력을 전송하는 역할을 하는 분기선(branch line)이 있다. 즉, 간선은 옥외 또는 옥측에서의 전로가 건물의 외벽을 관통해서 들어오는 부분부터 분기 과전류차단기까지의 배선으로서 분기회로의 분기점에서 전원측까지의 부분을 말하며, 고압수전의 경우는 저압의 주배전반에서 전원측까지를 말한다.

전압의 종류는 저압, 고압, 특별고압 3가지이며, 전압의 크기는 표 10.4와 같다.

표 10.4 전압의 구분

구분	직류(DC)	교류(AC)
저압	1,500[V] 이하	1,000[V] 이하
고압	1,500[V] 초과 ~ 7,000[V] 이하	1,000[V] 초과 ~ 7,000[V] 이하
특별고압	7,000[V] 초과	
초고압	특별고압 중 154[kV] 이상	

전기공급방식에 있어 일반 가정용 전등과 전기 기기는 220[V]로 공급받고 있으며, 저압으로 수전하는 업무용 빌딩, 소규모 고장에는 전압 강하, 전력 손실 등을 고려하여 3상 4선식 380[V]/220[V]를 공급하고 있다. 특별고압으로 수전하여 자가용 전기설비를 시설하는 대형 빌딩이나 공장에서는 규모에 적합한 배전방식, 전압 등을 채택하여 사용하고 있다.

배전설비에 있어 전압에는 2종 접지되어 있는 전선과 다른 전선간의 전압을 대지전압(ground voltage)이라 하고, 접지선 이외의 전선과 전선 사이의 전압을 선간 전압(line voltage)이라고 한다.

건물에서 간선의 배전방식은 대상건물의 규모, 사용설비, 경제성 등을 고려해야 한다. 일반적으로 배전방식에는 단상 2선식, 단상 3선식, 3상 3선식, 3상 4선식 등이 있다. 단상 2선식 110[V]는 단상 교류 전력을 전선 2가닥으로 배전하는 것으로 주택, 빌딩, 병원 및 공장 등 모든 건물에 사용하였으나 용량이나 전압 강하 등 비경제성 때문에 220[V]로 바뀌면서 현재는 거의 사용하지 않는다. 단상 2선식 220[V]는 110[V]에 비하여 1회로의 용량이 2배로 많고 전압 강하가 반으로 줄어드는 장점이 있으며, 조명설비, 전열기, 단상 전동기 등의 부하에 사용된다.

단상 3선식은 주로 변압기 저압측의 2개의 권선을 직렬로 하고 그 접속의 중간점으로부터 중성선을 끌어내어 전선 3가닥을 배전하는 방식이다. 동일 간선 사이의 전압은 220[V]가 되고 중성선과의 전압은 110[V]가 되므로 두 가지 전압을 얻을 수 있는 장점이 있지만, 선간 전압(220[V])을 조명기구의 전원으로 할 경우 스위치 개로시 전원이 차단되지 않는 위험이 있다. 또한 중성선을 이용한 110[V] 부하는 40[%] 이하의 설비 불평형률을 유지해야 한다.

3상 3선식은 빌딩이나 공장 등에 사용된 동력 방식으로 220[V] 3상 전원을 말하며, 37[kW] 이하의 동력부하에 적합하다. 변압기의 결선은 Δ 결선으로 사용하였으며, 과

거 국내의 건축물의 경우 3상은 220[V], 단상은 110[V]가 표준전압이었으나 전력 손실을 경감하기 위하여 3상 4선식 배선방식을 사용하고 있다.

3상 4선식은 120/208[V], 220/380[V], 2540/440[V]의 종류가 있다. 동력과 전등을 동시에 공급하는 현재의 공급방식으로 동력부하의 경우 380[V], 전등부하는 220[V]를 사용할 수 있는 220/380[V]를 주로 사용하고 있다. 3상 3선식과 3상 4선식의 설비불평형률은 30[%] 이하로 규정하고 있다. 표 10.5는 배전방식을 나타내고 있다.

표 10.5 배전방식의 종류

배전방식	결선도[87]	전선량 대비	1선당 송전전력[%] (단상 2선식 기준)	
단상 2선식	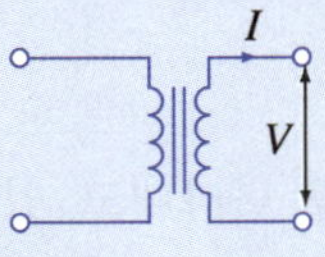	100[%]	$\frac{VI}{2}\cos\theta$	100
단산 3선식	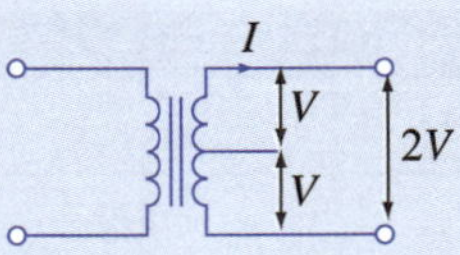	$37.5[\%]\left(\frac{3}{8}\right)$	$\frac{2VI}{3}\cos\theta$	133
3상 3선식	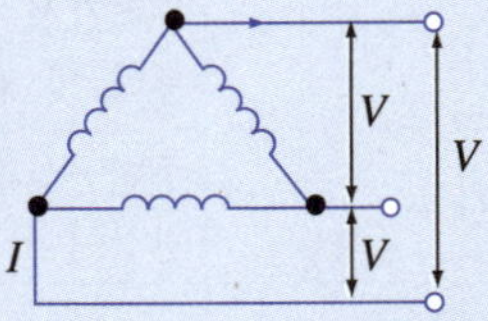	$75[\%]\left(\frac{3}{4}\right)$	$\frac{\sqrt{3}}{3}VI\cos\theta$	115
3상 4선식	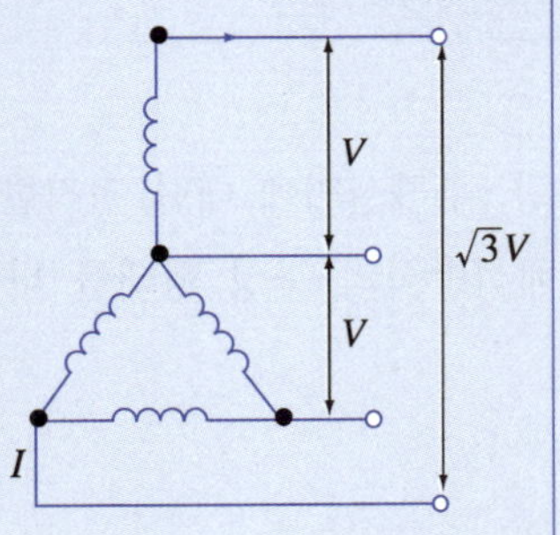	$33.3[\%]\left(\frac{1}{3}\right)$	$\frac{\sqrt{3}}{4}VI\cos\theta$	86.6

[비고] 유효전력(kW)은 소비하는 각종 부하에, 피상 전력(VA)은 발전기, 변압기 등 공급하는 경우에 표시된다.

87) 회로 또는 소자 상호를 직접 또는 전선을 통하여 연결하는 것을 그림으로 나타낸 것이다.

간선은 건물 내의 전력계통 중 인입점, 발전기, 축전지 등의 전원에서 변압기 또는 배전반 사이를 접속하는 배전 선로 및 배전반에서 각 전등분전반, 동력제어반에 이르는 배전 선로를 말한다.

간선을 분류하는 방법은 사용목적, 사용전압(배전방식), 배선방식 등에 따라 분류할 수 있다. 사용목적에 따라 동력간선, 전등간선, 특수용 간선으로 분류한다.

- 동력간선은 보일러, 공기 조화기, 반송설비 등의 일반용과 소방설비, 급・배수설비의 비상용이 있다.
- 전등간선은 일반 전등, 전열 등의 일반용과 정전이나 화재 시 점등되는 비상등 등의 비상용이 있다.
- 특수용 간선은 중요도가 높은 전산기기용, 의료용 등의 특수기기에 전력을 공급하는 것이다.

표 10.6은 사용전압에 따른 간선분류를 나타내고 있다.

표 10.6 사용전압에 따른 간선분류

사용전압	간선분류	용도
저압간선	직류 110[V], 220[V] 단상 2선식 220[V] 3상 3선식 380[V] 3상 4선식 220/380[V]	비상등 주로 전등간선 동력간선 동력 및 전등 공용간선
고압간선	3상 3선식 3.3[kV], 6.6[kV]	주변전실과 부변전실을 접속하는 1차측 간선이나 대용량 고압기기
특고압간선	3상 3선식(22.9[kV] 비접지방식) 3상 4선식(22.9[kV] 다중접지방식)	대규모 건물의 변전실간 접속

간선은 건물의 사용목적, 설비용량, 부하설비에 대한 적정한 수용률, 경제성, 보수의 편리성을 고려해야 한다. 다음은 배선방식의 구성 형태를 나타내고 있다.

(1) 가지식(tree system)

나뭇가지 모양으로 분기하여 한 쪽 방향으로만 전력을 공급하는 방식으로 부하의 증설에 따라 선로를 증설할 수 있다. 농어촌 지역에 적합하며, 설비가 간단하지만, 전압 변동 및 전력 손실이 크고 정전 범위가 넓어 공급신뢰도가 낮다. 그리고 각 분전반별로 선로의 전압 강하가 달라 동일 전압을 유지하기가 어렵다.

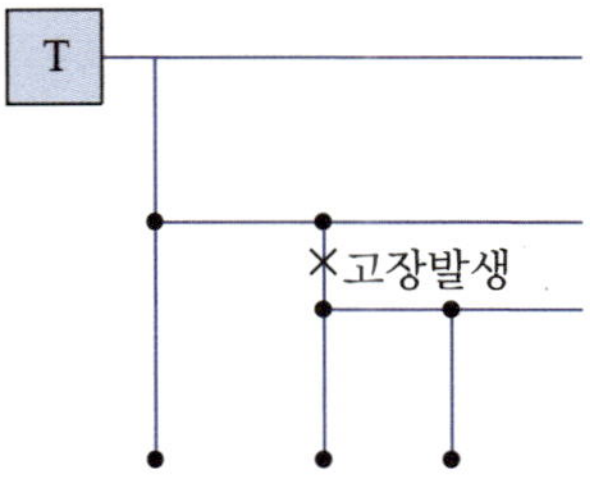

그림 10.4 가지식

(2) 환상식(loop system)

간선을 환상으로 구성하여 양방향에서 전력을 공급하는 방식으로 선로에 대한 융통성이 있으며, 전압 강하 및 전력 손실이 경감되고, 공급신뢰도가 좋아 중요 설비에 적용한다. 하지만 설비가 복잡하여 부하증설이 곤란하고 부하가 밀집된 지역에 적합하다.

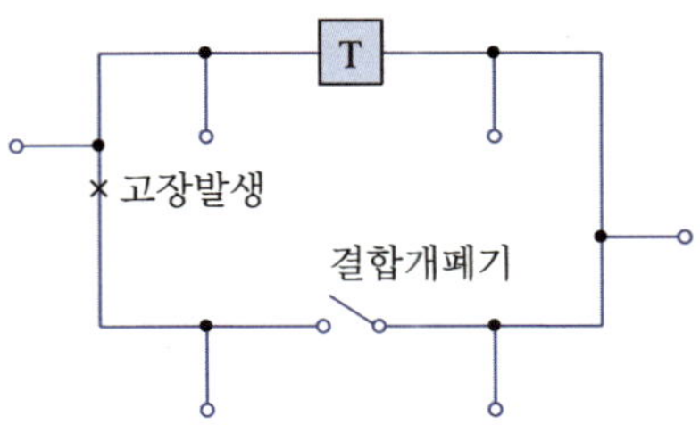

그림 10.5 환상식

(3) 뱅킹방식(banking system)

동일 간선에 접속된 2대 이상의 변압기의 저압측 간선을 병렬접속하여 부하의 융통성을 향상시킨 배전방식으로 부하가 밀집된 지역에 적합하다. 전압 강하 및 전력 손실이 경감되고, 플리커 현상이 감소한다. 또한 2차측 변압기 저압선의 고장으로 건전한 변압기의 일부 또는 전부가 1차측 보호장치에 의하여 차단되는 현상(cascading phenomena)이 발생할 수 있어 정전 범위가 넓어진다. 가지방식보다 공급신뢰도가 높다.

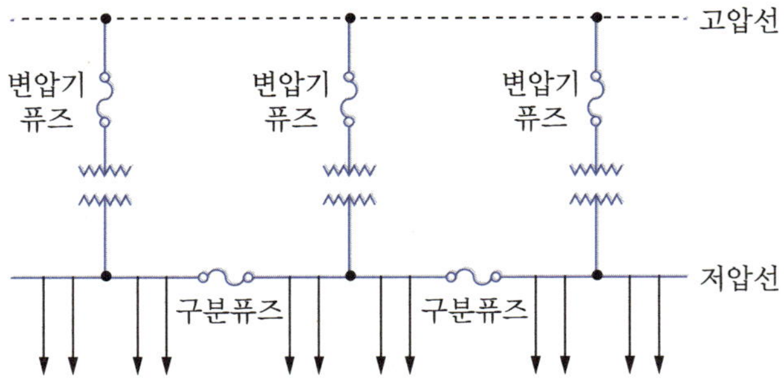

그림 10.6 뱅킹방식

(4) 망상식(network system)

같은 변전소의 같은 변압기에서 나온 2회선 이상의 고압배전선에 접속된 변압기의 2차측을 같은 저압선에 연결하여 부하에 전력을 공급하는 방식으로 전압 강하 및 전력 손실이 경감되고, 무정전 전력공급이 가능하여 공급신뢰도(supply reliability)[88]가 가장 좋다. 또한 부하증설이 용이하며, 네트워크 변압기나 프로텍터[89]를 설치함에 따라 시설비가 많이 들고 대도시와 같은 부하밀집지역에 적당하다.

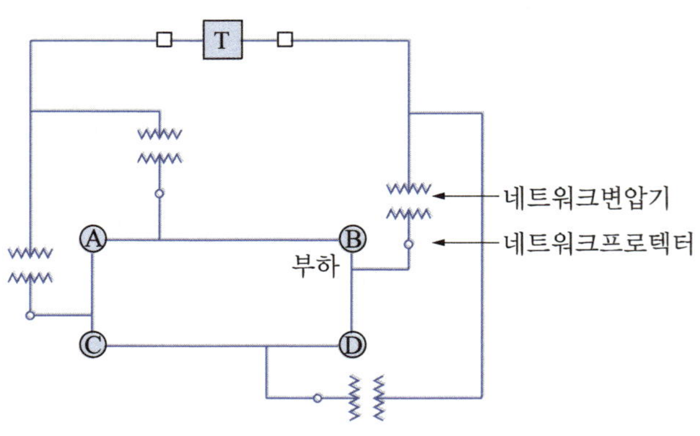

그림 10.7 망상식

88) 예상되는 전력수요에 대하여 안정적인 전력공급을 유지하는 정도를 나타내는 지표. 즉, 소비자에게 적절한 전압, 주파수의 전기를 계속하여 공급할 수 있는 정도를 말하며, 전력의 양적공급과 질적공급의 확실성을 대상으로 한다.

89) 변압기 또는 1차 급전선에서 소정의 전기적 조건에 따라 2차 회로에서 변압기를 자동적으로 분리하기 위한 회로 차단기 및 그 완전한 제어장치에 의해 구성되는 보안장치(회로망보호기)로 역전력 차단, 무전압 투입, 차전압 투입의 기능이 있다.

2.3 전로의 보호장치

전로 보호, 기계기구 손상 및 감전방지를 위하여 전로 보호용으로 개폐기, 과전류차단기, 누전차단기 등을 설치해야 한다. 표 10.7은 차단기와 개폐기의 종류와 그 기능을 설명하고 있다.

전로 중에 개폐기를 시설하는 경우 선로의 각 극에 설치해야 하는 데 다음의 경우에는 제외한다.

- 저압 분기회로용 개폐기로써 중성선 또는 접지공사한 접지측 전선
- 특별고압 가공전선로의 다중 접지한 중성선
- 저압의 점멸용 개폐기는 단극에 시설할 수 있다.

표 10.7 개폐기의 종류

종류	기능
배선용 차단기 (NFB, MCCB)	- 옥내배선의 간선 및 분기회로에서 분전반의 주개폐기로 사용 - 재투입(재사용)이 가능하고 과전류나 단락전류에 의한 기기과열소손을 방지 - 과전류차단기는 전동기 정격전류의 3배에 견딜 것 - 과전류가 흐를 때 자동으로 회로를 끊어서 보호
단로기(DS)	- 무부하상태에서 회로의 접속 변경과 전로로부터 기기의 개방이 가능 - 흐르는 부하전류의 차단능력이 없음
누전차단기(ELB)	- 선로의 지락사고 및 기계기구의 누전사고로부터 회로를 차단 - 인체의 감전방지용 개폐기
퓨즈(Fuse)	- 일정 전류 이상의 사고 전류가 흐르면 용단특성에 의해 차단시켜 기계기구를 보호 - 용단특성에 의해 재사용이 불가능
컷 아웃 스위치(COS)	- 주상변압기 1차 고압측 보호
나이프스위치(KS)	- 퓨즈를 내장한 저압개폐기의 일종으로 재사용 불가
전자개폐기	- 전동기의 시동, 운전, 정지를 위한 개폐기 - 단락차단능력이 없음
기중차단기(ACB)	- 전로의 개폐를 대기 중에서 하는 저압용 차단기 - 과부하 및 단락 보호
유입개폐기(OS)	- 자동차단 기능은 없지만 수동으로 부하를 개폐 가능 - 소호 매질은 절연유 사용
피뢰기(LA)	- 낙뢰 등의 이상전압 보호
계전기(Relay)	- 보호계전기로 차단기를 동작시키는 판정을 하는 역할 ex) OCR, OVR 등

2.4 분기회로

간선과 분기회로의 연결 역할을 하는 분전반은 주개폐기와 분기 과전류차단기, 분기 개폐기 등을 한 곳에 집합하여 설치한 것으로 배선용 차단기(NFB, no fuse breaker)를 개폐기로 사용한다. 분기회로(branch circuit)는 간선에서 분기하여 분기 과전류차단기를 거쳐 부하에 이르는 사이의 배선으로 분전반으로부터 전등이나 콘센트 및 전동기 등에 이르는 배선을 말한다. 부하용량이 많아지면 반드시 분기회로를 설치하여 고장이 발생하더라도 고장 범위를 최소화할 수 있고 신속한 수리가 가능하다.

저압 옥내간선에서 분기하여 전기사용 기계기구에 이르는 저압 옥내전로는 개폐기 및 과전류차단기를 시설하여야 한다. 저압 옥내간선과의 분기점에서 전선의 길이가 3[m] 이하인 곳에 시설하여야 한다. 다만, 분기점에서 개폐기 및 과전류차단기까지의

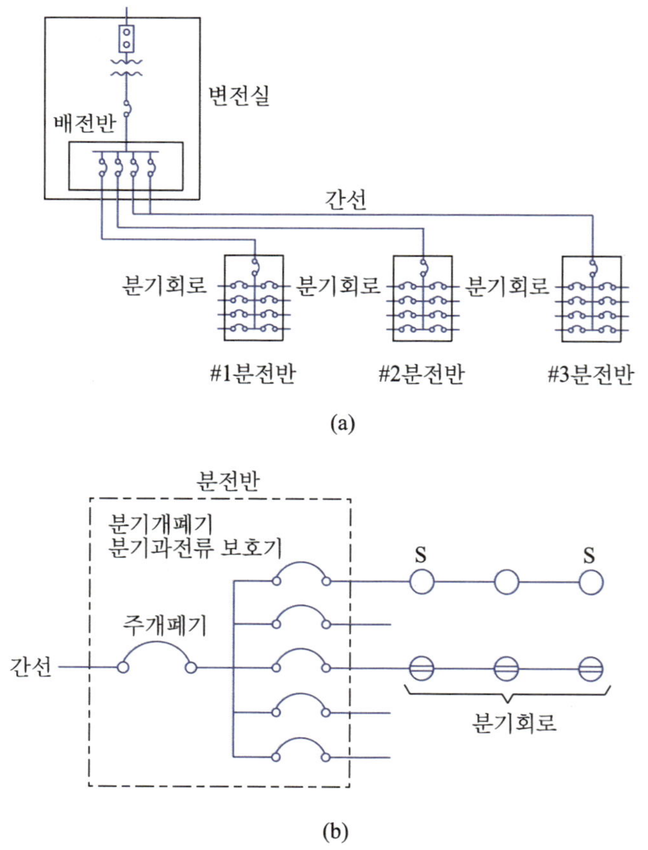

그림 10.8 분기회로

전선의 허용전류가 그 전선에 접속하는 저압 옥내간선을 보호하는 과전류차단기의 정격전류의 55[%](분기점에서 개폐기 및 과전류차단기까지의 전선의 길이가 8[m] 이하인 경우에는 35[%]) 이상일 경우에는 분기점에서 3[m]를 초과하는 곳에 시설할 수 있다.

분기회로수 n은 설비 부하용량을 분기회로 용량으로 나누어 계산하는 데 계산 결과가 소수점 이하이면 절상한다.

$$n = \frac{\text{설비 부하용량}}{\text{분기회로 용량}} = \frac{\text{설비 부하용량[VA]}}{\text{사용전압[V]} \times 15\text{[A]}} \tag{10.6}$$

2.5 접지와 절연

전로의 전선 상호간, 전로와 대지간은 충분히 절연되어 있지 않으면 전기화재, 감전, 기기파손, 지락 계전기 동작 등의 사고가 발생할 수 있으므로 전로는 모두 절연하여 사용한다. 접지는 전로의 중성점 접지와 전기 기계기구의 접지로 구분할 수 있다.

전로의 중성점 접지 목적은 지락 및 단락전류 등의 고장전류나 뇌격전류의 유입에 대한 기기 보호, 전력계통에서 회로전압, 보호계전기 동작의 안정성 유지, 대지전압의 상승을 억제하는 데 있다. 기계기구의 접지는 국부적인 전위 경도에서 인체보호를 목적으로 기기 외함[90]에 설치하는 것으로 감전사고 및 화재사고의 예방, 기기의 손상방지 및 절연파괴 방지, 변압기 1차 및 2차측 혼촉 시 2차측의 전위 상승을 억제하여 계통의 기계기구 절연보호, 정전차폐[91] 효과의 유지를 목적으로 하고 있다.

이동하여 사용하는 전기기계기구의 금속제 외함 등에 접지공사를 하는 경우에는 각 접지공사의 접지선 중 가요성을 필요로 하는 부분에는 표 10.9에서 정한 값 이상의 단면적을 가지는 접지선으로서 고장 시에 흐르는 전류를 안전하게 통할 수 있는 것을 사용하여야 한다.

---

90) 보호계전기의 주요소 및 보조요소를 수용하는 함으로서 그 역할은 다음과 같다. 외부로부터의 먼지, 수분 등 불순물의 유입을 차단하고, 계전기의 주요소 및 보조요소 보호, 계전기반에 취부[取付] 용이, 외부단자의 지지. 한편 대부분의 계전기의 외함 전면은 유리로 되어 있어 보호계전기의 상태를 관찰할 수 있으며 동작표시기 복귀장치가 부착되어 있다.

91) 전기회로의 일부가 정전유도의 영향을 받게 되면 전위가 변하게 되므로 계기에서는 오차의 원인이 통신기기에서는 잡음의 원인이 되기도 하고 또한 전위 상승으로 인해 재해의 원인이 되기도 한다. 이와 같은 영향을 방지하기 위하여 전기회로 등을 외부와 차폐시키는 것을 말한다.

(1) 접지시스템의 구분

계통접지, 보호접지, 피뢰시스템 접지 등으로 구분한다.

(가) 계통접지(System Earthing)

계통접지란 전력계통에서 돌발적으로 발생하는 이상현상에 대비하여 대지와 계통을 연결하는 것으로 변압기의 중성선(저압측 1단자 시행 접지계통을 포함)을 대지에 접속하는 것을 말하며, 일반적으로 중성점 접지라고도 한다.

(나) 보호접지(Protective Earthing)

보호접지란 고장 시 감전보호를 목적으로 기기의 한 점(또는 여러 점)을 접지하는 것을 말한다.

(다) 피뢰시스템 접지

피뢰시스템 접지란 뇌격전류를 대지로 안전하게 방류하여 건축물 등을 보호하는 것을 말한다.

(2) 접지시스템의 시설 종류

접지시스템의 시설 종류에는 단독접지, 공통접지, 통합접지가 있다.

(가) 단독접지

단독접지란 고압·특고압 계통의 접지극과 저압계통의 접지극을 독립적으로 설치하는 것을 말한다.

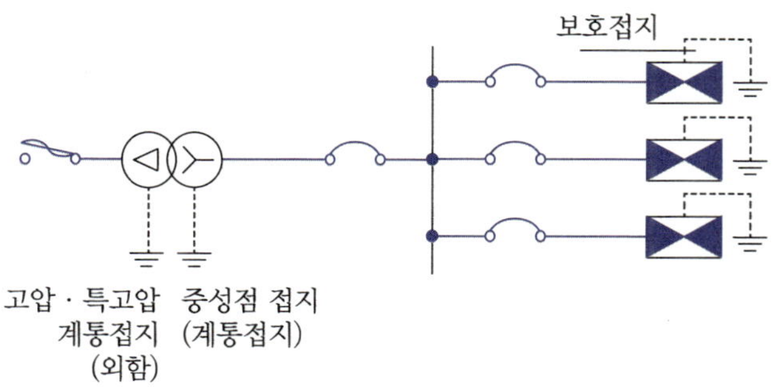

그림 10.9 TT 계통의 단독접지

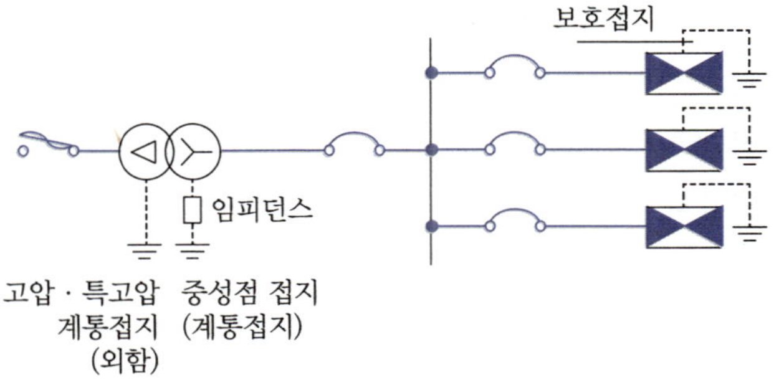

그림 10.10 IT 계통의 단독접지

(나) 공통접지

공통접지란 등전위가 형성되도록 고압·특고압 계통과 저압접지 계통을 공통으로 접지하는 방식이며, 이때 저항 값은 가장 낮은 것을 선정한다. 고압·특고압 계통과 저압 전기설비의 접지극이 서로 근접하여 시설되는 변전소 또는 이와 유사한 곳에는 공통접지시스템을 하도록 규정되어 있다.

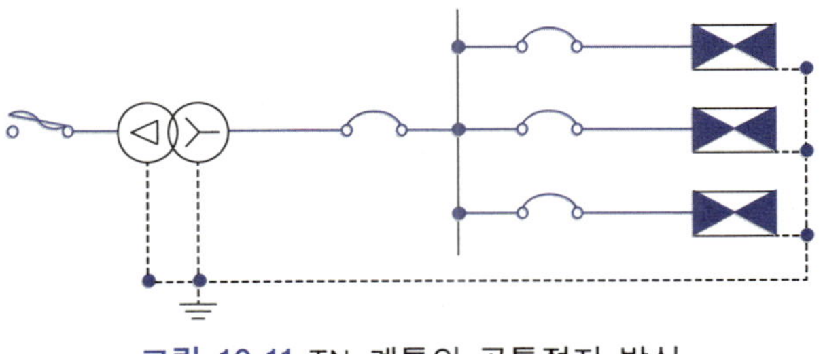

그림 10.11 TN 계통의 공통접지 방식

(다) 통합접지

통합접지란 전기설비 접지 계통, 피뢰설비 및 전기통신설비 등의 접지극을 통합하여 접지시스템을 구성하는 것을 말하며, 설비 사이의 전위차를 해소하여 등전위를 형성하는 접지방식이다. 단, 통신설비 통합접지 여부는 통신사업자의 결정에 의할 수 있다.

(3) 접지시스템의 구성

접지극, 접지도체, 보호도체로 구성하며, 접지극은 접지도체를 사용하여 주 접지단자(기존의 접지단자함)에 연결하여야 한다.

(가) 접지시스템은 다음에 적합하여야 한다.

- 전기설비의 보호 요구사항을 충족할 것
- 지락전류와 보호도체 전류를 대지에 전달할 것
- 전기설비의 기능적 요구사항을 충족할 것

(나) 접지저항 값

- 부식, 건조 및 동결 등 대지환경 변화에 충족할 것
- 인체감전보호를 위한 값과 전기설비의 기계적 요구에 의한 값을 만족할 것

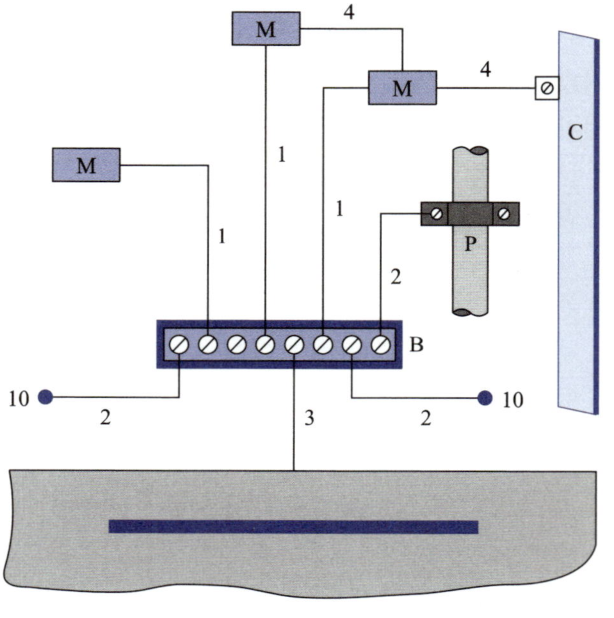

1 : 보호도체(PE)
2 : 보호등전위본딩용 도체
3 : 접지도체
4 : 보조 보호등전위본딩용 도체
B : 주 접지단자

M : 전기기기의 노출도전부
C : 철골, 금속덕트 등 계통외도전부
P : 수도관, 가스관 등 계통외도전부
10 : 기타기기(정보통신, 피뢰시스템)
T : 접지극

그림 10.12 접지시스템의 구성

(4) 접지도체

(가) 접지도체의 선정은 다음과 같다.

① 접지도체의 단면적은 표 10.8에 의하며 큰 고장전류가 접지도체를 통하여 흐르지 않을 경우 접지도체의 최소 단면적은 다음과 같다.

- 구리는 $6mm^2$ 이상
- 철제는 $50mm^2$ 이상

② 접지도체에 피뢰시스템이 접속되는 경우, 접지도체의 단면적은 구리 $16mm^2$ 또는 철 $50mm^2$ 이상으로 하여야 한다.

표 10.8 보호도체의 최소 단면적

선도체의 단면적 S (mm^2, 구리)	보호도체의 최소 단면적(mm^2, 구리)	
	보호도체의 재질이 선도체와 같은 경우	보호도체의 재질이 선도체와 다른 경우
$S \le 16$	S	$(k_1/k_2) \times S$
$16 < S \le 35$	16^a	$(k_1/k_2) \times 16$
$S > 35$	$S^a/2$	$(k_1/k_2) \times (S/2)$

여기서, k_1 : 도체 및 절연의 재질에 따라 KS C IEC 60364-5-54(저압전기설비-제5-54부 : 전기기기의 선정 및 설치–접지설비 및 보호도체)의 "표 A54.1(여러 가지 재료의 변수 값)" 또는 KS C IEC 60364-4-43(저압전기설비-제4-43부 : 안전을 위한 보호–과전류에 대한 보호)의 "표 43A(도체에 대한 k값)"에서 선정된 선도체에 대한 k값

k_2 : KS C IEC 60364-5-54(저압전기설비-제5-54부 : 전기기기의 선정 및 설치–접지설비 및 보호도체)의 "표 A.54.2(케이블에 병합되지 않고 다른 케이블과 묶여 있지 않은 절연 보호도체의 k값)~표 A.54.6(제시된 온도에서 모든 인접 물질에 손상 위험성이 없는 경우 나도체의 k값)"에서 선정된 보호도체에 대한 k값

a : PEN 도체의 최소단면적은 중성선과 동일하게 적용한다[KS C IEC 60364-5-52(저압전기설비-제5-52부 : 전기기기의 선정 및 설치–배선설비) 참조].

(나) 접지도체와 접지극의 접속은 다음에 의한다.

① 접속은 견고하고 전기적인 연속성이 보장되도록, 접속부는 발열성 용접, 눌러 붙임 접속, 클램프 또는 그 밖에 기계적 접속장치에 의해야 한다. 다만, 기계적인 접속장치는 제작자의 지침에 따라 설치하여야 한다.

② 클램프를 사용하는 경우, 접지극 또는 접지도체를 손상시키지 않아야 한다. 납땜에만 의존하는 접속은 사용해서는 안 된다.

(다) 접지도체를 접지극이나 접지의 다른 수단과 연결하는 것은 견고하게 접속하고, 전기적, 기계적으로 적합하여야 하며, 부식에 대해 보호되어야 한다. 또한, 다음과 같은 지점에는 "안전 전기 연결"라벨이 영구적으로 고정되도록 시설하여야 한다.

① 접지극의 모든 접지도체 연결지점

② 외부도전성 부분의 모든 본딩도체 연결지점

③ 주 개폐기에서 분리된 주접지단자

(라) 접지도체는 지하 0.75m부터 지표상 2m까지 부분은 합성수지관(두께 2mm 미만의 합성수지제 전선관 및 가연성 콤바인덕트관은 제외) 또는 이와 동등 이상의 절연효과와 강도를 가지는 몰드로 덮어야 한다.

(마) 접지도체의 굵기는 최소 단면적에서 정한 것 이외에 고장 시 흐르는 전류를 안전하게 통할 수 있는 것으로서 다음에 의한다.

① 특고압·고압 전기설비용 접지도체는 단면적 $6mm^2$ 이상의 연동선 또는 동등 이상의 단면적 및 강도를 가져야 한다.

② 중성점 접지용 접지도체는 공칭단면적 $16mm^2$ 이상의 연동선 또는 동등 이상의 단면적 및 세기를 가져야 한다. 다만, 다음의 경우에는 공칭단면적 $6mm^2$ 이상의 연동선 또는 동등 이상의 단면적 및 강도를 가져야 한다.

- 7kV 이하의 전로
- 사용전압이 25kV 이하인 특고압 가공전선로. 다만, 중성선 다중접지 방식의 것으로서 전로에 지락이 생겼을 때 2초 이내에 자동적으로 이를 전로로부터 차단하는 장치가 되어 있는 것

③ 이동하여 사용하는 전기기계기구의 금속제 외함 등의 접지시스템의 경우는 다음의 것을 사용하여야 한다.

- 특고압저압전로의 절연저항 측정전압과 기준값을 고압 전기설비용 접지도체 및 중성점 접지용 접지도체는 클로로프렌캡타이어케이블(3종 및 4종) 또는 클로로설포네이트폴리에틸렌캡타이어케이블(3종 및 4종)의 1개 도체 또는 다심캡타이어케이블의 차폐 또는 기타의 금속체로 단면적이 $10mm^2$ 이상인 것을 사용한다.

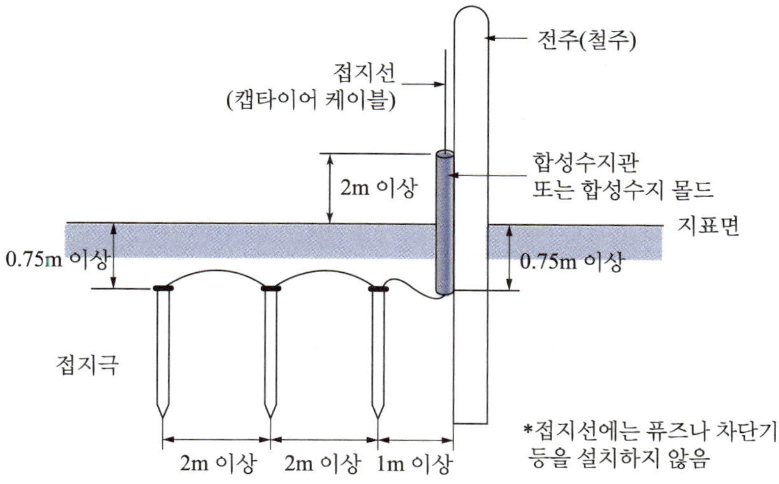

그림 10.13 접지공사

- 저압 전기설비용 접지도체는 다심 코드 또는 다심 캡타이어케이블의 1개 도체의 단면적이 $0.75mm^2$ 이상인 것을 사용한다. 다만, 기타 유연성이 있는 연동연선은 1개 도체의 단면적이 $1.5mm^2$ 이상인 것을 사용한다.

전기기계기구, 전선에 전기가 통하는 경우 도전부분의 주변을 절연체로 피복하는 등의 방법으로 전기설비의 기기와 전로를 절연물로 보호 및 방호할 필요가 있다. 전기기계기구의 구성 재료인 절연물은 온도가 올라가면 열화되기 때문에 절연재료에 따라 최고허용온도가 있다. 절연물의 허용온도를 표 10.9에 나타내고 있다. 사용전압이 저압인 전로에서 정전이 어려운 경우 등 절연저항 측정이 곤란한 경우에는 누설전류를 1[mA] 이하로 유지하여야 한다. 표 10.10에서는 저압전로의 절연저항 측정전압과 기준값을 나타내고 있다.

표 10.9 절연물의 허용온도

절연 종류	최고허용온도[℃]	절연물	용도
Y	90	면, 견, 종이	저압기기
A	105	Y종 재료를 배니쉬 또는 기름에 채운 것	일반 회전기기 변압기
E	120	에폭시수지, 멜라민수지, 폴리우레탄수지	일반기기 대용량 회전기기
B	130	운모, 석면, 유리섬유 등으로 접착제와 함께 사용한 것	고압기기
F	155	B종 재료를 실리콘알키드수지의 접착제와 함께 사용한 것	
H	180	B종 재료를 실리콘수지와 함께 사용한 것	건식변압기
C	180 초과	운모, 석면, 유리 등을 단독 또는 접착제와 함께 사용한 것	특수기기

표 10.10 저압전로의 절연저항 측정전압과 기준값(검사기준)

전로의 사용전압[V]	DC시험전답[V]	절연저항[MΩ]
SELV 및 PELV	250	0.5
FELV, 500V 이하	500	1.0
500V 초과	1,000	1.0

특별저압(ELV, Extra Low Voltage)은 인체에 위험을 초래하지 않을 정도의 저압, 즉 안전전압을 말하며 2차 전압이 교류 50V, 직류 120V 이하이다.

- SELV (Safety Extra Low Voltage, 안전 특별저압) : 비접지회로에 해당
- PELV (Protective Extra Low Voltage, 보호 특별저압) : 접지회로에 해당
- FELV (Function Extra Low Voltage, 기능적 특별저압) : 단권변압기와 같은 단순 분리형 변압기에 의함

고압/특별고압 기기의 절연내력絕緣耐力[92]은 표 10.11에서 정한 시험전압을 전로와 대지간에 10분간 연속으로 인가하여 견딜 수 있어야 한다.

표 10.11 절연내력 시험

전로의 종류	시험전압
1. 최대사용전압 7,000[V] 이하인 전로	최대사용전압의 1.5배의 전압
2. 최대사용전압 7,000[V] 초과 25,000[V] 이하인 중성점 접지식 전로(중성선을 갖는 것으로서 중성선을 다중접지하는 것에 한함)	최대사용전압의 0.92배의 전압
3. 최대사용전압 7,000[V] 초과 60,000[V] 이하인 전로(2란의 것을 제외)	최대사용전압의 1.25배의 전압 (10,500[V] 미만으로 되는 경우는 10,500[V])
4. 최대사용전압 60,000[V] 초과 중성점 비접지식 전로(전위 변성기를 사용하여 접지하는 것을 포함)	최대사용전압의 1.25배의 전압
5. 최대사용전압 60,000[V] 초과 중성점 접지식 전로(전위 변성기를 사용하여 접지하는 것 및 6란과 7란의 것을 제외)	최대사용전압의 1.1배의 전압 (75,000[V] 미만으로 되는 경우에는 75,000[V])
6. 최대사용전압이 60,000[V] 초과 중성점 직접접지식 전로(7란의 것을 제외)	최대사용전압의 0.72배의 전압
7. 최대사용전압이 170,000[V] 초과 중성점 직접 접지식 전로로서 그 중성점이 직접 접지되어 있는 발전소 또는 변전소 혹은 이에 준하는 장소에 시설하는 것	최대사용전압의 0.64배의 전압
8. 최대사용전압이 60,000[V]를 초과하는 정류기에 접속되고 있는 전로	교류측 및 직류 고전압측에 접속되고 있는 전로는 교류측의 최대사용전압의 1.1배의 직류전압 직류측 중성선 또는 귀선이 되는 전로(직류 저압측 전로)는 규정하는 계산식에 의하여 구한 값

92) 절연체에 가하는 전압을 순차적으로 높여 어느 전압에 도달하게 되면 갑자기 큰 전류가 흐르는 상태가 되는 것을 절연파괴라고 하고, 이때의 전압을 절연파괴전압이라 한다. 이 전압을 절연 재료의 두께로 나눈 값을 절연내력이라 하고, 단위는 일반적으로 [kV/mm]을 이용한다.

2.6 배선 공사

배선 공사는 전기설비기술기준, 내선규정 등에 준하여 시설장소에 적합한 방법으로 배선해야 한다. 배선에는 절연전선이나 케이블 등을 사용하는 데 직경 1.6[mm] 이상의 연동선, 단면적 1[mm^2] 이상의 MI 케이블(mineral insulation cable) 또는 지름 2[mm] 이상 굵기의 경알루미늄선을 사용한다. 전선의 접속 시 전선의 세기를 20[%] 이상 감소시키지 않아야 하고, 접속부는 접속관 등을 사용하거나 납땜을 해서 사용하고, 전선의 저항을 증가시키지 않아야 한다.

전선의 분기는 분기점에서 장력이 가해지지 않아야 하고, 전선은 전체 시설이 통일되도록 변압기 단자로부터 부하 전원단까지 같은 색으로 배선하고, 중성선 및 접지측 전선은 흰색 또는 회색으로 하며, 접지선은 초록색 또는 초록/노란색을 이용한다.

옥내 전로의 대지전압은 300[V] 이하, 사용전압은 400[V] 미만이어야 하고, 인입구에는 인체보호용 누전차단기[93]를 시설해야 한다.

옥내 배선 공사에 사용되는 방법은 전기설비기술기준에 따라 애자사용 공사, 합성수지 몰드 공사, 금속 몰드 공사, 합성수지관 공사, 금속관 공사, 가요전선관 공사, 금속덕트 공사, 버스덕트 공사, 라이팅덕트 공사, 플로어덕트 공사, 셀룰러덕트 공사, 케이블 공사, 케이블 트레이 공사 등이 있으며, 시설 장소에 따라 표 10.12를 참조하여 공사의 종류를 선택하여야 한다. 옥내, 옥측 및 옥외배선은 그 시설장소에 따라 사용전압이 400[V] 미만의 경우 표 10.13에 표시한 배선방법에 따라야 한다.

표 10.12 저압 옥내배선의 공사방법

전선 구분		공사방법
나전선		애자사용 공사
절연선		전선관 공사, 케이블트렁킹(몰드형, 바닥매입형 포함) 공사, 케이블 덕트 공사, 애자사용 공사
외장 케이블 (금속외장 및 무기절연 포함)	다심	고정하는 공사, 고정하지 않은 공사, 전선관 공사, 케이블트렁킹(몰드형, 바닥매입형 포함) 공사, 케이블 덕트 공사, 케이블 트레이(사다리형, 선반형 포함) 공사, 지지용선 공사
	단심	고정하는 공사, 전선관 공사, 케이블트렁킹(몰드형, 바닥매입형 포함) 공사, 케이블 덕트 공사, 케이블 트레이(사다리형, 선반형 포함) 공사, 지지용선 공사

93) 누전차단기의 정격감도전류 30[mA] 이하에서 0.03[s] 이내에 동작해야 한다.

표 10.13 배선 공사 시설장소와 배선방법(400[V] 미만)

배선방법		옥내						옥측 옥외	
		노출장소		은폐장소					
				점검 가능		점검 불가능			
		건조한 장소	습기가 많은 장소 / 물기가 있는 장소	건조한 장소	습기가 많은 장소 / 물기가 있는 장소	건조한 장소	습기가 많은 장소 / 물기가 있는 장소	우선 내	우선 외
애자사용 배선		○	○	○	○	×	×	①	①
금속관 배선		○	○	○	○	○	○	○	○
합성수지관 배선	CD관 제외	○	○	○	○	○	○	○	○
	CD관	②	②	②	②	②	②	②	②
가요전선관 배선	1종	○	×	○	×	×	×	×	×
	2종	○	○	○	○	○	○	○	○
금속 몰드 배선		○	×	○	×	×	×	×	×
합성수지 몰드 배선		○	×	○	×	×	×	×	×
플로어덕트 배선		×	×	×	×	③	×	×	×
금속덕트 배선		○	×	○	×	×	×	×	×
버스덕트 배선		○	×	○	×	×	×	④	④
케이블 배선		○	○	○	○	○	○	○	○
케이블 트레이 배선		○	○	○	○	○	○	○	○

[비고] - ○ : 시설, × : 시설 불가, CD관 : 내연성이 없는 것
- ① : 노출장소 및 점검할 수 있는 은폐장소에 한하여 시설
- ② : 직접 콘크리트에 매설하는 경우를 제외하고 전용의 불연성 또는 자소성이 있는 난연성의 관 또는 덕트에 넣는 경우에 한하여 시설
- ③ : 콘크리트 등의 바닥 내에 한함
- ④ : 옥외용 덕트를 사용하는 경우에 한하여 시설

(1) 애자[94]사용 공사

(가) 전선 상호 간의 간격은 6[cm] 이상이어야 한다.

(나) 전선과 조영재 사이의 이격거리는 사용전압이 400[V] 미만인 경우에는 2.5[cm] 이상, 400[V] 이상인 경우에는 4.5[cm](건조한 장소에 시설하는 경우에는 2.5[cm]) 이상이어야 한다.

94) 전기도체를 절연하여 지지하기 위한 절연체와 이것과 일체로 조립된 금속류로 구성된 절연지지물을 말한다. 전선을 철탑 등의 지지물에 연결시키면서 지지물과 전선 사이를 절연시키기 위해 사용된다. 가공 선로용 애자(insulator)는 전선을 지지물로부터 절연하는 것 이외에 바람, 비 등에서도 잘 견디도록 전기적, 기계적 강도가 잘 구비되어 있어야 한다. 국내에서는 주로 자기 애자(porcelain insulator)를 사용한다.

(다) 전선의 지지점 간의 거리는 전선을 조영재의 윗면 또는 옆면에 따라 붙일 경우에는 2[m] 이하이어야 한다.

(라) 사용전압이 400[V] 이상인 것은 전선의 지지점 간의 거리는 6[m] 이하로 한다.

(마) 저압 옥내배선은 사람이 접촉할 우려가 없도록 시설한다. 다만, 사용전압이 400[V] 미만인 경우에 사람이 쉽게 접촉할 우려가 없도록 시설하는 때에는 그러하지 아니하다.

(바) 전선이 조영재를 관통하는 경우에는 그 관통하는 부분의 전선을 전선마다 각각 별개의 난연성 및 내수성이 있는 절연관에 넣어야 한다. 다만, 사용전압이 150[V] 이하인 전선을 건조한 장소에 시설하는 경우로서 관통하는 부분의 전선에 내구성이 있는 절연 테이프를 감을 때에는 그러하지 아니하다.

(사) 애자사용 배선에 사용하는 애자는 절연성, 난연성 및 내수성이 있어야 한다.

(2) 합성수지 몰드 공사

(가) 전선을 절연전선(옥외용 비닐 절연전선을 제외)으로 한다.

(나) 합성수지 몰드 안에는 전선에 접속점이 없도록 한다.

(다) 합성수지 몰드는 홈의 폭 및 깊이가 3.5[cm] 이하이어야 한다. 다만, 사람이 쉽게 접촉할 우려가 없도록 시설하는 경우에는 폭이 5[cm] 이하의 것을 사용할 수 있다.

(라) 합성수지 몰드 상호 간 및 합성수지 몰드와 박스 기타의 부속품과는 전선이 노출되지 않도록 접속한다.

(3) 합성수지관 공사

합성수지관은 경질 비닐전선관을 사용하므로 절단과 시공이 용이하고, 가격이 저렴하며, 내부식성이 있으며(부식성 가스 체류장소에 사용), 접지가 필요 없는 장점이 있지만, 기계적 강도나 충격에 약하고, 온도에 민감하여 열에 약한 단점도 있다. 합성수지관 1본의 표준길이는 4[m]이다.

(가) 합성수지관 공사에 의한 저압 옥내배선은 다음을 따르고, 중량물의 압력 또는 현저한 기계적 충격을 받을 우려가 없도록 시설하여야 한다.

① 전선은 절연전선(옥외용 비닐 절연전선(OW)을 제외)을 사용한다.

② 전선은 연선으로 한다. 다만, 짧고 가는 금속관에 넣거나, 단면적 10[mm^2]

(알루미늄선은 단면적 16[mm^2]) 이하인 경우는 제외한다.

③ 전선은 합성수지관 안에서 접속점을 없도록 한다.

(나) 관의 끝부분 및 안쪽 면은 전선의 피복을 손상시킬 우려가 없어야 한다.

(다) 관 상호 간 및 박스와는 관을 삽입하는 길이를 관 바깥지름의 1.2배(접착제 사용 시 0.8배) 이상으로 하고 꽂음 접속으로 견고하게 접속해야 한다.

(라) 관의 지지점 간의 거리는 1.5[m] 이하로 하고, 또한 그 지지점은 관의 끝·관과 박스의 접속점 및 관 상호 간의 접속점 등에 가까운 곳에 시설한다.

(마) 합성수지제 휨(가요) 전선관 상호 간은 직접 접속하지 말 것

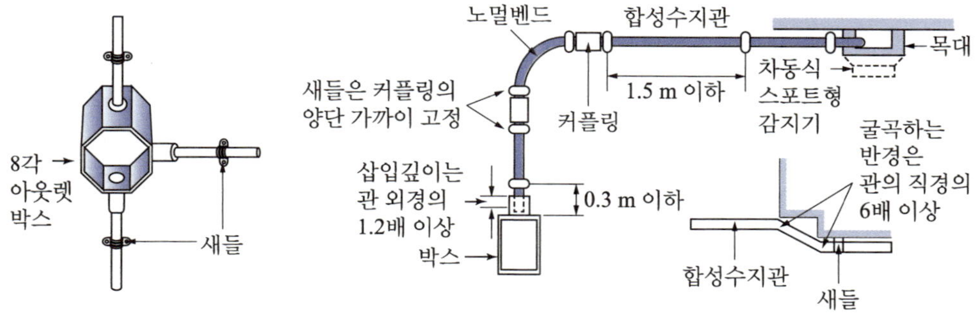

그림 10.14 합성수지관 공사

(4) 금속관 공사

금속관 공사에서 전선관의 굵기는 안에 들어가는 전선의 양에 따라 정해지는 데 1개의 관에 많은 전선을 수납하면 관 내부의 온도가 상승하여 전선의 허용전류가 낮아지므로 적합한 관 굵기를 선정해야 한다. 금속관 1본의 표준길이는 3.66[m]이다.

금속관의 특징은 사고발생시 화재의 우려가 없고, 합성수지관에 비해 기계적 강도가 강하며, 장소나 환경에 좌우되지 않는 장점이 있다. 하지만, 무게가 무겁고 가공이 어려우며, 합성수지관에 비해 비싸다는 단점이 있다.

(가) 금속관 공사에 사용하는 관의 두께는 콘크리트에 매설한 경우 1.2[mm] 이상, 그 이외의 경우는 1.0[mm] 이상이어야 한다. 다만, 이음매(joint)가 없는 길이 4[m] 이하의 것을 건조한 노출장소에 시설하는 경우는 0.5[mm]까지 감할 수 있다.

(나) 관의 끝부분 및 안쪽 면은 전선의 피복을 손상하지 않도록 매끈해야 한다.

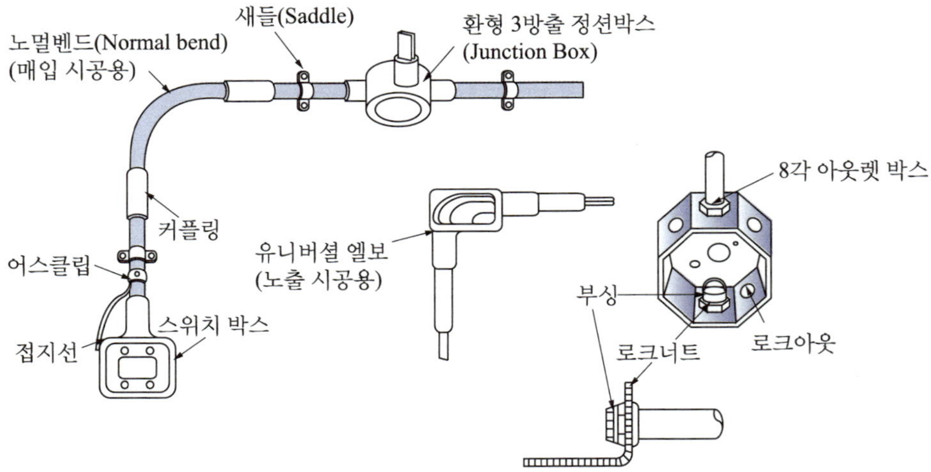

그림 10.15 금속관 공사

(다) 금속관 공사에 의한 저압 옥내배선은 다음에 따라 시설한다.

① 전선은 절연전선(옥외용 비닐 절연전선(OW)을 제외)을 사용한다.

② 전선은 연선撚線이어야 한다. 다만, 짧고 가는 금속관에 넣거나, 단면적 10 [mm^2](알루미늄선은 단면적 16[mm^2]) 이하인 경우는 제외한다.

③ 금속관 안에는 전선에 접속점을 없도록 한다.

(라) 저압 옥내배선의 사용전압이 400[V] 미만인 경우 관에는 제3종 접지공사를 한다. 다만, 다음에 해당하는 경우에는 그러하지 아니하다.

① 관의 길이(2개 이상의 관을 접속하여 사용하는 경우에는 그 전체의 길이를 말한다.)가 4[m] 이하인 것을 건조한 장소에 시설하는 경우

② 옥내배선의 사용전압이 직류 300[V] 또는 교류 대지 전압 150[V] 이하인 경우에 그 전선을 넣는 관의 길이가 8[m] 이하인 것을 사람이 쉽게 접촉할 우려가 없도록 시설하는 때 또는 건조한 장소에 시설하는 때

(마) 저압 옥내배선의 사용전압이 400[V] 이상인 경우 관에는 특별 제3종 접지공사를 한다. 다만, 사람이 접촉할 우려가 없도록 시설하는 경우에는 제3종 접지공사에 의할 수 있다.

금속관 중 후강 전선관은 관 내경의 근사값이 짝수인 것(16, 22, 28, 36, 42, 54, 70, 82, 92, 104[mm])으로 관 두께가 2.3[mm] 이상으로 두꺼운 전선관이고, 박강 전선관은 관 외경의 근사값이 홀수인 것(15, 19, 25, 31, 39, 51, 63, 73[mm])으로 관 두께가

1.2[mm] 이상으로 얇은 전선관이다. 소방공사에서는 후강전선관만을 사용하고 있다. 동일 굵기의 절연전선을 동일 관내에 넣을 경우의 금속관 굵기는 표 10.14에서 표 10.16에 따라 선정하여야 한다.

표 10.14 후강 전선관 굵기의 선정

도체 단면적 (mm^2)	전선 본수									
	1	2	3	4	5	6	7	8	9	10
	전선관의 최소 굵기(mm)									
2.5	16	16	16	16	22	22	22	28	28	28
4	16	16	16	22	22	22	28	28	28	28
6	16	16	22	22	22	28	28	28	36	36
10	16	22	22	28	28	36	36	36	36	36
16	16	22	28	28	36	36	36	42	42	42
25	22	28	28	36	36	42	54	54	54	54
35	22	28	36	42	54	54	54	70	70	70
50	22	36	54	54	70	70	70	82	82	82
70	28	42	54	54	70	70	70	82	82	82
95	28	54	54	70	70	82	82	92	82	104
120	36	54	54	70	70	82	82	92		
150	36	70	70	82	92	92	104	104		
185	36	70	70	82	92	104				
240	42	82	82	92	104					

표 10.15 박강 전선관 굵기의 선정

도체 단면적 (mm^2)	전선 본수									
	1	2	3	4	5	6	7	8	9	10
	전선관의 최소 굵기(mm)									
2.5	19	19	19	25	25	25	25	31	31	31
4	19	19	19	25	25	25	31	31	31	31
6	19	19	25	25	31	31	31	31	39	39
10	19	25	25	31	31	31	39	39	39	51
16	19	25	31	31	39	39	51	51	51	51
25	25	31	31	39	51	51	51	51	63	63
35	25	31	39	51	51	63	63	63	75	75
50	25	39	51	51	51	63	63	75	75	
70	31	51	51	63	63	75	75	75		
95	31	51	63	75	75	75				
120	39	63	75	75	75					
150	39	63	75	75						
185	51	75	75							
240	51	75	75							

표 10.16 금속관 최대 전선 본수(10본을 초과하는 전선을 넣는 경우)

도체 단면적 [mm^2]	전선 본수							
	후강 전선관(본)				박강 전선관(본)			
	28호	36호	42호	54호	31호	39호	51호	63호
2.5	12	21	28	45	12	19	35	55
4		17	23	36		15	28	44
6		14	19	30		12	23	37
10			13	21			16	26

(5) 금속덕트 공사

(가) 금속덕트에 넣은 전선의 단면적(절연 피복의 단면적을 포함)의 합계는 덕트의 내부 단면적의 20[%](전광 표시장치·출퇴표시등 기타 이와 유사한 장치 또는 제어 회로 등의 배선만을 넣는 경우에는 50[%]) 이하로 한다.

(나) 폭이 5[cm]를 넘고 또한 두께가 1.2[mm] 이상인 철판 또는 동등 이상의 세기를 가지는 금속제의 것으로 견고하게 제작한다.

(다) 안쪽 면은 전선의 피복을 손상시키는 돌기[突起]가 없는 것으로 한다.

(라) 안쪽 면 및 바깥 면에는 산화방지를 위하여 아연도금 또는 이와 동등 이상의 효과를 가지는 도장을 한 것이어야 한다.

(마) 덕트를 조영재[95]에 붙이는 경우에는 덕트의 지지점간의 거리를 3[m](취급자 이외의 자가 출입할 수 없도록 설비한 장소로서 수직으로 붙이는 경우에는 6[m]) 이하로 하고 또한 견고하게 지지해야 한다.

(바) 덕트의 끝부분은 막아야 한다.

전선관(금속관) 산정 시 점적률(내단면적률)

$$\frac{Y}{X} \times 100[\%]$$

$X[mm^2]$: 덕트나 금속관의 내부 단면적
$Y[mm^2]$: 내부에 수납한 전선 전체의 단면적

(전선의 입선작업을 용이하게 하기 위해 점적률을 제한)

- 전선관 : 동일 굵기 전선 - 48[%] 이하, 다른 굵기 전선 - 32[%] 이하
- 금속덕트 : 20[%] 이하

95) 건축물, 광고탑 등 토지에 정착하는 시설물 중 지붕 및 기둥 또는 벽을 가지는 시설물을 조영물이라 하고 이 조영물을 가지는 시설물을 조영재[造營材]라 한다.

(6) 가요전선관 공사

가요전선관은 자유로이 굽힐 수 있는 장점이 있어 굴곡 개소가 많아 금속관 공사가 어려운 곳, 전동기나 옥내배선을 연결하는 경우, 승강기 배선, 기차나 전동차 내의 배선 등에 사용된다.

(가) 가요可撓전선관 및 그 부속품의 안쪽면은 전선의 피복을 손상하지 않도록 매끈해야 한다.

(나) 1종 금속제 가요전선관은 두께 0.8[mm] 이상이어야 한다.

(다) 가요전선관은 2종 금속제 가요전선관이어야 한다. 다만, 전개된 장소 또는 점검할 수 있는 은폐된 장소로서 건조한 장소에서 사용하는 것(옥내배선의 사용전압이 400[V] 이상인 경우에는 전동기에 접속하는 부분으로서 가요성을 필요로 하는 부분에 사용하는 것에 한한다)은 그러하지 아니하다.

(라) 1종 금속제 가요전선관에는 단면적 2.5[mm^2] 이상의 나연동선(annealed copper wire)을 전체 길이에 걸쳐 삽입 또는 첨가하여 그 나연동선과 1종 금속제 가요전선관을 양쪽 끝에서 전기적으로 완전하게 접속한다. 다만, 관의 길이가 4[m] 이하인 것을 시설하는 경우에는 그러하지 아니하다.

(마) 1종 금속제 가요전선관(Flexible conduit)

① 건조하고 개방된 장소에 시설

② 점검이 가능한 은폐된 장소에 시설

③ 400[V] 이하 전압에 사용

④ 지지금구 간의 간격은 1[m] 이하

(바) 2종 금속제 가요전선관(Flicker tube)

① 1종보다 내화성, 강도, 내수성이 우수

② 넓은 적용 범위

③ 진동이 발생되는 장소, 굴곡이 많은 장소의 콘크리트 내 매입 배관으로 사용

④ 지지금구 간의 간격은 1[m] 이하

(a) 1종 금속제 가요전선관(표준형, 비방수)

(b) 2종 금속제 가요전선관(비방수)

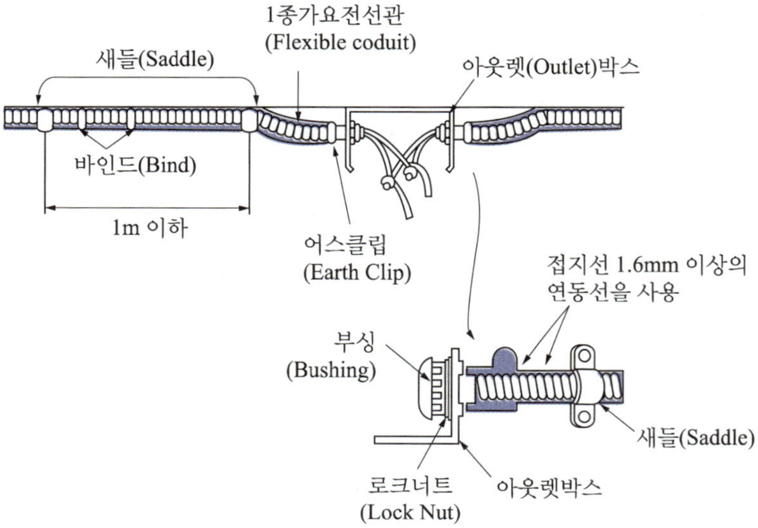

(c) 금속제 가요전선관 공사

그림 10.16 금속제 가요전선관

(7) 케이블 공사

(가) 전선을 조영재의 아랫면 또는 옆면에 따라 붙이는 경우에는 전선의 지지점 간의 거리를 케이블은 2[m](사람이 접촉할 우려가 없는 곳에서 수직으로 붙이는 경우에는 6[m]) 이하, 캡타이어케이블은 1[m] 이하로 하고 또한 그 피복을 손상하지 않도록 붙여야 한다.

(나) 전선은 케이블 및 캡타이어케이블(cabtyre cable)이어야 한다.

(다) 중량물의 압력 또는 현저한 기계적 충격을 받을 우려가 있는 곳에 시설하는 케

이블에는 적당한 방호 장치를 할 것.

(라) 저압 옥내배선은 사용전압이 400[V] 미만인 경우에는 관 기타의 전선을 넣는 방호 장치의 금속제 부분·금속제의 전선 접속함 및 전선의 피복에 사용하는 금속체에는 제3종 접지공사를 한다.

(마) 저압 옥내배선은 사용전압이 400[V] 이상인 경우에는 관 그 밖에 전선을 넣은 방호 장치의 금속제 부분·금속제의 전선 접속함 및 전선의 피복에 사용하는 금속체에는 특별 제3종 접지공사를 할 것. 다만, 사람이 접촉할 우려가 없도록 시설하는 경우에는 제3종 접지공사에 의할 수 있다.

(8) 버스덕트 공사

버스덕트 공사는 빌딩이나 공장 등 저압 대용량 간선으로 사용하는 피더 버스덕트설비와 간선에서 배선을 분기하기 위해 사용하는 분기장치를 자유롭게 탈착할 수 있는 구조를 가진 플러그인 버스덕트설비가 있다.

(가) 덕트 상호 간 및 전선 상호 간은 견고하고 또한 전기적으로 완전하게 접속한다.

(나) 덕트(환기형의 것을 제외)의 내부에 먼지가 침입하지 않도록 한다.

(다) 덕트를 조영재에 붙이는 경우에는 덕트의 지지점 간의 거리를 3[m](취급자 이외의 자가 출입할 수 없도록 설비한 곳에서 수직으로 붙이는 경우에는 6[m]) 이하로 하고 또한 견고하게 붙인다.

(라) 덕트(환기형의 것을 제외)의 끝부분은 막는다.

(마) 습기가 많은 장소 또는 물기가 있는 장소에 시설하는 경우에는 옥외용 버스덕트를 사용하고 내부에 물이 침입하여 고이지 않도록 한다.

표 10.17 배관공사 부품

부품	그림	용도
부싱		작업시 관 말단 내부에서 전선 절연피복의 손상을 보호
로크너트		금속관과 박스를 접속할 경우 관이 박스에 고정되도록 박스 안팎에 1쌍을 사용
노멀벤드		매입배관의 직각 굴곡부분에 사용
유니버설 엘보		노출배관의 직각 굴곡부분에 사용 (T형: 3방향 분기, 크로스형: 4방향 분기)
엔트런스 캡		빗물이나 이물질 침입을 방지하기 위해 금속관 말단 또는 수직배관의 상부에 설치
유니언 커플링		고정되어 움직일 수 없는 금속관을 상호 접속시 사용
커넥터		전선과 박스류의 연결에 사용
커플링		전선관 상호간 연결에 사용
픽스쳐 스터드	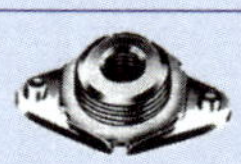	무거운 전기기구를 박스에 달아 취부시 사용
리머	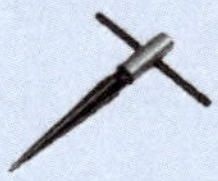	절단한 금속관 말단(인입구나 인출구) 내부를 다듬는 데 사용
파이프커터		금속관 절단할 때 사용
콤비네이션 커플링	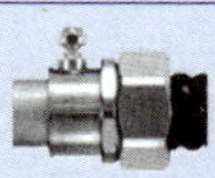	가요관과 금속관을 접속할 때 사용
스트레이트 박스커넥터		가요관과 박스를 접속할 때 사용
새들		전선관을 구조물에 고정시킬 때 사용
채널(찬넬)	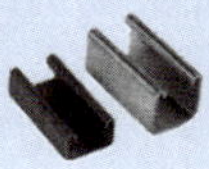	전선관을 지지하는 역할로 주로 클램프를 사용하여 고정

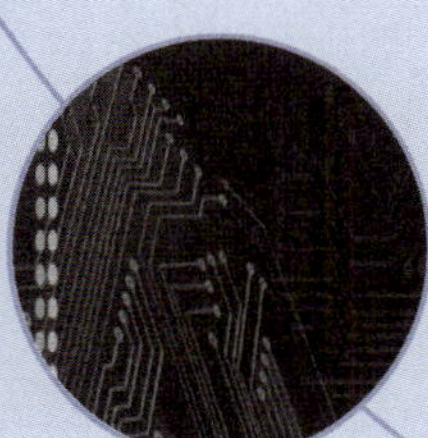

Appendix

부록

1. 전기 도면기호

(1) 옥내배선

명칭	도면기호	비 고
천장 은폐 배선	────────	(1) 천장 은폐배선 중 천장 속의 배선을 구별하는 경우는 천장속의 배선에 —·——·—을 사용하여도 좋다. (2) 노출배선 중 바닥면 노출배선을 구별하는 경우는 바닥면 노출배선에 —··—··—을 사용하여도 좋다. (3) 전선의 종류를 표시할 필요가 있는 경우는 기호를 기입한다. 보기 : 600V 비닐 절연전선 IV 600V 2종 비닐 절연전선 HIV 가교 폴리에틸렌 절연 비닐 시스케이블 CV 600V 비닐 절연 비닐 시스케이블(평형) VVF 내화 케이블 FP 내열전선 HP 통신용 PVC 옥내선 TIV (4) 절연전선의 굵기 및 전선수는 다음과 같이 기입한다. 단위가 명백한 경우는 단위를 생략하여도 좋다. 보기 : -///- 1.6 -//- 2 -//- $2mm^2$ -///- 8 숫자 방기의 보기 : $\overline{1.6 \times 5}$ 5.5 × 1 다만, 시방서 등에 전선의 굵기 및 전선수가 명백한 경우는 기입하지 않아도 좋다. (5) 케이블의 굵기 및 선심수(또는 쌍수)는 다음과 같이 기입하고 필요에 따라 전압을 기입한다. 보기 : 1.6mm 3심인 경우 $\overline{1.6-3C}$ 0.5mm 100쌍인 경우 $\overline{0.5-100P}$ 다만, 시방서 등에 케이블의 굵기 및 선심수가 명백한 경우는 기입하지 않아도 좋다. (6) 전선의 접속점은 다음에 따른다. 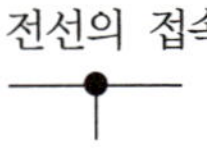 (7) 배관은 다음과 같이 표시한다. -//- 1.6(19) 강제 전선관인 경우 -//- 1.6(VE 16) 경질 비닐 전선관인 경우 -//- 1.6(F_2 16) 2종 금속제 가요전선관인 경우 -//- 1.6(PF 16) 합성수지제 가요관인 경우
바닥 은폐 배선	— — — — —	
노출 배선	- - - - - - - - - -	

명칭	도면기호	비 고
		 (19) 전선이 들어 있지 않은 경우 다만, 시방서 등에 명백한 경우는 기입하지 않아도 좋다. (8) 플로어 덕트의 표시는 다음과 같다. 보기 : ----- (F7) ----- (FC6) 정크션 박스를 표시하는 경우는 다음과 같다. ----◎--- (9) 금속 덕트의 표시는 다음과 같다. [MD] (10) 금속선 홈통의 표시는 다음과 같다. 1종 ---------- MM_1 2종 ---------- MM_2 (11) 라이팅 덕트의 표시는 다음과 같다. □---------- LD ---□----- LD □는 피드인 박스를 표시한다. 필요에 따라 전압, 극수, 용량을 기입한다. 보기 : □---------- LD125V 2P 15A (12) 접지선의 표시는 다음과 같다. 보기 : E 2.0 (13) 접지선과 배선을 동일 관내에 넣는 경우는 다음과 같다. 보기 : ——///——/—— 2.0(25) E 2.0 (14) 케이블의 방화구획 관통부는 다음과 같이 표시한다. 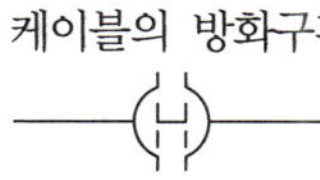 (15) 정원등 등에 사용하는 지중매설 배선은 다음과 같다. —-—-— (16) 옥외배선은 옥내배선의 그림기호를 준용한다. (17) 구별을 필요로 하지 않는 경우는 실선만으로 표시하여도 좋다. (18) 건축도의 선과 명확히 구별한다.
상승 인하 소통	  	(1) 동일 층의 상승, 인하는 특별히 표시하지 않는다. (2) 관, 선 등의 굵기를 명기한다. 다만, 명백한 경우는 기입하지 않아도 좋다. (3) 필요에 따라 공사 종별을 방기한다. (4) 케이블의 방화구획 관통부는 다음과 같이 표기한다. 상승  인하 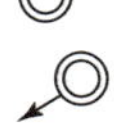 소통 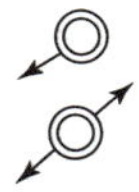
풀 박스 및 접속상자		(1) 재료의 종류, 치수를 표시한다. (2) 박스의 대소 및 모양에 따라 표시한다.

명칭	도면기호	비 고
VVF용 조인트 박스		단자붙이임을 표시하는 경우는 t를 방기한다. 
접지 단자		의료용인 것은 H를 방기한다.
접지 센터	EC	의료용인 것은 H를 방기한다.
접지극		(1) 접지 종별을 다음과 같이 방기한다. 제1종 E_1, 제2종 E_2, 제3종 E_3, 특별 제3종 Es_3 보기 : E_1 (2) 필요에 따라 재료의 종류, 크기, 필요한 접지 저항치 등을 방기한다.
수전점		인입구에 이것을 적용하여도 좋다.
점검구		

(2) 버스덕트

명칭	도면기호	비 고
버스덕트		(1) 필요에 따라 다음 사항을 표시한다. a. 피드 버스덕트 FBD 플러그인 버스덕트 PBD 트롤리 버스덕트 TBD b. 방수형인 경우는 WP c. 전기방식, 정격전압, 정격전류  보기 : FBD3ϕ3W 300V 600A (2) 익스팬션을 표시하는 경우는 다음과 같다. 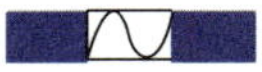 (3) 오프셋을 표시하는 경우는 다음과 같다.  (4) 탭붙이를 표시하는 경우는 다음과 같다. 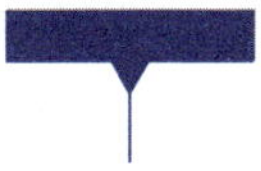 (5) 상승, 인하를 표시하는 경우는 다음과 같다. 상승  인하  (6) 필요에 따라 정격전류에 의해 나비를 바꾸어 표시하여도 좋다.

(3) 합성수지선 홈통

명칭	도면기호	비 고
합성수지선 홈통		(1) 필요에 따라 전선의 종류, 굵기, 가닥수, 선홈통의 크기 등을 기입한다. 보기 : IV 16×4(PR35×18) 전선이 들어있지 않은 경우 (PR35×18) (2) 회선수를 다음과 같이 표시하여도 좋다. 보기 : 2회선인 경우 (3) 기호 는 — — PR — — 로 표시하여도 좋다. (4) 조인트 박스를 표시하는 경우는 다음과 같다. J (5) 콘센트를 표시하는 겨우는 다음과 같다. ⏐⏐ (6) 점멸기를 표시하는 경우는 다음과 같다. • (7) 걸림 로제트를 표시하는 경우는 다음과 같다. ○

※ 증설은 굵은 선, 적색으로 표시, 기설은 가는 선 또는 점선, 흑색 또는 청색으로 표시, 철거는 × 표시

(4) 기기

명칭	도면기호	비 고
전동기	Ⓜ	필요에 따라 전기방식, 전압, 용량을 방기한다. 보기 : Ⓜ 3ϕ 200V 3.7kW
콘덴서	÷	전동기의 비고를 준용한다.
전열기	Ⓗ	
환기팬 (선풍기 포함)	∞	필요에 따라 종류 및 크기를 방기한다.
룸 에어컨	RC	(1) 옥외 유닛에는 O를, 옥내 유닛에는 I를 방기한다. $\boxed{RC}_O$ $\boxed{RC}_I$ (2) 필요에 따라 전동기, 전열기의 전기방식, 전압, 용량 등을 방기한다.

명칭	도면기호	비 고
소형 변압기	Ⓣ	(1) 필요에 따라 용량, 2차 전압을 방기한다. (2) 필요에 따라 벨 변압기는 B, 리모컨 변압기는 R, 네온 변압기는 N, 형광등용 안정기는 F, HID등(고효율 방전등)용 안정기는 H를 방기한다. Ⓣ$_B$ Ⓣ$_R$ Ⓣ$_N$ Ⓣ$_F$ Ⓣ$_H$ (3) 형광등용 안정기 및 HID등용 안정기로서 기구에 넣는 것은 표시하지 않는다.
정류장치		필요에 따라 종류, 용량, 전압 등을 방기한다.
축전지		필요에 따라 종류, 용량, 전압 등을 방기한다.
발전기	Ⓖ	전동기의 비고를 준용한다.

(5) 전등 및 전력

(가) 조명 기구

명칭	도면기호	비 고
일반용 조명 －백열등, HID등	○	(1) 벽붙이는 벽 옆을 칠한다. ◐ (2) 기구종류를 표시하는 경우 ○ 안이나 또는 방기로 글자명, 숫자 등의 문자기호를 기입하고 도면의 비교 등에 표시한다. 보기 : ㊅ ○$_나$ ① ○$_1$ Ⓐ ○$_A$ 등 같은 방에 같은 기구를 여러 개 시설하는 경우는 통합하여 문자기호와 기구수를 기입하여도 좋다. (3) (2)에 따르기 어려운 경우는 다음 보기에 따른다. 걸림 로제트 ◯ 체인 펜던트 (CP) 펜던트 ⊖ 파이프 펜던트 Ⓟ 실링 - 직접부착 (CL) 리셉터클 Ⓡ 샹들리에 (CH) 매입기구 (DL) (◎로 하여도 좋다.) (4) 용량을 표시하는 경우는 와트수(W) × 램프수로 표시한다. 보기 : 100 200 × 3 ※ 형광등 표시는 앞에 F를 붙인다. (5) 옥외등은 ⊗로 하여도 좋다.

명칭	도면기호	비 고
		(6) HID 등의 종류를 표시하는 경우는 용량 앞에 다음 기호를 붙인다. 수은등 H 메탈핼라이드등 M 나트륨등 N 보기 : H400
-형광등	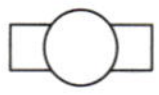	(1) 기호 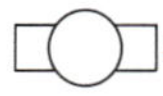는 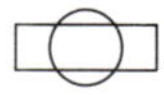로 표시하여도 좋다. (2) 벽붙이는 벽 옆을 칠한다. 가로 붙이인 경우 : 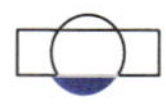 세로 붙이인 경우 :  (3) 기구종류를 표시하는 경우는  안이나 또는 방기로 글자명, 숫자 등의 문자기호를 기입하고 도면의 비고 등에 표시한다. 보기 : ㉯ ○나 ① ○1 Ⓐ ○A 등 같은 방에 같은 기구를 여러 개 시설하는 경우는 통합하여 문자기호와 기구수를 기입하여도 좋다. 또한 여기에 따르기 어려운 경우는 일반용 조명 백열등, HID등의 적용 (3)을 준용한다. (4) 용량을 표시하는 경우는 램프의 크기(형) × 램프수로 표시한다. 또, 용량 앞에 F를 붙인다. 보기 : F 40 F 40 × 2 (5) 용량 이외의 기구수를 표시하는 경우는 램프의 크기(형) × 램프수 - 기구수로 표시한다. 보기 : F 40-2 F 40 × 2-3 (6) 기구 내 배선의 연결방법을 표시하는 경우는 다음과 같다. 보기 : 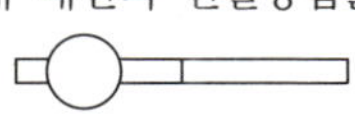 F 40-2 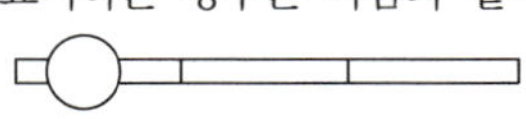 F 40-3 (7) 기구의 대소 및 모양에 따라 표시하여도 좋다. 보기 :  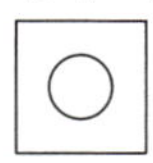
비상용 조명 (건축기준법에 따르는 것) -백열등		(1) 일반용 조명 백열등의 비고를 준용한다. 다만, 기구의 종류를 표시하는 경우는 방기한다. (2) 일반용 조명 형광등에 조립하는 경우는 다음과 같다. 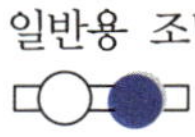
-형광등		(1) 일반용 조명 백열등의 비고를 준용한다. 다만, 기구의 종류를 표시하는 경우는 방기한다. (2) 계단에 설치하는 통로유도등과 겸용인 것은 로 한다.

명칭	도면기호	비 고
유도등 (소방법에 따르는 것) – 백열등		(1) 일반용 조명 백열등의 비고를 준용한다. (2) 객석 유도등인 경우는 필요에 따라 S를 방기한다.  (3) 전지내장형은 B를 방기한다. 
– 형광등	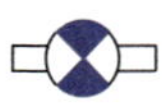	(1) 일반용 조명 백열등의 비고를 준용한다. (2) 기구의 종류를 표시하는 경우는 방기한다. 보기 : 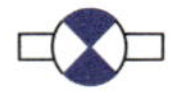 (3) 통로 유도등인 경우는 필요에 따라 화살표를 기입한다. 보기 :   (4) 계단에 설치하는 비상용 조명과 겸용인 것은 로 한다.
불멸 또는 비상용 등(건축 기준법, 소방법에 따르지 않는 것) – 백열등		(1) 벽붙이는 벽 옆을 칠한다.  (2) 일반용 조명 백열등의 비고를 준용한다. 다만, 기구의 종류를 표시하는 경우는 방기한다.
– 형광등	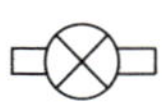	(1) 벽붙이는 벽 옆을 칠한다.  (2) 일반용 조명 형광등의 비고를 준용한다. 다만, 기구의 종류를 표시하는 경우는 방기한다.

(나) 콘센트

명칭	도면기호	비 고
콘센트		(1) 기호는 벽붙이를 표시하고 옆벽을 칠한다. (2) 그림기호 는 로 표시하여도 좋다. (3) 천장에 부착하는 경우는 다음과 같다.  (4) 바닥에 부착하는 경우는 다음과 같다.  (5) 용량의 표시방법은 다음과 같다. a. 15A는 방기하지 않는다. b. 20A 이상은 암페어수를 방기한다. 보기 :  (6) 2구 이상인 경우는 구수를 방기한다.

명칭	도면기호	비 고
		보기 : 2 (7) 3극 이상인 것은 극수를 방기한다. 보기 : 3P (8) 종류를 표시하는 경우는 다음과 같다. 빠짐 방지형 LK 접지단자붙이 ET 걸림형 T 누전차단기붙이 EL 접지극붙이 E (9) 방수형은 WP를 방기한다. WP (10) 방폭형은 EX를 방기한다. EX (11) 타이머붙이, 덮개붙이 등 특수한 것은 방기한다. (12) 의료용은 H를 방기한다. H (13) 전원 종별을 명확히 하고 싶은 경우는 그 뜻을 방기한다.
비상 콘센트 (소방법에 따르는 것)	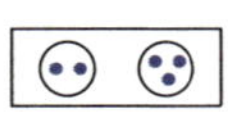	
점멸기	●	(1) 용량의 표시방법은 다음과 같다. a. 10A는 방기하지 않는다. b. 15A 이상은 전류치를 방기한다. 보기 : ●15A (2) 극수의 표시방법은 다음과 같다. a. 단극은 방기하지 않는다. b. 2극 또는 3로, 4로는 각각 2P 또는 3, 4의 숫자를 방기한다. 보기 : ●2P, ●3 (3) 풀스위치는 P를 방기한다. ●P (4) 파일럿램프를 내장하는 것은 L을 방기한다. ●L (5) 따로 놓인 파일럿램프는 ○로 표시한다. 보기 : ○● (6) 방수형은 WP를 방기한다. ●WP (7) 방폭형은 EX를 방기한다. ●EX

명칭	도면기호	비 고
		(8) 타이머붙이는 T를 방기한다. ●T (9) 자동형, 덮개붙이 등 특수한 것은 방기한다. (10) 옥외등 등에 사용하는 자동 점멸기는 A 및 용량을 방기한다. 보기 : ●A(3A)
조광기	●↗	용량을 표시하는 경우는 방기한다. 보기 : ●↗ 15A ※ 형광등은 용량 앞에 F를 방기한다.
리모컨 스위치	●R	(1) 파일럿 램프붙이는 ○를 병기한다. 보기 : ○●R (2) 리모컨 스위치임이 명백한 경우는 R을 생략하여도 좋다.
셀렉터 스위치	⊗	(1) 점멸 회로수를 방기한다. 보기 : ⊗9 (2) 파일럿 램프붙이는 L을 방기한다. 보기 : ⊗9L
리모컨 릴레이	▲	리모컨 릴레이를 집합하여 부착하는 경우는 [▲▲▲]를 사용하고 릴레이수를 방기한다. 보기 : [▲▲▲] 10

(다) 개폐기 및 계기

명칭	도면기호	비 고
개폐기	[S]	(1) 상자인 경우는 상자의 재질 등을 방기한다. (2) 극수, 정격전류, 퓨즈 정격전류 등을 방기한다. 보기 : [S] 2P 30A *f* 15A (3) 전류계붙이는 (S)를 사용하고 전류계의 정격전류를 방기한다. 보기 : (S) 2P 30A *f* 15A A5
배선용 차단기	[B]	(1) 상자인 경우는 상자의 재질 등을 방기한다. (2) 극수, 프레임의 크기, 정격전류 등을 방기한다. 보기 : [B] P 225AF 150A (3) 모터브레이커를 표시하는 경우는 [B]을 사용한다. (4) [B]를 [S] MCB로서 표시하여도 좋다.

명칭	도면기호	비 고
누전차단기	E (네모)	(1) 상자인 경우는 상자의 재질 등을 방기한다. (2) 과전류 소자붙이는 극수, 프레임의 크기, 정격전류, 정격 감도전류 등 과전류 소자 없음은 극수, 정격전류, 정격 감도전류 등을 방기한다. 과전류 소자붙이의 보기 : E (네모) 2P 30AF 15A 30mA 과전류 소자없음의 보기 : E (네모) 2P 15A 30mA (3) 과전류 소자붙이는 BE (네모)를 사용하여도 좋다. (4) E (네모)를 S (네모) $_{ELB}$로 표시하여도 좋다.
전자 개폐기용 누름버튼	⊙$_B$	텀블러형 등인 경우도 이것을 사용한다. 파일럿 램프붙이인 경우는 L을 방기한다.
압력스위치	⊙$_P$	
플로트스위치	⊙$_F$	
플로트리스 스위치 전극	⊙$_{LF}$	전극수를 방기한다. 보기 : ⊙$_{LF3}$
타임스위치	TS (네모)	
전력량계	Wh (원)	(1) 필요에 따라 전기방식, 전압, 전류 등을 방기한다. (2) 그림기호 Wh (원)는 WH (원)로 표시하여도 좋다.
전력량계 (상자들이 또는 후드붙이)	Wh (네모)	(1) 전력량계의 비고를 준용한다. (2) 집합 계기상자에 넣는 경우는 전력량계의 수를 방기한다. 보기 : Wh (네모) $_{12}$
변류기 (상자들이)	CT (네모)	필요에 따라 전류를 방기한다.
전류 제한기	L (원)	(1) 필요에 따라 전류를 방기한다. (2) 상자인 경우는 그 뜻을 방기한다.
누전경보기	☮$_G$	필요에 따라 종류를 방기한다.
누전화재경보기 (소방법에 따르는 것)	☮$_F$	필요에 따라 급별을 방기한다.
지진감지기	EQ (원)	필요에 따라 작동특성을 방기한다. 보기 : EQ (원) $_{100\sim170cm/m^2}$ EQ (원) $_{100\sim170Cal}$

(라) 배전반 · 분전반 · 제어반

명칭	도면기호	비 고
배전반, 분전반 및 제어반	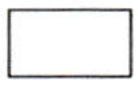	(1) 종류를 구별하는 경우는 다음과 같다. 배전반  분전반  제어반  (2) 직류용은 그 뜻을 방기한다. (3) 재해방지 전원회로용 배전반 등인 경우는 2중 틀로 하고 필요에 따라 종별을 방기한다. 보기 : 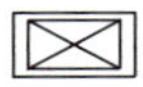1종 2종

2. 그리스 문자

A α	Alpha (알파)	N ν	Nu (뉴)
B β	Beta (베타)	Ξ ξ	Xi (크시)
Γ γ	Gamma (감마)	O o	Omicron (오미크론)
Δ δ	Delta (델타)	Π π	Pi (파이)
E ε	Epsilon (엡실론)	P ρ	Rho (로우)
Z ζ	Zeta (제타)	Σ σ	Sigma (시그마)
H η	Eta (에타)	T τ	Tau (타우)
Θ θ	Theta (세타)	Υ υ	Upsilon (입실론)
I ι	Iota (이오타)	Φ φ	Phi (파이)
K κ	Kappa (카파)	X χ	Chi (카이)
Λ λ	Lambda (람다)	Ψ ψ	Psi (프사이)
M μ	Mu (뮤)	Ω ω	Omega (오메가)

3. 삼각함수

(1) 주기 공식

$\sin(360°n+\theta)=\sin\theta$ (단, n은 정수)

$\cos(360°n+\theta)=\cos\theta$

$\tan(180°n+\theta)=\tan\theta$

(2) 음각 공식

$\sin(-\theta)=-\sin\theta$

$\cos(-\theta)=\cos\theta$

$\tan(-\theta)=-\tan\theta$

(3) 보각 공식

$\sin(180°-\theta)=\sin\theta$

$\cos(180°-\theta)=-\cos\theta$

$\tan(180°-\theta)=-\tan\theta$

(4) 여각 공식

$\sin(90°-\theta)=\cos\theta$

$\cos(90°-\theta)=\sin\theta$

$\tan(90°-\theta)=\cot\theta$

(5) 합성법

$a\sin x+b\cos x=$

$$\sqrt{a^2+b^2}\left(\frac{a}{\sqrt{a^2+b^2}}\sin x+\frac{b}{\sqrt{a^2+b^2}}\cos x\right)$$

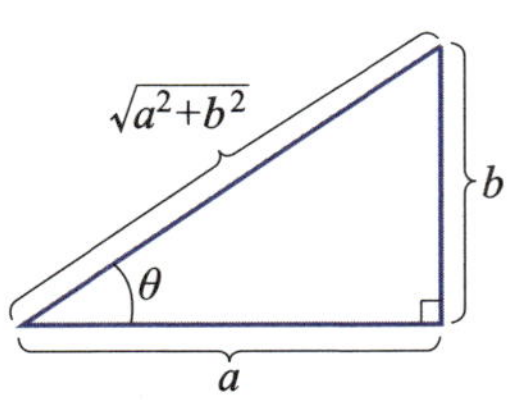

(6) 2배각 공식

$\sin 2\alpha=2\sin\alpha\cos\alpha$

$\cos 2\alpha=\cos^2\alpha-\sin^2\alpha$
$\quad=2\cos^2\alpha-1=1-2\sin^2\alpha$

$$\tan 2\alpha=\frac{2\tan\alpha}{1-\tan^2\alpha}$$

(7) 덧셈정리

$\sin(\alpha\pm\beta)=\sin\alpha\cos\beta\pm\cos\alpha\sin\beta$

$\cos(\alpha\pm\beta)=\cos\alpha\cos\beta\mp\sin\alpha\sin\beta$

$$\tan(\alpha\pm\beta)=\frac{\tan\alpha\pm\tan\beta}{1\mp\tan\alpha\tan\beta}$$

(8) 반각 공식

$$\sin^2\frac{\alpha}{2}=\frac{1-\cos\alpha}{2}\qquad \cos^2\frac{\alpha}{2}=\frac{1+\cos\alpha}{2}$$

$$\tan^2\frac{\alpha}{2}=\frac{1-\cos\alpha}{1+\cos\alpha}$$

(9) 곱을 합 · 차로 고치는 공식

$$\sin\alpha\cos\beta=\frac{1}{2}\{\sin(\alpha+\beta)+\sin(\alpha-\beta)\}$$

$$\cos\alpha\sin\beta=\frac{1}{2}\{\sin(\alpha+\beta)-\sin(\alpha-\beta)\}$$

$$\cos\alpha\cos\beta=\frac{1}{2}\{\cos(\alpha+\beta)+\cos(\alpha-\beta)\}$$

$$\sin\alpha\sin\beta=-\frac{1}{2}\{\cos(\alpha+\beta)-\cos(\alpha-\beta)\}$$

(10) 합 · 차를 곱으로 고치는 공식

$$\sin\alpha+\cos\beta=2\sin\frac{(\alpha+\beta)}{2}\cos\frac{(\alpha-\beta)}{2}$$

$$\sin\alpha-\cos\beta=2\cos\frac{(\alpha+\beta)}{2}\sin\frac{(\alpha-\beta)}{2}$$

$$\cos\alpha+\cos\beta=2\cos\frac{(\alpha+\beta)}{2}\cos\frac{(\alpha-\beta)}{2}$$

$$\cos\alpha-\cos\beta=-2\sin\frac{(\alpha+\beta)}{2}\sin\frac{(\alpha-\beta)}{2}$$

4. 미분 공식

(1) 기본적인 미분공식

① $(x^n)' = nx^{n-1}$

② $(\sqrt{x})' = \dfrac{1}{2\sqrt{x}}$, $\left(\dfrac{1}{x}\right)' = -\dfrac{1}{x^2}$

③ $(f \cdot g)'(x) = f'(x)g(x) + f(x)g'(x)$

④ $\left(\dfrac{f}{g}\right)'(x) = \dfrac{f'(x)g(x) - f(x)g'(x)}{g^2(x)}$

(2) 지수 · 로그 함수

① $(e^x)' = e^x$ $(a^x)' = a^x \ln a$

② $(\ln x)' = \dfrac{1}{x}$ $(\log_a x)' = \dfrac{1}{x \ln a}$

(3) 삼각함수

① $(\sin x)' = \cos x$ $(\cos x)' = -\sin x$ $(\tan x)' = \sec^2 x$

② $(\csc x)' = -\csc x \cot x$ $(\sec x)' = \sec x \tan x$ $(\cot x)' = -\csc^2 x$

(4) 역삼각함수

① $(\sin^{-1} x)' = \dfrac{1}{\sqrt{1-x^2}}$ ② $(\cos^{-1} x)' = -\dfrac{1}{\sqrt{1-x^2}}$

③ $(\tan^{-1} x)' = \dfrac{1}{1+x^2}$ ④ $(\csc^{-1} x)' = -\dfrac{1}{x\sqrt{x^2-1}}$

⑤ $(\sec^{-1} x)' = \dfrac{1}{x\sqrt{x^2-1}}$ ⑥ $(\cot^{-1} x)' = -\dfrac{1}{1+x^2}$

(5) 쌍곡선함수

① $(\sinh x)' = \cosh x$ ② $(\cosh x)' = \sinh x$

③ $(\tanh x)' = \operatorname{sech}^2 x$

④ $(\operatorname{csch} x)' = -\operatorname{csch} x \coth x$

⑤ $(\operatorname{sech} x)' = -\operatorname{sech} x \tanh x$

⑥ $(\coth x)' = -\operatorname{csch}^2 x$

(6) 역쌍곡선함수

① $(\sinh^{-1} x)' = \dfrac{1}{\sqrt{x^2+1}}$

② $(\cosh^{-1} x)' = \dfrac{1}{\sqrt{x^2-1}}$

③ $(\tanh^{-1} x)' = \dfrac{1}{1-x^2}\ (|x|<1)$

④ $(\operatorname{csch}^{-1} x)' = -\dfrac{1}{|x|\sqrt{x^2+1}}$

⑤ $(\operatorname{sech}^{-1} x)' = -\dfrac{1}{x\sqrt{1-x^2}}$

⑥ $(\coth^{-1} x)' = \dfrac{1}{1-x^2}\ (|x|>1)$

5. 적분 공식

(1) $\sqrt[m]{a^n} = a^{\frac{n}{m}}$ $\qquad \dfrac{1}{a^n} = a^{-n}$

(2) $\displaystyle\int x^n\,dx = \frac{x^{n+1}}{n+1} + C\ (n \neq -1)$

(3) $\displaystyle\int (ax+b)^n\,dx = \frac{(ax+b)^{n+1}}{n+1} \times \frac{1}{a} + C$

(4) $\displaystyle\int e^x\,dx = e^x + C$ $\qquad \displaystyle\int a^x\,dx = \frac{a^x}{\ln a} + C$

(5) $\displaystyle\int \frac{f'(x)}{f(x)}\,dx = \ln|f(x)| + C$ $\qquad \displaystyle\int \frac{1}{x}\,dx = \ln|x| + C$

(6) $\int \sin x\,dx = -\cos x + C$ $\int \cos x\,dx = \sin x + C$

$\int \sec^2 x\,dx = \tan x + C$ $\int \sec x \tan x\,dx = \sec x + C$

$\int \csc^2 x\,dx = -\cot x + C$ $\int \csc x \cot x\,dx = -\csc x + C$

$\int \tan x\,dx = -\ln|\cos x| + C = \ln|\sec x| + C$

$\int \sec x\,dx = \ln|\sec x + \tan x| + C$

(7) $\int \frac{1}{\sqrt{1-x^2}}\,dx = \sin^{-1}x + C$

$\int \frac{1}{\sqrt{a^2-x^2}}\,dx = \sin^{-1}\frac{x}{a} + C$

$\int \frac{1}{1+x^2}\,dx = \tan^{-1}x + C$

$\int \frac{1}{a^2+x^2}\,dx = \frac{1}{a}\tan^{-1}\frac{x}{a} + C$

(8) 부분적분법

$$\int_a^b f'(x)g(x)\,dx = [f(x)g(x)]_a^b - \int_a^b f(x)g'(x)\,dx,$$

$(f' : e^x > \sin x, \cos x > 1, x, x^2, \cdots > \ln x)$

$$\int \sin^n x\,dx = -\frac{1}{n}\sin^{n-1}x \cos x + \frac{n-1}{n}\int \sin^{n-2}x\,dx$$

$$\int \cos^n x\,dx = \frac{1}{n}\cos^{n-1}x \sin x + \frac{n-1}{n}\int \cos^{n-2}x\,dx$$

6. 라플라스 변환

라플라스 변환은 시간영역에서의 제어계의 동작을 주파수영역으로 변환함으로써 해석을 용이하게 하는 수학적 도구이다. 즉 선형 상미분 방정식 문제를 복소 변수 s $(=\delta+j\omega)$의 대수방정식으로 변환함으로써 대수 연산법을 적용하여 해를 쉽게 구할 수 있게 해준다. 최종해는 이 해를 역라플라스 변환함으로써 얻을 수 있다.

함수 $f(t)$(단, $t \geq 0$)의 라플라스(Laplace) 변환이란 $f(t)$에 e^{-st}를 곱하고, t에 대하여 0부터 ∞까지 적분한 결과인 $F(s)$를 말하며 $\mathcal{L}[f]$로 표기한다.

$$\mathcal{L}[f] = F(s) = \int_0^\infty f(t)\,dt \tag{1}$$

여기서, $F(s)$는 함수 $f(t)$의 라플라스 변환이고, s는 $\delta+j\omega$의 복소함수이다. 그림 1과 같은 함수를 단위 계단 함수 $u(t)$라고 하며, 식 (2)와 같다.

$$u(t) = \begin{cases} 0, & t<0 \\ 1, & t>0 \end{cases} \tag{2}$$

식 (2)를 식 (1)에 대입하여 라플라스 변환을 수행하면 다음과 같다.

$$\mathcal{L}[u(t)] = F(s) = \int_0^\infty e^{-st}u(t)\,dt = \left[-\frac{1}{s}e^{-st}\right]_0^\infty = \frac{1}{s} \tag{3}$$

단위 임펄스 함수 $\delta(t)$라고 하며, 단위 계단 함수의 도함수로서 다음과 같이 나타낸다.

$$\delta(t) = \begin{cases} 1, & t=0 \\ 0, & t\neq 0 \end{cases} \tag{4}$$

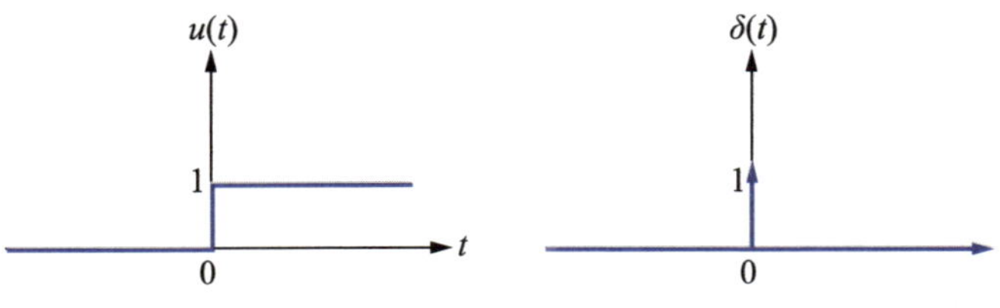

(a) 단위 계단 함수 (b) 단위 임펄스 함수

그림 1 단위 계단 함수와 단위 임펄스 함수

식 (4)를 라플라스 변환하면 다음과 같다.

$$\mathcal{L}[\delta(t)] = F(s) = \int_0^{\infty} e^{-st}\delta(t)\,dt = \left[e^{-st}\delta(t)\right]_{t=0} = 1 \tag{5}$$

식 (1)을 이용하여 삼각함수, 지수함수 등에 대하여 라플라스 변환을 수행한 결과를 표 1에 나타내고 있다.

표 1 라플라스 변환 공식

함수	$f(t)$	$F(s)$
임펄스 함수	$\delta(t)$	1
	$\delta(t-t_0)$	$e^{-t_0 s}$
계단 함수	$u(t)$	$\frac{1}{s}$
	$u(t-t_0)$	$\frac{1}{s}e^{-t_0 s}$
램프 함수	t^n	$\frac{n!}{s^{n+1}}$
지수 함수	e^{-at}	$\frac{1}{s+a}$
	$e^{-at}f(t)$	$F(s+a)$
	$t^n e^{-at}$	$\frac{n!}{(s+a)^{n+1}}$
정현파 함수	$\sin\omega t$	$\frac{\omega}{s^2+\omega^2}$
	$\cos\omega t$	$\frac{s}{s^2+\omega^2}$
지수 감쇠 정현파 함수	$e^{-at}\sin\omega t$	$\frac{\omega}{(s+a)^2+\omega^2}$
	$e^{-at}\cos\omega t$	$\frac{s+a}{(s+a)^2+\omega^2}$
쌍곡선 함수	$\sinh\omega t$	$\frac{\omega}{s^2-\omega^2}$
	$\cosh\omega t$	$\frac{s}{s^2-\omega^2}$

또한 라플라스 변환에는 표 2와 같은 성질이 있다.

표 2 라플라스 성질

정리	공식
선형 정리	$\mathcal{L}[af_1(t)+bf_2(t)]=aF_1(s)+aF_2(s)$
상사 정리	$\mathcal{L}\left[f\left(\frac{t}{a}\right)\right]=aF(as)$
시간 추이 정리	$\mathcal{L}[f(t-a)]=e^{-as}F(s)$
복소 추이 정리	$\mathcal{L}[e^{-at}f(t)]=F(s+a)$
실미분 정리	$\mathcal{L}[f'(t)]=s^nF(s)-f(0)$
실적분 정리	$\mathcal{L}\left[\int_{-\infty}^{t}f(t)\right]=\frac{1}{s}F(s)+\frac{1}{s}f^{-1}(0)$
복소 미분 정리	$\mathcal{L}[tf(t)]=-\frac{dF(s)}{ds}$
복소 적분 정리	$\mathcal{L}\left[\frac{f(t)}{t}\right]=\int_{0}^{\infty}F(s)ds$
초기값 정리	$\lim_{t\to 0}f(t)=\lim_{s\to\infty}sF(s)$
최종값 정리	$\lim_{t\to\infty}f(t)=\lim_{s\to 0}sF(s)$

전달함수는 출력신호의 라플라스 변환과 입력신호의 라플라스 변환과의 비로 정의되며, 모든 초기값은 제어계가 정지 상태인 $t<0$인 상태를 의미한다.

$$G(s)=\frac{Y(s)}{X(s)}=\frac{\text{출력 라플라스 변환값}}{\text{입력 라플라스 변환값}} \tag{6}$$

여기서, $G(s)$는 전달함수이고, $X(s)$는 입력신호 $x(t)$의 라플라스 변환, $Y(s)$는 출력신호 $y(t)$의 라플라스 변환이다.

전달함수의 성질은 선형 시불변 시스템에서만 정의되고, 전달함수는 시스템의 입력과 무관하며, 시스템의 모든 초기조건은 0이다. 제어요소에 대한 전달함수를 표 3에서 나타내고 있다.

표 3 제어요소의 전달함수

제어요소	입력과 출력의 관계	전달함수, $G(s)$
비례요소	$y(t)=Kx(t)$	K (K: 이득상수)
미분요소	$y(t)=K\frac{d}{dt}x(t)$	Ks
적분요소	$y(t)=K\int x(t)\,dt$	$\frac{1}{s}K$
추이요소	$y(t)=Kx(t-T)$	Ke^{-sT}
1차 지연요소	$b_1\frac{d}{dt}y(t)+b_0y(t)=a_0x(t)$	$\frac{K}{Ts+1}$
2차 지연요소	$b_2\frac{d^2}{dt^2}y(t)+b_1\frac{d}{dt}y(t)+b_0y(t)=a_0x(t)$	$\frac{K}{1+2\delta Ts+T^2s^2}$ (δ: 감쇠계수(제동비))

제어계 중에 포함되어 있는 신호가 어떻게 전달되고 있는가를 표시하는 것을 블록선도라고 하며 직렬결합, 병렬결합, 피드백결합 3가지로 구성된다.

표 4 블록선도와 전달함수

구분	블록선도	전달함수, $G(s)$
직렬결합	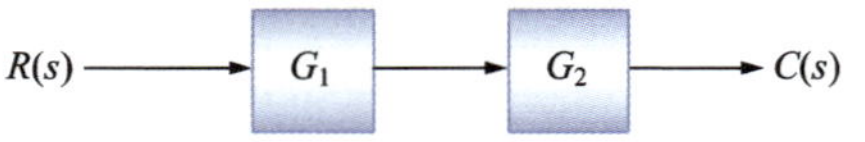	$\frac{C(s)}{R(s)}=G_1\cdot G_2$
병렬결합	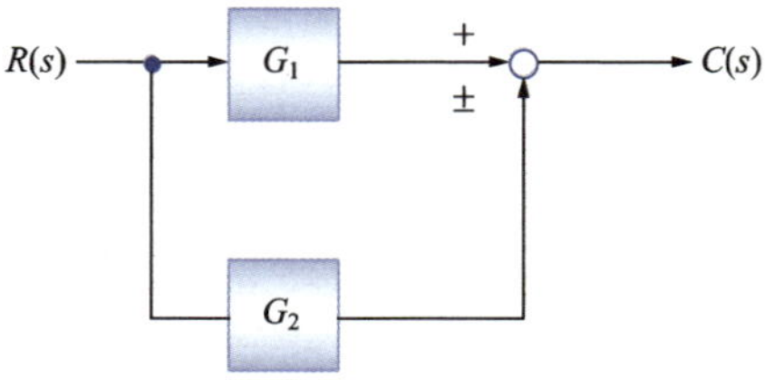	$\frac{C(s)}{R(s)}=G_1\pm G_2$
피드백 결합	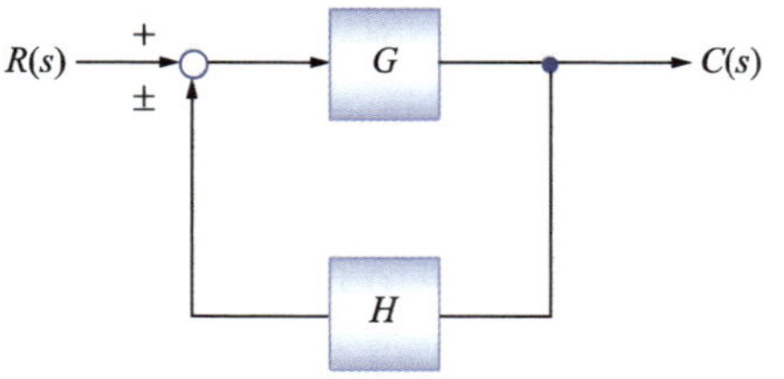	$\frac{C(s)}{R(s)}=\frac{G}{1\mp G\cdot H}$

표 5 블록선도 형태에 따른 전달함수

블록선도	전달함수, $G(s)$
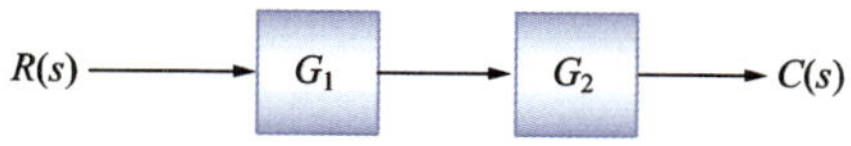	$G_1 \cdot G_2$
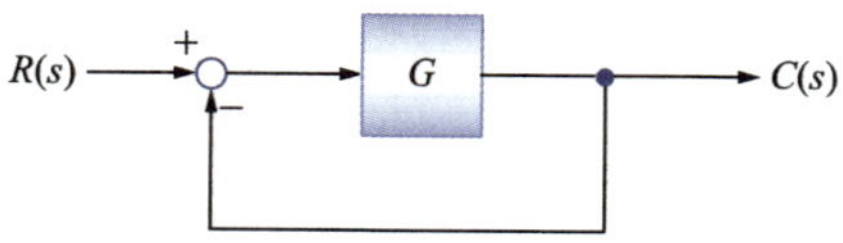	$\dfrac{G}{1+G}$
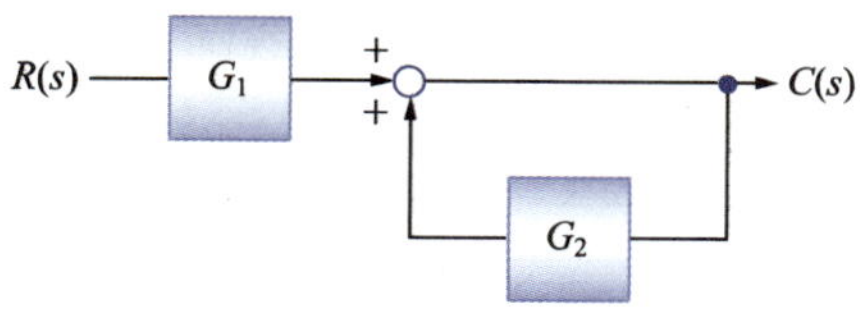	$\dfrac{G_1}{1-G_2}$
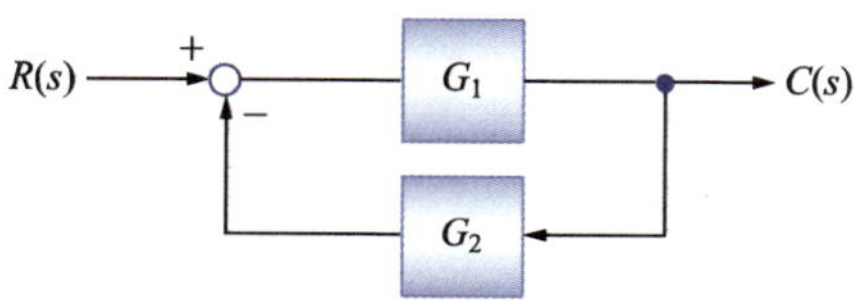	$\dfrac{G_1}{1+G_1 \cdot G_2}$
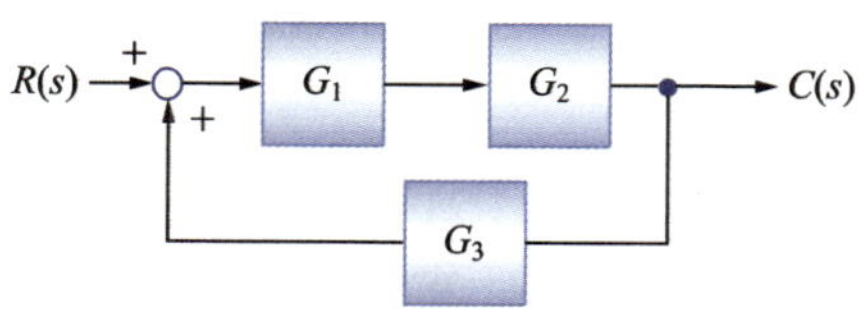	$\dfrac{G_1 \cdot G_2}{1-G_1 \cdot G_2 \cdot G_3}$
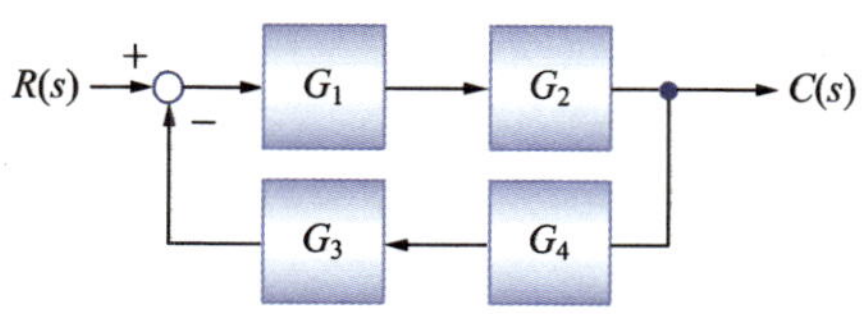	$\dfrac{G_1 \cdot G_2}{1-G_1 \cdot G_2 \cdot G_3 \cdot G_4}$

찾아보기

이 종 호 원광대학교 소방행정학과

소방전기회로 정가 29,000원

발 행 2024년 9월 10일 4판 1쇄
저 자 이종호
발행인 정우용
발행처 도서출판 **동화기술**
경기도 파주시 광인사길 201(문발동, 파주출판도시)
Tel (031)955-4211~6 donghwapub@nate.com
Fax (031)955-4217 www.donghwapub.co.kr
(등록) 1977년 12월 19일/9-16호

ISBN 978-89-425-9631-7